舰船综合保障设计技术

张 平 等◎著

哈尔滨工程大学出版社
Harbin Engineering University Press

内 容 简 介

舰船综合保障设计贯穿舰船全寿命周期，包括舰船可靠性、维修性、保障性、测试性、安全性和环境适应性等通用质量特性设计与验证，综合保障系统设计及技术保障设计工作。本书分 10 个章节阐述了舰船通用质量特性的基本概念、标准要求、设计与分析方法、试验与评价要求、一体化设计技术；综合保障系统设计原理、组成和功能；技术保障设计的要素、流程等。在讲述理论方法和标准的基础上，重点结合工程应用实践，给出了许多实际工程应用案例。

本书是一本理论与工程实际并重的著作，不仅可为广大工程设计人员和管理人员提供指导和参考，也可作为舰船工程研究生的教学参考书，同时可供舰船装备订购方、军代表、建造厂、修理厂等相关人员参考。

图书在版编目（CIP）数据

舰船综合保障设计技术 / 张平等著. -- 哈尔滨：
哈尔滨工程大学出版社，2024. 12. -- ISBN 978-7-5661-
4600-7

Ⅰ. E925.6

中国国家版本馆 CIP 数据核字第 2024NV5345 号

舰船综合保障设计技术
JIANCHUAN ZONGHE BAOZHANG SHEJI JISHU

选题策划	张林峰
责任编辑	张林峰　丁　伟
封面设计	李海波

出版发行	哈尔滨工程大学出版社
社　　址	哈尔滨市南岗区南通大街 145 号
邮政编码	150001
发行电话	0451-82519328
传　　真	0451-82519699
经　　销	新华书店
印　　刷	哈尔滨午阳印刷有限公司
开　　本	787mm×1 092mm　1/16
印　　张	25.5
字　　数	622 千字
版　　次	2024 年 12 月第 1 版
印　　次	2024 年 12 月第 1 次印刷
书　　号	ISBN 978-7-5661-4600-7
定　　价	128.00 元

http://press. hrbeu. edu. cn
E-mail：heupress@ hrbeu. edu. cn

序 一

舰船装备是国家海洋权益和海上安全的重要保障,其设计、建造、使用和维修都涉及多个学科、多个领域、多个层次的知识和集成。为了提高舰船装备的专用特性和通用特性,我们必须从系统的角度考虑舰船装备在全寿命周期内的各种需求和约束,实现舰船装备的综合保障设计。

综合保障设计是一种以用户需求为导向,以提高战斗力和保障力为目标,以系统工程为方法,以数字化转型为手段,以同步设计为模式,以全寿命周期为场景,以使用维修训练保障为首选的设计理念和技术。它不仅关注舰船装备的功能和结构,还关注舰船装备的可靠性、维修性、保障性、测试性、安全性和环境适应性等通用质量特性,以及综合保障系统研制和技术保障等多个方面,实现舰船装备的最优化设计和管理。值得一提的是,本书提出了舰船装备通用质量特性一体化设计解决方案,特别给出了基于模型系统工程在通用质量特性设计方面的应用落地方法;引入了通用质量特性设计与综合保障系统研制同步开展的设计思想,首次阐明了舰船服役后技术保障的内涵、范围、设计方法及设计流程等。

张平研究员是我国舰船装备综合保障设计的领军人物,他在这一领域有着深厚的理论基础和丰富的实践经验,他的研究成果和设计方案为我国舰船装备的综合保障发展和创新做出了重要贡献。《舰船综合保障设计技术》一书是他多年研究和实践的总结和升华,是一部具有权威性和实用性的专著。这本书系统地介绍了舰船装备综合保障设计的基本概念、理论框架、方法步骤、技术工具和应用案例,涵盖了舰船装备总体、系统、设备在综合保障设计中的各个方面,体现了舰船装备综合保障设计的前沿动态和发展趋势,展示了舰船装备综合保障设计的理论创新和技术突破。

这部著作,对于从事舰船设计、建造、使用、维修和训练的工程技术人员,以及对舰船装备感兴趣的学生和教师,都是一本难得的学习参考书。我相信,这本书能够为我国舰船装备的综合保障设计提供有力的理论支撑和技术指导,为我国舰船装备的提质增效和创新发展起到积极的推动作用。希望广大读者能够从这本书中获得有益的知识和启发。

中国工程院院士 朱英富

2024 年 1 月

序 二

在时间的长河中，没有什么事物是永恒的，舰船装备及其系统的生命也是如此。在其长则数十年、短则仅仅是一场战斗的生命周期内，为了提升舰船的战备完好性和任务成功性，最大限度地发挥其作战和使用效能，我们必须将舰船装备保障设计贯穿到舰船全寿命周期中去。

工程设计是产品实现过程中的关键组成部分，据估计产品生命周期成本的70%以上是在设计过程中确定的。由于舰船装备的关键组合和复杂集成，动辄涉及几十种互相耦合或各自独立的系统、上千种数百万个零部件的不同功能的设备，导致工程设计和现场建造都极其复杂，无论是在技术方面，还是在系统集成方面，以及在交付后发生的各类故障，工程师都面临着前所未有的艰巨挑战。在此前的舰船装备工程设计过程中，工程师一般基于物理、力学、电气、电子、机械和工艺的理论专业知识和实践经验，仅仅是从应该实现什么，也就是"头痛医头、脚痛医脚"的层面来满足设计标准和规范，而没有充分考虑应该保证什么，以及如何恢复装备技术状态，也就是从全寿命、全系统、全特性的角度来思考装备的设计问题。

张平研究员从事舰船装备综合保障的研究和设计工作近四十年，具有扎实的学术功底和丰富的实践经验，他紧跟学术发展潮流，以系统工程为基础，结合工程实践，将四十年的心血和智慧凝结在这部《舰船综合保障设计技术》著作中。其内容丰富又精彩纷呈，既包含了基础的概念、常见的理论，以及具体的设计方法和操作指南，又附有大量的实践案例；并对人工智能、大数据、数字化转型在通用质量特性设计中的应用，提出了许多富有启发性的建议和独到的见解，开发了一种整体和综合的方法来解决各类质量特性、风险、生产和成本等相互冲突的问题。

这部著作，对于各类武器装备的工程设计人员，有志于投身国防装备建设事业的大学生，以及相关行业的项目经理和管理人员，都是很好的学习材料和参考资料。相信在今后相当长的一段时间内，这部著作都能对我国国防装备、相关民用设备的综合保障设计工作发挥巨大的促进作用。各位读者如入宝山，必能有所收获。

再制造国家重点实验室主任 徐滨士

2024 年 1 月

前　　言

21世纪以来,随着信息化、智能化、数字化等技术突飞猛进地发展,世界上各大国的海军舰船质量相对于以前有了巨大的提升。海军各类舰船是非常复杂的武器平台,其所装备的系统、设备的数量、种类和技术水平直接影响着海军舰船的作战能力和生存能力。海军舰船的复杂性主要体现在组成复杂、功能复杂、使用环境复杂、使命任务多样,而且会随战场情况的变化而变化。舰船各系统构成了一个巨大的动态系统,这些系统与子系统之间存在着复杂的协调和配合关系,构成了一个高度集成的信息化系统,其功能性、可靠性、安全性、使用效能等方面都需要进行严谨的设计、精确的制造和严格的测试评估。为了保证海军舰船装备系统的正常运行和及时维修,亟须建立一套有效的综合保障体系,提供所需的保障资源和服务,提高海军舰船的战备完好性和保障效率。

海军舰船综合保障设计是一项涉及多学科、多领域、多层次的系统工程,需要从海军舰船的全寿命周期出发,综合考虑海军舰船的使用需求、保障需求、保障能力、保障成本等多方面因素,采用系统工程的方法和手段,进行可靠性、维修性、保障性、测试性、安全性和环境适应性等分析、设计和评估工作,以提高舰船的战备完好性和保障效率,降低全寿命周期的费用,满足海军的战略需求和作战需求。

本书力求全面介绍海军舰船综合保障的设计原理、方法和技术,为海军舰船设计人员、保障人员和管理人员提供一本实用的参考书。本书的主要内容如下:

第1章绪论。介绍了海军舰船综合保障的基本概念、内容和特点;分析了海军舰船综合保障设计的目的、原则和流程,以及舰船综合保障设计的国内外发展现状和趋势。

第2章可靠性设计与验证。在舰船装备系统设计工程中,应着力提高装备可靠性水平,降低故障发生概率,延长使用寿命。本章主要内容包括可靠性建模,可靠性分配,可靠性预计,故障模式、影响及危害性分析,故障树分析,可靠性设计准则及符合性检查,软件可靠性设计,可靠性试验与评价等。

第3章维修性设计与验证。在舰船装备系统设计工程中,对舰船装备系统的布局和配置进行易维修设计,以提高维修性水平,降低维修时间和维修成本,提高维修效率和维修质量。本章主要内容包括维修性建模、维修性分配、维修性预计、维修性设计准则及符合性检查、基于数字样机的维修性设计技术、维修性试验与评价等。

第4章保障性设计与验证。在舰船装备系统设计工程中,对保障资源进行设计和优化,以满足保障体系的目标和指标要求,以及对保障成本和效率的要求。本章主要内容包括保障性分析、保障资源设计、维修设计、通用化设计、保障方案及综合保障建议书制定、保障性试验与评价等。

第5章测试性设计与验证。在舰船装备系统设计工程中,对舰船装备系统的测试和故障诊断进行设计,以提高测试性水平,降低测试时间和测试成本,提高测试准确度。本章主要内容包括测试性建模、测试性设计准则、测试性试验及评价等。

第6章安全性分析与设计验证。在舰船装备系统设计工程中,对舰船装备系统危险源进行识别和控制,降低事故发生概率,减少事故损失。本章主要内容包括安全性分析、安全性度量及风险评价、安全性设计、安全性设计准则、安全性试验与评价等。

第7章环境适应性设计与验证。环境适应性设计是指根据环境适应性分析的结果,对舰船装备系统进行耐环境设计和试验,以提高环境适应性水平,降低环境影响,提高环境兼容性。本章主要内容包括舰船环境适应性要求及指标体系、舰船环境条件、环境效应及舰船环境适应性设计准则、舰船环境试验与评价等。

第8章一体化设计技术。除以上通用质量特性设计之外,海军舰船还需要考虑各通用质量特性性能兼优、综合权衡等多方面的因素,采用系统工程的方法和手段,进行系统的分析、设计、评估、优化和改进,以提高舰船的作战能力和生存能力。本章主要内容包括可靠性维修性保障性(RMS)仿真、基于模型系统工程(MBSE)的通用质量特性一体化分析与设计等。

第9章综合保障系统设计。舰船综合保障系统主要包括保障资源系统、装备综合保障管理信息系统、装备故障预测与健康管理系统等。本章主要内容包括综合保障系统顶层设计、装备故障预测与健康管理系统、综合保障管理系统、技术资料系统、使用与维修支援系统、使用与维修训练系统等。

第10章技术保障设计。舰船技术保障主要包括舰船及其装备的管理、修理、改装、消磁、测声等。本章主要内容包括状态监测技术、在航保障设计、等级修理设计、远程技术保障系统设计、舰船综合保障体系等。

本书由张平主著,陈志敏、关静、周涛涛、许文辉等人也参与了本书的撰写工作。

本书在撰写过程中,感谢原宗、罗庆华、祝泓、张冬、罗威、马季浩、邹大程、刘亦敏等人提供了大量优质素材!感谢国防科技大学杨拥民、葛哲学、罗旭等人给予的支持和帮助!感谢罗蓝韬对全书原稿进行编辑排版!全书由贺双元审查指导,谨致谢忱!此外,还要感谢中国舰船研究设计中心综合保障专业及其他相关专业人员!正是因为有了以上各位同人的帮助和支持,才使拙著有了出版和与读者见面的机会。

本书在撰写过程中参考了国内外相关的文献资料,结合了著者多年从事海军舰船综合保障设计的经验和实践,力求做到内容全面、系统、科学、实用,但由于著者水平有限,书中难免存在不足之处,敬请读者批评指正!

张 平

2024 年 3 月

目　　录

第1章 绪 论

1.1 基 本 概 念

1.1.1 定义

装备综合保障(即美军所称的"综合后勤保障")是由美军在20世纪60年代首先提出来的。经过多年的实践和发展,目前装备综合保障已成为发达国家海军舰船装备管理的目标,在近期战争中发挥了巨大作用。美国著名后勤保障专家詹姆斯·琼斯认为"综合后勤保障(ILS)是美国国防的基础"。在经历海湾战争后,美国陆军作战纲要讲,"后勤保障并不能赢得战争,但无后勤保障或后勤保障不力,都能导致战争的失败。"

舰船综合保障的定义为:在舰船的全寿命周期内,为满足总体战备完好性要求,降低全寿命周期费用,综合考虑装备的保障问题,在研制阶段确定可靠性、维修性、保障性、测试性、安全性和环境适应性要求,进行可靠性、维修性、保障性、测试性、安全性和环境适应性设计,规划并研制保障资源,建立保障系统;在服役阶段跟踪舰船装备技术状态,确定舰船修理需求,进行在航临抢修支援和等级修理设计,及时提供舰船装备所需保障的一系列管理和技术活动。就舰船综合保障特点而言,其研制周期长,系统组成复杂,使用和维修分析层次多,驻泊保障资源需求种类和容量多,等等,这些特点对舰船综合保障技术的设计提出了新的挑战。

1.1.2 目的

综合保障技术和管理活动要达到三个目的:一是通过开展综合保障工作对舰船设计施加影响,使舰船设计得便于保障;二是在研制舰船的同时,提供经济有效的保障资源和建立相应的保障系统,以便使所部署的舰船能够得到保障;三是为舰船技术状态的保持或恢复提供手段和方法,优化技术保障设计流程,提升舰船保障能力。

1.1.3 任务与原则

根据舰船综合保障设计的目的,可以给出综合保障设计的主要任务:

(1)确定装备系统的保障特性要求;

(2)在装备的设计过程中进行保障特性设计,包括可靠性、维修性、保障性、测试性、安全性和环境适应性设计,以满足战备完好性要求;

(3)规划并及时研制所需的保障资源,建立经济有效的综合保障系统。

《装备综合保障通用要求》(GJB 3872A—2022)针对综合保障的目的和要求,还提出了

8 条基本原则:

(1)应将保障性要求作为性能要求的组成部分。

(2)在论证阶段就应考虑保障问题,使有关保障的要求有效地影响装备设计。

(3)应充分地进行保障性分析,权衡并确定保障性设计要求和保障资源要求,以合理的全寿命周期费用满足系统战备完好性要求。

(4)在全寿命周期各阶段,应注意综合保障各要素的协调。

(5)在规划保障资源过程中,应充分注意利用现有资源,并强调标准化要求。

(6)保障资源应与装备同步研制、同步交付部队。

(7)应考虑各兵种间的协同保障问题。

(8)应尽早考虑停产后的保障问题。

1.1.4 要素

综合保障组成要素包括规划维修、人力和人员、供应保障、保障设备、技术资料、训练与训练保障、计算机资源保障、保障设施、包装/装卸/储存/运输包装、设计接口。其中规划维修、设计接口为技术和管理要素,其余 8 项为保障资源要素。

1.1.5 保障系统构成

保障系统是使用与维修装备所需的所有保障资源及其管理的有机组合,可以看成一个由保障活动、保障资源和保障组织构成的相互联系的有机整体。

1.1.6 保障系统与综合保障系统

保障系统是一个范围更大的体系,既有舰内,又有舰外;既包括可以物化的资源,又包括不能物化的对象,如人力和人员、组织机构、管理制度等。

综合保障系统是保障系统的一个子集,仅限于舰内且可以物化,并可以与主装备同步研制的保障资源。其设计原理和组成详见本书第 9 章。

1.1.7 技术范畴

舰船综合保障的主要内容可归纳为:研制阶段的保障特性设计和保障系统设计,服役阶段的使用及维修技术保障。在研制阶段,要把产品的可靠性、维修性、保障性、测试性、安全性、环境适应性设计贯穿从方案设计开始的整个设计过程,综合权衡可靠性、维修性、测试性等设计,降低保障要求,重视环境适应性设计,优化保障方案,确保装备"好保障";在服役阶段,通过保障资源配备和修理过程管理努力保持和尽快恢复装备的技术状态,提高装备战备完好性,确保装备"保障好"。技术范畴通常涉及以下几个方面:

1. 舰船保障特性设计

舰船保障特性设计即与保障特性设计相关的可靠性设计、维修性设计、保障性设计、测试性设计、安全性设计、环境适应性设计、经济性设计、电磁兼容性设计等,前 6 个特性设计通常称为舰船通用质量特性设计,是本书的重点内容;经济性设计与全寿命费用、效能等相关,本书有部分论述;舰船电磁兼容性设计是舰船专业分类的另一项设计技术,不属于本书讨论的范畴。

2. 舰船综合保障系统设计

舰船综合保障系统设计即与保障特性相关的保障资源同步设计,主要包括综合保障系统顶层设计、装备故障预测与健康管理系统设计、综合保障管理系统设计、技术资料系统设计、使用与维修支援系统设计、使用与维修训练系统设计等。

3. 舰船技术保障设计

舰船技术保障设计包括技术状态监测、在航保障、等级修理和远程技术保障系统设计等。

1.2 设 计 流 程

舰船的保障特性设计、综合保障系统设计均应与舰船设计同步,遵循设备服从系统、系统服从总体的设计原则。其流程是自顶向下、自下而上的设计过程,具体如下:

(1)论证阶段配合军方开展各特性设计要求论证、综合保障系统论证、技术保障的修理周期论证等。

(2)方案设计阶段制定各特性工作计划,编制设计指导文件,开展可靠性分配,启动保障性分析等工作,开展综合保障系统方案设计。

(3)技术设计阶段确定有关特性的定量指标,进行可靠性预计,制定保障方案,提出驻泊保障需求建议书,完成保障性分析等工作,开展部分设备的特性试验验证;进行综合保障系统技术设计、签署技术规格书并固化技术状态。

(4)施工设计阶段进行保障资源优化,开展舱室布置维修性设计检查,监控重要系统陆上联调的故障闭环,开展部队级、基地级技术资料编制,提出舰员培训规划,开展器材注册编码,编制综合保障建议书等;进行综合保障系统陆上联调,综合保障系统施工设计。

(5)建造及系泊航行试验阶段开展舰员培训和技术资料、备件等交付工作,进行可靠性试验等试验验证工作;开展综合保障系统安装、系泊及航行试验、培训和交付工作。

(6)服役期间主要开展技术保障服务,收集特性信息并进行评估,适当进行装备的通用质量特性专项试验;进行综合保障系统技术服务、在航保障和等级修理设计及技术状态维护。

舰船技术保障设计包括状态监测技术、在航保障设计、等级修理设计和远程技术保障系统设计等。状态监测技术与舰船设计同步,体现在舰船装备故障预测与健康管理系统设计中。在航保障设计主要是在航维修与器材保障。在航维修流程包括预防性维修、基于状态的维修、舰员自修、临抢修等。器材保障流程分岸上、舰上两部分,包括申领、入库、出库、盘存等。等级修理设计包括基准工程单设计、勘验、修理方案制定与评审、试验、完工设计等。远程技术保障系统设计包括系统论证、设计、建设、使用和维护等。

1.3 发 展 历 程

1.3.1 舰船保障特性设计

1. 可靠性

为了解决第二次世界大战以来军用电子系统的高故障率问题,美国国防部与电子工业界在1952年成立了电子设备可靠性咨询组,并提出必须把可靠性设计集成到产品的工程研制之中,特别指出新研设备需要在周期性高应力环境中进行几千个小时的试验,尽可能早地发现设计中存在的薄弱环节。随后几十年,可靠性技术被逐步应用于军用产品、商业产品的采购与研制,形成了统一的可靠性管理机构和可靠性政策与标准规范,以及完善的可靠性设计、分析、试验与管理的方法与程序,并且可靠性、维修性、保障性与性能、费用的优化设计在工程中得到重视。但自20世纪90年代起,由于电子芯片质量的提高以及商业竞争带来的压力,传统的以概率统计为基础的可靠性技术无法满足产品的几乎零故障可靠性设计要求,研究人员开始发展基于故障物理的可靠性技术及健康管理技术,并建立了相应的产品研制可靠性设计、分析、试验与管理的解决方案。

2. 维修性

20世纪50年代,随着军用电子装备复杂性的提高,装备的维修工作量及费用大幅增加,维修性问题引起了美国军方的重视,并在装备研究中开展维修性设计,颁布了相应的维修顶层文件。60年代,美军形成了一套完整的分析和设计体系,建立了一系列的关于维修性工作内容要求、验证评估等的规范和标准。70年代,半导体集成电路及数字技术的迅速发展,使得设备故障检测和隔离、故障诊断、机内测试成为维修性设计的主要内容。随着测试性的深入研究和应用,美国国防部根据电子系统及设备的测试性大纲的要求,规定了电子系统及设备在研制阶段应实施的分析、设计及验证的要求和方法,标志着测试性开始独立于维修性成为一门新的学科。80年代,随着计算机辅助设计工具和专家系统的广泛应用,美军依托研究机构大力开展可靠性、维修性、保障性的计算机辅助设计研究,为计算机辅助可靠性、维修性、保障性设计提供了方法和手段,提高了可靠性、维修性、保障性的设计水平。90年代,美、英等国家相继开展了智能维修性设计及虚拟维修性设计等技术的应用研究,取得了一系列研究成果。

3. 保障性

美国军方从20世纪60年代开始着手在装备的研制阶段考虑装备的综合保障问题。由综合保障带来的专业间的融合,使得原来单一的平均无故障时间(MTBF)、平均修复时间(MTTR)、平均保障延误时间(MLDT)等指标不能全面反映装备的能力,因此出现了反映战备完好性的使用可用度(Ao)指标、反映航母飞机出动能力的出动架次率(SGR)指标等。后来,美国在DDG-51级驱逐舰上开展了"以战备完好性为基础的备件配置法(RBS)"研究,利用Tiger仿真软件有效解决了舰上备件的配置问题。在欧洲,瑞典海军应用OPUS10后勤保障仿真和备件优化软件,以费效比为目标,对舰船交付后有关保障站点的设置、备件的配置等进行设计。美国海军在"林肯号"航母上装备了"海军远程保障"软件,解决了一系列远程维修的问题。无线射频识别技术(RFID)的应用使得美国海军实现了保障资源的可视化,在伊拉克战争中发挥了巨大作用。交互式电子技术手册(IETM)在英国的45型舰船和"机敏"级潜艇上得到了应用。近年来,美国军方在《2020年陆海空三军联合设想》中提出了以信息优势为变革标志,在机动性、精确打击、聚焦保障和全面防御四个方面共同形成全方位的主导优势,对保障性再次给予了高度关注。

4. 测试性

20世纪70年代,随着半导体集成电路及数字技术的发展,电子设备的维修任务发生了巨大变化,设备的自检及机内测试(BIT)、故障诊断引起了工程师们的关注。1975年,F. Ligour等人提出了测试性的概念,并在诊断电路领域进行了应用。这一概念得到了美国军方的认同,并采用故障检测率(FDR)、故障隔离率(FIR)和虚警率(FAR)来度量装备的测试性设计。

在监测诊断技术实用研究方面,美国海军研究室主持成立了美国机械故障预防小组,专门负责监测诊断技术的研究和应用。海军研究室先后制定了"潜艇监测和维修计划"与"水面舰船系统和装备监测计划"等文件,这些文件在舰船维修保障方面起到了重要的作用。

5. 安全性

美国军方从20世纪50年代开始对武器装备进行了大规模的安全性研究工作,提出了该领域的一系列专用术语、指标和检验、评审方法,形成了一批标准、指令、指南、手册来规范设计、制造、试验等。1970年,美国军方提出了执行安全与职业健康(SOH)计划。1984年10月26日,美国国防部颁布了《国防部职业安全与健康计划》(DODI 6055.1)。美国海军按照DODI 6055.1文件中规定执行的SOH计划,在1986年7月2日颁布了《海军安全和职业安全与健康计划》(OPNAVINST 5100.8G),该计划明确了海军各级机构及人员的计划职责。同时美国海军还颁布了《海军安全与职业健康计划手册》(OPNAVINST 5100.23)和《海军海上部队安全与职业健康计划手册》(OPNAVINST 5100.19)系列文件,来执行DODI 6055.1文件中规定的政策。

美国海军舰船的安全性研制工作参照《系统安全性的标准实践》(MIL-STD-882D)执行,该标准中规定安全性工作分为危险识别、风险评价、确定安全性设计和控制措施、事故风险降低、风险评审并接受残余风险、风险跟踪六个步骤。在安全性要求方面,美国MIL-STD-882系列标准关于安全性要求的规定越来越明确。在MIL-STD-882D中明确推荐用事故率、风险要求、安全性标准化要求等方式来提出安全性要求,从单纯的定性要求向定量要求发展。

6. 环境适应性

20世纪50年代末到70年代初,一些发达国家通过实践发现实验室环境难以完全满足武器装备需求和发展,环境研究范围需要进一步拓展。以美国为例,其在此期间相继成立了多个与环境相关的学术组织,通过学术交流和广泛调研来制定环境试验标准。在此基础上,各军种纷纷以美军标准为中心制定了一系列环境相关规范、手册和试验标准,并颁布了《军用设备气候极值》(MIL-STD-210B),以促进环境参数阈值的定量化。此外,英、法、日等国也制定了各自的环境试验标准。随后,美国率先在国内开展统一工作,将各军种的环境试验标准合并,形成了 1960 年出版的《空间及陆用设备环境试验方法》(MIL-STD-810),并于 1964 年修订为美国三军通用标准 MIL-STD-810A,目前已发展为 MIL-STD-810F。810F 强调了环境工程的重要性,需要根据产品全寿命周期内经历的环境对其进行环境设计、环境试验并全面管理,同时提供了较为详细的环境任务剪裁指南。

1.3.2 舰船综合保障系统设计

1. 装备故障预测与健康管理系统

(1)战备状态测试系统(ORTS)

美国海军的"宙斯盾"舰船作战系统是一个非常复杂的自动化综合武器控制系统,部署在现役"提康德罗加"级巡洋舰和"阿利·伯克"级驱逐舰上,经过不断地演化发展,始终代表着世界海军作战系统的最高发展水平。为了保证"宙斯盾"舰船作战系统随时都处于可用状态,美国海军专门为其开发和部署了先进的战备状态测试系统,该系统具有强大的功能,能够自动监控、测试和评价"宙斯盾"舰船作战系统的运行状态,自动隔离故障并进行系统重新配置,并以测试诊断结果为基础规划开展和协调相应的维修活动,还可在维修结束后立即进行系统级的测试检验,为维持和提高作战系统的战备完好性提供了重要保障。基于战备状态测试系统,美国海军能够实时掌握舰船作战系统的状态信息,作战系统的战备状态也由以往被动的"状态显示"发展到主动的"状态控制"阶段,实现了质的飞跃。

(2)综合状态评估系统(ICAS)

美国海军过去采用的是计划性维修和预防性维修的理念来指导维修工作。随着可用资金和人力资源的持续减少,海军开始寻求不同的途径,以减轻舰员繁重的工作负荷和减少烦琐的工作程序,节约费用。但是,这一目标必须在保证海军舰船高战备水平的前提下实现。基于这些要求,海军开始将传统的计划维修系统(PMS)向基于状态的维修(CBM)转变。即从原先的计划性维修转变为基于设备状态、性能的维修。为实现这些目标,海军需要对舰上设备进行状态监测和分析,ICAS 由此产生。ICAS 可以监控和评估舰上设备的运行状态,诊断设备的异常行为,预测设备的运行趋势和使用寿命,还可以为设备操作和维修人员提供决策支持信息和维修建议等,目前已普遍应用于美国海军舰船。

2. 综合保障管理系统

20 世纪 60 年代初,美国海军面临着日趋复杂的装备技术对维修管理所提出的问题,其表现为:非整体化的维修规程、文件报表成灾,管理机关缺乏真正的管理,军官缺乏经验,舰员缺乏训练,维修文件资料缺乏指导性和可操作性,维修器材保障滞后。针对这些问题,美国海军着手研制并推行标准化的维修与器材管理系统,即 3-M 系统,以通过改进维修与器材的管理模式,来抑制维修及保障费用的上涨,提高舰船装备的战备完好性。1963 年 3 月 8日,美国海军作战部长签发第 4700.6 号指令,正式要求在海军中实施 3-M 系统,具体包括两个方面的工作:第一,发展和贯彻维修计划管理的标准,为所有在役舰船部队从总体上完成计划维修提供依据;第二,发展和贯彻一个整体化的系统,进行维修信息的收集、分析、处理和反馈,从而使维修管理机构在保障舰船部队时,能更好地发挥其管理职能。前者被称为计划维修系统,后者被称为维修数据采集系统。

3-M 系统在实施过程中因充分发挥了如下两个方面的作用而受到舰队的普遍欢迎:第

一,为舰船部队提供了可用于管理、安排计划和实施维修作业的工具;第二,为维修保障管理机构提供了有关舰船装备维修的信息和维修保障活动的经验。美国海军为确保3-M系统的正常运行,在其作战部颁布的3-M系统手册中,明确规定了3-M系统的组织及其各组织机构中指挥官的职责,同时也明确了3-M系统在岸上的训练要求。

在将3-M系统配置到舰船上后,海军还要进行舰上训练。舰上训练分为集体训练和单兵训练两种:在集体训练中,一般要达到使参训人员重视3-M系统,并学会使用各种表格的目的;在单兵训练中,参训人员要学会职掌范围内的所有维修需求卡的使用并进行现场操作。

3. 技术资料系统

美军对舰船装备技术资料系统的编制、采购均有相应的标准法规执行。美军《舰船通用规范》等标准中规定提交的技术资料项目的内容与编制要求,均在《总技术手册合同需求书》和《附属技术手册合同需求书》中提出。《总技术手册合同需求书》对所有技术手册(包括其中间形式的制定、交付及接收)提出通用要求,并对由承包商编制的索引及管理资料项目的内容与编制提出特殊要求。《附属技术手册合同需求书》对所有技术手册的种类、格式和技术内容等提出特殊要求。《附属技术手册合同需求书》分为两类:一类用于承包商编制与交付精选档案资料;另一类用于承包商编制各类系统与设备的技术手册及技术修理标准。

美军在20世纪70年代末颁布了一部关于舰船系统和设备技术手册编制要求的军用标准:《设备和系统技术手册内容要求》[MIL-M-15071H(NAVY)]。该标准长达120页,内容翔实细致,并且引用了一系列军用标准、军用规范、军用出版物和其他出版物。作为纸型技术手册的编制要求,该标准虽然在美国因信息技术的发展和技术资料的数字化要求而被废止,但仍被世界其他一些信息化发展相对滞后的国家使用,且按此标准编制的进口设备技术手册条理清晰、贴合实际、格式规范、装订科学,能够满足不同专业和部门对技术手册内容深度的要求。

交互式电子技术手册(interactive electronic technical manuals,IETM)源于美国海军,最初是为了解决美国国防部遇到的技术手册和技术文档数量膨胀的难题,用它来替代传统的纸质文档和技术手册。20世纪70年代美军开始进行IETM相关技术研究,美国国防部给出了IETM的定义:"IETM是一个用于武器诊断、维修和维护数据集成的信息包,能为终端用户提供交互式电子屏幕显示。"自1992年开始,结合当时信息技术的发展水平,美国国防部及欧洲国家陆续制定和颁布了一系列IETM相关标准,如MIL-PRF-87268A、MIL-PRF-87269A、MIL-STD-2361A、MIL-HDBK-511、S1000D等,对数字化技术手册的内容、格式、用户交互要求、显示风格、图标图示、数据库以及体系结构等方面进行了要求,这些措施有力地推动了IETM的研究和发展。IETM作为美国国防部计算机辅助后勤保障战略的重要组成部分,已经从研究阶段走向了实用阶段,主要现役装备和全部新研装备均配套或同步开发了IETM,如美国海军的LM-2500燃气轮机、"宙斯盾"舰船作战系统、AN/BSY-2潜艇作战系统、F/A-18战斗机等。美军在IETM领域取得的巨大效益,引起了欧洲各军事强国的重视,他们投入大量人力物力开展IETM研究,20世纪80年代至今,S1000D标准不断丰富完善。这些国家在军事装备中广泛使用了IETM技术,如德国的212型潜艇、124型护卫舰,法国的"戴高乐"航空母舰和新一代潜艇等,瑞典的"维斯比"级隐身护卫舰等。

4.使用与维修支援系统

使用与维修支援系统是舰船保障设备的集成,传统保障设备中以海军供应品、工厂供应品和机械修理舱室、电工修理舱室配备的设备为主,没有形成系统的概念。国内空军装备和陆军装备的研制中,对"保障设备"的概念比较清晰和成熟。飞机和坦克装甲车等装备在执行任务的过程中,基本不携带或携带很少量的保障设备,绝大多数保障设备则配置在机场、营地、基地等场所。装备本身与保障设备的界面非常清晰,各自的功能也十分明确,在产品研制中也更容易实现相应的管理。由于舰船装备的特殊性,大中型舰船,特别是航空母舰等特大型作战装备,其组成和功能极为复杂。在某些特定任务条件下,即使仅有一艘水面舰船或潜艇,也是一个完整的作战单位,执行一次任务的时间可能长达数月,并且经常远离基地和缺乏及时的补给。这种特殊性决定了舰船装备本身在遂行作战任务时,会同时携带大量的保障设备。因此,在舰船装备研制发展过程中,逐渐形成了保障设备集成为使用与维修支援系统的理念。

5.使用与维修训练系统

20世纪80年代,美军开始使用基于计算机的训练系统(computer based training,CBT)在单机上进行士兵训练。90年代,网络技术的进步带动了计算机管理培训系统的发展。2000年5月,美国海军教育和培训机构(CNET)开始通过海军E-learning系统开展舰员训练。E-learning系统是一个信息化、网络化的系统,可以随时随地提供学习环境,并根据每个学员的情况,提供设定的多媒体教学。在E-learning系统广泛使用的同时,美国国防部每年花费千亿美元经费开发E-learning内容,不同种类的部队开发了相似内容的E-learning素材,但不同部门之间重用E-learning素材很难。在这种背景下,美国国防部成立了先进分布式学习(Advanced Distributed Learning,ADL)机构,提出了SCORM(Shareable Content Object Repository Model)标准,为网上共享教学素材建立了开放的框架标准,可实现利用更少的资源提供更多的课程,取得更大的效益。

在加强训练的同时,西方军事强国已普遍开展了对全舰集成训练的研究与应用,美军在制定采办策略时,将提供舰员训练能力作为采办的主要目标之一。德国在F124型护卫舰上安装了针对集成控制设备的舰员训练系统。英国45型驱逐舰和LPD(R)型舰都安装了舰载训练系统。

美国海军将舰载训练系统作为"智能舰"概念的一部分加以验证,以改善其舰载训练的质量。在CG48舰上则成立了专职训练部门和学习资源中心,其职责是管理训练记录、协调训练计划并开展作战训练等,同时在舰上配备了现代化的训练室,借助视频或电话等手段来开展训练工作。

在DDG1000舰的设计中,也特别注重对训练方式进行改进和完善,如在舰上建设了图书馆多媒体中心、自动化电子学习教室、舰上辅助任务中心、综合学习环境;增设了自适应式训练、团队训练等内容。通过舰载训练系统的应用,舰员训练效能得到了提高,并将训练工作量由DDG51舰的7小时/(周·人)延长至11.74小时/(周·人),有力地促进了舰员能力的提高。

1.3.3　舰船技术保障设计

1. 状态监测

所谓状态监测,是指检测与收集反映机器状态的信息和数据,早先源于设备自动化监测的数据采集系统,后来发展为以机械设备(尤其是旋转机械)故障诊断为目的的状态信息采集,如振动、油液等状态信息。早在 20 世纪 60 年代,美国的 John Shore 就研究了高速涡轮机械故障的起因和预防措施,并将旋转机械的故障分成 9 类 27 种,一直沿用至今。70 年代,电子测量和频谱分析技术得到推广应用。80 年代,随着计算机技术、传感器技术的发展,测量对象和范围不断扩大,可以测量位移、速度、加速度、转速、温度、压力、光、电、磁等多种参数信号,由此产生了无损监测、声发射监测、振动监测和热成像等应用技术。如今,人工智能理论已用于状态监测和故障诊断领域,以状态监测、故障诊断和健康管理为代表的系统装备得以实用化。

2. 在航保障

1978 年,美国海军开始推行以可靠性为中心的维修改革,要求新采办的海军装备编制预防性维修大纲,明确预防性维修项目和维修间隔。90 年代,美国军方基于传感器技术、人工智能技术的准确判断,开始推行基于状态的维修,最著名的是综合状态评估系统、战备状态测试系统的装舰应用。2003 年,美国国防部推行 CBM+,使得装备故障诊断与健康管理得以确立和应用。美国军方在推行在航维修改革的过程中,不断加强舰员级维修能力的提升。如美国海军提出的"海上维修训练策略",把航母编队各舰船划分为 4 321 个核心维修岗位,大力培养专职维修人员,提升其海上自主保障能力。同时,加强维修手段建设,强制推行 3-M 系统的应用,使舰船保持完好状态。

在航保障的另一项核心工作是供应保障。供应保障是指针对舰船装备备品备件和消耗品等器材的筹措、采购、存储、分发和处置等所进行的一系列技术和管理活动。美国海军作战部下属的 5 个系统司令部中有 3 个分别参与并负责供应保障工作。其中,海军海上系统司令部和海军供应系统司令部在海军舰船装备供应保障工作中负有重要责任,是海军舰船装备供应保障的主管部门。此外,海军空间与海战系统司令部负责航空备品备件的供应保障。长期以来,已经形成了完备的供应保障体系、完善的法规及制度体系,其供应保障的核心——定额的确定到供应准备有一套成熟的做法,即以舰上供应品定额表(Coordinated Shipboard Allowance List, COSAL)和岸基供应品定额表(Coordinated Shorebase Material Allowance List, COSMAL)两类清单为供应保障依据,并在舰船综合保障设计中提交完成。

3. 等级修理

20 世纪 70 年代以前,美国海军对舰船装备维修的基本策略是采取定期预防维修策略。这种维修策略建立在安全无风险维修思想的基础上,即采取统一的时间对装备进行"全面翻修"。80 年代开始,美国海军就通过法规条令对各型舰船的基地级维修策略进行了改革,这些条令主要包括美国海军作战部长办公室 4700.7 号指示《舰船维修政策》,以及美国海军作战部长办公室 4700 号通告《舰船基地级修理典型时间间隔、持续时间和修理工时》。通过这些法规条令,美国海军分别在 1984 年、1992 年、2000 年和 2010 年对舰船装备的维修策略进行了 4 次大的修订调整,不同时期、不同类型的舰船,其维修策略也不一样。一般而言,工程使用周期主要用于核潜艇,渐进维修策略用于水面战斗舰船,计划维修策略用于军辅船,增量维修用于航母,定期大修用于浮船坞。在维修类型方面,1984年基本维修类型为14种,1992年同样为14种,2000年为24种,2010年至今为23种。在维修规模方面,23种维修类型按维修规模从小到大排列大致可分为五大类:第一类是连续维修,每年进行一次,每次修理时间一般为3~4周,用于排除舰员不能排除的故障,进行必要的保养;第二类是选择性有限修理或计划维修,一般每2~3年进行一次,每次修理时间在3个月左右,不进坞,用于排除较大故障或牵连工程较大的修理;第三类是选择性有限坞修或计划坞修,每8年左右进行一次,每次修理时间在4个月左右,增加了进坞水下工程和涂漆保养内容;第四类是中等规模的修理,通常是延长的(或扩大的)选择性有限坞修或计划坞修,一般在舰船寿命中期进行,每次修理时间在1年左右;第五类是大修加现代化改装(包括为核动力舰船更换核燃料),通常也在舰船寿命中期进行,根据舰船吨位的不同,修理时间也不一样。

随着美军战略的变化,美军航母等级修理周期结构不断调整,2003年提出了舰队反应计划,即所谓的"6+2"计划(后来由于12艘航母减为11艘,相应地变为"6+1"计划),6个航母编队能够在30天内部署,同时2个航母编队能够在90天内部署。"6+2"计划从两方面着手应对美军战略对部署能力的更高要求:一方面,不断延长航母维修训练部署的循环周期(一个循环周期包括部署、维修和训练),这一周期已从最初的24个月延长到目前的32个月,更长的循环周期甚至达到了43个月。这样做的目的是延长航母拥有"部署能力"的时间。另一方面,综合权衡航母的修理、训练和部署,将修理和训练由交替式进行变为同时进行,航母进厂修理和人员训练几乎是同时开始的,在基地级修理前后,基本训练都在进行,从而保证航母有较高的战备水平,可部署的概率大幅提高。

4.远程技术保障

20世纪90年代中后期,在美国海军海上系统司令部负责下,舰队和五大系统司令部协作,在21世纪海军信息网络基础设施建设基础上,开展"远程技术保障"能力建设。其指导思想是:通过远程技术保障能力,使舰船保障请求清晰地回传到岸上,由岸基系统匹配调度相关资源,对请求做出快速、准确的响应。其核心概念是:舰船尽可能向岸上转移工作量,岸上以"知识"的形式向舰船传输所需支持。以这样的方式减少舰上的工作量,并使后方资源(尤其是知识资源)由无效变为有效。

1.4　发展趋势

随着科学技术的进步,尤其是信息技术的快速发展,舰船综合保障技术的发展出现了一些新的变化趋势,将朝着一体化、智能化、数字化、微观化、军民两用化方向发展。

1.4.1　一体化

一体化是综合保障发展的主要趋势。随着科学技术的快速发展,各种技术相互渗透、相互影响,特别是舰船多学科技术的综合应用,在工程设计综合化的环境下,进一步带动了综合保障技术向一体化的方向发展,包括:可靠性、维修性和保障性的一体化定量仿真分析;故障模式一体化定性综合分析;可靠性试验与装备研制环境试验一体化综合;综合保障技术与综合保障系统研制一体化;基于模型的一体化设计;等等。尤其需要指出的是,舰船保障特性设计和保障资源设计的一体化将实现舰船综合保障系统集成设计的目标。

1.4.2 智能化

计算机技术的飞速发展促使人工智能技术在各种武器装备的发展中得到广泛应用,使各种系统具有在任务、环境等变化产生的复杂状态下靠系统自身完成规定功能的能力,实现智能化。如美国各种舰船上装备的综合状态评估系统可以监控和评估舰上装备的运行状态,是实现装备基于状态维修的重要智能化手段。21世纪,随着人工智能技术的进一步发展,武器装备在容错与重构智能化、后勤保障智能化等方面将会有更大发展。

1.4.3 数字化

数字化是舰船装备发展的大趋势,也是综合保障技术发展的必然走向。利用当今快速发展的数字化通信、网络传输等信息技术来完善综合保障管理、改造现有的后勤保障体系,已成为一条必由之路,如美国国防部一直在推行的持续采办和寿命周期保障(CALS)战略,在舰船上部署3-M系统、远程技术支援信息系统,CVN-21航母研制中采用的交互式电子技术手册等均是数字化前期信息化保障的体现。当今,以基于模型的系统工程(MBSE)设计工具使数字样机设计成为现实,从数字样机到数字装备的跨越是舰船数字化设计的发展趋势。

1.4.4 微观化

各种新材料、新型元器件在装备上的应用,对综合保障技术的发展提出了新的挑战,新的失效模式、失效机理和失效模型将会出现,传统的宏观分析方法难以应付新的故障处理对策,因此产生了以微观分析为基础的可靠性分析技术。英、美等国十分重视以失效机理为基础的可靠性预计技术,并开发了相应的计算机辅助分析软件。

1.4.5 军民两用化

舰船上人员众多、系统及设备数量庞大,不可避免地导致军用和民用技术的融合应用,因而推动了综合保障技术的两用化发展。近年来,美国国防部与工业界及政府电子和信息技术协会(GEIA)合作,制定了相应的标准手册,如以《后勤产品数据》(GEIA-STD-0007)替代军用标准《保障性分析记录》(MIL-STD-1388-2B)等。

第 2 章 可靠性设计与验证

2.1 概　　述

2.1.1 可靠性基本概念及内涵

可靠性是指产品长时间无故障稳定运行的能力。尽管常用概率度量其指标(如任务可靠度),但可靠性实质上是一个工程概念,是以实际工程需求驱动发展起来的处理产品研制过程中的不确定性或风险因素的一门工程技术。

可靠性设计通过研究产品全寿命周期中故障的发生、发展规律,来实现预防故障、消除故障,提高产品效能。其工作重点如下:

(1)明确用户对产品可靠性的实际需求,包括产品的使用环境、任务剖面,以及定性、定量要求;

(2)采取各种设计技术、措施来控制产品硬件、软件和人的因素的不确定性,实现其可靠性的持续增长;

(3)合理选用元器件、原材料,设计加工工艺,减少产品在生产过程中的质量波动;

(4)系统地对产品研制中的各项可靠性工作进行风险控制与管理。

本章按照上述工作重点,围绕舰船总体、系统、设备的可靠性设计,分别介绍可靠性的定义、度量、工作范围,以及工程研制中开展的可靠性建模、分配、预计,故障模式、影响及危害性分析,可靠性设计准则,软件可靠性设计,可靠性试验及评价等工作项目。

1. 可靠性定义

《可靠性维修性保障性术语》(GJB 451A—2005)中指出:"可靠性是指产品在规定的条件下和规定的时间内,完成规定功能的能力。"可靠性作为产品的重要特性,是通过设计确立、生产保证、试验验证并在使用中显现出来的产品的一种固有质量属性。

由定义可以看出,产品的可靠性是与"规定的条件"分不开的,而规定的条件则包括产品使用时的环境(如温度、湿度、振动、冲击、辐射等),使用时的应力条件、维护方法、贮存时的贮存条件,以及使用时对操作人员的技术等级要求,等等。在不同的规定条件下,产品的可靠性是不同的。"规定的时间"是指产品规定的任务时间,随着任务时间的增长,产品的可靠性是下降的,因而在不同的时间内,产品的可靠性不同。

2. 基本术语

(1)寿命剖面

寿命剖面是指产品在从交付到寿命终结或退役时间段内所经历的全部事件和环境的时序描述。它包括一个或几个任务剖面。

(2)任务剖面

任务剖面是指产品在完成规定任务时间段内所经历的事件和环境的时序描述,其中包括任务成功或致命故障的判断准则。

（3）故障

故障是指产品或产品的一部分不能或将不能完成预定功能的事件或状态。对于可修复的产品，一般用故障表示；对于不可修复的产品，一般用失效表示。失效是不可修复产品所发生的故障，即产品丧失规定功能的事件或状态。

（4）故障判据

故障判据是判定具体产品是否出现故障的一种依据。故障判据的准确性及宽严程度对评估产品的可靠性水平起着决定性作用，因此在产品的可靠性要求中，应制定故障判据。

（5）可用性

可用性是指产品在任一时刻需要和开始执行任务时，处于可工作或可使用状态的程度。可用性的概率度量称为可用度。

（6）基本可靠性

基本可靠性是指产品在规定条件下无故障的持续时间或概率。基本可靠性反映产品对维修人力的要求，确定基本可靠性参数时应统计产品的所有寿命单位和所有故障。可靠性的概率度量称为可靠度。

（7）任务可靠性

任务可靠性是指产品在规定的任务剖面中完成规定功能的能力（概率）。

（8）使用可靠性

使用可靠性是指产品在实际使用条件下所表现出的可靠性。它反映了产品设计、制造、安装、使用、维修、环境等因素的综合影响，一般用可靠性使用参数及其量值描述。

（9）固有可靠性

固有可靠性是指通过设计和制造赋予产品的，并在理想的使用和保障条件下所呈现的可靠性。

（10）可靠性使用参数

可靠性使用参数是指直接与战备完好性、任务成功性、维修人力费用和保障资源费用有关的一种可靠性度量，其度量值称为使用值（目标值、门限值）。

（11）可靠性合同参数

可靠性合同参数是指在合同中表达订购方的可靠性要求，并且是承制方在研制和生产过程中可以控制的参数，其度量值称为合同值（规定值、最低可接受值）。

2.1.2　可靠性常用参数及度量

1. 可靠度函数

我们定义随机变量 T 为装备工作到故障前的时间（有时称为产品寿命），$T \geq 0$。可靠度是装备在时间 t 内正常故障的概率，度量如下：

$$R(t) = Pr\{T \geq t\} \qquad (2-1)$$

对于一种装备多批次产品故障统计而言：

$$R(t) = \frac{N_0 - r(t)}{N_0} \qquad (2-2)$$

式中　N_0——产品总数；

　　　$r(t)$——0~t 时刻产品累计故障数。

$R(t)$ 特性:$t=0$,$R(0)=1$;$t=\infty$,$R(\infty)=0$,$0\leq R(t)\leq 1$。

2. 故障累计分布函数

如果定义

$$F(t)=1-R(t)=Pr\{T<t\} \tag{2-3}$$

或者

$$F(t)=\frac{r(t)}{N_0}=\int_0^t \frac{1}{N_0}\cdot\frac{\mathrm{d}r(t)}{\mathrm{d}t}\mathrm{d}t=\int_0^t f(t)\mathrm{d}t \tag{2-4}$$

那么,$F(t)$ 就是 t 时刻之前装备发生故障的概率,也称故障累计分布函数(CDF)。其中,$F(0)=1$,$F(\infty)=1$。

3. 概率密度函数

$$f(t)=\frac{\mathrm{d}F(t)}{\mathrm{d}t}=-\frac{\mathrm{d}R(t)}{\mathrm{d}t} \tag{2-5}$$

$$R(t)=\int_t^\infty f(t)\mathrm{d}t \tag{2-6}$$

在时间 $[a,b]$ 内发生故障的概率表达如下:

$$Pr\{a\leq T\leq b\}=F(b)-F(a)=R(a)-R(b)=\int_a^b f(t)\mathrm{d}t \tag{2-7}$$

可靠度、故障累计分布函数及概率密度函数的关系如图 2-1 所示。

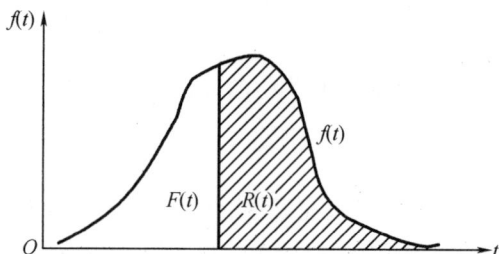

图 2-1 可靠度、故障累计分布函数及概率密度函数关系示意图

4. 故障率

故障率是指装备在 t 时刻未发生故障的情况下,在该时刻后发生故障的条件概率:

$$Pr\{t\leq T\leq t+\Delta t\mid T\geq t\}=\frac{R(t)-R(t+\Delta t)}{R(t)}$$

即

$$\lambda(t)=\lim_{\Delta t\to 0}\frac{R(t)-R(t+\Delta t)}{R(t)\Delta t}=\frac{-\mathrm{d}R(t)}{\mathrm{d}t}\cdot\frac{1}{R(t)}=\frac{f(t)}{R(t)} \tag{2-8}$$

或者

$$\lambda(t)=\frac{\mathrm{d}r(t)}{N_s(t)\mathrm{d}t} \tag{2-9}$$

式(2-8)和式(2-9)中:

$\lambda(t)$——故障率,又称失效率;

$\mathrm{d}t$——单位时间;

$\mathrm{d}r(t)$——单位时间内的故障产品数；

$N_\mathrm{s}(t)$——t 时刻没有发生故障的产品数，$N_\mathrm{s}(t) = N_0 - r(t)$。

经推导，得到

$$R(t) = \exp\left[-\int_0^t \lambda(t)\mathrm{d}t\right] \tag{2-10}$$

5. 平均寿命、平均故障间隔时间

如果产品寿命的概率密度函数为 $f(t)$，则产品的平均寿命就是其期望，也称为平均故障前时间（mean time to failure，MTTF），即

$$\mathrm{MTTF} = E(T) = \int_0^\infty tf(t)\mathrm{d}t \tag{2-11}$$

对于灯泡、晶体管等不可修复产品，平均寿命即 MTTF；对于可修复产品，平均寿命即平均故障间隔时间（mean time between failure，MTBF）。设 n 为产品故障数，T 为工作总时间，则有

$$\mathrm{MTBF} = \frac{T}{n} \tag{2-12}$$

当可修复产品寿命 T 服从指数分布时，其平均寿命为

$$\mathrm{MTBF} = \int_0^\infty t\lambda \mathrm{e}^{-\lambda t}\mathrm{d}t = \frac{1}{\lambda} = \theta \tag{2-13}$$

2.1.3　可靠性常用分布

可靠性的失效分布包含连续型寿命分布和离散型失效次数分布，常用的有指数分布、正态分布、对数正态分布、伽马分布、威布尔分布、二项分布、泊松分布等。下面简要介绍前五种。

1. 指数分布

指数分布的失效密度函数为

$$f(t) = \lambda \mathrm{e}^{-\lambda t} \tag{2-14}$$

式中，λ 为失效率。

可靠度函数为

$$R(t) = \mathrm{e}^{-\lambda t} \tag{2-15}$$

失效率函数为

$$\lambda(t) = \frac{1}{\theta} \tag{2-16}$$

2. 正态分布

正态分布的失效密度函数为

$$f(t) = \frac{1}{\sigma\sqrt{2\pi}}\exp\left[-\frac{1}{2}\left(\frac{t-\mu}{\sigma}\right)^2\right] \tag{2-17}$$

令 $z = \dfrac{t-\mu}{\sigma}$，即 $f(t)$ 均值为 0、方差为 1 的正态分布，则 z 的概率密度函数为

$$\Phi(z) = \frac{1}{\sqrt{2\pi}}\mathrm{e}^{-z^2/2} \tag{2-18}$$

累计分布函数为

$$\Phi(z) = \int_{-\infty}^{z} \frac{1}{\sqrt{2\pi}} e^{-z^2/2} dz \qquad (2-19)$$

可靠度函数为

$$R(t) = 1 - \Phi\left(\frac{t-\mu}{\sigma}\right) \qquad (2-20)$$

失效率函数为

$$\lambda(t) = \frac{f(t)}{1 - \Phi\left(\frac{t-\mu}{\sigma}\right)} \qquad (2-21)$$

3. 对数正态分布

寿命 T 的对数 $\ln T$ 服从正态分布,则称 T 服从对数正态分布。对数正态分布的失效密度函数为

$$f(t) = \frac{1}{\sigma t \sqrt{2\pi}} \exp\left[-\frac{1}{2}\left(\frac{\ln t - \mu}{\sigma}\right)^2\right] \qquad (2-22)$$

累计分布函数为

$$F(t) = \int_{0}^{t} \frac{1}{\sigma t \sqrt{2\pi}} \exp\left[-\frac{1}{2}\left(\frac{\ln t - \mu}{\sigma}\right)^2\right] dt = \Phi\left(\frac{\ln t - \mu}{\sigma}\right) \qquad (2-23)$$

可靠度函数为

$$R(t) = 1 - \Phi\left(\frac{\ln t - \mu}{\sigma}\right) \qquad (2-24)$$

失效率函数为

$$\lambda(t) = \frac{f(t)}{1 - \Phi\left(\frac{t-\mu}{\sigma}\right)} \qquad (2-25)$$

4. 伽马分布

伽马分布指装备受外力冲击产生的累积损伤故障,其分布函数为伽马分布。失效密度函数为

$$f(t) = \frac{\lambda}{\Gamma(\alpha)} (\lambda t)^{\alpha-1} e^{-\lambda t} \qquad (2-26)$$

式中　λ——尺度参数;

α——形状参数。

$$\Gamma(\alpha) = \int_{0}^{\infty} x^{\alpha-1} e^{-x} dx \qquad (2-27)$$

累计分布函数为

$$F(t) = \int_{0}^{t} \frac{1}{\sigma t \sqrt{2\pi}} \exp\left[-\frac{1}{2}\left(\frac{\ln t - \mu}{\sigma}\right)^2\right] dt = \Phi\left(\frac{\ln t - \mu}{\sigma}\right) \qquad (2-28)$$

可靠度函数为

$$R(t) = 1 - \Phi\left(\frac{\ln t - \mu}{\sigma}\right) \qquad (2-29)$$

失效率函数为

$$\lambda(t) = \frac{f(t)}{1 - \Phi\left(\dfrac{t-\mu}{\sigma}\right)} \tag{2-30}$$

5. 威布尔分布

威布尔分布是可靠性分析的理论基础,通用性强,广泛用于装备材料和零部件的寿命分析,通过调整参数,可建立不同类的分布模型。

失效密度函数为

$$f(t) = \frac{\beta}{\eta}\left(\frac{t-\gamma}{\eta}\right)^{\beta-1}\exp\left[-\left(\frac{t-\gamma}{\eta}\right)^{\beta}\right] \tag{2-31}$$

式中　β——形状参数;

η——尺度参数,或特征寿命(在此寿命时 63.2% 的总体将会失效);

γ——最低寿命,一般为 0($t=0$ 时开始发生失效)。

可靠度函数为

$$R(t) = \exp\left[-\left(\frac{t-\gamma}{\eta}\right)^{\beta}\right] \tag{2-32}$$

失效率函数为

$$\lambda(t) = \frac{\beta}{\eta}\left(\frac{t-\gamma}{\eta}\right)^{\beta-1} \tag{2-33}$$

当 $\beta<1$ 时,函数服从伽马分布;

当 $\beta=1$ 时,函数服从指数分布;

当 $\beta=2$ 时,函数服从对数正态分布;

当 $\beta=3,5$ 时,函数服从近似正态分布。

2.1.4　系统可靠性

前面介绍的可靠性模型及分布函数一般适用于不复杂的部件、设备;而舰船复杂系统包括总体、系统和设备,各设备之间发生故障的关系复杂,涉及系统可靠度计算及总体任务可靠度计算,一般包括串联模型、并联模型、$r/n(G)$ 系统、旁联系统及和联系统,详见 2.3 节。

2.2　工 作 范 围

2.2.1　工作要求

工作要求来自两个方面:一是在舰船论证阶段由军方制定的可靠性定量要求、定性要求、工作项目要求及验证要求等;二是标准中对舰船可靠性工作的要求。《装备可靠性工作通用要求》(GJB 450—2021)针对装备研制阶段提出了技术和管理的工作范围要求,包括可靠性工作项目要求的确定、可靠性管理、可靠性设计与分析、可靠性试验与评价、使用可靠性评估与改进等,如图 2-2 所示。

可靠性工作项目

- 100确定可靠性及其工作项目要求
  - 101确定可靠性要求
  - 102确定可靠性工作项目要求
- 200可靠性管理
  - 201制定可靠性计划
  - 202制定可靠性工作计划
  - 203对承制方、转承制方和供应方的监督与控制
  - 204可靠性评审
  - 205建立故障报告、分析和纠正措施系统
  - 206建立故障审查组织
  - 207可靠性增长管理
  - 208可靠性计划设计核查
- 300可靠性设计与分析
  - 301建立可靠性模型
  - 302可靠性分配
  - 303可靠性预计
  - 304故障模式、影响及危害性分析
  - 305故障树分析
  - 306潜在分析
  - 307电路电容分析
  - 308可靠性设计准则的制定和符合性检查
  - 309元器件、零部件和原材料的选择与控制
  - 310确定可靠性关键产品
  - 311确定功能测试、包装、贮存、装卸、运输和维修对产品可靠性的影响
  - 312振动仿真分析
  - 313温度仿真分析
  - 314电应力仿真分析
  - 315耐久性分析
  - 316软件可靠性需求分析与设计
  - 317可靠性关键产品工艺分析与控制
- 400可靠性试验与评价
  - 401环境应力筛选
  - 402可靠性研制试验
  - 403可靠性鉴定试验
  - 404可靠性验收试验
  - 405可靠性分析评价
  - 406寿命试验
  - 407软件可靠性测试
- 500使用可靠性评估与改进
  - 501使用可靠性信息收集
  - 502使用可靠性评估
  - 503使用可靠性改进

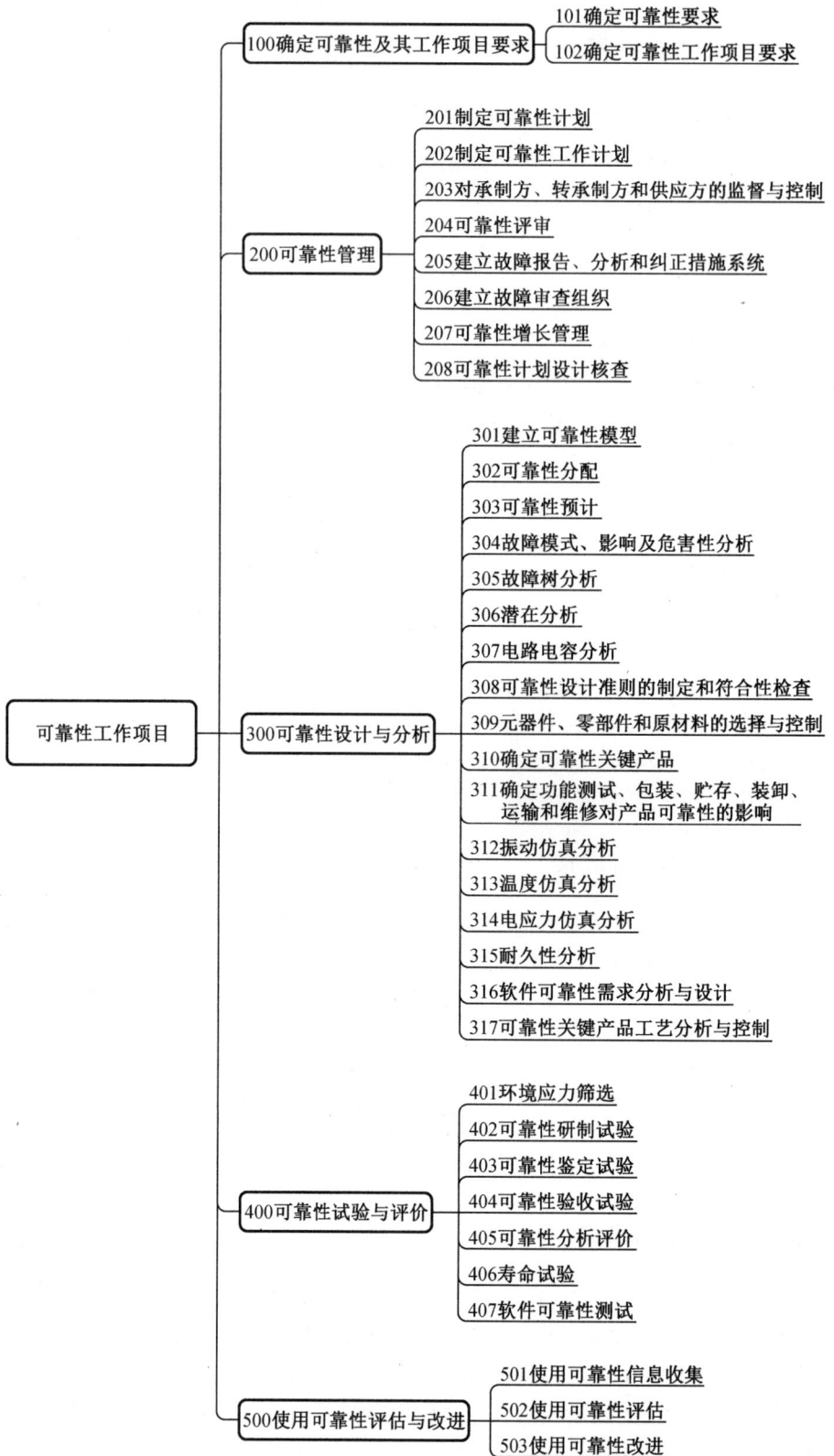

图2-2 可靠性工作项目

2.2.2　工作计划

按照军方的可靠性要求、《装备可靠性工作通用要求》(GJB 450—2021)中关于可靠性工作项目的要求,确定各阶段的总体、系统和设备可靠性工作项目要求。舰船总体、系统和设备的可靠性工作包括制定可靠性工作计划,对转承制方和供应方的监督与控制,可靠性评审,建立故障报告、分析和纠正措施系统,建立可靠性模型,可靠性分配与预计,故障模式、影响及危害性分析,可靠性设计准则的制定和符合性检查、可靠性试验与分析评价等。在各个研制阶段的一般内容见表 2-1。

表 2-1　可靠性工作项目表

序号	工作项目	工作类型	适用阶段					完成形式
			方案设计	技术设计	施工设计	建造试验	设计定型	
1	制定可靠性工作计划	管理与控制	√					总体、系统、设备可靠性工作计划
2	对转承制方和供应方的监督与控制		√	√	√	√		转承制方可靠性要求;转承制方可靠性设计技术报告;转承制方可靠性评审结论
3	可靠性评审		√	√	√	√	√	总体、系统、设备可靠性评审结论
4	建立故障报告,分析和纠正措施系统				√	√	√	故障及故障分析、纠正措施报告
5	建立故障审查组织			√	√	√	√	故障审查报告
6	建立可靠性模型	设计与分析	√	√				总体、系统、设备可靠性模型
7	可靠性分配		√	√				总体、系统、设备可靠性指标分配报告
8	可靠性预计			√				总体、系统、设备可靠性指标预计报告
9	故障模式、影响及危害性分析		√	√				总体、系统、设备故障模式、影响及危害性分析报告
10	可靠性设计准则制定及符合性检查		√	√				总体、系统、设备可靠性设计准则及符合性检查报告
11	确定可靠性关键产品			√				总体、系统、设备可靠性关键产品清单
12	环境应力筛选	试验与验证			√	√		设备环境应力筛选试验大纲、计划和结论报告
13	可靠性研制试验			√	√	√		系统、设备可靠性研制试验大纲、细则及试验报告
14	可靠性鉴定试验			√	√	√		系统、设备可靠性鉴定试验大纲、细则及试验报告
15	可靠性分析评价			√			√	可靠性分析评价报告
16	寿命试验			√	√	√		系统、设备寿命试验大纲及报告

注:"√"表示均需开展的工作。

2.3　可靠性建模

可靠性模型用于描述系统及其组成单元之间的故障逻辑关系。工程上常用的任务可靠性模型用于估计产品执行某项规定任务的成功可能性。

可靠性建模包括定义任务范围、建立可靠性框图、给出可靠性数学模型三个部分,具体说明见以下各节。

2.3.1　定义任务范围

1. 确定任务剖面

任务剖面一般可分为对空战、对海战、反潜战、自防御、指挥和保障航空兵作战等,应当针对不同的任务剖面建立相应的任务可靠性模型。

2. 确定故障判据

分析影响舰船任务完成的故障情形,给出导致任务失败的条件。

3. 确定参加任务的装备

仅将影响到舰船任务完成的装备列入任务可靠性建模范围。

2.3.2　建立可靠性框图

定义任务范围之后,通过图示的方法建立产品在执行任务过程中相关单元之间的故障依赖关系。其典型的可靠性模型表示为如下形式。

1. 串联系统

对于串联系统,系统中任一单元发生故障都会导致系统发生故障。串联系统可靠性框图如图 2-3 所示。

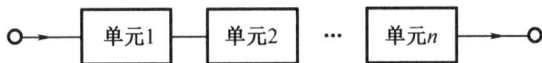

图 2-3　串联系统可靠性框图

2. 并联系统

对于并联系统,系统中所有单元都发生故障时才会导致系统发生故障。并联系统可靠性框图如图 2-4 所示。

3. $r/n(G)$ 系统

对于 $r/n(G)$ 系统,当系统中正常运行的单元数不少于 r 时,系统不会发生故障。$r/n(G)$ 系统可靠性框图如图 2-5 所示。

4. 旁联系统

对于旁联系统,系统中只要求一个单元工作,当其发生故障时系统通过转换装置切换到另一个单元,直到所有单元都发生故障时系统才发生故障。旁联系统可靠性框图如图 2-6 所示。

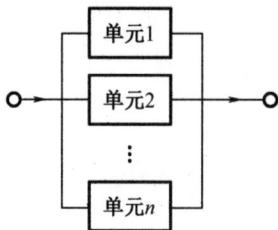

图 2-4 并联系统可靠性框图

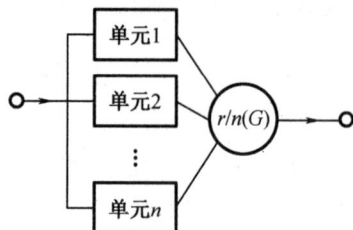

图 2-5 $r/n(G)$ 系统可靠性框图

5. 和联系统

当系统的规定任务由几个不能互相取代的支任务组成时,这些支任务由功能独立的支路单元(分系统)与共用的中心单元(可以省去)组合完成,这种系统称为和联系统。和联系统可靠性框图如图 2-7 所示。

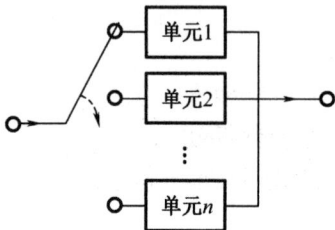

图 2-6 旁联系统可靠性框图

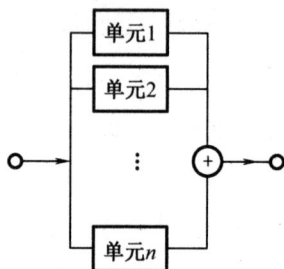

图 2-7 和联系统可靠性框图

2.3.3 给出系统可靠性数学模型

通过数学公式表示各单元可靠性与系统可靠性之间的函数关系。

假设产品的故障服从指数分布,产品可靠度的计算公式如下:

$$R(t) = e^{-\lambda t} \tag{2-34}$$

式中,λ 为产品的故障率,$\lambda = 1/\text{MTBF}$。

串联、并联、$r/n(G)$、旁联、和联系统的数学模型分别表示为如下形式。

1. 串联系统

$$R_s(t) = \prod_i^n R_i(t) \tag{2-35}$$

式中,$R_s(t)$、$R_i(t)$ 分别为串联系统、系统组成单元的可靠度。

2. 并联系统

$$R_s(t) = 1 - \prod_{i=1}^n [1 - R_i(t)] \tag{2-36}$$

式中,$R_s(t)$、$R_i(t)$ 分别为并联系统、系统组成单元的可靠度。

3. $r/n(G)$ 系统

$$R_s(t) = 1 - \prod_{i=r}^n C_n^i R^i(t) [1 - R(t)]^{n-i} \tag{2-37}$$

式中,$R_s(t)$、$R(t)$ 分别为 $r/n(G)$ 系统、系统组成单元(各单元相同)的可靠度。

4. 旁联系统

假设 1：转换装置的可靠度为 1，系统各单元的寿命服从指数分布且相同，则数学模型为

$$R_s(t) = \mathrm{e}^{-\lambda t} \sum_{i=0}^{n-1} \frac{(\lambda t)^i}{i!} \tag{2-38}$$

式中 $R_s(t)$——旁联系统的可靠度；

λ——单元故障率；

t——系统规定的工作时间；

n——组成旁联系统的单元数。

系统平均故障间隔时间

$$\mathrm{MTBF}_s = n/\lambda \tag{2-39}$$

对于常用的两个不同单元组成的旁联系统，有

$$n = 2, \lambda_1 \neq \lambda_2$$

$$R_s(t) = \frac{\lambda_2}{\lambda_2 - \lambda_1} \mathrm{e}^{-\lambda_1 t} + \frac{\lambda_1}{\lambda_1 - \lambda_2} \mathrm{e}^{-\lambda_2 t} \tag{2-40}$$

$$\mathrm{MTBF}_s = \frac{1}{\lambda_1} + \frac{1}{\lambda_2} \tag{2-41}$$

假设 2：转换装置的可靠度为常数 R_D，对于两个不相同单元，当其寿命服从指数分布时，有

$$R_s(t) = \mathrm{e}^{-\lambda_1 t} + R_D \frac{\lambda_1}{\lambda_1 - \lambda_2} (\mathrm{e}^{-\lambda_2 t} - \mathrm{e}^{-\lambda_1 t}) \tag{2-42}$$

$$\mathrm{MTBF}_s = \frac{1}{\lambda_1} + R_D \frac{1}{\lambda_2} \tag{2-43}$$

$$\mathrm{MTBF}_s = \sum_i^n \mathrm{MTBF}_i \tag{2-44}$$

式中，MTBF_s、MTBF_i 分别为旁联系统、系统组成单元的 MTBF 值。

5. 和联系统

$$R_s(t) = R_{zx}(t) \sum_{i=1}^n b_i R_i(t) \tag{2-45}$$

式中 $R_s(t)$——和联系统的可靠度；

$R_i(t)$——第 i 支路（分系统）的可靠度；

$R_{zx}(t)$——共用中心单元的可靠度；

n——支路（分系统）数；

b_i——第 i 支路任务占总任务的比率，且 $\sum_{i=1}^n b_i = 1$。

2.4 可靠性分配

可靠性分配是自上而下的设计过程,其目的是使总体、系统和设备各级设计人员明确其可靠性定量设计要求,根据要求开展各级装备的功能及结构设计,并研究实现这一要求的可能性及措施。如同性能指标一样,可靠性指标是设计人员在可靠性定量设计方面的一个设计目标。

2.4.1 可靠性分配原则

在进行可靠性分配时需要遵循以下准则:

(1)对于复杂度高的分系统、设备等,应分配较低的可靠性指标;

(2)对于技术上不成熟的产品,应分配较低的可靠性指标;

(3)对于在恶劣环境条件下工作的产品,应分配较低的可靠性指标;

(4)当把可靠度作为分配参数时,对于需要长期工作的产品,应分配较低的可靠性指标;

(5)对于重要度高的产品,应分配较高的可靠性指标;

(6)分配时还可以考虑其他一些因素,如对于可达性差的产品,应分配较高的可靠性指标;

(7)对于已有可靠性指标的货架产品或使用成熟的系统/产品,不再进行可靠性分配。同时,在进行可靠性分配时,应从总指标中剔除这些单元的可靠性值。

2.4.2 可靠性分配方法

在方案设计阶段,系统、设备的可靠性数据基础较为薄弱,一般采用专家评分法进行可靠性分配;在深化方案设计阶段,则采用基于可靠性预计的分配方法进行可靠性分配。

1. 专家评分法

专家评分法用于分配系统的基本可靠性,或用于分配串联系统的任务可靠性(假设产品服从指数分布)。

利用专家评分法进行可靠性指标分配时应注意以下问题:

(1)评分因素

专家评分法通常考虑的因素有复杂度、技术水平、工作时间和环境条件,在工程实际中可根据情况增加或减少评分因素。

(2)评分原则

各种因素评分值范围为1~10,分值越高说明可靠性越差。

复杂度——根据组成单元的元部件数量以及组装的难易程度来评定,最复杂的为10分,最简单的为1分。

技术水平——根据单元目前的技术水平和成熟程度来评定,水平最低的为10分,水平最高的为1分。

工作时间——根据单元工作时间来评定,最长的为 10 分,最短的为 1 分。

环境条件——根据单元所处的环境来评定,单元工作过程中将经受极其恶劣而严酷的环境条件的为 10 分,环境条件最好的为 1 分。

(3)可靠性分配算法

设系统的可靠性指标为 R_s^*,各分系统的可靠性分配指标为 R_i^*,则有

$$R_i^* = (R_s^*)^{c_i} \tag{2-46}$$

式中　i——单元数,$i = 1, 2, \cdots, n$;

　　　c_i——第 i 个分系统的评分系数。

$$c_i = w_i / w \tag{2-47}$$

式中　w_i——第 i 个单元的评分数;

　　　w——系统的评分数。

$$w_i = \prod_{j=1}^{4} r_{ij} \tag{2-48}$$

式中　r_{ij}——第 i 个分系统、第 j 个因素的评分数;

　　　$j = 1$——复杂度;

　　　$j = 2$——技术水平;

　　　$j = 3$——工作时间;

　　　$j = 4$——环境条件。

$$w = \sum_{i=1}^{n} w_i \tag{2-49}$$

2. 基于可靠性预计的分配方法

对于基于可靠性预计的分配方法,首先基于设备、系统的可靠性指标,进行可靠性初步预计工作,再将预计结果与可靠性指标要求进行比较:

(1)若满足要求,则以预计值为基础,考虑各系统的具体情况以及保留一定的裕度,将总体可靠性指标分配到各个系统;

(2)若不满足要求,则以最小努力法或其他策略进行各系统可靠性指标的调整,最终确定其指标分配值。

2.5　可靠性预计

系统可靠性预计根据系统组成单元之间的可靠性逻辑关系以及各单元的可靠性数据进行计算,用于评价系统设计能否达到可靠性规定值的要求,识别系统设计中存在的薄弱环节,以及为可靠性分配提供必要依据。

2.5.1　单元可靠性预计

设备承制单位应根据实际情况选择适当的可靠性预计方法进行单元可靠性预计,其预计方法按产品类型一般分为电子设备、机械产品的可靠性预计方法,详见有关标准。

2.5.2　系统可靠性预计

系统可靠性预计是以系统各个组成单元的预计值为基础,根据系统可靠性模型,对系统在某一任务剖面的运行可靠性进行计算。

对于不可修系统的任务可靠性预计,其工作程序如下:

(1)根据任务剖面建立系统任务可靠性模型;

(2)通过单元可靠性预计方法计算系统各个组成单元的故障率或平均严重故障间隔时间(MTBCF);

(3)确定系统各个组成单元的工作时间;

(4)根据建立的可靠性模型计算系统任务可靠度。

可修系统是指在任务执行期间,当系统发生故障时允许进行修理,修复后继续执行任务,其任务可靠性不但与各个组成单元的可靠性水平相关,而且受到各个组成单元维修特性的影响,如产品各个组成单元的 MTTR 值。

对于可修系统的任务可靠性预计,一般通过 RMS 仿真平台进行计算,参见 8.2 节。其工作程序如下:

(1)根据任务剖面在商业软件中建立系统任务可靠性模型;

(2)通过单元可靠性预计方法计算系统各个组成单元的故障率或 MTBCF;

(3)确定系统各个组成单元的工作时间;

(4)运行软件仿真计算系统任务可靠度。

2.6　故障模式、影响及危害性分析

2.6.1　概述

按照《故障模式、影响及危害性分析指南》(GJB/Z 1391A—2006)的定义,故障模式、影响及危害性分析(failure mode,effects and criticality analysis,FMECA)是分析产品所有可能的故障模式及其可能产生的影响,并按每个故障模式产生影响的严重程度及其发生概率予以分类的一种归纳分析方法。在产品设计过程中,通过对产品各个组成单元的各种故障模式及其对产品功能的影响进行分析,并把每一个故障模式按它的严酷度予以分类,提出可以采取的预防及改进措施,以提高产品可靠性。舰船产品子样少、批量小、建造费用高,又缺少大量可靠性基础数据,非常适用这种定性分析方法提高舰船可靠性水平,依靠工程技术人员的知识水平和工作经验判断零部件及设备故障对系统、对舰总体产生的影响,是最经济有效的可靠性设计分析方法。

FMECA 有两种基本方法:功能法和硬件法。功能法以总体、系统和设备的功能分解为导向,自上而下地采用功能分解,绘制功能框图,识别功能故障模式及影响。硬件法是根据系统的功能框图和可靠性框图,对组成系统的各个单元可能发生的所有故障模式及其对系统功能的影响进行分析,并列出表格。它适用于从零件级开始,自下而上地进行分析。硬件法是一种较为严格和周密的分析方法。一般而言,舰船方案设计阶段采用功能法,而技

术设计阶段采用硬件法。针对舰船的建造阶段,开展工艺 FMECA。FMECA 工作分为故障模式、影响分析(FMEA)和危害性分析(CA)两个主要步骤。FMEA 是 CA 工作的前提和基础,CA 是 FMEA 工作的延伸和扩展。

2.6.2　基本概念

1. 约定层次

约定层次是指根据 FMECA 的需要,按产品的功能关系或组成特点进行 FMECA 的产品所在的功能层次或结构层次,一般是从复杂到简单依次进行划分的。

2. 初始约定层次

初始约定层次是指要进行 FMECA 总体、完整的产品所在约定层次中的最高层次,是 FMECA 最终影响的对象。

3. 其他约定层次

其他约定层次是指相继初始约定层次的约定层次,如第二、三、四约定层次等,这些约定层次表明了直至较简单的组成部分的有顺序的排列。

4. 最低约定层次

最低约定层次是指约定层次中最底层的产品所在的层次,是 FMECA 所终止的约定层次,它决定了 FMECA 工作深入、细致的程度。

最低约定层次一般按以下原则确定:

(1)维修时最小的可更换单元;

(2)系统中某一产品故障将直接引起灾难或致命的后果时,最低约定层次应至少划到该产品的所在层次。

5. 故障

故障是指产品不能执行规定功能的状态。

6. 故障模式

故障模式是指故障的表现形式,如短路、开路、断裂、过渡损耗等。

7. 故障原因

故障原因是指引起故障的设计、制造、使用和维修等有关因素。

8. 故障影响

故障影响是指故障模式对产品的使用、功能或状态所导致的结果,分为局部影响、高一层次影响和最终影响。

(1)局部影响

局部影响是指故障模式对特定的分析产品在工作、功能或状态方面所产生的后果。其在某些情况下,就是故障模式本身。

(2)高一层次影响

高一层次影响是指故障模式对比特定的分析产品高一层次的产品在工作、功能或状态方面所产生的后果。

(3)最终影响

最终影响是指故障模式对初始约定层次产品在工作、功能或状态方面所产生的后果。

9. 严酷度

严酷度是指故障模式所产生后果的严重程度。严酷度应考虑到故障所造成的最坏潜在后果,并根据最终可能出现的人员伤亡、任务失败、产品损坏(或经济损失)和环境损害等方面的影响程度进行确定。

10. 严酷度类别

严酷度类别是规定产品故障所造成的最坏潜在后果的一个量度。它是根据故障模式最终可能出现的人员伤亡、任务失败、产品损坏(或经济损失)和环境损害等方面的影响程度进行确定的。

11. 危害性

危害性是指对产品中每个故障模式发生的概率及其危害程度的综合度量。

12. 危害性分析

危害性分析是指对产品中的每个故障模式发生的概率及其危害程度所产生的综合影响进行分析,以全面评价产品各种可能出现的故障模式的影响。

13. 使用补偿措施

使用补偿措施是指针对某一故障模式,为了预防其发生而采取的特殊的使用和维护措施,或一旦出现该故障模式后操作人员采取的最恰当的补救措施。

14. 设计改进措施

设计改进措施是指针对某一故障模式,在设计和工艺上采取的消除/减轻故障影响或降低故障发生概率的改进措施。

15. 故障检测方法

故障检测方法是指记录发现故障模式的方法和手段。一般包括目视检查、原位测试、离位检测等,其手段包括机内测试(BIT)以及安装自动传感装置、传感器、音响报警装置、显示报警装置等。

16. 单点故障

单点故障是指会引起系统故障,而且没有冗余或替代的操作程序作为补救的产品故障。

2.6.3 FMECA 实施步骤

舰船产品的功能 FMECA、硬件 FMECA、工艺 FMECA 的实施程序基本相同,如图 2-8 所示。

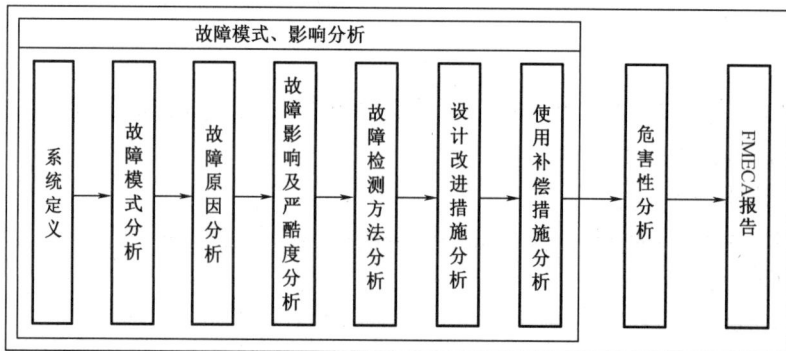

图 2-8 舰船产品 FMECA 实施程序

功能 FMECA 一般在舰船方案设计阶段进行,强调舰船功能分解及其功能的失效模式,功能分解可参见参考文献[102]。

硬件 FMECA 一般在技术设计阶段进行,强调舰船系统、设备、零部件的分解及其故障模式分析。

工艺 FMECA 一般在施工设计阶段进行,由设备制造厂、船厂实施,可参见《故障模式、影响及危害性分析指南》(GJB/Z 1391A—2006)。

1. 系统定义

首先,描述系统的功能原理与工作说明,其中功能描述应明确具体的任务阶段和工作模式;绘制系统的功能框图。其次,指定约定层次,即在 FMECA 表格中指定约定层次、初始约定层次,以及最低约定层次,以明确具体的分析对象。如根据某型舰船的组成结构,将FMECA 分为三个级别,从第三级开始逐级进行分析工作。其具体的分析级别与约定层次如图 2-9 所示。

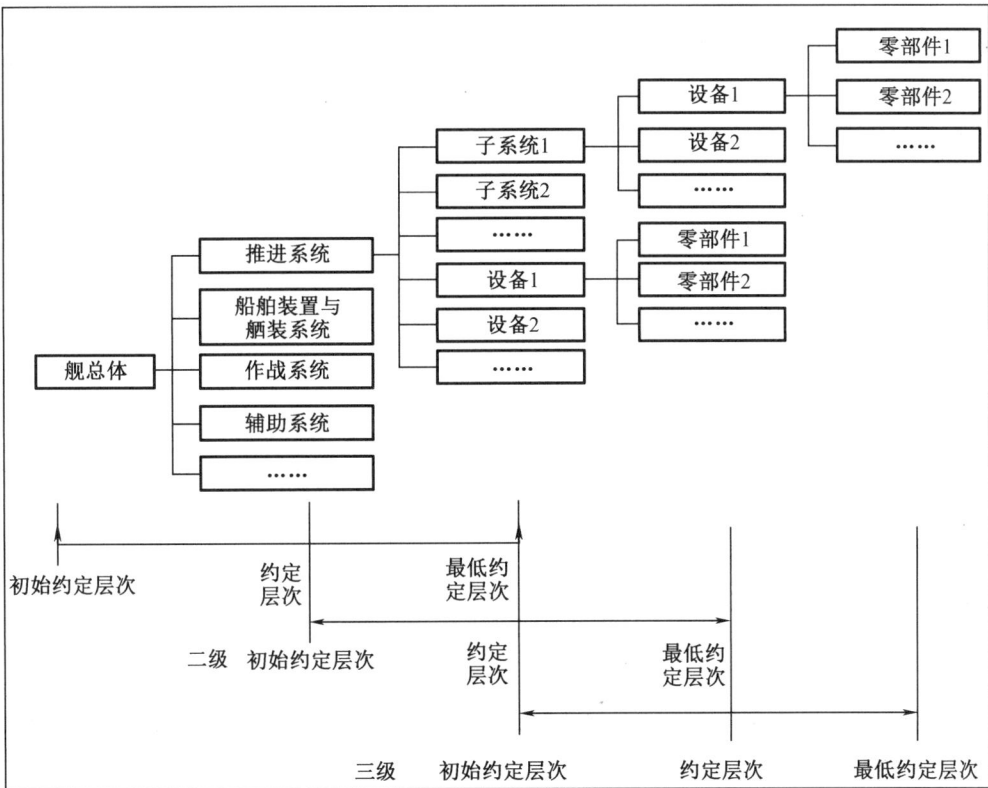

图 2-9　FMECA 分析级别与约定层次

2. 故障模式分析

故障是指产品不能执行规定功能的状态。故障模式是故障的表现形式,是装备故障时可观测到的状态,如短路、开路、断裂、功率损耗、超差等。故障模式分析就是找到装备及其零部件所有功能分解下的故障模式。典型故障模式见表 2-2。

表 2-2　典型故障模式表

序号	故障模式	序号	故障模式
1	提前运行	26	误指示
2	在规定时间内不能运行	27	裂纹
3	在规定时刻关机不能停止运行	28	超出允差(上限)
4	噪声过大	29	超出允差(下限)
5	结构失效(破损)	30	意外运行
6	捆结	31	间歇性工作
7	振动异常	32	漂移性工作
8	不能保持正常位置	33	排放异常
9	打不开	34	流动不畅
10	关不上	35	错误动作
11	误开	36	不能关机
12	误关	37	不能开机
13	内部漏泄	38	不能切换
14	外部漏泄	39	滞后运行
15	错误输入(过大)	40	温度过高
16	错误输入(过小)	41	停车
17	错误输出(过大)	42	偏磨
18	错误输出(过小)	43	变形
19	无输入	44	腐蚀
20	无输出	45	无法起动
21	短路	46	接触不良
22	开路	47	断裂
23	卡死	48	松动
24	转速波动	49	排气背压过高
25	堵塞	50	烧蚀

实践中,人们按照功能丧失型,功能失常型,损坏、损伤型,松、脱、漏、堵型,对故障模式进行分类,见表 2-3。

表 2-3　故障模式汇总表

序号	故障模式	序号	故障模式	序号	故障模式
	功能丧失型	3	打不开	6	放不下
1	断不开	4	关不上	7	短路
2	接不通	5	收不起	8	开路(断路)

表 2-3(续 1)

序号	故障模式	序号	故障模式	序号	故障模式
9	卡死、抱死	42	过热	76	恢复慢
10	操纵(调节、控制)失灵	43	介质(油、液、气……)消耗量大	77	有时接不通
11	误指示	44	参数漂移	78	压力脉动、摆动
12	误动作	45	零位漂移(移动)	79	压力下降快
13	无输出	46	不同步	80	压力超差
14	无压力	47	不协调	81	温度超差
15	自开锁	48	不到位	82	加温不正常
16	不开锁	49	功能不足	83	自动抛放
17	不上锁	50	弹性不足	84	自动断(脱)开
18	不指示	51	分辨率下降	85	冒烟(雾)
19	不归零	52	绝缘电阻下降	86	钢索过长、过短
20	不复位	53	搭铁、接地不良	87	频率超差
21	不分离(不抛放)	54	接触不良	88	频率不稳定
22	不启动	55	绝缘不良(漏电)	89	电流不稳定(摆动)
23	不转换	56	灵敏度超差	90	电压不稳定
24	不增压	57	电压超差	91	电阻值超差
25	不降压	58	电流超差	92	放大量超差
26	不冷却	59	频率超差	93	跳电门
27	不加温	60	性能指标超差	94	状态开关不限位
28	不供电、不断电	61	异常振动、抖动	95	反调
29	不供油(不输油)	62	异常摆动	96	抗干扰能力差
30	不供气	63	输出异常	97	工作不正常
31	不点火(不发火)	64	声音异常		**损坏、损伤型**
32	不放气	65	转速超差(异常)	98	击穿
33	灯不灭	66	起动异常	99	熔断
34	灯不亮、不闪亮	67	流量异常	100	烧蚀
35	不定向、不定位	68	操纵异常	101	烧熔
36	停臂	69	收放异常	102	烧坏
37	计算机软件故障	70	过负荷	103	变形
38	计算机硬件故障	71	容量不足	104	扭曲
39	不工作、功能丧失	72	指示异常	105	拉伤
	功能失常型	73	卡滞、紧涩、不灵活	106	划伤
40	断续工作	74	噪声大	107	压坏、压伤(痕)
41	信号时有时无、不稳定	75	误差大	108	开焊

表 2-3(续 2)

序号	故障模式	序号	故障模式	序号	故障模式
109	脱焊	122	胶合(黏附、黏结)	135	触点烧坏
110	虚焊	123	插头(座)损坏	136	熔断器烧坏
111	断裂	124	结构干涉	137	断线
112	龟裂	125	螺栓(钉)、销断裂	138	外来物打伤
113	开裂	126	弹簧断裂	139	损伤、损坏
114	破裂	127	固定支架(座)断裂	**松、脱、漏、堵型**	
115	裂纹	128	插头(座)损坏	140	堵塞
116	剃齿	129	胶垫(圈)压坏	141	脱落、飞掉
117	打齿(破齿)、齿弯	130	银纹	142	开胶、脱胶
118	脱扣(撸扣)	131	断丝超过规定	143	松动
119	起泡、鼓泡	132	掉块、爆口、缺口	144	串油、串气
120	剥落	133	砂眼		
121	磨损	134	导线烧坏		

在进行故障模式分析时,应区分功能故障和潜在故障。

功能故障是指装备及其零部件不能完成预定功能的事件或状态。

潜在故障是指功能故障将要发生、通过人工或仪器观测到的一种可鉴别状态。

在进行故障模式分析时还需要确定和描述装备在每一种功能下的可能的故障模式。装备可能具有多种功能,而每一种功能又可能具有多种故障模式,分析人员的任务就是找出装备每一种功能的全部可能的故障模式。此外,复杂系统一般具有多种任务功能。每个任务剖面又由多个任务阶段组成,产品在每个任务阶段中又具有不同的工作模式。因而,在进行故障模式分析时,还需说明装备的故障模式是在哪个任务剖面的哪个任务阶段的哪种工作模式下发生的。

在识别故障模式过程中,尤其注意分析故障在功能/物理层次之间的传递特性,以及同一层次之间的接口关系引起的故障模式,如图 2-10 所示。从图中可以看到,上一层次的故障模式由下一层次产品自身的故障影响(即图中的下一层|单一),以及下一层次产品之间接口的故障影响共同构成。上一层次产品在进行故障模式分析时,应在对其所属所有紧邻低一层次产品的故障影响进行汇总的基础上,增加对这些产品之间的接口、协调性等方面的故障模式的分析。

3. 故障原因分析

故障原因指故障模式的诱发因素,故障原因可能是系统、设备本身的缺陷,可能是正常工作损耗的积累,也可能是性能退化或指标漂移未得到及时纠正及环境、操作错误等因素或其综合。能否对故障原因进行准确、细致的分析,决定了是否能够提出正确、有效的补偿措施。所以,对故障原因应予以仔细分析。由于分析人员站在的角度不同,以及故障及其影响的传递性,故障模式、原因和影响在不同装备层次分析中存在一定的转换关系。通常,发生在下一约定层次装备上的故障模式,是上一约定层次装备的故障原因。从图 2-10 可以看到,上一层次

的故障原因由下一层次产品自身的故障(即下一层|单一),以及下一层次产品之间接口的故障模式共同构成。上一层次产品在进行故障原因分析时,应在对其所属所有紧邻低一层次产品的故障模式进行汇总的基础上,增加对这些产品之间的接口、协调性等方面的故障原因的分析。

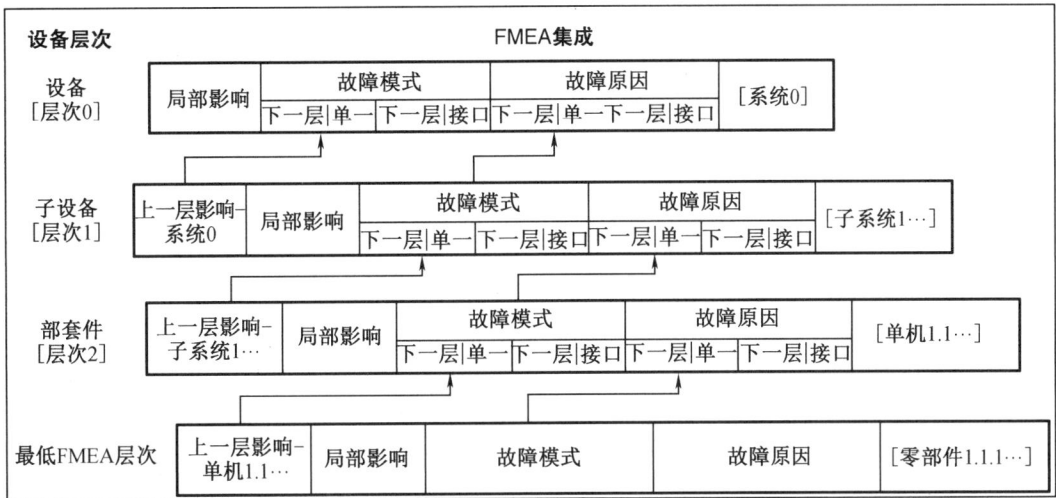

图 2-10　故障模式在系统层次之间的接口关系

当一个故障模式存在两个以上故障原因时,所有可能的故障原因均应填写。在分析故障原因时,应特别注意由共同原因导致的同时故障即共因故障,或由共同模式导致的同时故障即共模故障,这在有冗余或备份的装备分析中尤为重要。因为虽然采取了冗余措施,但由于冗余或备份产品发生共因故障或共模故障,产品的可靠性、安全性将受到严重影响。

4. 故障影响及严酷度分析

(1)故障影响分析

在分析某一组成单元的故障模式对其他单元的故障影响时,需要依据指定的约定层次结构进行,即不仅要分析该故障模式对该组成单元所在同一层次的其他单元造成的影响,还需分析该故障模式对该组成单元所在层次的更高层次单元的影响。通常将这些按约定层次划分的故障影响分别称为局部影响、高一层次影响和最终影响,其定义见表 2-4。

表 2-4　故障影响定义

名称	定义
局部影响	某组成单元的故障模式对该组成单元自身和与该组成单元所在约定层次相同的其他单元的使用、功能或状态的影响
高一层次影响	某组成单元的故障模式对该组成单元所在约定层次的高一层次单元的使用、功能或状态的影响
最终影响	系统中某组成单元的故障模式对初始约定层次单元的使用、功能或状态的影响

（2）严酷度分析

根据每一故障模式的最终影响，按表 2-5 确定相应的严酷度，即每一故障模式影响的严重程度等级。

表 2-5　故障模式的严酷度

等级	故障模式影响的严重程度
I	系统(基本)丧失功能，引起系统任务失败或出现不可接受的任务降级，甚至造成设备与人员的损伤
II	系统丧失局部或备份功能，引起系统性能明显下降，对系统主要任务的完成有较大影响
III	系统丧失非关键功能，系统性能出现一定的下降，但对系统主要任务的完成没有较大影响
IV	故障模式对系统主要任务的完成几乎没有影响

5. 检测分析方法

故障检测方法反映的是从发现故障到找出故障原因，直至提出补偿措施的过程。该栏填写操作人员或维修人员用以检测故障模式发生的方法、手段。故障检测方法包括目视检查、BIT、加装传感器检测、灯光报警、音响报警等。

确定故障检测方法还应注意：有时设备几个组成部分的不同故障模式可能产生相同的故障影响，因此有必要增加若干检测点，以便区分到底是哪一个故障模式引起了设备故障。

6. 设计改进措施分析

设计改进措施分析是指针对每个故障模式的原因、影响，分析其可能的可靠性改进措施。其中，设计改进措施可分为以下两个方面：

（1）通过冗余设计、降额设计、裕度设计、电路板热设计等可靠性设计手段消除潜在的薄弱环节；

（2）通过 BIT 技术、故障诊断预测与自适应控制技术进行在线健康管理设计，以减弱故障发生时对系统运行的影响。

7. 使用补偿措施分析

使用补偿措施分析是指分析人员应分析为了预防或避免故障的发生，在技术资料中规定的使用维护措施，以及故障模式出现后，使用人员应采取的最恰当的应急补救措施等。如对预防维修有效的故障加强预防维修、限制使用、人工应急操作等。注意：不能是事后的维修措施（如更换、修理等），如果没有任何补偿措施，则在该栏中填写"无"。事后维修措施在基于维修性、保障性设计的 FMEA 中填写，参见本书 4.3.5 节维修分析中有关内容说明。

8. 危害性分析（CA）

CA 是在 FMEA 的基础上进行的。危害性分析可采用风险优先数（risk priororiry number，RPN）方法和危害性矩阵分析方法（criticality marix analysis method，CMAM）。

（1）风险优先数方法

风险优先数方法是对产品每个故障模式的 RPN 值进行优先排序，并采取相应的措施，使 RPN 值达到可接受的最低水平。

产品某个故障模式的 RPN 值等于该故障模式的严酷度等级（ESR）和故障模式的发生概率等级（OPR）的乘积，即

$$RPN = ESR \cdot OPR \tag{2-50}$$

RPN 值越大,则其危害性越大。

ESR 和 OPR 的评分准则如下:

①故障模式影响的 ESR 评分准则

ESR 用于评定某个故障模式的最终影响程度。表 2-6 给出了 ESR 的评分准则。在分析中,该评分准则应综合所分析产品的实际情况尽可能地详细规定。

表 2-6　ESR 的评分准则

ESR 评分等级	严酷度等级	故障影响的严重程度
1、2、3	轻度的	不足以导致人员伤害、产品轻度的损坏、轻度的财产损失及轻度的环境损坏,但它会导致非计划性维护或修理
4、5、6	中等的	导致人员中等程度伤害、产品中等程度损坏、任务延误或降级、中等程度财产损坏及中等程度环境损害
7、8	致命的	导致人员严重伤害、产品严重损坏、任务失败、财产严重损坏及环境严重损害
9、10	灾难的	导致人员死亡、产品(如飞机、坦克、导弹及船舶等)毁坏、重大财产损失和重大环境损害

②故障模式 OPR 评分准则

OPR 是评定某个故障模式实际发生的可能性。表 2-7 给出了 OPR 的评分准则,表中"故障模式发生概率(P_m)参考范围"是对应各评分等级给出的预计该故障模式在产品的寿命周期内发生的概率,该值在具体应用中可以视情定义。

表 2-7　OPR 的评分准则

OPR 评分等级	故障模式发生的可能性	故障模式发生概率 P_m 参考范围
1	极低	$P_m \leqslant 10^{-6}$
2、3	较低	$10^{-6} < P_m \leqslant 10^{-4}$
4、5、6	中等	$10^{-4} < P_m \leqslant 10^{-2}$
7、8	高	$10^{-2} < P_m \leqslant 10^{-1}$
9、10	非常高	$P_m > 10^{-1}$

(2)危害性矩阵分析法

危害性矩阵分析通过比较每个产品及其故障模式的危害性程度,为确定产品改进措施的先后顺序提供依据,分为定性危害性矩阵分析法与定量危害性矩阵分析法。在进行危害性矩阵分析时,应选择定性方法或定量方法中的一种进行分析:当不能获得产品的准确故障率数据时,应选择定性危害性矩阵分析法;反之,应选择定量危害性矩阵分析法。

①定性危害性矩阵分析法

定性危害性矩阵分析法是将每个故障模式发生的可能性分成离散的级别,即故障模式发生概率等级,按所定义的等级对每个故障模式进行评定。故障模式发生概率等级就是通过统计分析推断估计出每个故障模式出现概率的大小,用 A、B、C、D、E 五个不同的等级表示,它为危害性分析提供一个定性的衡量方法。故障模式发生概率的等级划分见表 2-8。

表 2-8　故障模式发生概率的等级划分

等级	定义		故障模式发生 概率的特征	故障模式发生概率 P_m 参考范围(在产品使用时间内)
	机群或库存 (寿命期)	特定产品 (工作时间)		
A	接连发生	经常发生	高概率	$P_m > 10^{-3}$
B	发生频繁	发生几次	中等概率	$10^{-4} < P_m \leqslant 10^{-3}$
C	发生几次	偶然发生	不常发生	$10^{-5} < P_m \leqslant 10^{-4}$
D	发生可能性很小	很少发生	不大可能发生	$10^{-6} < P \leqslant 10^{-5}$
E	几乎不可能发生	极少发生	近乎为零	$P_m \leqslant 10^{-6}$

②定量危害性矩阵分析法

当可以获得较为准确的产品故障数据时,选择定量危害性矩阵分析法。该方法是按公式分别计算每个故障模式危害度 C_{mj} 和产品危害度 C_r,并分别对求得的 C_{mj} 和 C_r 值进行排序,或应用危害性矩阵图对每个故障模式的 C_{mj} 和产品的 C_r 进行危害性分析。

A. 故障模式危害度 C_{mj}

故障模式危害度表示在特定严酷度下,某一故障模式的发生概率,是特定严酷度下产品危害度的一部分。

$$C_{mj} = \lambda_p \beta_j \alpha_j t \tag{2-51}$$

式(2-51)中各参数按如下方法取值。

故障率 λ_p

产品故障率 λ_p 来源于产品的可靠性预计报告。

故障影响概率 β

β 值表示如果故障模式发生,对相应严酷度的影响概率。

β 取值一般由分析人员根据实际情况,参考表 2-9 中的有关规定确定。大多数情况下,$\beta = 1$,表示故障模式一旦发生就会导致相应的严酷度;当为了强调故障模式发生的特定状态,需要确定故障模式的实际影响时,β 值应根据性能、装配、特定的工作方式、外部因素等确定,在此情况下,应在 FMECA 报告中单独说明 β 取值原因。

表 2-9　故障影响概率 β 取值范围

β 取值	具体含义
1	若发生该类故障模式,必定造成某种影响
0.5~0.99	若发生该类故障模式,很可能造成某种影响
0.1~0.49	若发生该类故障模式,可能会造成某种影响
0.01~0.09	若发生该类故障模式,可能会造成某种影响,但几乎可以忽略

注:如果一个故障模式的最终影响不止 1 个,则应对每种影响的概率 β 分别赋值。

故障模式频数比 α

故障模式频数比表示产品按某一故障模式发生的百分比,等于产品某一故障模式发生次数与该产品总故障发生次数之比。产品所有的故障模式频数比 α 之和为 1。α 可通过试验、分析、推导、估计等方式获取。

工作时间 t

计算故障模式危害度 C_{mj} 时, t 的取值为产品任务阶段的工作时间。

B. 产品危害度 C_r

产品危害度表示在特定严酷度下产品故障的发生概率,等于产品的故障模式危害度 C_{mj} 之和。

$$C_r = \sum_{j=1}^{n} C_{mj} = \sum_{j=1}^{n} \lambda_p \beta_j \alpha_j t \qquad (2\text{-}52)$$

式中　j——特定严酷度下产品的故障模式, $j = 1, 2, 3, \cdots, n$;

　　　n——产品在该特定严酷度类别下的故障模式数。

③绘制危害性矩阵图

绘制危害性矩阵图的目的是在给定严酷度下,将每个功能、硬件故障模式或产品的危害程度进行比较,为确定改进措施的先后顺序提供依据,以及确定 Ⅰ、Ⅱ 类单点故障模式清单、关键产品清单。危害性矩阵图如图 2-11 所示。

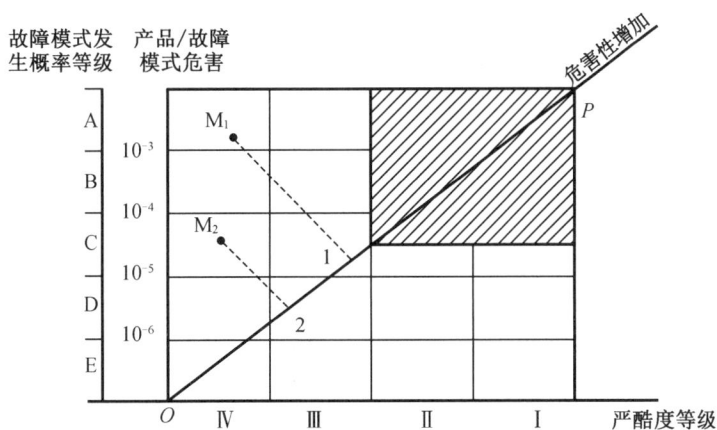

图 2-11　危害性矩阵图

在图 2-11 中,从故障模式分布点向对角线 OP 作垂线,以该垂线与对角线的交点到原点的距离作为度量故障模式或产品危害性的依据,距离越长,其危害性越大,越需要尽快采取改进措施。在图 2-11 中,故障模式 M_1 比故障模式 M_2 的危害性大。

在图 2-11 中,当产品有故障模式分布点或特定严酷度下的危害性点落在阴影部分中时,该产品为可靠性关键产品。

9. 编制 FMECA 报告

按照概述、引用文件、装备功能、组成及 FMECA 分析结果、Ⅰ 或 Ⅱ 类故障模式对应的关键产品清单,编制完成 FMECA 报告。在 FMECA 报告中给出的可靠性关键产品清单是产品设计、制造质量管理的一部分控制对象,另外按照 GJB 190 分析出的关键特性、重要特性所对应的单元以及 4.3.5 节分析得出的重要部套件等均是关键件和重要件质量控制范畴。

2.6.4　FMECA 应用示例

示例见表 2-10。

初始约定层次：动力系统

约定层次：发动机

表 2-10　故障模式及影响分析表

代码	产品或功能标识	功能及编码	故障模式及编码		故障原因及编码	任务阶段与工作方式	故障影响			严酷度等级	故障概率等级	故障检测方法	设计改进措施	使用补偿措施	备注
							局部影响	高一层次影响	最终影响						
01	11 机体组件	用于安装和支撑发动机各总成零部件	11A 过度磨损	11A1	气缸套、气缸盖等长期疲劳	全任务阶段	气缸密封性下降	发动机功率下降	发动机损坏	Ⅱ	C	人工目视检查	选用耐磨材料	定期检修	
			11B 裂纹	11B1	负荷增加或应力集中	全任务阶段	气缸渗水	发动机转速降低	发动机转速降低	Ⅲ	D	探伤检验	选用足够强度和刚度材料	定期检修	
02	21 进排气系统	提供新鲜、清洁的空气	21A 进气不足	21A1	进排气管漏气	工作阶段	进排气压力异常	发动机工作异常	发动机工作异常	Ⅲ	D	功能检查		定期检修	

2.7 故障树分析

2.7.1 概述

《故障树分析指南》(GJB/Z 768A—98)指出"故障树分析是系统安全性和可靠性分析的工具之一。在产品设计阶段,故障树分析可帮助判明潜在的系统故障模式和灾难性危险因素,发现可靠性和安全性薄弱环节,以便改进设计。在生产、使用阶段,故障树分析可帮助故障诊断,改进使用维修方案"。因而,故障树分析法(FTA)是舰船产品进行可靠性、安全性分析最常用的方法之一,是通过对可能造成舰船总体致命故障(所不希望发生的事件)的各种因素进行分析,通过故障树的形式直观地确定舰船故障原因的各种可能组合方式和(或)其发生概率的一种分析方法。

故障树是一种特殊的倒立树状的逻辑因果关系图,它用一系列符号描述各种事件之间的因果关系;而故障树分析法是一种逻辑演绎法,它以不希望发生的一个事件(顶事件)作为分析目标,逐层向下推断导致其发生的所有可能的直接原因,直到推断出事件发生的基本原因,从而找出可能存在的设备失效、环境影响、人为失误以及程序处理等因素(各种底事件)与顶事件之间的逻辑关系,并用故障树表示出来。在此基础上,定性分析各底事件对顶事件发生影响的组合方式和传播途径,识别可能的产品故障模式,并定量计算这种影响的轻重程度和产品失效概率,从而在定性和定量分析的基础上识别产品设计的薄弱环节,帮助设计人员获得正确的设计决策并采取相应的设计改进措施。

应该指出的是,FMEA是故障树分析必不可少的基础工作,只有认真进行了FMEA工作,将所有的基本失效模式都弄清楚了,故障树分析的底事件才不至于出现重大遗漏。

2.7.2 基本概念和符号

1. 故障树

(1)两状态故障树

如果故障树的底事件描述一种状态,而其逆事件也只描述一种状态,则称其为两状态故障树。

(2)多状态故障树

如果故障树的底事件描述一种状态,而其逆事件包含两种或两种以上互不相容的状态,并且在故障树中出现上述两种或两种以上状态的底事件,则称其为多状态故障树。

(3)规范化故障树

将画好的故障树中各种特殊事件与特殊门进行转换或删减,使其变成仅含底事件、结果事件,以及与、或、非三种逻辑门的故障树,则称其为规范化故障树。

(4)单调故障树

结构函数具有单调性的故障树称为单调故障树。仅含故障事件,以及与门、或门的故障树是单调故障树。

（5）单调关联故障树

若故障树的结构函数是单调的，且所有底事件都与故障树的顶事件关联，则称其为单调关联故障树。

2. 事件及其符号

在故障树分析中，各种故障状态或不正常情况皆称为故障事件，各种完好状态或正常情况皆称为成功事件，而两者均可简称为事件。事件包括底事件、结果事件和特殊事件等，说明如下：

（1）底事件是故障树中仅导致其他事件的原因事件。它位于所讨论的故障树底端，总是某个逻辑门的输入事件，而不是输出事件。底事件分为基本事件和未探明事件。

（2）结果事件是故障树分析中由其他事件或事件组合所导致的事件。它位于某个逻辑门的输出端。结果事件分为顶事件和中间事件。

（3）特殊事件是在故障树分析中需用特殊符号表明其特殊性或引起注意的事件。特殊事件包括开关事件和条件事件。

事件及其图形符号见表 2-11。

表 2-11　事件及其图形符号

序号	名称		图形符号	说明
1	底事件	基本事件	○	基本事件是在特定的故障树分析中无须探明其发生原因的底事件
		未探明事件	◇	未探明事件是原则上应进一步探明其原因但暂时不必或者不能探明其原因的底事件
2	结果事件	顶事件	▭	顶事件是故障树分析中所关心的最后结果事件，它位于故障树的顶端，总是讨论故障树中逻辑门的输出事件，而不是输入事件
		中间事件		中间事件是位于底事件和顶事件之间的结果事件，它既是某个逻辑门的输出事件，同时又是其他逻辑门的输入事件
3	特殊事件	开关事件	⌂	已经发生或者必将发生的特殊事件
		条件事件	▭	条件事件是描述逻辑门起作用的具体限制的特殊事件

注：为区分人的失误事件和其他故障事件，可采用虚线表示人的失误事件。

3. 逻辑门及其符号

在故障树分析中,事件之间的逻辑关系是由逻辑门来表示的,它只描述事件间的因果关系。故障树分析中常用的基本门有三种,分别为与门、或门和非门,而其他逻辑门则称为特殊门。逻辑门及其图形符号见表 2-12。

表 2-12　逻辑门及其图形符号

序号	名称		图形符号	说明
1	与门			表示仅当所有输入事件发生时,输出事件才发生
2	或门			表示至少一个输入事件发生时,输出事件就发生
3	非门			表示输出事件是输入事件的逆事件
4	特殊门	顺序与门		表示仅当输入事件按规定的顺序发生时,输出事件才发生
		表决门	r/n	表示仅当 n 个输入事件中有 r 个或 r 个以上的事件发生时,输出事件才发生($1 \leqslant r \leqslant n$)
		异或门		表示仅当单个输入事件发生时,输出事件才发生
		禁门		表示仅当禁门打开条件事件发生时,输入事件的发生方导致输出事件的发生

4. 转移符号

转移符号是为了避免画图时重复和使图形简明而设置的符号,包括相同转移符号和相似转移符号。其图形符号见表 2-13。

表 2-13　转移符号

序号	名称	图形符号	说明
1	相同转移符号	子树代号字母数字　子树代号字母数字	用以指明子树的位置,说明在这个位置的子树与另一个子树完全相同。前者表示"下面转到以字母数字为代号所指的子树",后者表示"由具有相同字母数字的符号处转到这里"
2	相似转移符号	相似的子树代号　子树代号　不同的事件标号:××~××	用以指明子树的位置。前者表示"下面转到以字母数字为代号所指结构相似而事件标号不同的子树去",不同的事件标号在三角形旁注明。后者表示"相似转移符号所指子树与此处子树相似但事件标号不同"

5.模块、最大模块和模块子树

(1)模块

对于已经规范化和简化的两状态故障树,模块是至少有两个底事件,但不是所有底事件的集合。集合中的这些底事件向上可到达同一个逻辑门,并且必须通过此门才能到达顶事件,故障树的所有其他底事件向上均不能到达该逻辑门。

(2)最大模块

经规范化和简化的故障树的最大模块是该故障树一个模块,且没有其他模块包含它。

(3)模块子树

故障树的模块连同向上可得到的同一逻辑门与全部中间逻辑门和事件构成一较小的故障树,称为原故障树的一个模块子树。

6.割集和最小割集

(1)割集

割集是单调故障树的若干底事件的集合,如果这些底事件都发生将导致顶事件发生。

(2)最小割集

最小割集是底事件的数目不能再减少的割集,即在该最小割集中任意去掉一个底事件之后,剩下的底事件集合就不是割集。一个最小割集代表引起故障树顶事件发生的一种故障模式。

2.7.3　定性分析

定性分析主要是研究故障树中所有导致顶事件发生的最小割集。定性分析用下行法或上行法进行。

1.故障树规范化

(1)顺序与门变换为与门(图 2-12)

输出不变,顺序与门变换为与门,原输入不变,新增加一个输入条件事件——顺序条件事件 X。

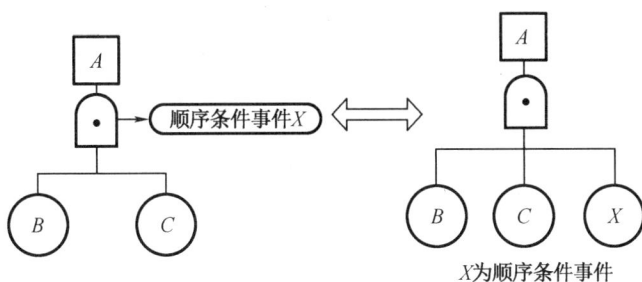

图 2-12　顺序与门变换为与门

（2）表决门变换为或门和与门的组合（图 2-13）

原输出事件下接一个或门，或门之下有C_n^r个输入事件，每个输入事件之下再接一个与门，每个与门之下有 r 个原输入事件。

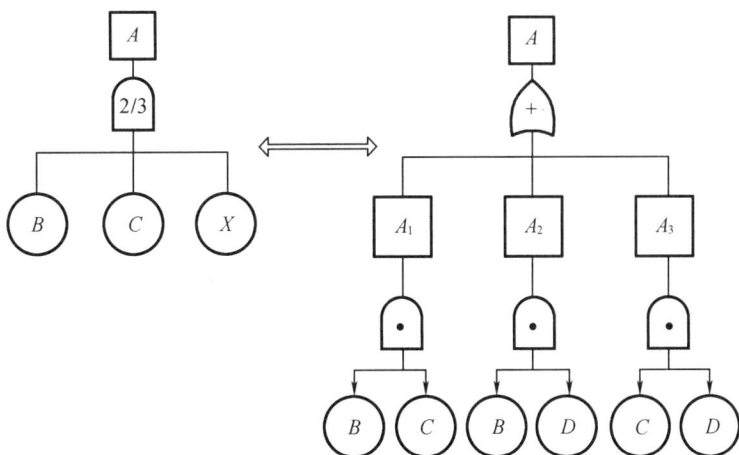

图 2-13　表决门变换为或门和与门的组合

（3）异或门变换为或门、与门和非门的组合（图 2-14）

原输出事件不变，异或门变换为或门，或门之下接两个与门，每个与门之下分别接一个原输入事件和一个非门，非门之下接一个原输入事件。

（4）禁止门变换为与门（图 2-15）

原输出事件不变，禁止门变换为与门，与门之下有两个输入，一个为原输入事件，另一个为条件事件。

2. 下行法

下行法是指从顶事件出发，自上而下地求出最小割集。遇到或门时，在步骤列分别列出，并增加或门下所有的行数；遇到与门时，不增加行数，仅增加集合元素（用逗号“,”隔开）取代前一步的事件。最后一步的行数即最小割集数。

下面以分析操舵系统无法正确控制航向故障树分析为例进行说明。

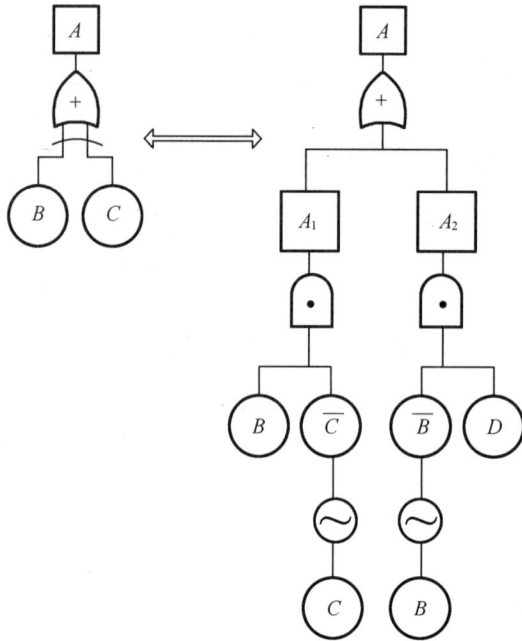

图 2-14 异或门变换为或门、与门和非门的组合

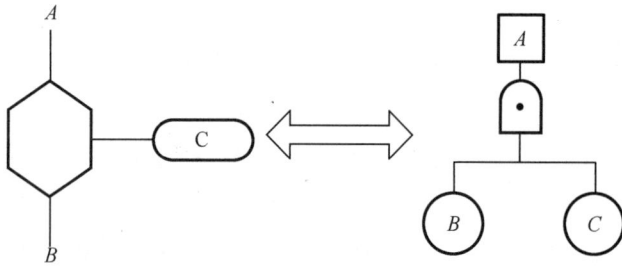

图 2-15 禁止门变换为与门

图 2-16 所示为其故障树,分析步骤如下:

第一步,顶事件 E_1 由 E_2、E_3 或门组成,在第一列增加 2 行;

第二步,E_2 由 E_4、E_5 或门组成,在第二列增加 E_4、E_5 共 2 行,取代第一列的 E_2 行,E_3 行不变;

第三步,E_4 行变为 X_1、X_2、X_3、X_4、X_5、X_6 行,E_5、E_3 行不变;

第四步,展开 E_5 事件为 X_7、X_8、X_9、X_{10},E_3 行不变;

第五步,E_3 由 E_6、X_{11} 的与门组成,不增加行数,用 $\{E_6,X_{11}\}$ 集合取代前一行 $\{E_3\}$ 事件;

第六步,展开 E_6,得到所有底事件组合。

通过以上步骤,并填表 2-14 分析,得到全部的最小割集,共 12 个,即 $\{X_1\}$,$\{X_2\}$,$\{X_3\}$,$\{X_4\}$,$\{X_5\}$,$\{X_6\}$,$\{X_7\}$,$\{X_8\}$,$\{X_9\}$,$\{X_{10}\}$,$\{X_{11},X_{12}\}$,$\{X_{11},X_{13}\}$。

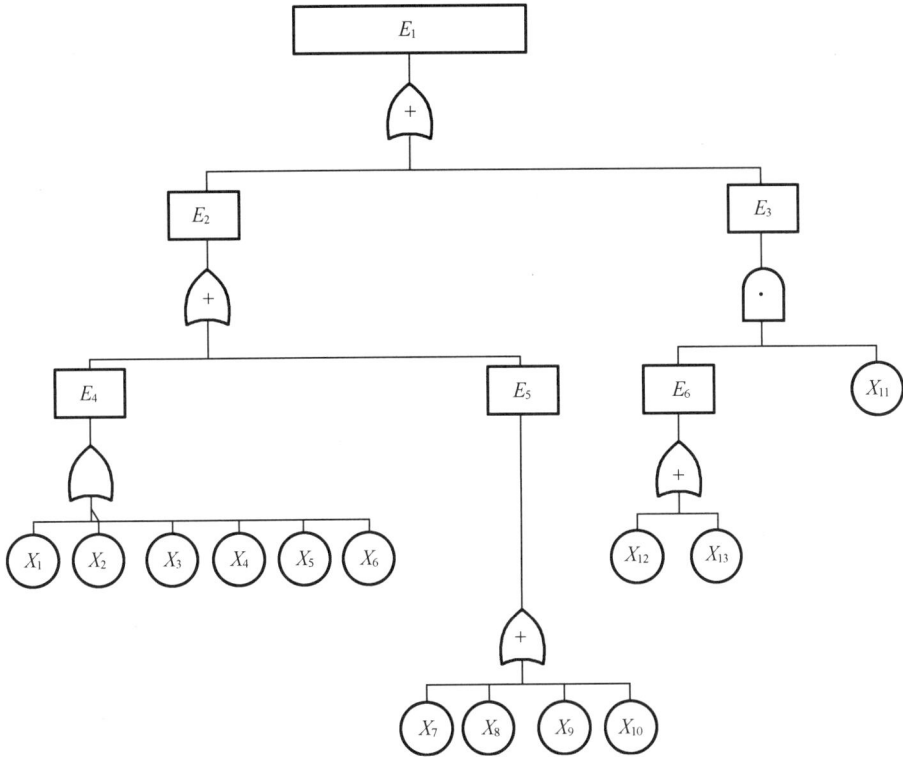

E_1—操舵系统无法正确控制航向；E_2—舵控制失败；E_3—舵偏转角度超限；E_4—传动机构卡阻；

E_5—操作后无跟随动作；E_6—舵偏转限制失败。

X_1—部件 1 卡阻；X_2—部件 2 卡阻；X_3—部件 3 卡阻；X_4—部件 4 卡阻；X_5—部件 5 卡阻；X_6—部件 6 卡阻；

X_7—部件 2 断裂；X_8—部件 4 断裂；X_9—部件 6 断裂；X_{10}—部件 7 损坏；

X_{11}—舵偏转人为失误；X_{12}—舵角反馈机构故障；X_{13}—舵角限位开关故障。

图 2-16　故障树分析案例

表 2-14　下行法求最小割集

步骤	1	2	3	4	5	6
	E_2	E_4	X_1	X_1	X_1	X_1
	E_3	E_5	X_2	X_2	X_2	X_2
		E_3	X_3	X_3	X_3	X_3
			X_4	X_4	X_4	X_4
			X_5	X_5	X_5	X_5
事件			X_6	X_6	X_6	X_6
			E_5	X_7	X_7	X_7
			E_3	X_8	X_8	X_8
				X_9	X_9	X_9
				X_{10}	X_{10}	X_{10}
				E_3	E_6、X_{11}	X_{11}、X_{12}
						X_{11}、X_{13}

3. 上行法

上行法是从底事件开始,自下而上进行事件的集合运算,或门的输出事件用其输入事件的并(布尔和)表示,与门的输出事件用其输入事件的交(布尔积)表示,然后通过布尔运算公式求出顶事件的最小割集。以上述故障树为例,计算如下:

$$E_4 = X_1 + X_2 + X_3 + X_4 + X_5 + X_6$$
$$E_5 = X_7 + X_8 + X_9 + X_{10}$$
$$E_6 = X_{12} + X_{13}$$
$$E_2 = E_4 + E_5$$
$$E_3 = E_6 \cdot X_{11}$$
$$E_1 = E_2 + E_3 = X_1 + X_2 + X_3 + X_4 + X_5 + X_6 + X_7 + X_8 + X_9 + X_{10} + X_{11}X_{12} + X_{11}X_{13}$$

2.7.4 定量分析

故障树定量分析的基本目的是在求得故障树最小割集的基础上,根据故障底事件的发生概率计算出故障顶事件的发生概率,并进行底事件的重要度计算,进而找出系统的薄弱环节。

以上面故障树为例,底事件 $\{X_1\}$, $\{X_2\}$, $\{X_3\}$, $\{X_4\}$, $\{X_5\}$, $\{X_6\}$, $\{X_7\}$, $\{X_8\}$, $\{X_9\}$, $\{X_{10}\}$ 的发生概率为 0.000 1, $\{X_{11}\}$, $\{X_{12}\}$, $\{X_{13}\}$ 的发生概率为 0.01,求顶事件的发生概率。

已知确定出该故障树的最小割集为 $M_1 = \{X_1\}$, $M_2 = \{X_2\}$, $M_3 = \{X_3\}$, $M_4 = \{X_4\}$, $M_5 = \{X_5\}$, $M_6 = \{X_6\}$, $M_7 = \{X_7\}$, $M_8 = \{X_8\}$, $M_9 = \{X_9\}$, $M_{10} = \{X_{10}\}$, $M_{11} = \{X_{11}, X_{12}\}$, $M_{12} = \{X_{11}, X_{13}\}$。

$$\begin{aligned}
P(T) &\approx \sum_{i=1}^{N_k} P(K_i) \\
&= P(M_1) + P(M_2) + \cdots + P(M_{11}) + P(M_{12}) \\
&= X_1 + X_2 + X_3 + X_4 + X_5 + X_6 + X_7 + X_8 + X_9 + X_{10} + X_{11}X_{12} + X_{11}X_{13} \\
&= 0.001\ 2
\end{aligned}$$

各底事件的概率重要度:

$$I_1^{pr}(t) = \partial P(T)/\partial x_1 = 1$$
$$I_2^{pr}(t) = \partial P(T)/\partial x_2 = 1$$
$$\cdots\cdots$$
$$I_{10}^{pr}(t) = \partial P(T)/\partial x_{10} = 1$$
$$I_{11}^{pr}(t) = \partial P(T)/\partial x_{11} = x_{12} + x_{13} = 0.02$$
$$I_{12}^{pr}(t) = \partial P(T)/\partial x_{12} = x_{11} = 0.01$$
$$I_{13}^{pr}(t) = \partial P(T)/\partial x_{13} = x_{11} = 0.01$$

概率重要度排序为

$$X_1 = X_2 = \cdots = X_{10} > X_{11} > X_{12} = X_{13}$$

2.8　可靠性设计准则及符合性检查

复杂产品的研制一般具有很大的继承性,在研制过程中为了减少设计的不确定性,需要把设计人员多年积累的工程经验与教训加以总结提炼,形成可靠性设计标准和指令性文件,即可靠性设计准则,以供后续类似产品设计使用。舰船在制定设计准则时一般考虑以下几个方面:

2.8.1　新技术和新工艺的采用

在选择设计方案时,应充分考虑设计的继承性,优先选用经过试验与现场考验、验证,技术成熟的设计方案。在设计方案中应控制新技术和新工艺的使用比例,对于采用的新技术和新工艺应按规定进行评审和鉴定,且经设计师系统批准。

2.8.2　简化设计

在满足技战术指标要求的前提下尽量简化设计方案,尽可能采用模块化设计,并实现零部件的标准化、系列化和通用化,控制非标准零部件的比例。

2.8.3　余度设计

关键系统应配备应急系统,并完全独立于正常系统,即正常系统发生故障时,可以自动或人工转入工作完全不受正常系统任何影响的应急系统。

此外,当提高子系统或设备的质量和可靠性费用很高,同时采用一般设计方法又无法达到设计要求时,应采用余度设计。

2.8.4　环境适应性设计

当产品在冲击、振动、潮湿、高低温、盐雾、霉菌、核辐射等恶劣环境下工作时,其中部分单元难以承受这种环境应力的影响而产生故障。因此,需要采取耐环境或环境防护设计,以提高其运行可靠性。

2.8.5　电磁兼容设计

系统、设备在电磁环境中应能正常工作,且不对该环境中其他系统、设备构成不能承受的电磁干扰。

2.8.6　人机工程设计

通过防差错设计、安全标记、防护保险、安全连锁等措施改善人员操作条件,避免或减少因人员疲劳、操作条件不良等导致操作失误、故障发生的情形。

2.8.7 安装设计

应严格控制武备、机械和电气系统以及其他装置的安装精度并可靠固定,以尽量减小航行过程中静力、热力和动力作用对设备的影响。

在容易出现差错的连接、装配、充填、口盖等部位,应设计成"错位装不上,装错易发现"的结构形式。

按照上述一般要求编制舰船可靠性设计详细要求,并在下一个设计阶段对详细要求逐项检查,以满足设计准则的要求。

2.9 软件可靠性设计

2.9.1 概述

随着新技术的发展应用,舰船上软件系统越来越多。作战软件包括指挥、探测、火控计算等,平台软件包括动力监控、电力监控、损害管制、海上补给控制、综合保障管理等,这些软件在舰船作战、训练和使用维修中发挥重要的作用。软件的可靠性设计、验证,对于提高软件质量,充分发挥其作用显得越来越重要。

2.9.2 软件可靠性设计流程

参照 GJB 450B—2021 要求,舰船软件可靠性设计主要流程如下:

(1)在论证阶段确定软件结构、软件组成、运行剖面及软件可靠性指标要求;

(2)定性设计工作,在方案设计阶段开展设计准则制定,在技术设计阶段开展 FMECA 等;

(3)定量设计工作,在方案设计阶段开展软件可靠性指标分配,在技术设计阶段开展软件可靠性指标预计工作,直到定量指标满足上级系统或总体的分配值;

(4)在施工设计及后续阶段开展软件可靠性测试及验证工作。

软件可靠性设计流程如图 2-17 所示。

2.9.3 定量设计

软件可靠性定量设计主要使用软件模块配置项建立可靠性模型,采用类似硬件的可靠性模型进行可靠性预计。

2.9.4 定性设计

1. 设计准则

参考《军用软件安全性设计指南》(GJB/Z 102A—2012)等标准要求及相关工程设计经验,主要从以下几个方面制定软件可靠性设计准则。

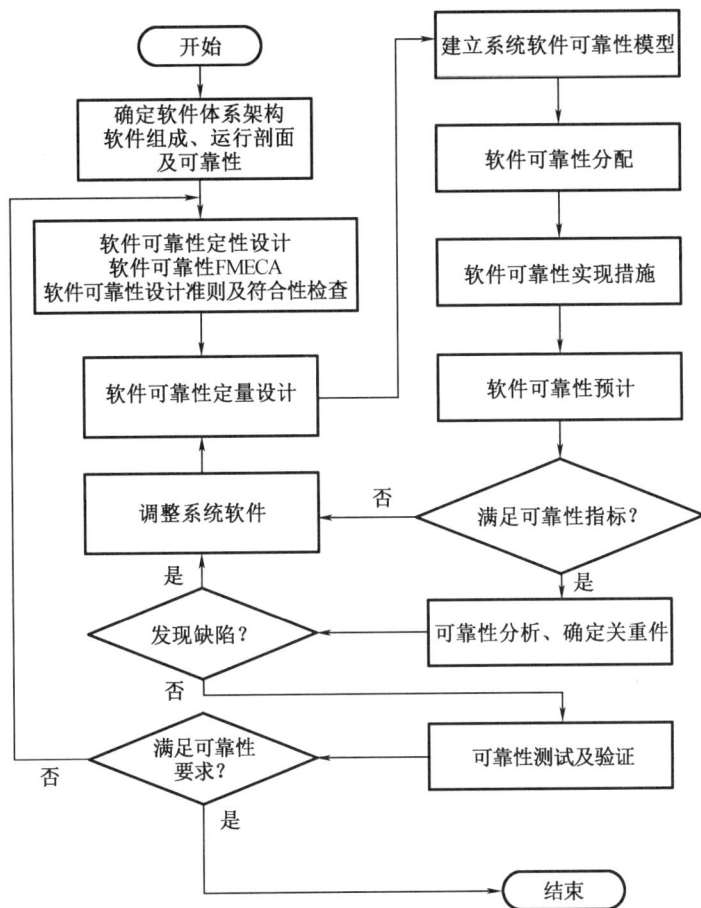

图 2-17　软件可靠性设计流程

（1）简化设计

简化设计是针对软件模块入口出口、独立性、扇入扇出等特征进行的设计，可降低设计复杂度。

（2）健壮性设计

健壮性设计包括：在界面设计中对输入数据的有效性和合理性进行检查；在数据方面，开展输入方式和存储方式设计；在软件误删除防护设计方面，进行删除提示设计，同时对删除的数据进行短时备份，以便恢复操作。

（3）余量设计

余量设计是针对软件资源存储量、时序、处理能力进行的设计，保证满足系统规定的余量要求。

（4）防错设计

防错设计是针对安全关键信息、安全关键功能等进行的设计，防止安全关键信息在存储、读取时出现错误，或者安全关键功能在执行时出现错误。

（5）检错设计

检错设计是针对软件 FMECA 工作中识别的软件失效模式，从接口、功能、状态等角度，结合软件可靠性安全性需求，制订相应的设计要求，用于识别检测软件运行过程中可能出现的各类失效模式。主要包括以下三类设计：

①接口检错设计

接口检错设计是针对软件外部输入输出接口进行的设计,检测接口可能出现的数据取值超出值域上限、通信中断、人机交互冲突等异常,并进行相应处理。包括通信设计、数据设计、人机设计、时序设计等子类别。

②功能检错设计

功能检错设计是针对软件功能处理逻辑、时序约束等进行的设计,检测功能可能出现的除数为 0、运行超时、条件不可达等异常,并进行相应处理。包括时序设计、逻辑设计等子类别。

③状态检错设计

状态检错设计是针对软件工作状态及状态之间转移进行的设计,检测状态转移超时、多个状态转移条件同时满足等异常,并进行处理。

(6)软件错误恢复设计

软件错误恢复设计是指采用日志管理设计,提供安全日志、操作日志、登录日志等各种日志实时记录和存储备份。当软件出现错误时可快速查找故障原因,快速恢复软件;另外借助硬件冗余,设置双机热备软件实现主备互换,恢复系统运行。

(7)架构设计

架构设计是指采用体系化设计、模块化设计和服务化设计技术提高软件的可靠性。

(8)冗余设计

冗余设计是指采用主备热备设计、重要模块备份设计以及数据库冗余备份等设计技术。

(9)软件测试设计

软件测试设计是指针对需求设计阶段、概要设计阶段、详细设计阶段、测试阶段,对文档和代码开展测试设计。

(10)可读性设计

可读性设计是指规范设计变量、书写风格,注释率不低于 15%。

(11)数据存储设计

数据存储设计采用分级分布式云计算数据中心结构,每级数据中心的核心存储平台采用 Hadoop 平台的 HDFS 分布式存储集群,保证云数据中心安全和负载平衡。

2.9.5 软件可靠性测试及验证

软件可靠性测试是指为了满足软件可靠性要求,验证是否达到软件的可靠性要求,评估软件的可靠性水平而对软件进行的测试,常采用基于软件操作剖面对软件进行随机测试的可靠性测试方法。软件可靠性测试方法包括 AT&T 贝尔实验室的 J. D Musa 提出的基于运行剖面的可靠性测试方法;Harlan D. Mills 和 James A. Whittaker 提出的基于使用模型的统计测试方法,如 Markov 链使用模型。

软件可靠性测试验证按照上面的方法,一般分为以下三个步骤。

1. 构造软件可靠性测试模型

软件可靠性测试模型构造主要是求取软件的操作剖面,按照 Musa 方法一般构造用户剖面,包括用户数和用户的使用概率;构造系统运行模式剖面,如作战、训练模式;构造运行模式下的功能剖面;构造功能剖面下的操作(运行)剖面,并计算每一次运行的操作概率。

2. 生成软件可靠性测试用例

以软件可靠性测试模型为基础进行测试用例生成,可用统一建模语言描述,在仿真环境下用蒙特卡洛抽样方法生成,详细方法可参见文献[16]。

3. 开展软件可靠性评估

测试用例生成后,运行测试用例,记录测试失效用例数,采用评估软件进行软件 MTBF 值评估。

2.10　可靠性试验与评价

可靠性试验及评价用于舰船总体、系统、设备可靠性实施的全面考核,以确定其达到研制总要求或合同中定量与定性要求的程度,其内容包括定量设计的试验与评估、定性设计的评价以及设计工作评价三个方面。

2.10.1　试验目的

可靠性试验的主要目的如下:

(1)借助诱发已知的故障来验证设计能力,以检查采取的可靠性措施是否有效;

(2)识别不能事先通过设计分析、校对、评审来发现的故障模式;

(3)识别反映生产、材料或质量缺陷的故障模式;

(4)获取可靠性数据;

(5)验证产品是否达到研制总要求、技术规格书规定的技术指标。

2.10.2　试验分类

根据舰船产品不同的设计阶段、设计粒度和要求,舰船可靠性试验主要有以下类型。

1. 环境应力筛选

环境应力筛选(ESS)的目的是剔除研制过程中使用过的不良元器件和引入的工艺缺陷,以便提高产品的使用可靠性;通过在元器件、组件和设备各组装层次上进行环境应力筛选,剔除低层次产品组装成高层次产品过程中引入的缺陷和接口方面的缺陷。

环境应力筛选开始于装备方案设计阶段,原则上要求舰船上所有新研和改进电子、电气、机电产品,在研制中对元器件、组件和外场可更换单元分别进行环境应力筛选,以保证尽可能减少将低组装等级上的缺陷引入高组装等级,并提高筛选效率。设备可按照《电子产品环境应力筛选方法》(GJB/Z 1032A—2020)进行环境应力筛选,有条件时可参照《电子产品定量环境应力筛选指南》(GJB/Z 34—93)进行环境应力筛选。

2. 可靠性仿真试验

可靠性仿真试验主要通过建立产品的仿真电子样件,将产品所经历的载荷历程(包括温度和振动)分解到产品的基本模块上,进行应力分析和应力损伤分析,通过仿真预计产品的失效时间分布,从而找出产品的设计薄弱环节,提出设计改进措施,提高产品的固有可靠性,评价产品的可靠性水平。详见2.10.3节"1.基于数字样机的可靠性仿真试验设计"。

3. 可靠性摸底试验

可靠性摸底试验应以较为复杂的、重要度较高的新研系统或设备为对象,用较短的时间、较少的费用,保证产品具有一定的可靠性和安全性水平。例如某舰动力系统的可靠性摸底试验。一般而言,舰船可靠性摸底试验结合系统设备的陆上联调试验进行。

4. 可靠性加速增长试验

可靠性加速增长试验是在保持失效机理不变的条件下,通过加大试验应力来缩短试验周期,发现并排除设计缺陷,使产品的可靠性达到规定要求的一种试验方法。试验选取对象主要是可靠性指标高、设备重要度高的舰船电子类设备。

5. 可靠性验收试验

可靠性验收试验主要用于装备批量生产之前或装舰之前所进行的可靠性指标验证试验。试验方法与可靠性鉴定试验一样。

6. 可靠性鉴定试验

可靠性鉴定试验是设计状态定型试验的重要组成部分,通过对设备进行综合环境试验,确定产品的可靠性设计是否达到了规定的可靠性要求,其试验结论是产品设计状态定型的依据之一。目前舰船装备的鉴定试验主要按照《可靠性鉴定和验收试验》(GJB 899A—2009)进行,详见2.10.3节"2.舰船系统或设备可靠性鉴定试验设计"。

7. 可靠性试验评估

可靠性试验评估主要针对复杂的系统和舰总体,用于舰船研制后状态鉴定的评估,详见2.10.3节"3.舰船总体或系统可靠性试验评估"。

2.10.3　试验与评估

上一节对舰船可靠性试验分类进行了分析。舰船可靠性试验适用层级和试验依据见表2-15。本节主要对舰船研制中常用的仿真试验、鉴定试验及评估进行说明。

表 2-15　舰船可靠性试验适用层级和试验依据

序号	试验类型	实施产品层次	试验方法和依据
1	环境应力筛选	SRU级、LRU级	GJB 1032—1990、GJB/Z 34—93
2	可靠性仿真试验	模块级、LRU级	型号可靠性仿真试验规范
3	可靠性摸底试验	系统级	GJB 899A—2009
4	可靠性加速增长试验	设备级	型号可靠性加速增长试验规范
5	可靠性验收或鉴定试验	系统级、设备级	GJB 899A—2009
6	可靠性试验评估	总体级、系统级	HJB 54—93

1. 基于数字样机的可靠性仿真试验设计

（1）可靠性仿真试验数字样机的定义

可靠性仿真试验数字样机是能够用于可靠性仿真试验的,反映设备设计特性的数字模型。可靠性仿真试验数字样机包括 CAD 数字样机、CFD 数字样机、FEA 数字样机和 EDA 数字样机。含义如下：

①CAD 数字样机（CAD digital prototype）

CAD 数字样机是使用计算机辅助设计软件建立的描述设备几何特征和材料属性的三维数字模型。建立 CAD 数字样机软件工具有 CATIA V5、PRO-E、UG 等。

②CFD 数字样机（CFD digital prototype）

CFD 数字样机是采用计算流体力学软件建立的描述设备热特性的三维数字模型。建立 CFD 数字样机常用工具软件有 Flotherm、ICEPAK、Fluent 等。

③FEA 数字样机（FEA digital prototype）

FEA 数字样机是采用有限元方法建立的描述设备力学特性的三维数字模型。建立 FEA 数字样机的常用工具软件有 NASTRAN、ANSYS、ABAQUS 等。

④EDA 数字样机（EDA digital prototype）

EDA 数字样机是采用电子设计自动化软件建立的描述设备电气特性的数字模型。建立 EDA 数字样机的常用工具软件有 Saber、Pspice 等。

可靠性仿真试验中除了以上模型和工具外,还包括基于故障物理的故障预计与分析软件、可靠性仿真评估软件,以及用于可靠性仿真试验的电子元器件数据库和材料数据库等。

（2）可靠性仿真试验流程

可靠性仿真试验一般流程如图 2-18 所示,包括以下工作项目：

①产品设计信息采集；

②产品数字样机建模；

③环境应力设置及应力分析；

④故障预计；

⑤可靠性仿真评估。

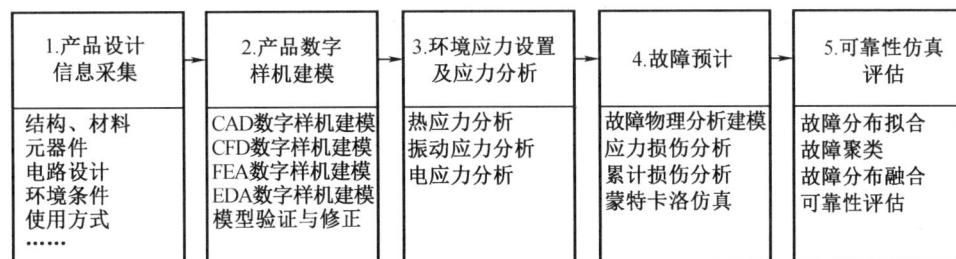

1.产品设计 信息采集	2.产品数字 样机建模	3.环境应力设置 及应力分析	4.故障预计	5.可靠性仿真 评估
结构、材料 元器件 电路设计 环境条件 使用方式 ……	CAD数字样机建模 CFD数字样机建模 FEA数字样机建模 EDA数字样机建模 模型验证与修正	热应力分析 振动应力分析 电应力分析	故障物理分析建模 应力损伤分析 累计损伤分析 蒙特卡洛仿真	故障分布拟合 故障聚类 故障分布融合 可靠性评估

图 2-18　可靠性仿真试验一般流程

2. 舰船系统或设备可靠性鉴定试验设计

（1）可靠性鉴定试验的目的

可靠性鉴定试验的目的是向订购方提供合格证明,即产品在批准投产之前已经符合合同规定的可靠性要求。可靠性鉴定试验必须对要求验证的可靠性参数值进行估计,并做出合格与否的判定。必须事先规定统计试验方案的合格判据,而统计试验方案应根据试验费用和进度权衡确定。可靠性鉴定试验是工程研制阶段结束时的试验,应按计划要求及时完成,以便为设计定型提供决策信息。

(2)可靠性鉴定试验类型

按抽样方式可分为抽样试验和全数试验。

①抽样试验

抽样试验是指抽取产品作为样品进行试验,如用于批生产产品的可靠性验收试验。

②全数试验

全数试验是指每个产品都进行试验,如环境应力筛选或可靠性验收试验。

按试验方式可分为截尾试验和序贯试验。

①截尾试验

试验中如果达到某一规定时间或出现规定的故障数时,立即停止试验,这种试验称为截尾试验。截尾试验分为定时和定数截尾试验,还有序贯截尾试验。这些试验方法主要用于可靠性鉴定和可靠性验收试验。舰船系统、设备的鉴定试验一般采用定时截尾的方法。

在截尾试验中,根据对已发生故障的样品是否用好产品替换(保持试验中的样品数),又可分为有替换与无替换截尾试验。由于现场试验的情况比较复杂,样品试验的截尾时间往往不可能处于同一时间,所以这种试验又称为不规则截尾试验。

②序贯试验

在试验过程中,根据累积的试验时间按试验方案随时进行判断,决定接收或拒收,或继续进行试验。序贯试验主要用于可靠性验收试验。

(3)可靠性鉴定试验有关参数和概念

以下可靠性鉴定试验为统计试验参数,也是 GJB 899 中涉及的相关参数,构成一个完整的可靠性统计试验方案。参数定义如下:

①检验下限(θ_1)

检验下限指拒收的 MTBF 值或不可接收的成功率,统计试验方案以高概率拒收其真值接近 θ_1 的产品。其值可取设计定型最低可接受值,即设计的门限值。

②检验上限(θ_0)

检验上限指可接收的 MTBF 值或可接收的成功率,统计试验方案以高概率接收其真值接近 θ_0 的产品。其值应小于或等于预计值,即设计的目标值。

③鉴别比(d)

指数分布统计试验方案的鉴别比 $d = \theta_0 / \theta_1$。

④生产方风险(α)

生产方风险指产品可靠性真值已达到其检验上限 θ_0,但在试验时却被拒收的概率。这个概率值表明采用该统计试验方案给生产方带来的风险,即将合格产品批判为不合格产品批而拒收,使生产方遭受损失,把犯这种错误的概率称为生产方风险。

⑤使用方风险(β)

使用方风险指产品在其可靠性真值没有达到 θ_1,但在试验时却被接收的概率。这个概率值表明采用该统计试验方案给使用方带来的风险,即将不合格产品批判为合格产品批而接收,使使用方遭受损失,把犯这种错误的概率称为使用方风险。

⑥抽样特性曲线(或称 OC 曲线)

它表示对于给定的抽样方案,批接收概率与批质量水平的函数关系。从 OC 曲线可直观地看出抽样方式对检验产品质量的保证程度。

⑦责任故障

在试验期间,凡是受试产品出现以下事件并判明是由于设计、工艺、材料、元器件等原因所引起的,应判为责任故障,它是判决受试产品合格与否的依据。

A. 受试产品或其中一部分不能完成规定的功能的事件或状态;

B. 受试产品的性能参数超出规定指标要求;

C. 机械构件发生永久变形或损坏;

D. 元器件、部件或整机随机失效;

E. 电路烧毁;

F. 操作人员按使用说明书规定方法操作时引起的受试产品故障;

G. 其他责任故障。

⑧非责任故障

在试验期间,出现以下事件均判为非责任故障。非责任故障不应作为判断受试产品合格与否的依据。

A. 由试验设备故障造成的受试产品故障;

B. 超出产品技术规范规定的环境条件和工作条件引起的受试产品故障;

C. 由安装不当或意外事故引起的受试产品故障;

D. 由人为错误(如误操作等)引起的故障;

E. 由检测仪器故障造成的性能参数超差;

F. 由某一独立故障引起的相关从属故障;

G. 在寻找故障、验证修理或调试过程中引起的故障;

H. 由 BIT 软件设计不当引起的虚警可不计为责任故障,但必须进行充分分析、记录并及时反馈给总师系统,同时采取有效纠正措施,并在测试性验证过程中进行检验。

(4)定时截尾鉴定试验方案

①统计检验

定时截尾是一个抽样检验的试验过程,假定生产方风险为 α,使用方风险为 β,装备 MTBF 的真值为 θ,平均值为 $\bar{\theta}$,检验上限为 θ_0,检验下限为 θ_1,θ_1 取合同规定的最低可接受值。当 $\bar{\theta} \geq \theta_0$ 时,统计试验方案以大概率接收 MTBF 真值 θ 接近 θ_0 的装备;当 $\bar{\theta} \leq \theta_1$ 时,统计试验方案以小概率接收 MTBF 真值 θ 接近 θ_1 的装备。即 $\bar{\theta} \geq \theta_0$ 和 $\bar{\theta} \leq \theta_1$ 时有

$$P(\bar{\theta}) > 1-\alpha, \ P(\theta_0) = 1-\alpha \tag{2-53}$$

$$P(\bar{\theta}) < \beta, \ P(\theta_1) = \beta \tag{2-54}$$

②定时截尾统计方案

抽样试验中,$P(\theta)$ 服从泊松分布,即

$$P(\theta) = \sum_{k=0}^{a} \frac{(T/\theta)^k}{k!} e^{-T/\theta} \tag{2-55}$$

因此,抽样 OC 曲线为

$$P(\theta_0) = 1-\alpha \tag{2-56}$$

$$P(\theta_1) = \beta \tag{2-57}$$

上述方程联立求解(T,a),即为可靠性鉴定试验方案。

对于常用的两类风险 α、β 及鉴别比 d,《可靠性鉴定和验收试验》(GJB 899—90)中已给出了标准型定时试验方案简表(表 2-16)和短时高风险定时试验方案简表(表 2-17)。表中试验时间即为总试验时间 T,其是以 θ_1 的倍数给出的;判决故障数中的接收数即为合格判定数 c,拒收数为 $c+1$。该标准中还提供了一套更为详细的定时截尾试验抽验方案,见表 2-18~表 2-20。

表 2-16 标准定时试验方案简表

方案号	决策风险(%)				鉴别比 d	试验时间(θ_1 的倍数)	判决故障数	
	名义值		实际值				拒收($\geqslant$)	接收($\leqslant$)
	α	β	α'	β'				
9	10	10	12.0	9.9	1.5	45.0	37	36
10	10	20	10.9	21.4	1.5	29.9	26	25
11	20	20	19.7	19.6	1.5	21.5	18	17
12	10	10	9.6	10.6	2.0	18.8	14	13
13	10	20	9.8	20.9	2.0	12.4	10	9
14	20	20	19.9	21.0	2.0	7.8	6	5
15	10	10	9.4	9.9	3.0	9.3	6	5
16	10	20	10.9	21.3	3.0	5.4	4	3
17	20	20	17.5	19.7	3.0	4.3	3	2

表 2-17 短时高风险定时试验方案简表

方案号	决策风险(%)				鉴别比 d	试验时间(θ_1 的倍数)	判决故障数	
	名义值		实际值				拒收($\geqslant$)	接收($\leqslant$)
	α	β	α'	β'				
19	30	30	29.8	30.1	1.5	8.1	7	6
20	30	30	28.3	28.5	2.0	3.7	3	2
21	30	30	30.7	33.3	3.0	1.1	1	0

表 2-18 使用方风险 $\beta=10\%$ 的定时试验方案

方案号	判决故障数		总试验时间(θ_1 的倍数)	MTBF 的观测值 $\hat{\theta}$(θ_1 的倍数)	鉴别比 d		
	接收	拒收			$\alpha=30\%$	$\alpha=20\%$	$\alpha=10\%$
10-1	0	1	2.30	2.30+	6.46	10.32	21.85
10-2	1	2	3.89	1.94+	3.54	4.72	7.32
10-3	2	3	5.32	1.77+	2.78	3.47	4.83
10-4	3	4	6.68	1.67+	2.42	2.91	3.83
10-5	4	5	7.99	1.59+	2.20	2.59	3.29
10-6	5	6	9.27	1.55+	2.05	2.38	2.95
10-7	6	7	10.53	1.50+	1.95	2.22	2.70

表 2-18(续)

方案号	判决故障数		总试验时间 (θ_1 的倍数)	MTBF 的观测值 $\hat{\theta}$ (θ_1 的倍数)	鉴别比 d		
	接收	拒收			$\alpha = 30\%$	$\alpha = 20\%$	$\alpha = 10\%$
10-8	7	8	11.77	1.47+	1.86	2.11	2.53
10-9	8	9	12.99	1.43+	1.80	2.02	2.39
10-10	9	10	14.21	1.42+	1.75	1.95	2.28
10-11	10	11	15.41	1.40+	1.70	1.89	2.19
10-12	11	12	16.60	1.38+	1.66	1.84	2.12
10-13	12	13	17.78	1.37+	1.63	1.79	2.06
10-14	13	14	18.96	1.35+	1.60	1.75	2.00
10-15	14	15	20.13	1.34+	1.58	1.72	1.95
10-16	15	16	21.29	1.33+	1.56	1.69	1.91
10-17	16	17	22.45	1.32+	1.54	1.67	1.87
10-18	17	18	23.61	1.31+	1.52	1.64	1.84
10-19	18	19	24.75	1.30+	1.50	1.62	1.81
10-20	19	20	25.90	1.29+	1.48	1.60	1.78

表 2-19 使用方风险 $\beta = 20\%$ 的定时试验方案

方案号	判决故障数		总试验时间 (θ_1 的倍数)	MTBF 的观测值 $\hat{\theta}$ (θ_1 的倍数)	鉴别比 d		
	接收	拒收			$\alpha = 30\%$	$\alpha = 20\%$	$\alpha = 10\%$
20-1	0	1	1.61	1.61+	4.51	7.22	15.26
20-2	1	2	2.99	1.50+	2.73	3.63	5.63
20-3	2	3	4.28	1.43+	2.24	2.79	3.88
20-4	3	4	5.51	1.38+	1.99	2.40	3.16
20-5	4	5	6.72	1.34+	1.85	2.17	2.76
20-6	5	6	7.91	1.32+	1.75	2.03	2.51
20-7	6	7	9.08	1.30+	1.68	1.92	2.33
20-8	7	8	10.23	1.28+	1.62	1.83	2.20
20-9	8	9	11.38	1.26+	1.57	1.77	2.09
20-10	9	10	12.52	1.25+	1.54	1.72	2.01
20-11	10	11	13.65	1.24+	1.51	1.67	1.94
20-12	11	12	14.78	1.23+	1.48	1.64	1.89
20-13	12	13	15.90	1.22+	1.46	1.60	1.84
20-14	13	14	17.01	1.21+	1.44	1.58	1.80
20-15	14	15	18.12	1.20+	1.42	1.55	1.76
20-16	15	16	19.23	1.20+	1.40	1.53	1.73
20-17	16	17	20.34	1.19+	1.39	1.51	1.70
20-18	17	18	21.44	1.19+	1.38	1.49	1.67
20-19	18	19	22.54	1.18+	1.37	1.48	1.65
20-20	19	20	23.63	1.18+	1.35	1.46	1.63

表 2-20　使用方风险 $\beta=30\%$ 的定时试验方案

方案号	判决故障数		总试验时间	MTBF 的观测值 $\hat{\theta}$	鉴别比 d		
	接收	拒收	（θ_1 的倍数）	（θ_1 的倍数）	$\alpha=30\%$	$\alpha=20\%$	$\alpha=10\%$
30-1	0	1	1.20	1.20+	3.37	5.39	11.43
30-2	1	2	2.44	1.22+	2.22	2.96	4.59
30-3	2	3	3.62	1.20+	1.89	2.35	3.28
30-4	3	4	4.76	1.19+	1.72	2.07	2.73
30-5	4	5	5.89	1.18+	1.62	1.91	2.43
30-6	5	6	7.00	1.17+	1.55	1.79	2.22
30-7	6	7	8.11	1.16+	1.50	1.71	2.08
30-8	7	8	9.21	1.15+	1.46	1.65	1.98
30-9	8	9	10.30	1.14+	1.43	1.60	1.90
30-10	9	10	11.39	1.14+	1.40	1.56	1.83
30-11	10	11	12.47	1.13+	1.38	1.53	1.78
30-12	11	12	13.55	1.13+	1.36	1.50	1.73
30-13	12	13	14.62	1.12+	1.34	1.48	1.69
30-14	13	14	15.69	1.12+	1.33	1.45	1.66
30-15	14	15	16.76	1.12+	1.31	1.43	1.63
30-16	15	16	17.83	1.11+	1.30	1.42	1.60
30-17	16	17	18.90	1.11+	1.29	1.40	1.58
30-18	17	18	19.96	1.11+	1.28	1.39	1.56
30-19	18	19	21.02	1.11+	1.27	1.38	1.54
30-20	19	20	22.08	1.10+	1.27	1.36	1.52

（5）可靠性试验剖面确定

试验剖面主要是确定试验环境条件，并选取试验中所施加的环境应力类型。应对受试产品预期将经受的环境条件进行全面分析，并判断产品的可靠性对哪些环境应力最为敏感。对于大多数电子、机电产品而言，GJB 899—90 推荐试验中施加的环境应力主要有温度（高温、低温、温变率）、振动、湿度等，这是因为上述环境应力对产品的可靠性影响最大，据统计分别占由环境引起故障数的 40%、27% 和 19%。因此，考虑这三个环境应力的作用已经覆盖了 86% 以上的环境对产品可靠性的影响，而其余环境应力对产品的影响在进行可靠性鉴定试验前已经通过环境鉴定试验进行了考核。

①振动应力的确定

A. 振动应力的施加方式，应根据产品的安装位置选取。对于安装在潜艇、舰船、喷气式飞机及航天器上的产品，应使用随机振动方式。对于地面使用产品，可采用随机振动或扫描振动；对于安装在螺旋桨驱动的飞机上的产品，宜用正弦扫描方式，可按产品任务剖面实测所得的环境振动条件所确定的谱型，或按 GJB 899—90 附录 B 所给定的谱型。

B. 振动量值大小与产品的重量有关，如用 GJB 899—90 附录 B 所给定的公式进行计算，应遵循 GJB 150—86 所规定的重量衰减原则。振动量值级别的划分以能基本反映出实际使用中所遇到的振动状况为准,通常可取 2~3 个量值级别,即最大振动量值、最小振动量值以及中间振动量值。

C. 振动的持续时间和施加顺序,应尽可能与产品实际使用状况相同。最大和最小量值(含<0.001 g²/Hz 量值)持续时间应为执行任务中所遇到的最大和最小振动持续时间,其余时间为中间量值振动时间。

D. 振动方向应选择实际使用中对产品可靠性影响最大的轴向,通常采用垂直方向施振,在条件许可的情况下,可以进行两轴或三轴向试验。但是在确定振动持续时间和振动方向时要特别注意严格控制振动试验累积时间,保证单台产品不要超过最长的振动允许时间,以免影响受试产品的使用寿命。因为振动时间的累积效应与振动的量级有关。

E. 产品安装应尽量反映产品在实际使用中的状况(刚性连接或减振安装)。当必须使用安装支架时,应不影响受试产品的固有特性及其所承受应力的情况。产品在实际使用时带减振器,而可靠性试验为了更充分地暴露缺陷而采用刚性连接时,则应仔细审查振动应力量值及其持续时间,振动应力量值应取经减振器减振后的量值,以免应力过高而振坏产品。

②温度应力的确定

A. 试验一般采用冷、热天交替循环方式,一般可从冷天开始,经热天,终止在冷天;或从标准天开始,经冷天、热天,终止在标准天。

B. 温度量值可采用极冷和极热两种温度,或者是在冷天环境和热天环境中再根据产品执行任务时所处的温度环境来变换温度,但是在选择变换温度时应去掉量值变化小于 10 ℃ 和持续时间小于 20 min 的热稳定条件。温度变化率应不低于 5 ℃/min,不超过 30 ℃/min,一般应选择实际使用上限值。

C. 一个循环温度的持续时间,不但要包括执行产品任务时所遇到的温度持续时间,而且应包括产品冷、热浸时间。冷、热浸时间一般为产品技术条件规定的冷、热浸时间。热浸时产品不工作。为了提高试验的效率,还可以适当延长一个循环内冷、热天的持续时间。例如当产品任务时间很短(如小于 0.5 h)时,为提高试验效率,可延长冷热天温度持续时间,在每种温度条件下再安排数个工作循环。试验有效工作时间(指产品通电时间)所占比例应大于 50%。

③电应力的确定

A. 受试产品输入电压的标称值和上、下限应按合同或任务规定。一般的试验顺序是:第一试验循环输入电压设在上限值,第二、第三试验循环输入电压依次为标称值、下限位,以此类推循环进行。试验中如果要重现与某个特征故障有关的输入电压条件时,也可打断这个顺序。

B. 在每个冷、热天连续通电前,至少应使产品通、断电各 2 次,以确定产品在温度条件下的瞬时启动能力。通、断电时间根据产品特点来确定。

C. 产品加电的持续时间应与执行任务时间相类似。为了提高试验效率,每个试验循环中应保持较高的工作时间与非工作时间之比,一般应使有效工作时间所占比例大于 50%。在一个试验循环中可以安排若干个工作循环,或者适当延长产品的通电工作时间。

④湿度应力的确定

可靠性试验是否要施加湿度应力,应根据产品的实际使用状况来确定。加湿时应能模拟潮热条件,一般是在高温断电时给试验箱注湿,当试验设备湿度不能动态加湿时,一般应使试验箱露点保持在31 ℃或31 ℃以上。

A.保湿时间及保湿期间产品是否工作,应与试件执行任务时所处湿度环境的持续时间和状况相类似。

B.在湿热状态前后,应有充足的时间使试件能稳定在初始湿度上,每次湿度暴露前和结束后,必须对试件进行工作检查。

(6)定时截尾鉴定试验案例

设某装备 $\theta_1 = 500$ h,$d = 2.0$,$\alpha = \beta = 20\%$。试为该装备设计一个寿命满足指数分布的可靠性定时试验方案。

根据已知条件可得 $\theta_0 = d\theta_1 = 2.0 \times 500 = 1\ 000$ h,查方案表2-16可知,相应的方案为方案14。查得相应的试验时间为7.8θ_1,即 $7.8 \times 500 = 3\ 900$ h,$A_c = 5$,$R_c = 6$。因此,该方案为:预定总试验时间 $T = 3\ 900$ h,如当试验停止时出现的故障数 $r \leqslant 5$,则认为该产品可靠性合格,接收;在试验累计时间未达到 T,故障数 r 达到 R_c 时,停止试验,认为该产品可靠性不合格,拒收。

3.舰船总体或系统可靠性试验评估

(1)任务可靠度评估

任务可靠度评估主要针对系统、总体,指根据系统或总体及其各组成产品间的可靠性模型和在相应环境条件下取得的各种试验数据,自下而上地利用各组成单元产品的试验数据来估算系统可靠性的过程。试验数据一般在舰船研制交船后一段时间内进行收集,数据不足时参考设备可靠性试验及研制试验中的相关数据。这种方法也称为金字塔式可靠性综合评定。舰船装备是多任务下使用的可维修、小子样、大型复杂系统。可靠性综合评定用于估计舰船装备这样大型复杂系统的可靠性更为有效。因为,系统越复杂,试验的费用越高,周期越长,试验次数也越少。为了在有限的试验后,复杂系统能达到高可靠性的要求,人们总结出了"金字塔"式试验程序。就是对组件、设备进行大量的试验,发现问题、改进设计和工艺,为系统的可靠性奠定基础。而系统、分系统层次越高的装备,试验次数越少,从而减少试验费用、缩短试验周期。可靠性综合评定可用于舰船及系统交付和保修期结束的可靠性评定。可靠性综合评定有多种方法,如贝叶斯法、经典法等。现在可用的方法为经典法中的修正极大似然法和序贯压缩方法。具体试验评估方法参见武器系统及设备可靠性评定要求和方法相关内容。

(2)固有可靠度评估

①点估计

$$A_i = \frac{\text{MTBF}}{\text{MTBF} + \text{MTTR}} = \frac{T_{\text{TF}}}{T_{\text{TF}} + \overline{M}_{\text{ct}}} \tag{2-58}$$

式中　T_{TF}——工作时间/故障数;

　　　$\overline{M}_{\text{ct}}$——累计修理时间/故障数。

②区间估计

$$A_i = \frac{1}{1 + F_{1-\alpha}(n_{\text{U}}, n_{\text{D}})\overline{M}_{\text{ct}}/T_{\text{TF}}} \tag{2-59}$$

式中　T_{TF}——工作时间/故障数；

　　　$\overline{M}_{ct}$——累计修理时间/故障数；

　　　$F_{1-\alpha}(n_U,n_D)$——F 分布，查 F 分布表，当故障时间和维修时间为指数分布时，$n_U = n_D = 2N$。

2.10.4　定性设计评价

定性设计评价是对可靠性定性要求在系统、设备设计中的落实情况进行评价，工程上一般将系统、设备的可靠性定性要求细分为不同的技术条目，在专家依据自己的工程经验依次做出评断之后，通过评分加以综合量化，见表 2-21。其中"可靠性技术设计""可靠性定性评价条目""评分标准"可根据工程实际情况进行适当的调整与剪裁。

表 2-21　可靠性定性设计评价表

序号	可靠性技术设计	可靠性定性评价条目	评分标准	得分
1	新技术和新工艺采用	在选择设计方案时，应考虑适当的继承性设计	5	
		新技术和新工艺的采用应按相关规定进行评审和鉴定	5	
2	简化设计	在满足技战术指标要求的前提下，应尽量简化设计方案，实现零部件的标准化、系列化和通用化，控制非标准零部件的比例	8	
		尽可能采用模块化设计，并降低模块间的耦合关系	7	
3	余度设计	关键舱室结构强度按最保守方案进行设计与校核	3	
		发电设备、一级配电网络保证关键负载的供配电冗余	3	
		关键射频设备实现功能或硬件备份设计	3	
		影响舰载机起降的关键设备实现功能或硬件备份设计	3	
		其他影响作战任务或运行安全的系统（如操舵系统）实现功能或硬件备份设计	3	
4	环境适应性设计	关键装舰设备应按使用环境要求进行耐环境、环境防护设计与分析	8	
		关键装舰设备应根据舰（艇）用条件中的相关要求开展相应的环境适应性试验	7	
5	电磁兼容设计	考虑舰上电缆选用、布线、防护等电磁兼容设计因素	5	
		舰上不同用电设备的接地设计	5	
		关键射频设备实现频率、能量、时间、布置等的电磁兼容设计并通过相应的试验进行设计验证	5	
6	软件可靠性设计	严格按照软件工程要求及型号统一规范进行软件开发	5	
		加强对影响作战任务与运行安全的关键控制、计算模块的需求分析、软件测试	7	
		组织相关专家进行软件可靠性评审	3	

表 2-21（续）

序号	可靠性技术设计	可靠性定性评价条目	评分标准	得分
7	人机工程设计	对电器接口、机械连接等部位采取防差错设计措施，避免或减少因操作差错引起的故障	5	
		对影响人机安全的部位采取明显的标记、符号、说明和防护保险措施	5	
		在系统处于危险状态时，提供准确的告警指示或采取自动安全保障措施	5	
合计			100	

2.10.5　设计工作评价

可靠性设计工作评价是对承制单位可靠性设计的落实情况进行评价，工程上一般将承制单位开展的可靠性工作项目按其不同技术要点进行划分，在专家依据自己的工程经验给出相应的评分之后，进行工作项目的综合量化评价，见表 2-22。其中"工作项目""项目技术要点""评分标准"可根据工程实际情况进行适当调整与剪裁。

表 2-22　可靠性设计工作评价表

序号	工作项目	项目技术要点	评分标准	得分
1	FMECA	系统定义	1	
		主要功能	1	
		主要组成	1	
		功能框图	3	
		FMECA——约定层次	2	
		FMECA——主要故障模式及其影响	15	
		FMECA——补偿措施	5	
		FMECA——2 种表格完整	6	
		分析工作汇总说明	1	
2	可靠性指标预计	产品的组成及功能	2	
		可靠性模型	8	
		数据来源	3	
		可靠性预计计算	5	
		可靠性预计结果分析及处理	7	

表 2-22(续)

序号	工作项目	项目技术要点	评分标准	得分
3	可靠性设计	设备寿命、可靠性定性和定量要求	2	
		可靠性指标分配	8	
		概述可靠性设计准则的符合性检查的途径和方法	5	
		汇总所采取的可靠性设计技术措施及其在系统、设备设计过程中的落实情况	20	
		FMECA	2	
		可靠性预计结论及分析说明	2	
		问题及建议	1	
合计			100	

第3章 维修性设计与验证

3.1 概 述

3.1.1 维修的概念及分类

维修是指装备在使用过程中,维修人员为保持或恢复装备的可使用状态所采取的行动。从维修体制看,维修包括部队级和基地级维修;从维修模式看,维修包括在航维修、年度检修和等级修理。等级修理按照修理规模和修理时间又分为三级修理、二级修理和一级修理,对应于原舰船坞修、小修和中修;按照维修策略又分为预防性维修(PM)、修复性维修(CM)和基于状态的维修(CBM)等。一般而言,部队级维修人员包括舰员、修理大队及修理厂所人员;基地级修理人员指系统/设备的原厂商(OEM),或等级修理中的修理厂所人员。舰船维修分类如图3-1所示。

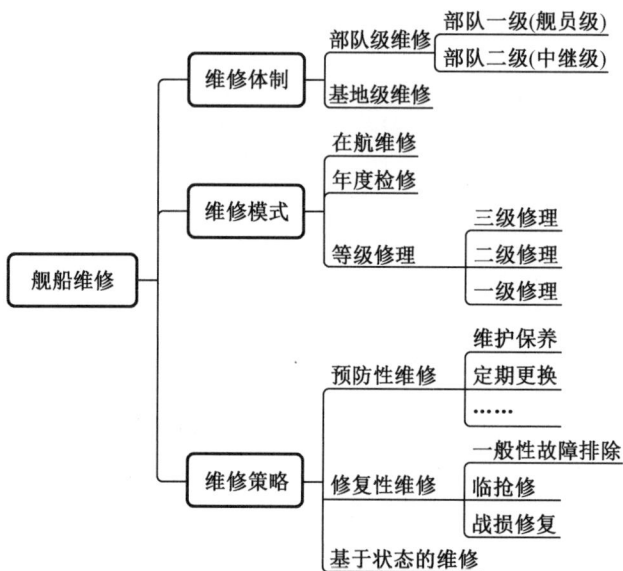

图 3-1 舰船维修分类

3.1.2 维修性的定义及度量

维修性是指装备在规定的条件下和规定的时间内,按规定的程序和方法进行维修时,保持或恢复到其规定状态的能力。维修性是装备的设计特性,主要通过简化结构、组装便利、互换性等设计途径来获得,但必须考虑环境条件、保障资源,以及与维修有关的各种人为因素。

1. 维修度函数

为了定量描述维修时间,我们定义随机变量 T 为故障单元修复时间,用维修度函数 $M(t)$ 表示,含义为 t 时间内成功完成一次维修活动的概率,概率密度函数为 $m(t)$,维修度函数如下:

$$M(t) = Pr\{T \leqslant t\} = \int_0^t m(t)\,\mathrm{d}t \tag{3-1}$$

2. 概率密度函数

$$m(t) = \frac{\mathrm{d}M(t)}{\mathrm{d}t} = \lim_{\Delta t \to 0} \frac{M(t+\Delta t) - M(t)}{\Delta t} \tag{3-2}$$

3. 平均修复时间、中位修复时间、最大修复时间

平均修复时间的数学期望值为

$$\mathrm{MTTR} = \int_0^\infty t m(t)\,\mathrm{d}t \tag{3-3}$$

有时平均修复时间用 $\overline{M}_{ct}$ 表示,即总的维修停机时间除以给定时间间隔内的总维修活动次数,由下式给出:

$$\overline{M}_{ct} = \frac{\sum_{i=0}^n (\lambda_i \overline{M}_{cti})}{\sum_{i=0}^n \lambda_i} \tag{3-4}$$

中位修复时间表示能够完成 50% 全部维修活动的停机时间。最大修复时间表示完成规定百分比(例如 95%)的所有维修活动所需要的最长时间。

3.1.3　维修性常用分布

由于装备维修时间的不确定性,一般用统计分布的形式表达维修时间。常用的分布为正态分布和指数分布,说明如下。

1. 正态分布

正态分布适用于简单的维修操作,如更换或拆卸某一零件。其维修密度函数如下:

$$m(t) = \frac{1}{d\sqrt{2\pi}} \exp\left[-\frac{(t-\overline{M}_{ct})^2}{2d^2}\right] \tag{3-5}$$

式中　$\overline{M}_{ct}$——维修时间均值,$\overline{M}_{ct} = \dfrac{\sum M_{cti}}{N}$,其中 N 为维修次数;

d——维修时间标准差,$d = \sqrt{\dfrac{\sum(M_{cti} - \overline{M}_{ct})^2}{N-1}}$。

维修度函数为

$$M(t) = \int_0^t m(t)\,\mathrm{d}t = \varphi(u) \tag{3-6}$$

式中　$u = \dfrac{t - \overline{M}_{ct}}{d}$。

2. 指数分布

一般认为,经短时间调整或迅速换件的可修复产品服从指数分布,其维修密度函数如下:

$$m(t) = \mu \exp(-\mu t) \tag{3-7}$$

式中，μ 为修复率，$\mu = \dfrac{1}{\text{MTTR}}$。

维修度函数为

$$M(t) = \int_0^t m(t)\,\mathrm{d}t = 1 - \mathrm{e}^{-\mu t} \tag{3-8}$$

3.2　工　作　范　围

3.2.1　工作要求

舰船维修性设计要求主要参照军方的论证要求和《装备维修性工作通用要求》（GJB 368B—2009）的有关规定。GJB 368B 规定了制定维修性工作计划，对系统、设备单位的监督和控制，维修性建模，维修性分配，维修性预计，维修性设计准则及符合性检查，维修性验证和评价等，如图 3-2 所示。

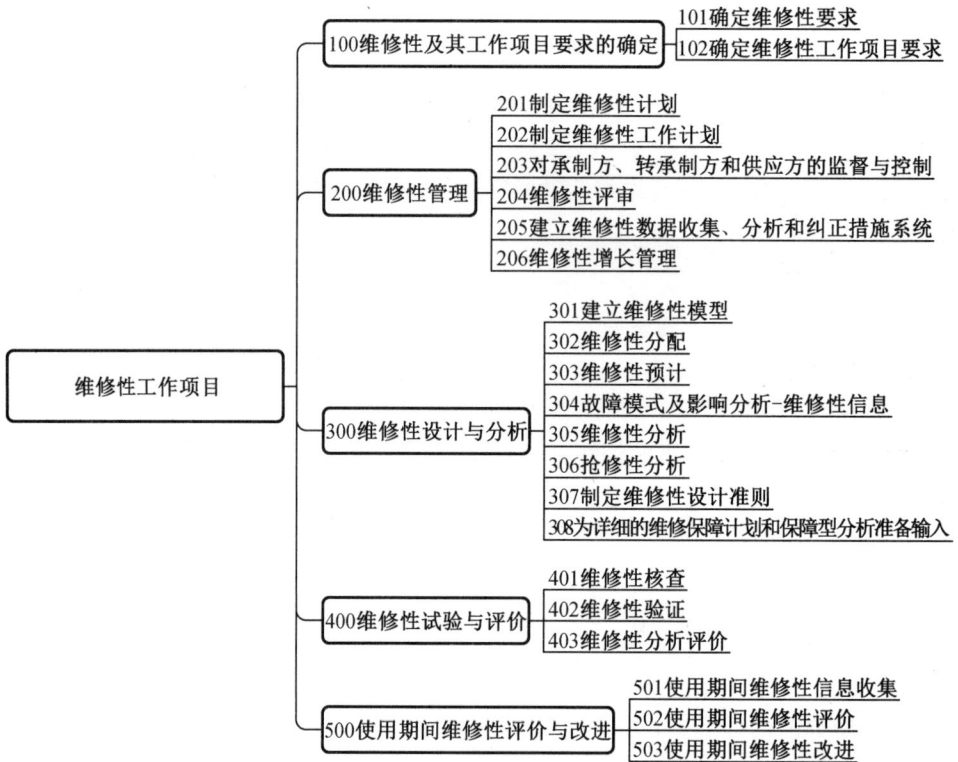

| | | 100维修性及其工作项目要求的确定 | 101确定维修性要求 |
| | | | 102确定维修性工作项目要求 |

200维修性管理
- 201制定维修性计划
- 202制定维修性工作计划
- 203对承制方、转承制方和供应方的监督与控制
- 204维修性评审
- 205建立维修性数据收集、分析和纠正措施系统
- 206维修性增长管理

维修性工作项目

300维修性设计与分析
- 301建立维修性模型
- 302维修性分配
- 303维修性预计
- 304故障模式及影响分析-维修性信息
- 305维修性分析
- 306抢修性分析
- 307制定维修性设计准则
- 308为详细的维修保障计划和保障型分析准备输入

400维修性试验与评价
- 401维修性核查
- 402维修性验证
- 403维修性分析评价

500使用期间维修性评价与改进
- 501使用期间维修性信息收集
- 502使用期间维修性评价
- 503使用期间维修性改进

图 3-2　维修性工作项目

3.2.2　工作计划

舰船维修性设计在整个寿命周期的工作项目见表 3-1，各承制单位可根据产品具体的技术特点，如新研、改进、研制费用与进度，对其进行适当的优化与剪裁。

表 3-1　维修性工作项目表

序号	工作项目	工作类型	适用阶段					完成形式
			方案设计	技术设计	施工设计	建造试验	设计鉴定	
1	制定维修性工作计划	管理与控制	√					总体、系统、设备维修性工作计划
2	对系统、设备单位及转承制方的监督和控制		√	√	√	√		转承制方维修性要求;转承制方维修性设计技术报告;转承制方维修性评审结论
3	维修性评审		√	√	√		√	总体、系统、设备维修性评审结论
4	收集、记录维修性数据			√	√	√	√	系统、设备研制维修性数据;系统、设备设计定型前使用阶段维修性数据
5	建立维修性模型	设计与分析	√	√				系统、设备维修性数据模型
6	维修性分配和预计		√	√				系统、设备维修性设计报告
7	维修性分析			√	√			总体、系统、设备维修性设计报告
8	维修性设计准则及符合性检查		√	√	√			总体、系统、设备维修性设计准则及符合性检查报告
9	维修性设计试验	试验与评价		√	√	√		系统、设备维修性试验大纲及试验报告
10	维修性设计评价						√	总体、系统、设备维修性设计评价报告
11	使用期间维修性评价						√	总体、系统、设备维修性设计评估报告

注:"√"表示均需开展的工作。

3.3 维修性建模

3.3.1 维修性模型的作用

维修性模型就是为分配、预计和评价产品的维修性所建立的文字描述、框图、数学和计算机仿真模型。维修性模型作为一种分析工具用来完成分析任务的要求、工程实践中所使用的有关维修性的指标、参数以及分析权衡过程中的权衡目标。在具体的系统维修性模型研究过程中,维修性模型的建立主要用来解决维修性有关参数的问题。

3.3.2 维修性模型的分类

1. 按建模目的分类

与维修性建模相关的维修性工作项目包括维修性分配、维修性预计、维修性分析和维修性分析评价。维修性建模根据工作项目的不同进行分类。

(1)分配、预计模型。根据分配和预计的目的、对象的特征,以及维修性数据的特点,建立相应的维修性模型。

(2)维修性分析模型。对影响维修性的各个因素进行综合分析,分析相关的设计方案,为设计决策和设计改进提供依据。

(3)维修性分析评价模型。在形成设计方案后,通过模型确定设计结果与设计要求的一致性。

2. 按模型的性质分类

维修性模型按性质分为定性模型和定量模型。定性模型又分为描述性模型、流程图和图解式模型;定量模型又分为数学模型和计算机仿真模型。

(1)描述性模型,是简明阐述系统组成、所处环境、主要功能、要求和研究目的等要素的文字性描述。

(2)流程图和图解式模型,是用来说明系统各组成部分间基本逻辑关系的模型。如维修性分配中使用的维修职能流程图、含有维修信息的系统功能层次图等,在维修性预计中使用的维修时间分解图等。

(3)数学逻辑模型,是系统各种变量的数学逻辑关系的抽象表达。如用于预计维修时间的统计回归模型、累加型维修性模型、加权平均型系统维修性模型和随机网络的维修性模型等。

(4)计算机仿真模型,是运用计算机程序语言或专用的模拟语言编写的计算机程序模型。它是用于解决复杂问题模型的系统模拟的基础。

3.3.3 典型维修性模型

1. 维修性系统框图模型

(1)维修职能流程图

维修职能流程图是维修活动进行的顺序及其每一步骤所进行的维修活动内容的图形

化描述方法。维修职能流程图的细化分解程度根据装备结构及维修级别确定。某通信系统中继级维修职能流程图如图 3-3 所示。

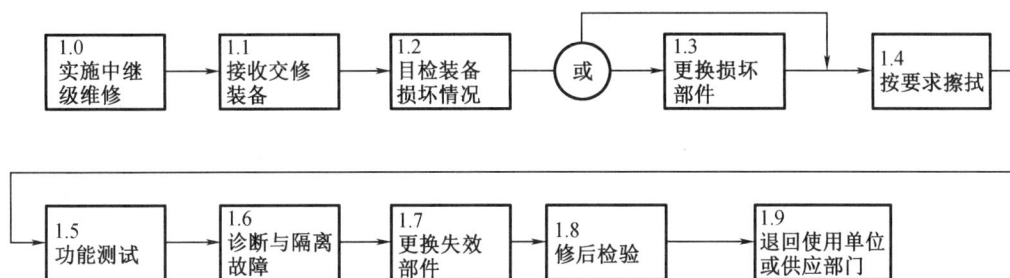

图 3-3　某系统中继级维修职能流程图

（2）功能层次框图

功能层次框图是描述从上到下每一个低层次对象的功能层次关系及所需的维修活动和措施的一种图形描述方法。功能层次的分解根据装备设计方案和功能分析进行，分解的细化程度可根据实际需要和设计的进度确定。某通信系统功能层次框图示例如图 3-4 所示。

2. 维修性数学模型

（1）串行作业模型

如果一项维修任务由多项维修作业组成，各维修作业按一定的顺序依次进行，前一项作业完成时后一项作业开始，作业之间既不重叠也不间断，这样的维修作业称为串行维修作业，该模型称为串行作业模型。在这种情况下，完成一项维修任务的时间等于各项维修作业时间的累加值：

$$T = T_1 + T_2 + T_3 + \cdots + T_m = \sum_{i=1}^{m} T_i \tag{3-9}$$

$$M(t) = M_1(t) * M_2(t) * M_3(t) * \cdots * M_m(t) \tag{3-10}$$

式中　T——完成某维修事件的维修时间；

　　　T_i——该次维修中第 i 项串行作业时间；

　　　$M(t)$——该次维修事件在时间 t 内完成的概率；

　　　$M_i(t)$——第 i 项串行作业在时间 t 内完成的概率；

　　　m——基本维修作业的数目；

　　　$*$——卷积。

（2）并行作业模型

如果一项维修任务由多项维修作业组成，各维修作业同时开始，这样的维修作业称为并行维修作业，该模型称为并行作业模型。在这种情况下，完成一项维修任务的时间就等于各项维修作业时间中的最大值：

$$T = \max\{T_1, T_2, T_3, \cdots, T_m\} \tag{3-11}$$

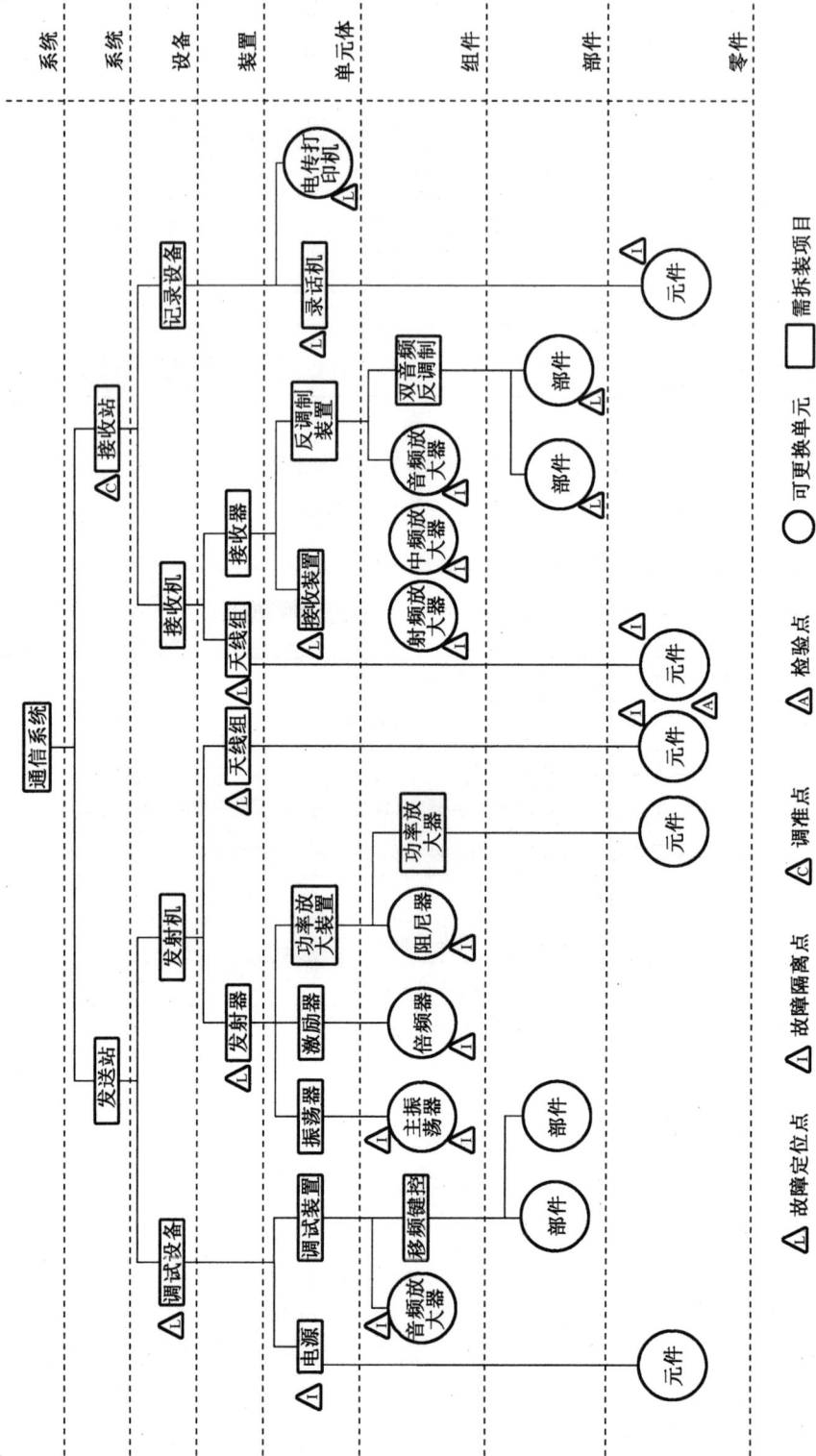

图 3-4 某通信系统功能层次框图示例

△ 故障定位点 △ 故障隔离点 △ 调准点 △ 检验点 ○ 可更换单元 □ 需拆装项目

$$M(t) = P\{T \leq t\} = P\{\max\{T_1, T_2, T_3, \cdots, T_m\} \leq t\}$$

$$P\{T_1 \leq t, T_2 \leq t, T_3 \leq t, \cdots, T_m \leq t\} = \prod_{i=1}^{m} M_i(t) \qquad (3-12)$$

式中，$M_i(t)$ 为第 i 项并行作业在时间 t 内完成的概率；其他符号含义与串行作业模型相同。

（3）网络作业模型

如果一项维修任务由多项维修作业组成，各项维修作业既不是串行关系，也不是并行关系，其流程图呈现网络交叉的状态。某舰等级修理网络计划模型如图 3-5 所示。完成该项维修事件的时间可采用图与网络分析来计算，也可采用仿真的方法来计算。

假定各维修作业时间分别为 t_1、t_2、t_3、t_4、t_5、t_6、t_7、t_8、t_9，则完成维修事件的维修时间应为

$$T = \max\{t_1 + t_9 + t_6, t_1 + t_2 + t_5 + t_6, t_3 + t_5 + t_6, t_3 + t_7, t_4 + t_8\} \qquad (3-13)$$

式中，T 为完成某维修事件的维修时间。

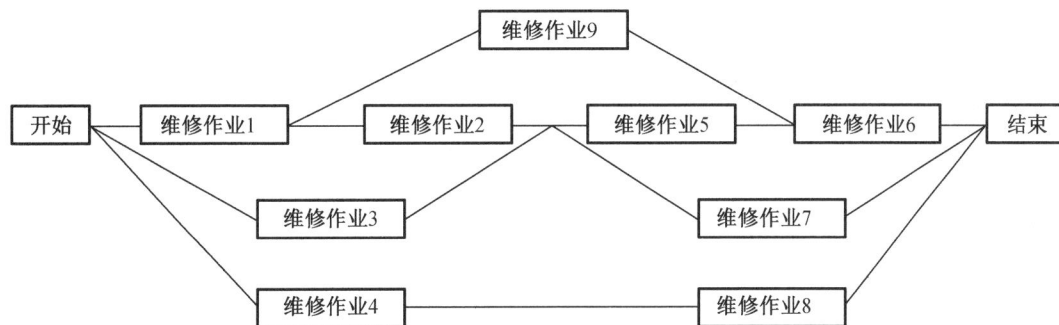

图 3-5　网络作业模型

3.4　维修性分配

3.4.1　维修性分配的目的

维修性分配的目的是将维修性指标分配到产品规定的层次，明确各层次产品的维修性目标，为型号研制总体单位对转承制和供应产品提出维修性要求并进行管理提供依据，保证产品最终符合规定的维修性要求。

3.4.2　维修性分配的指标及产品层次

1. 维修性分配的指标

维修性分配的指标应当是关系舰总体的系统级维修性的主要指标，通常是在合同或任务书中规定的。常见的维修性分配指标如下：

（1）平均修复时间 $\overline{M}_{ct}$（MTTR）

即在规定的条件下和规定的期间内，产品在规定的维修级别上，修复性维修总时间与该级别上被修复产品的故障总数之比。

$$\overline{M}_{ct} = \frac{\sum_{i=1}^{n} \lambda_i \overline{M}_{cti}}{\sum_{i=1}^{n} \lambda_i} \tag{3-14}$$

式中　λ_i——第 i 个低层次单元的故障率;

　　　N——低层次单元的个数。

(2)平均预防性维修时间 $\overline{M}_{pt}$(MPMT)

即在规定的条件下和规定的期间内,产品在规定的维修级别上,预防性维修总时间与该级别上预防性维修总次数之比。

对于具体的维修性分配工作,应按照合同或任务书要求,针对具体参数指标进行分配,并注意维修性分配的指标是与维修级别相关的。在产品承制方与转承制方签订合同或技术协议时,应确定维修性的分配结果。

2.维修性分配的层次

维修性分配的层次要根据具体产品的维修性要求确定。

在初步(初样)设计阶段,维修性指标的分配仅限于较高产品层次,比如某些整体更换的设备、机组、单机、部件。随着设计的深入,获得更多的设计信息,维修性分配可以深入到各个可更换单元。

3.4.3　维修性分配程序

维修性分配一般遵循的程序和步骤如下:

1.分配要求分析

确定型号需要分配的维修性指标,各指标所对应的维修级别,以及其他相关维修性分配要求。

2.确定维修方案

根据维修策略和保障方案确定各维修级别的任务和职能,并绘制如图 3-3 所示的维修职能流程图。

3.分配对象分析

按照型号的功能和结构层次图,对分配对象进行分析,确定分配的层次,并绘制如图 3-4 所示的功能层次框图。层次的多少可视型号的复杂程度而定。

4.获取数据

获取需分配对象已有的数据,如维修频率(或故障率)、预防性维修的频率、相似产品数据、测试性数据等,为选取合适的分配方法奠定基础。

5.分配方法确定

根据上述分析结果,确定适用的维修性分配的方法,如等值分配法、按故障率分配法、按可用度和单元复杂度的加权因子分配法、相似产品分配法等,详见 3.4.4 节。

6.指标分配

根据分配对象的特点,按照选定的方法将给定的型号维修性指标分配到下一层次单元。

7. 结果分析和判断

分析并检查分配后的参数是否满足指标的要求,并综合考虑技术、费用、保障资源等因素,分析各个单元实现分配指标的可行性。如果某些单元的指标不能满足要求,可以采取以下措施:

(1)修正分配结果,即在保证满足型号维修性指标的前提下,通过改进可达性或采用模块化设计等手段来局部调整单元指标。

(2)调整维修任务,即对结构层次框图中安排的维修措施或设计特征局部调整,使型号及各组成单元的维修性指标都可实现。但这种局部调整不能违背维修方案总体约束。

(3)完成分配报告

按格式要求完成分配报告。分配报告一般由概述部分、正文部分和附录部分组成。概述部分一般包括封面、首页、修订状态页、目次、符号等。正文部分包括引言、产品概述、假设、维修性模型、维修性分配、结论及参考等。

3.4.4 维修性分配的常用方法

《维修性分配与预计手册》(GJB/Z 57—94)提供了 5 种维修性分配方法,包括等值分配法、按故障率分配法、按故障率和设计特性的综合加权分配法、利用相似产品维修性数据分配法,以及保证可用度和考虑各单元复杂性差异的加权分配法,设计人员可根据分配对象的特点选取相应合适的分配方法。各种维修性分配方法(表 3-2)说明如下:

表 3-2 维修性分配的常用方法(GJB/Z 57—94 提供的方法)

编号	方法	适用范围	简要说明
101	等值分配法	各单元复杂程度、故障率相近的系统;或在缺少可靠性维修性信息时,用于初步分配	取各单元维修性指标相等
102	按故障率分配法	已有可靠性分配值或预计值	按故障率高的维修时间应当短的原则分配
103	按故障率和设计特征的综合加权分配法	已知单元可靠性值及有关设计方案	按故障率及预计故障的难易程度加权分配
104	利用相似产品维修性数据分配法	有相似产品维修性数据的情况	利用相似产品数据,通过比例关系分配
105	保证可用度和考虑各单元复杂性差异的加权分配法	有故障率值并要保证可用度的情况	按单元越复杂可用度越低的原则分配可用度,再计算维修性指标

1. 等值分配法

将维修性定量指标均匀地分到下一层次。

$$\overline{M}_{ct1} = \overline{M}_{ct2} = \cdots = \overline{M}_{ctn} = \overline{M}_{ct} \tag{3-15}$$

式中 n——下一层次各组成单元的个数;

$\overline{M}_{cti}$——分到单元 i 的平均修复时间。

2. 按故障率分配法

按"故障率高的维修时间应当短"的原则进行分配。

$$\overline{M}_{cti} = \frac{\overline{\lambda}}{\lambda_i} \overline{M}_{ct} \tag{3-16}$$

式中　$\overline{\lambda}$——各单元平均故障率。

$$\overline{\lambda} = \frac{\sum_{i=1}^{n} \lambda_i}{n} \tag{3-17}$$

式中　λ_i——单元 i 的故障率;

　　　n——单元数。

3. 按故障率和设计特性的综合加权分配法

$$\overline{M}_{cti} = \beta_i \overline{M}_{ct} \tag{3-18}$$

式中　β_i——修复时间综合加权系数,

$$\beta_i = \frac{K_i \cdot \overline{\lambda}}{\overline{K} \lambda_i} \tag{3-19}$$

其中

$$\overline{K} = \frac{\sum_{i=1}^{n} K_i}{n} \tag{3-20}$$

式中　$\overline{K}$——各单元加权因子平均值。

　　　K_i——单元 i 的维修性加权因子,与产品的故障检测和隔离方式、可达性、可更换性、测试性等因素有关,维修性越差,K_i 越大。加权因子数值需根据装备结构类型,统计分析得出

$$K_i = \sum_{j=1}^{m} K_{ij} \tag{3-21}$$

其中　K_{ij}——单元 i 的第 j 项加权因子;

　　　m——加权因子项数。

4. 利用相似产品维修性数据分配法

借用已有的相似产品维修性状况提供的信息,作为新研制或改进产品维修性分配的依据。这种方法普遍适用于产品的改进、改型中的分配。

已知相似产品维修性数据,计算新(改进)产品的维修性指标,可用下式:

$$\overline{M}_{cti} = \frac{\overline{M}'_{cti}}{\overline{M}'_{ct}} \overline{M}_{ct} \tag{3-22}$$

式中　$\overline{M}'_{ct}$——相似产品已知的或预计的平均修复时间;

　　　$\overline{M}'_{cti}$——相似产品已知的或预计的单元 i 的平均修复时间。

5. 保证可用度和考虑各单元复杂性差异的加权分配法

按"单元越复杂可用度越低"的原则分配可用度,再计算维修性指标。

$$A_i = A_s^{k_i} \tag{3-23}$$

$$M_{cti} = \frac{1 - A_i}{\lambda_i A_s} \tag{3-24}$$

式中 A_i——单元 i 的可用度分配值;

$\quad\quad A_s$——系统的可用度指标;

$\quad\quad k_i$——单元 i 的复杂性因子。

3.5 维修性预计

3.5.1 维修性预计的目的

维修性预计的主要目的是评价产品是否能达到要求的维修性指标,具体如下:

(1)在方案论证阶段,通过维修性预计比较方案的维修性水平,为研制决策和选择最优方案提供依据;

(2)在设计过程中,明确影响产品维修性的主要因素,查找保障方案的不足和薄弱环节,采取针对性的设计措施,提高维修性;

(3)当设计更改或保障要求变化时,通过维修性预计评估变化的影响;

(4)为维修性验证等工作提供依据。

3.5.2 维修性预计的参数

维修性预计是根据产品的设计,预测产品在预定条件下的维修性参数值是否满足指标的要求,为设计调整提供依据。因此维修性预计的对象应是十分重要的型号维修性参数,通常是在研制总要求或研制任务书中规定的。目前,舰船装备主要的维修性预计参数为平均修复时间 $\overline{M}_{ct}$(MTTR)和平均预防性维修时间 $\overline{M}_{pt}$(MPMT)。

3.5.3 维修性预计的程序

维修性预计一般遵循的程序和步骤如下:

1. 分析任务要求及参数

确定型号需要预计的维修性指标,各指标所对应的维修级别,以及其他相关维修性预计要求。

2. 分析对象分析

型号各组成部分的功能和结构层次,由型号总体逐步分解到所需层次的产品即可更换单元,层次的多少可由型号的复杂程度并结合维修性预计要求而定。

3. 收集信息资料

收集产品的设计资料,如各种需要的图纸、清单等。收集有关维修与保障方案及相关资料。获取拟预计对象已有的数据,如维修频率或故障率、预防性维修的频率、相似产品数据、测试性数据、可达性数据、拆装时间数据等。

4.预计方法选择确定

根据上述分析结果,确定适用的维修性预计的方法,如单元对比法、时间累计预计法等,详见3.5.4节。

5.指标预计

根据预计对象的特点,按照选定的方法对维修性指标进行由下到上的预计。

6.修正结果

结果修正主要是为弥补简化的维修性模型所带来的预计误差,修正通常以经验分析为主。

7.编制预计报告

按格式要求完成维修性报告。分配报告一般由概述部分、正文部分和附录部分组成。概述部分一般包括封面、首页、修订状态页、目次、符号等。正文部分包括引言、产品概述、假设、维修性模型、维修性预计、结论及参考等。

3.5.4　维修性预计的常用方法

《维修性分配和预计手册》(GJB/Z 57—1994)中给出了6种维修性预计的方法,在维修性预计过程中可以根据实际情况参考选用表3-3中列出的四种方法。

表3-3　维修性预计的常用方法(GJB/Z 57—1994 提供的方法)

编号	方法	适用范围	简要说明
202	功能层次预计法	舰船和海岸电子设备及系统	有两种方法:一种用于估计修复性维修,根据维修活动及产品层次查表确定修复时间;另一种用于计算修复性及预防性维修时间没有给出的具体数据
204	运行功能预计法	各种系统与设备维修时间估计	将修复性维修与预防性维修结合在一起,把任务过程分为若干运行功能,利用所建立的模型计算维修时间。它未提供任何时间数据
205	时间累计预计法	各种电子设备的维修值预计	给出了较多的维修作业时间数据,按其规定程序,由基本维修作业逐步计算,累加求得修复时间、工时等维修性参数
206	单元对比预计法	各种产品维修性参数值的早期估计	以某个维修时间已知的或能够估测的单位为基准,通过对比确定其他单元的维修时间,再按维修频率求均值,得到修复性或预防性维修时间

1.功能层次预计法

(1)平均修复时间

$$\overline{M}_{ct} = \sum_{i=1}^{n} \lambda_i M_{cti} / \sum_{i=1}^{n} \lambda_i \qquad (3-25)$$

式中　λ_i——系统中第 i 个可更换单元的故障率；

　　　M_{cti}——系统中第 i 个可更换单元完成一次修复性维修所需要的时间，h；

　　　n——系统中可更换单元的总数。

工程上，设备的 MTTR 预计常采用该方法，即将每一项舰员级修复性维修时间分解为准备、隔离、更换、恢复等细项，列表进行加权计算。预防性维修和基地级维修项目一般不纳入舰船装备维修性指标计算。

（2）平均预防性维修时间

$$\overline{M}_{pt} = \sum_{j=1}^{m} f_j M_{ptj} \Big/ \sum_{j=1}^{m} f_j \tag{3-26}$$

式中　f_j——系统中第 j 项预防性维修的频率；

　　　M_{ptj}——系统中第 j 项预防性维修所需要的时间，h；

　　　m——系统需要进行的预防性维修的总项数。

（3）平均维修时间

$$\overline{M} = \frac{(\sum \lambda_i) \overline{M}_{ct} + (\sum f_i) \overline{M}_{pt}}{\sum \lambda_i + \sum f_i} \tag{3-27}$$

（4）维修停机时间率

维修停机时间率即每单位工作时间的维修停机时间平均值，公式如下：

$$M_{DT} = \sum \lambda_i \overline{M}_{ct} + \sum f_j \overline{M}_{pt} \tag{3-28}$$

2. 时间累计预计法

根据历史经验或现成的数据、图表，对照装备的设计或设计方案和维修保障条件，逐个确定每个维修项目、每项维修工作、维修活动乃至每项基本作业所需的时间或工时，然后综合累加或求均值。

（1）维修对象的分解

把系统或设备分解，直到规定的维修级别的可更换单元（RI）。每个 RI 的故障率 λ_n 可由可靠性预计或历史资料得到。

（2）RI 的故障分析

一个 RI 发生故障，其故障模式可能有几种，故障检测与隔离（FD&I）的方式及其输出（如显示信号、迹象、打印输出、读数或人工操作的结果等）也就不尽相同，FD&I 所需时间以及整个修复时间就会不一样。因此，要按 FD&I 输出将单元故障区分开，并确定每种 FD&I 输出下的故障率 λ_{nj} 及修复时间 R_{nj}。

修复性维修由以下几项活动组成：准备、故障隔离、分解、更换、结合、调整、检验、启动。因此，这些活动时间称为修复时间元素。在预计模型中使用的这些修复时间元素的定义和符号如下：

准备时间 T_{1nj}——在进行故障隔离之前需完成的那些工作经历的时间；

故障隔离时间 T_{2nj}——把故障隔离到着手进行修复的层次所需的工作时间；

分解时间 T_{3nj}——拆卸设备以便达到在故障隔离过程中所确定的那个可更换单元（或若干单元）所需的时间；

更换时间 T_{4nj}——更换失效的或怀疑失效的可更换单元所需的时间；

结合时间 T_{5nj}——在换件后重新结合设备所需的时间；

调整时间 T_{6nj}——在排除故障后调整系统或可更换单元所需的时间；

检验时间 T_{7nj}——检验故障是否已被排除、该系统能否运行所需的时间；

启动时间 T_{8nj}——在核实故障已被排除、该系统可以运行之后，立即使该系统恢复到发生故障之前的运行状态所需的时间。

（3）维修活动的分解

一项维修活动可能是由若干基本维修作业（动作）组成的。例如，更换一个晶体管，包含拆焊（3处）、取下、清理、安装、重焊（3处）等动作。这些动作（基本维修作业）占用时间短且相对稳定（时间散布不大），常见动作类型数量有限。因此，可以选择常见的基本维修作业，通过试验或现场统计数据确定其时间（工时），作为维修性预计的依据。

维修性预计是一个反向综合的过程，从估计维修动作的时间（工时）开始，计算各项维修活动时间（工时）、各 RI 在各 FD&I 输出的修复时间（工时）、各 RI 的平均修复时间 R_n，最后估算出设备（系统）的平均修复时间 $\overline{M}_{ct}$（工时）。

在上述过程中，运用的维修性模型基本上有两类：累加和均值模型。累加模型用于串行作业，在不考虑并行作业的情况下由基本维修作业时间合成为维修活动时间 T_{mnj}，维修活动时间合成为各 RI 在各 FD&I 输出的修复时间 R_{nj}。均值模型用于求系统平均修复时间。

3. 单元对比预计法

任何装备的研制都会有某种程度的继承性，在组成系统或设备单元中，总会有使用过的产品。因此，可以从研制的装备中找到一个可知其维修时间的单元，以此为基准，通过与基准单元对比，包括其规模及故障检测、隔离、拆装、更换的难易程度等方面，估计各单元的维修时间，进而确定系统或设备的维修时间。

$$\overline{M}_{ct} = \frac{M_{ct0} \sum_{i=1}^{n} h_{ci}k_i}{\sum_{i=1}^{n} k_i} \tag{3-29}$$

式中　M_{ct0}——基准可更换单元的平均修复时间；

　　　k_i——产品中第 i 个可更换单元的相对故障率系数；

　　　h_{ci}——产品中第 i 个可更换单元的相对维修时间系数。

$$\overline{M}_{pt} = \frac{M_{pt0} \sum_{i=1}^{m} l_i h_{pi}}{\sum_{i=1}^{m} l_i} \tag{3-30}$$

式中　M_{pt0}——基准可更换单元的平均修复时间；

　　　l_i——产品中第 i 个可更换单元的相对故障率系数；

　　　h_{pi}——产品中第 i 个可更换单元的相对维修时间系数。

平均维修时间为

$$\overline{M} = \frac{M_{ct0} \sum h_{ci}k_i + Q_0 M_{pt0} \sum h_{pi}l_i}{\sum k_i + Q_0 \sum l_i} \tag{3-31}$$

$$Q_0 = \frac{f_0}{\lambda_0} \tag{3-32}$$

式中　f_0——预防性维修基准单元的维修频率；

　　　λ_0——修复性维修基准单元的故障率。

3.6　维修性设计准则及符合性检查

维修性设计准则是为了将舰船装备的总体、系统、设备的维修性要求、使用和保障约束转化为具体的设计而明确的通用或专用的设计准则。确定合理的维修性设计准则,并严格按准则进行维修性设计和评审,才能确保维修性要求落实在舰船装备设计中,并最终实现要求。维修性设计准则具有以下几方面作用:

(1)指导设计人员进行维修性设计;

(2)便于总体、系统、设备设计师在研制过程中开展设计评审;

(3)便于总体、系统、设备维修性分析人员进行维修性分析、预计,并开展维修性设计符合性检查,将维修性要求落实到舰船装备设计中。

维修性设计准则的主要内容是各种维修性定性要求的详细规定,在 DOD-HDBK-791和《维修性设计技术手册》(GJB/Z 91—97)中给出了详细的定性设计方法和案例,包括简化设计、可达性、标准化和互换性、模块化、安全性、防差错措施与识别标志、检测诊断迅速简便、贵重件可修复性、人素工程等方面。

3.6.1　简化设计

简化设计包含两层含义:一是产品应在满足功能要求和使用要求的前提下,尽可能采用最简单的结构和外形;二是简化使用和维修人员的工作,降低对使用和维修人员的技能要求。基本原则包括:

(1)简化产品功能;

(2)合并产品功能,把产品中相同或相似的功能结合在一起执行;

(3)减少零部件的品种和数量。

3.6.2　可达性设计

可达性是在操作或维修时,接近产品各个部位的相对难易程度的度量。基本原则包括:

(1)设备布置应尽量做到检查、拆卸任一零部件、管路、电缆和附件时,不必拆卸其他设备、管路、电缆和附件;

(2)系统、设备的检测点、润滑点、加注点,应布置在易于接近的位置;

(3)工作舱口、门、窗的位置、尺寸、方向等都要使维修人员工作方便,易于接近维修对象。

3.6.3 标准化、互换性、模块化

标准化可减少元器件、零部件、工具的种类、型号与式样,有利于生产、供应、维修。

互换性是指产品之间在实体上(几何形状、尺寸)、功能上能够彼此替换的特性。当两个产品在实体上、功能上相同,能用一个去替代另一个而不需要改变产品或母体的性能时,则称该产品具有完全互换性。

模块化设计是实现部件互换通用、快速更换修理的有效途径。模块是指能从产品中单独分离出来,具有相对独立功能的结构整体。

3.6.4 防差错设计和标识

标识就是在需要维修的备品备件、专用工具、测试器材、维修部位等上面做出识别记号,以便于区别辨认、防止混乱,避免因差错而发生事故,同时也可以提高工效。基本原则包括:

(1)根据"错位装不上,装错易发现"的原则,在设计时充分考虑并采取措施以避免维修差错;

(2)在需要维修人员注意或容易发生维修差错的部位应设有明显的防维修差错标识;

(3)设备均应有铭牌,并标明型号、编号、质量、生产厂家和出厂日期,并有识别标志,以通过其功能名称和分配的号码予以识别,使维修人员避免差错,便于维修。

3.6.5 维修安全性

维修安全性是指避免维修人员伤亡或产品损坏的一种设计特性。基本原则包括:

(1)应保证产品在贮存、运输和维修时的安全;

(2)在可能发生危险的部位上,应提供醒目的标记、警告灯、声响警告等辅助预防手段;

(3)严重危及安全的部位应有自动防护措施;

(4)凡与安装、操作、维修安全有关的地方,都应在技术资料中提出警告和注意事项。

3.6.6 维修中人素工程要求

维修中的人素工程是指考虑维修作业过程中人的心理、生理等要素的限制,如何开展产品设计,使得维修人员能够在正常的心理、生理约束下完成维修工作。基本原则包括:

(1)设计时,应根据人体的高度、维修人员所处的位置、使用维修工具的状态,提供适当的维修空间,使维修人员有个比较合理的姿态,尽量避免以容易疲劳或致伤的姿势进行操作;

(2)维修环境中的噪声不应超过规定标准,如难避免,对维修人员应有保护措施;

(3)对维修部位应提供适度的自然或人工照明条件;

(4)应采取积极措施,减少振动,避免维修人员在超过标准规定的振动条件下工作;

(5)设计时,应考虑维修操作中举起、推拉、提起及转动时人的体力限度;

(6)设计时,为保证维修人员的持续工作能力、维修质量和效率,应考虑使维修人员的

工作负荷和难度适宜。

按照上述一般要求编制舰船维修性设计详细要求,并在下一个设计阶段对详细要求逐项检查,以满足设计准则的要求。

3.7 基于数字样机的维修性设计技术

基于数字样机(DMU)的维修性设计内容与建造的数字样机相比,其工作量巨大,建模粒度达到基地级可更换单元,因此需要大量的设计科研经费支持。尽管设计阶段费用有所上升,但舰船全寿命周期的费用会大幅降低。

3.7.1 维修性数字样机的含义

数字样机是装备整机或系统等的数字化描述。面向装备从概念设计到售后服务的全生命周期,可分别用于工程设计、工程分析,如干涉检查、运动分析、拆装模拟、加工制造和维护检查等过程。在 CAD 环境下把所有的结构部件、系统、设备等完整装配而成的数字样机叫作全装备数字样机。装备数字样机是按照研制分阶段不断迭代完善、逐步细化成熟的数字样机。

维修性数字样机是按其用于维修保障特性设计的用途而专门研究并定义的,它能将数字样机按使用维修人员的视角来呈现反映,能表达出装备结构及各系统产品、管路在装备上的安装情况、位置关系以及组成情况。

在装备研制阶段,利用维修性数字样机更能无缝地支持开展维修保障特性设计分析、试验验证等活动。例如利用维修性数字样机可开展维修性分析、维修性仿真建模、维修性评价、维修性改进、区域维修性分析、维修性问题辅助确认、维修性改进效果评估等;此外,维修性数字样机还能用于舰船总体迭代设计、使用与维修保障分析等方面。例如装备的人机功效评估、维修路径设计规划研究、总体快速布局设计、区域安全检查、维修任务虚拟仿真建模、维修保障训练及相关课件制作等。图 3-6 所示为维修性数字样机概念模型。

3.7.2 维修性数字样机的产品数据架构

装备研制过程中的各类数据产生均具有自顶向下、逐级演变的特点,适合树状数据结构进行关系组织。通过对各类装备的数据进行分析,可以将数据归纳为两大类:一是以装备功能定义和设计实现的过程数据;二是以装备物理位置定义的设计、生产制造及外场服务类数据。对应的在架构上的设计模型可分为两类:一是按装备系统功能架构对数据进行树状分解和组织,简称功能架构(F-PDA);二是按照装备物理位置和空间划分对产品数据进行树状分解和组织,简称空间架构(S-PDA)。早期装备设计将二者分开,现代装备设计合二为一,称之为一体化产品数据架构。该架构同样采用层次化的方式定义数据结构,管理装备全寿命周期的过程数据与状态数据,形成产品综合视图,为不同使用者提供所需视图与数据。

综合产品数据架构的定义如图 3-7 所示,它由层次化的节点与节点关联的数据组成,共四层结构,包含顶层产品结构层、构型层、底层产品数据信息层、设计资源/模型层。

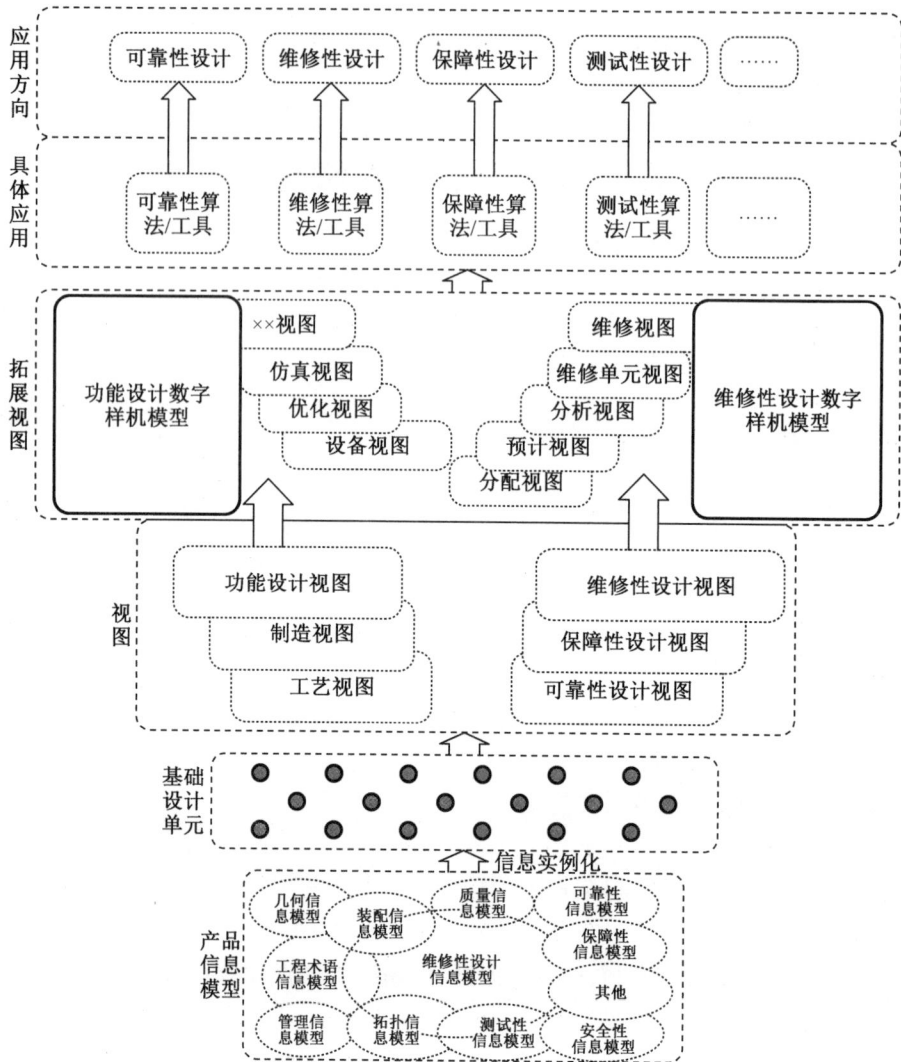

图 3-6　维修性数字样机概念模型

顶层产品 CI 结构层用于表达舰船的顶层结构组织关系。其中,"功能架构"的顶层节点表达了装备设计和功能分解的层次,通常按总体-系统-子系统及子子系统的形式组织;"空间架构"的顶层节点表达了装备空间物理空间层次位置逻辑关系,通常按总段-分段-舱室-舱位内产品子类型的形式组织。

构型层 CI 是顶层产品结构层的下级节点,表示一个可设计的配置单元,是构型项管理的基本单元。其中"功能架构"的配置节点(F-CI)通常按其产品功能和生产关系进行划分,是组成系统或子系统的基本功能单元;"空间架构"的配置节点(S-CI)通常按其装配及维修的逻辑进行划分,是物理区域空间内的实体基本组成单元,两者在实际工程中可统一规则进行划分。不同产品的构型 CI 都拥有对应的唯一一个 DSI,它表示构型项的具体设计方案实例(DSI),DSI 下为具体的零部件组成。

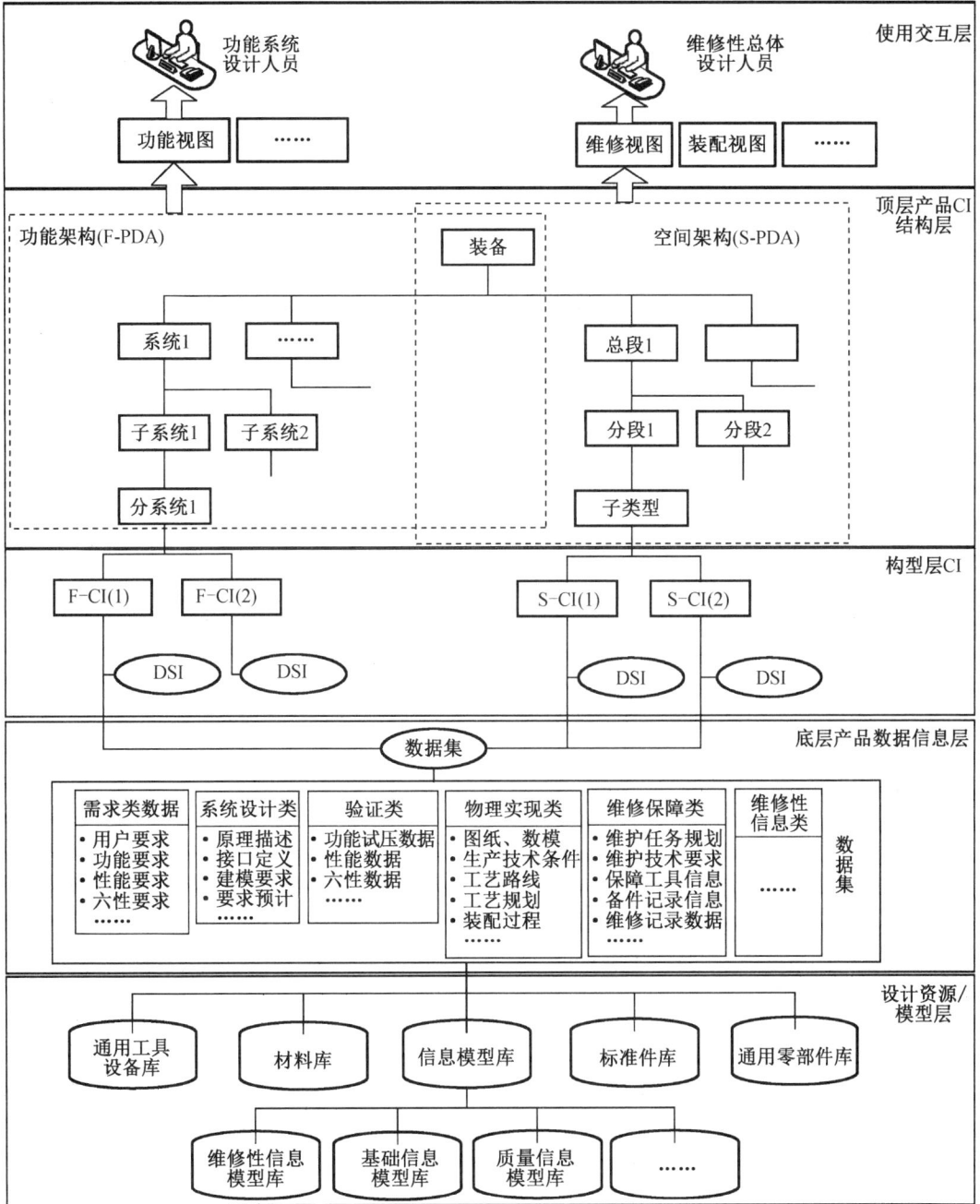

图 3-7　维修性一体化设计的产品数据架构

　　基于上述综合产品数据架构,通过对底层产品数据层的各种数据关系的统一表达与管理,可实现基于综合产品数据架构自动构建不同的工程视图,满足不同阶段和不同业务的人员需求,比如需求视图、系统视图、工艺视图、维修性设计视图、制造视图、保障视图,从而实现多视图/BOM 的综合运用。

3.7.3 维修性分析技术

1. 基于数字样机的维修性分析与评价的环境搭建

虚拟维修仿真场景构建是为维修过程仿真及维修性分析与评价建立的一个近似现实的虚拟空间,它以真实的维修现场为参考,并能够充分满足逼真性、交互性等基本要求。虚拟维修场景主要由维修性数字样机、虚拟人体模型、保障设备及工具模型和维修环境模型等组成。

(1)维修性数字样机的组建

维修性数字样机基于装备数字样机组建,所需的数据直接来源于装备设计过程中的几何数字样机,但零部件的设计模型通常包含许多设计属性,冗杂的数据量会直接影响系统的图形处理速度。为此,需要对设计模型进行轻量化处理,即针对具体虚拟设计与分析对象的维修任务,确定装配约束关系,掌握和整理装配信息,重新构建装配树。

(2)虚拟人体建模

虚拟人体模型是人在计算机生成空间(虚拟环境)中的几何特征与行为特征的表示,是多功能感知与情感计算的研究内容。因此,虚拟人体模型与现实世界的某种或者某一类人群具有映射关系。

(3)保障设备、工具建模

对实施的设备拆装或维护任务进行分析,确定设备拆装或维护任务实施过程中所需的保障设备和工具,并采用 CAD 软件对需要的保障设备和工具进行三维建模。

(4)虚拟维修环境建模

为增强仿真过程的逼真程度,尽可能地反映出设备拆装和维护任务实施的真实感,可以将装备维修时所处的环境进行三维建模。

2. 可达性分析

可达性是指维修装备时,接近维修部位的难易程度。良好的可达性,能够迅速方便地到达维修部位并操作自如,还可以提高维修效率,减少维修差错,降低维修工时和费用。它是装备维修性设计分析中的一个重要指标,一定程度上反映了产品维修的相对难易程度。将可达性定义为:产品在约定的维修级别和维修条件下进行维修时,维修人员能够看到和操作到并顺利完成维修的一种能力。可达性按其实现维护操作角度,分为以下三个方面(图 3-8):

(1)操作可达性

设计时应考虑维修时人所处位置、作业空间、作业姿势等;被维修物的安装位置、安装方式/紧固件类型、维修轨迹/顺序要求等;使用工具物理属性、适用性;以及是否要协同操作等。

(2)视觉可达性

设计时应考虑目测时人的位置、姿势、视角、视距、视野等;被测物位置、被测内容、被测量化指标等;以及被测物环境影响,如灯光亮度、遮挡程度、温湿度等被测环境条件。

(3)实体可达性

设计时应考虑维修时人所处位置、作业空间、作业姿势、人负荷能力、人体型尺寸等;被维修对象的安装位置、维修通道、质量、体积、形状、安全属性等。

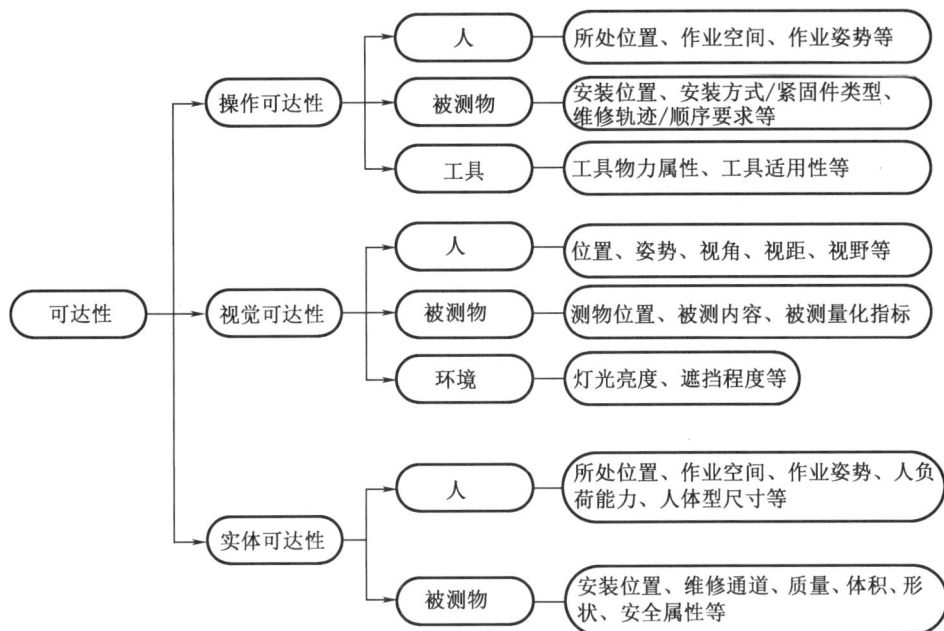

图 3-8　可达性设计因素模型

在虚拟环境中首先确定待维修部件,生成包含维修性信息的虚拟模型;为了便于快速实时仿真,需要经过模型轻量化,去除与维修可达性验证无关的 CAD 信息后,将模型导入仿真环境中;调整虚拟维修人体的姿势,保证与其他部件不产生干涉;设置生成人体操作范围,一般以球体包络面形式给出;通过反复判断维修部件是否完全在人体操作范围内、是否与维修通道发生干涉,可得到可达性的分析结果,如图 3-9 所示。

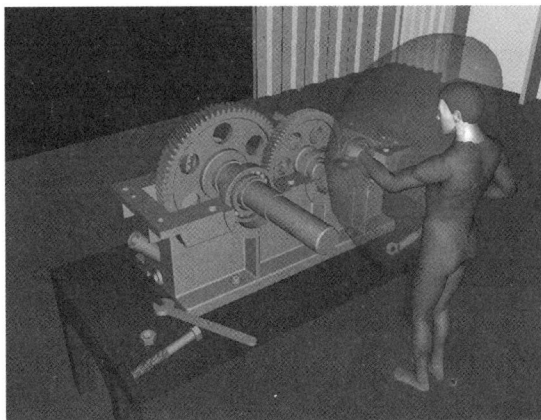

图 3-9　可达性分析

3.可视性分析

《军事装备和设施的人机工程设计准则》(GJB 2873—97)对视线与视野的定义为:视线指眼睛(黄斑中心)中最敏锐的聚焦点与注视点之间的连线;视野指头部和眼睛在规定的条件下,人眼可觉察到的水平面与垂直面内所有的空间范围。

GJB 2873—97 中对人的垂直和水平视野分别做出相关规定。图 3-10(a)所示为人眼动视野范围,即头部保持在固定位置,眼睛为了注视目标而移动时,能依次觉察的水平面与垂直面内所有的空间范围。人体水平中心线左右各 15°是人眼的最佳水平视野范围,中心线左右 35°是人眼在水平方向上的最大视野范围,如图 3-10(a)所示。

人眼垂直视野的正常视线为水平线下 15°。正常视线的上下 15°是人的最佳垂直视野范围,最大视野范围为正常视线上方 40°,正常视线下方 20°,如图 3-10(b)所示。

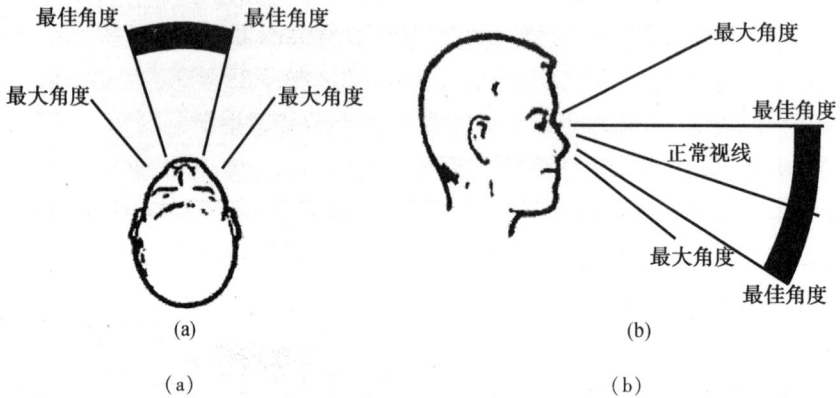

(a)

(b)

图 3-10　人眼视野范围

利用上述定义和相关数学模型可以生成可视锥,利用三维视野校核方法对装备的维修可视性进行评估。根据 GJB 2873—97 设置 30°、70°种视锥。将视锥覆盖的区域分成三部分,如图 3-11 所示。其为可视锥的截面图:30°视锥覆盖的区域为 A;70°视锥覆盖的区域为 B;70°视锥以外的区域为 C。

图 3-11　视野划分区域图

4.维修操作空间分析

维修人员的操作空间是指维修工具及手部有足够的空间完成相应的维修动作,如使用改锥时应保证螺钉上方空间要大于改锥长度与螺钉长度的和。通过判断维修过程中维修工具及手臂是否与周围空间发生碰撞来评价其操作空间的好坏。在 DELMIA 中,有碰撞检测工具,包含静态碰撞检测和动态碰撞检测,可直接调用。当激活时,若维修工具在运动过程中遇到障碍物,将自动停止运动,并以红色显示碰撞部位。图 3-12 所示为某设备维修空间分析侧视图。

5.舒适度分析

人体舒适性分析是针对维修人员在维修操作过程中的维修姿势、受力程度等所做的分析。通过人体舒适性分析,可以避免人体长期处于疲劳状态,使维修人员能够在一个相对舒适、自然的状态下进行维修操作,从而提高维修人员的工作效率。在 DELMIA 中可以通过 Human 中的 RULA Analysis 模块对维修人员的人体舒适性进行分析,通过综合分析维修姿势、受力情况以及肌肉运动等因素来对维修人员的身体部位进行打分,并以不同的颜色来显示其身体部位的舒适程度。图 3-13 展示的是维修人员的四种维修姿势:立姿、蹲姿、弯腰姿势和躺姿。图 3-14 展示的是蹲姿状态下的人体舒适性分析结果。

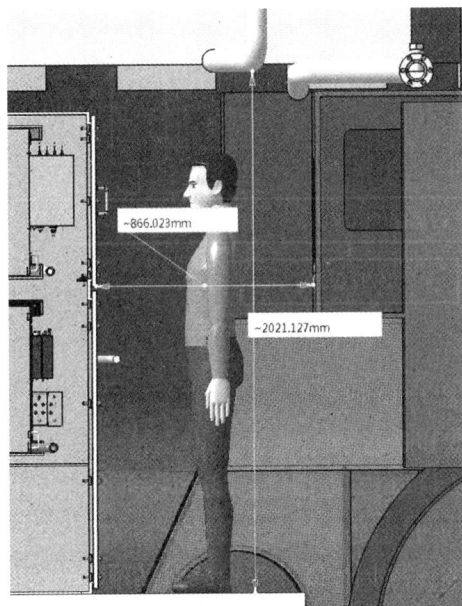

图 3-12　维修空间分析侧视图

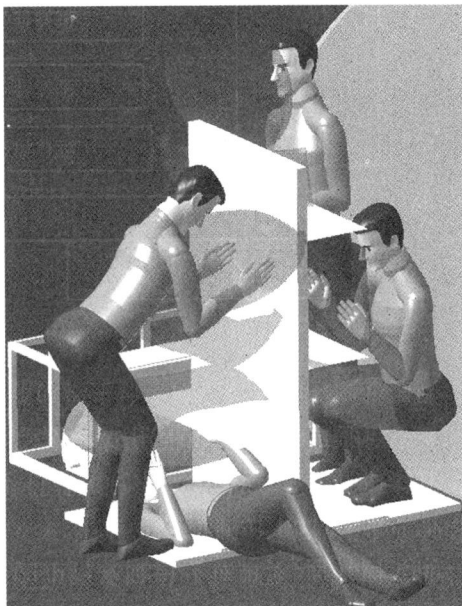

图 3-13　维修姿势

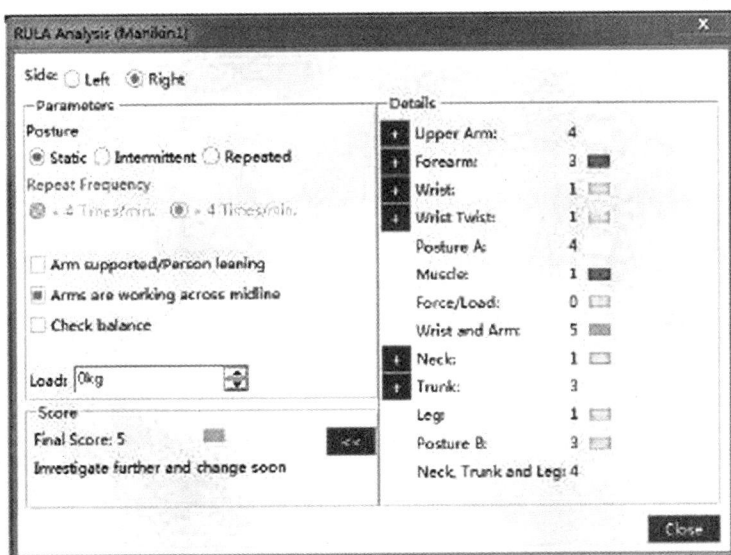

图 3-14　蹲姿状态下的人体舒适性分析结果

在 RULA 分析模块中,根据其综合评分总共分为四个等级:1~2 分显示为绿色,可评分 70~100,表示此时姿态可以接受并持续保持;3~14 分显示为黄色,可评分 50~70,表示该姿态可以短期保持,需要改进;5~6 分显示为橙色,可评分 0~50,表明该状态只能进行短时间操作,同样需要改进;7 分显示为红色,评分为 0,表示该姿势不能被接受,必须立即改进。

3.7.4 维修性设计与控制平台

1. 概述

维修性是舰船的重要设计属性之一,为保证舰船具有良好的维修性水平,需要在舰船总体设计过程中并行开展维修性设计工作,通过建立与舰船研发相配套的维修性设计、虚拟维修仿真分析平台,将维修性要素纳入产品一体化设计过程中。

通过构建维修性设计与控制平台,为产品维修性并行设计提供高效、实用的技术手段。可将各个维修性工作项目有机地结合起来,明确维修性工作与产品设计工作之间、各个维修性工作项目之间的业务流程和数据关联关系,在建模、设计的基础上,通过虚拟维修过程的仿真分析,对样机阶段的维修性设计进行分析与评价,得出最优方案结果,实现维修性设计对舰船总体设计的约束和控制。

2. 需求分析

舰船组成结构复杂,设备繁多,是一个复杂的巨系统。现阶段,舰船面临的任务繁重,既要执行战备、演习任务,又要完成护航和远航任务,部分任务的周期长达数月。同时,系统和设备所处的环境恶劣,高温、高湿、高盐雾导致系统和设备的损耗高于其他装备,设备故障现象频繁,导致舰员级、中继级和基地级维修都面临着繁重的维修压力。

舰船装备根据作战要求和任务使命划分为众多功能舱室,有限舱容中要布置复杂的系统和设备,同时要保障主干电缆和管路的穿舱空间,既要满足各种技术指标,又要尽可能满足舰员的生活保障需求,总布置协调任务繁重。因此,在以往型号的舰船总体设计中对维修性的设计、分析和验证工作没有完全按照维修性工作要求落实,导致舰船服役后,有的系统和设备难以维修的现象。

现阶段舰船的维修模式主要由在航维修和等级修理组成。在航维修任务主要由舰员承担,对使用期间的装备故障进行修复;舰员难以排除的故障,由舰船保障大队或装备研制生产单位实施临抢修。等级修理是基地级的计划修理,由预防性维修项目和修复性维修项目组成,军内修理厂、科研院所等均投入必需的人力和资源,在计划时间内完成修理方案中规定的修理项目,以及试验大纲中的试验项目。维修性设计的水平,直接影响到维修项目实施的难易。例如,封舱件出舱过程繁杂,重要舱室的布局没有考虑到维修空间的需要,需要定期检修的部位被管路电缆包围。这些地方的维修工作,有时牵连到许多原本无关的设备和附件,有的破坏船体结构会影响结构强度,大大增加了维修的工作量,造成了人力和资源的浪费。

如何改善总体、系统和设备的维修性,减少维修工作项目和人力,降低维修成本,成为目前舰船装备面临的主要问题,迫切需要开展舰船维修性设计方法和手段的研究工作。

(1)舰船总体设计过程简述

舰船的设计过程一般经历方案设计、技术设计、施工设计、建造试验阶段,每个阶段完成后方可进入下一个阶段,其设计是一个逐步逼近、螺旋式上升的过程。

①方案设计阶段

方案设计阶段主要是舰船总体设计部门按照军方立项论证报告,进行舰船方案的论证、设计和验证。通过必要的设计、模拟试验和型号课题研究,初步确定舰船总体性能、总体布置、主要系统和设备的配置,以及系统、设备的性能、功能要求。评审通过后转入下一阶段。

②技术设计阶段

技术设计阶段主要是依据方案设计成果开展进一步的深入设计,并固化总体、系统及设备技术状态。该阶段完成了总体布置、总体性能设计、主要舱室布置、各系统原理及接口设计、全舰系统设备订货、全舰物量统计等工作。在这一阶段,系统、设备完成了技术规格书或协议书的签署,总体设计单位负责编制了全舰总体技术规格书,作为舰船合同制定及交付的依据。技术设计结束后,将技术设计图样交送审图机构评审,评审通过后转入施工设计阶段。

③施工设计阶段

施工设计阶段主要是面向建造开展的设计,规划如何造船的问题。该阶段主要完成船体施工图、系统线路图、全舰舱室布置图、管路及电缆布置图、设备接线图(或册)等的设计工作。设计结束后,图纸交由总装厂建造。

④建造试验阶段

建造试验阶段主要是按照施工图纸进行建造,这期间同时完成舰员在厂培训工作,并完成系泊、航行试验。当舰员培训合格,用户技术资料及备件到位,总体系统设备的技术性能满足规格书、试验册要求,按照舰船综合保障建议书的要求,经接舰部队认可后,即具备了交舰条件。

(2)面向设计过程的舰船维修性同步设计

舰船总体的维修性设计工作主要按照用户提出的维修性设计要求,由总体单位组织系统、设备单位开展的设计。总体、系统和设备单位在舰船研制各阶段主要的维修性设计流程如图 3-15 所示。

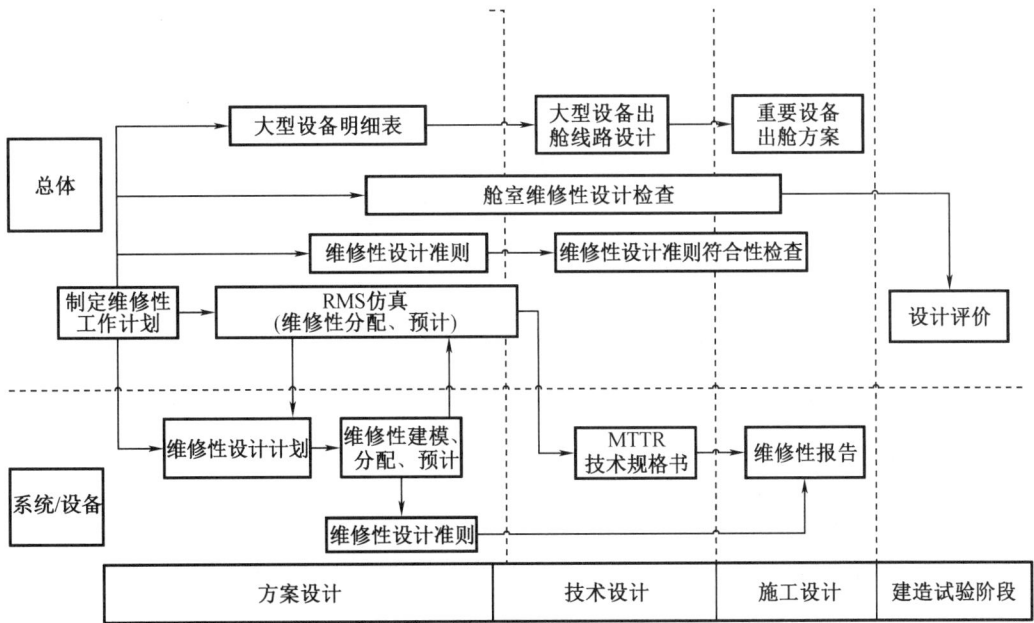

图 3-15 舰船维修性设计流程

总体单位制定并下达维修性工作计划,通过 RMS 仿真与系统、设备单位完成维修性分配和预计工作,确定系统和设备的 MTTR。总体单位通过制定维修性设计准则和维修性设计准则符合性检查落实维修性设计要求,并开展舱室维修性设计与检查;同时,通过大型设备出舱线路设计,确定重要设备出舱方案。

与总体设计同步开展的维修性设计工作项目见表 3-4。

表 3-4　各阶段维修性设计要素内容及平台需求

序号	工作项目	方案设计	技术设计	施工设计	建造试验及交付	服役至报废	平台需求
1	制定维修性工作计划	√					维修性设计知识
2	总布置图维修性设计协调	√	√	√	√		维修性设计知识
3	制定维修性设计要求(对系统设备)	√					维修性设计知识
4	设备维修性建模、分配和预计	√					建模、预计及分配工具
5	制定维修性设计准则	√	√				维修性设计知识
6	舱室布置与维修性设计	√					维修性设计知识
7	制定重要大型设备出舱方案			√			出舱信息管理和查询
8	重要舱室维修性设计核查		√	√			维修性设计核查工具
9	维修性设计准则符合性检查		√	√			准则符合性检查工具
10	系统及设备维修性评审		√	√			评价资料管理和查询
11	维修性设计评价				√		维修性评价工具
12	维修信息收集和整理					√	维修信息管理和查询

①制定维修性工作计划

舰船维修性设计的目的是满足用户在规定的时间内,按照规定的方法和步骤,恢复舰船装备的各项功能的需要。因此,在舰船维修性设计前必须对舰船装备的作战使命、寿命剖面、任务剖面和其他约束条件进行分析,获取舰船装备的维修性设计需求,并在此基础上制定维修性工作计划。维修性工作计划规定在型号研制中应开展的维修性设计、分析、评价及管理工作项目,并明确各工作项目的目的、内容、范围、实施程序、完成形式和检查评价方式,以保证维修性要求在型号研制各阶段得到落实。

总体技术责任单位按维修性工作计划开展维修性工作,系统、设备技术责任单位依据维修性工作计划制定承研产品维修性工作计划及开展产品维修性工作。

②总布置图维修性设计协调

在方案设计阶段,舰船装备主尺度、排水量等重要参数已经确定,主推进装置、轴系、螺旋桨等主要装备的性能、布置位置也基本确定。通过总布置图协调,考虑主要装备的使用空间和维修空间,通过系统权衡和优化,确定主要装备的布置位置范围。

在技术设计阶段、施工设计阶段、建造阶段,随着舱室设计的增多,在舱室划分及布置中同样开展上面的协调工作。

③制定维修性设计要求

设备的维修性设计要求包括定性要求和定量要求两个部分,总体需要在方案设计阶段,对系统、设备单位提出总体维修性设计要求,下发有关维修性设计的指导书,同时收集重要设备单位提出的维修性设计结果。

维修性定性要求是采用文字语言描述的设计要求;维修性定量要求是采用量化参数描述的数值化设计要求。定量要求具有客观性和可度量性,便于考核;定性要求是一种有效的表达方式,可以更全面地描述需求。定量要求应明确选用的参数和确定指标;定性要求是满足定量指标的必要条件,定性要求应转化为设计准则。

④维修性分配和预计

维修性分配是系统、设备进行维修性设计时所开展的一项重要的工作,根据总体 RMS 仿真分配的维修性指标,将其分配到各层次及其功能部分,作为它们各自的维修性指标。通过维修性分配,明确了装备各承制方或供应方的产品维修性指标,以便于总体、系统单位对其实施管理。

维修性预计以历史经验和类似装备的数据为基础,估计、测算新产品在给定工作条件下的维修性参数,以便了解设计满足维修性要求的程度。

⑤制定维修性设计准则

维修性设计准则规定了型号在总体、系统和设备维修性设计方面的一般要求和详细要求,帮助设计人员在产品设计过程中将定性的维修性要求及有关约束条件转化为相应的维修性设计技术手段,落实维修性要求。

维修性设计准则要能够体现并满足维修性定性要求及相关标准和手册的规定,针对型号任务需求和研制特点,并考虑系统、设备各自的功能和设计特点,便于操作和检查。

⑥舱室布置及维修性设计

在总体设计阶段,在设备布置过程中,考虑设备维修空间的需要以及舱室维修性的需要,开展舱室维修性设计。

对于重要设备,进行操作和维修工作内容分析,根据总体设计经验,开展设备布置维修可达性等设计,主要包括简化设计、可达性、标准化、模块化、防差错、安全性、人素工程等。例如,对于舱室和舰面上的设备,应保证设备具有良好的可达性,并为人员维修提供栏杆等安全保护措施;对于舰船环境具有特殊要求的设备,在布置时考虑避开大摇摆、高温等极端的舰船位置,尽量为设备运行提供合适的舱室位置,以避免环境因素导致的设备损坏。

⑦大型设备出舱方案

大型设备是指尺寸大于所在舱室和通道的门、孔、盖尺寸的设备。对于需要整机出舱维修的装备,在方案设计阶段就需要对其出舱路径进行规划,设计合理的维修吊装路线。在技术设计阶段,对出舱线路进行调整,考虑出舱线路经过的舱室和通道环境,分析船体结构,调整和优化出舱线路,绘制大型设备出舱线路图。例如,确定燃气轮机、柴油机、齿轮箱等设备进(出)舱所需的船体开口尺寸及位置要求,并按工艺路线协调吊装路线(还应考虑设备进舱及移位),有必要时需增加临时性开口,如中间轴段进舱的移位。在施工设计阶段,对开口位置与船体结构、主干电缆、管路等相关专业进行协调,以最后确定出舱路线图。

⑧舱室维修性设计核查

在大型重点装备所在的重要舱室,对维修空间和环境进行分析,填写维修性核查表,分析维修性不足。同时,亦可以使用虚拟仿真技术建立虚拟维修环境和虚拟样机,对虚拟人的维修可达性和舒适性进行评价和分析。

⑨维修性设计准则符合性检查

根据维修性工作计划,对系统、设备单位的维修性设计工作进行监督和检查,开展维修性设计准则符合性检查。对维修性设计准则的执行情况进行检查,检验设计过程是否符合维修性的基本原则,并解决以往设计出现过的维修方面的问题,分析不能满足维修性设计准则的原因和情况,提出相应的改进措施,并填写维修性设计准则检查符合性报告。

根据维修性设计准则核查和维修性分析的结果,对维修性设计不足的方面进行设计更改,对更改的有效性进行验证。

⑩系统及设备维修性评审

按照总体维修性设计要求,系统/设备单位在方案(初样)设计、技术(正样)设计中,结合其功能设计对其维修性设计报告进行评审,检查其是否达到规定的定性、定量设计要求。

⑪维修性设计评价

结合舰船系泊、航行试验,对总体维修性设计进行评价。

⑫维修信息收集和整理

舰船服役阶段,应该深入使用舰队,对维修工作项目、维修时间、维修过程和维修资源等信息进行收集和整理,为后续型号的维修性设计提供指导和改进建议。

根据以上分析,我们可以将舰船维修性设计与控制平台的设计需求归纳为 7 个方面(图 3-16):

①建模、预计和分配工具;

②提供维修性知识;

③出舱信息管理和查询;

④维修性设计核查工具;

⑤准则符合性检查工具;

⑥维修性设计评价工具;

⑦信息管理和查询。

3.设计实现

(1)平台功能及模块设计

为实现面向设计过程的舰船维修性同步设计,舰船维修性设计与控制平台需实现以下7项功能:

①具有维修性建模、预计和分配的功能;

②具有维修性定性设计的功能,指导维修性准则制定和舱室维修性设计核查;

③提供维修性设计专家系统支持;

④具有维修性设计验证、评价的辅助功能;

⑤实现对维修性设计的文档管理;

⑥提供与保障性设计等的接口；

⑦具有对平台自身的维护及管理功能。

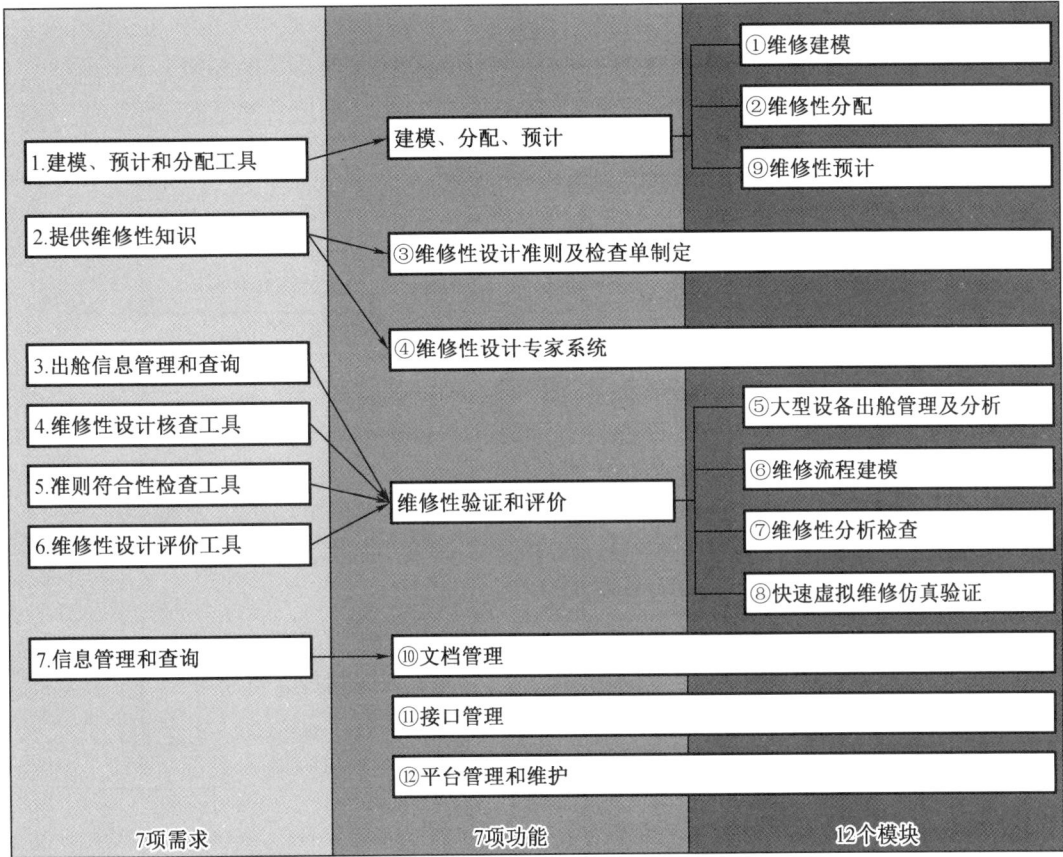

图3-16 维修性设计与控制平台功能和模块图

为实现上面规定的平台功能,平台包括12个功能模块:

①维修建模:支持系统结构树和舱室结构树建模,并支持对系统结构树中的节点维修任务建模。

②维修性分配:按系统结构树,将维修性指标根据选定的分配算法分配到结构树节点上。

③维修性设计准则及检查单制定:根据舰船装备维修性设计要求,实现维修性设计准则及检查单的生成、配置与管理。

④维修性设计专家系统:将维修性设计知识、经验和案例信息输入辅助决策系统,在给定的设计环境中,辅助设计人员开展维修性设计。

⑤大型设备出舱管理及分析:对大型设备及大型设备出舱线路进行管理,并支持对出舱过程分析与评价。

⑥维修流程建模:建立维修项目和维修单元的实施流程,并赋予维修器材和工具等信息。

⑦维修性分析检查:针对一级系统开展维修性设计准则符合性检查,针对舱室开展维修性检查单检查。

⑧快速虚拟维修仿真验证:根据维修性检查的需要,选择性采用虚拟维修工具对维修

性设计方案进行维修仿真分析。

⑨维修性预计:按系统结构树对应的维修流程,对定量指标进行预估。

⑩文档管理:实现对上传到平台中的设计要求、计划书、设计文档等的管理,包括军方维修性要求、总体工作计划等。

⑪接口管理:包括备件需求预测软件接口、LSA接口、三维接口等的配置。

⑫平台管理和维护:包括用户权限配置、数据备份等。

舰船维修性设计与控制平台主要功能流程如图3-17所示。

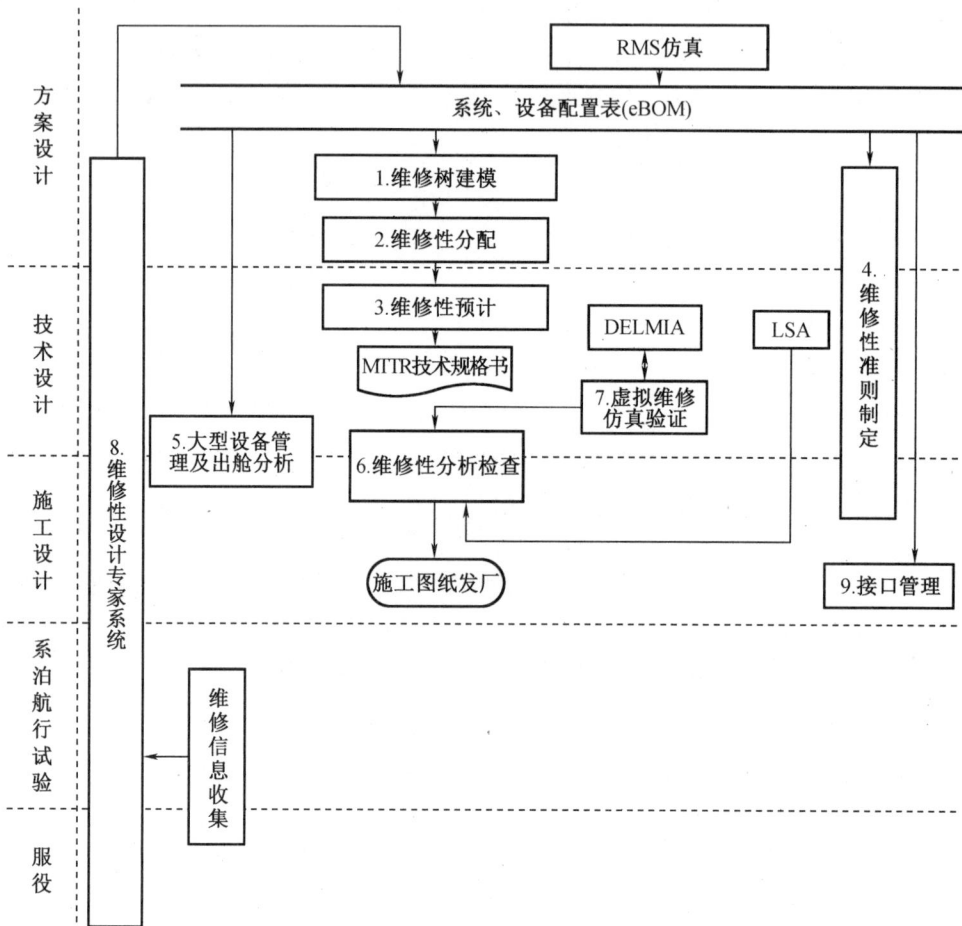

图3-17 舰船维修性设计与控制平台主要功能流程图

(2)平台架构、功能架构

①平台架构

考虑到本平台的构建目的是支持不同领域、不同层次、不同阶段的维修性设计集成软件平台,因此该平台一方面需要与企业内部不同信息系统之间集成,如与PDM、PRO/E、JACK、SZRSS等的集成;另一方面需要适应未来发展需要,如将来业务功能的扩展或变更,平台能够容易兼容,即能够做到随需而变。为此,本平台采用面向服务的架构(service odented architecture,SOA)设计。SOA设计的最大优势是把功能封装为服务,通过服务调用或拼接实现需要的业务功能,因此提供了一种灵活、松散的业务功能组合方式,从而实现随需而变。本平台基于 SOA 的架构设计,分别为应用层、Web Services 层、业务逻辑层和数据层。

A. 应用层包括用户界面和应用程序接口,用户界面提供用户操作和显示的界面;应用程序接口提供与其他应用程序系统的调用接口。

B. Web Service 层为业务层提供业务功能,其主要作用是利用开放的标准和协议封装业务逻辑层,主要包括 Web 服务包装器和 Web 服务器。Web 服务包装器的功能是将业务组件对应的功能或结果封装成 Web Service 以便调用。Web 服务器的主要功能是提供有关 Web 服务的交互式页面,并负责将来自上一层的请求通过 SOAP 处理器转发给 Web 服务包装器;另一个功能是部署、发布 Web Service 等。

C. 业务逻辑层包含若干业务组件,每个业务组件完成一定的业务功能。业务组件的设计遵循业务逻辑和业务显示分离的原则。

D. 数据层实现数据库管理功能。

本平台实现语言和体系结构设计为:采用客户端/服务端/数据库结构,支持 Windows 主流平台,包括 Windows XP、Windows 7、Windows 8 等,数据库系统支持 Oracle 10g、SQL Server 2005 等。

开发环境使用 Visual Studio 2008,开发语言为 C#。

②功能架构

本平台功能模块设计按照高内聚、低耦合原则采用分层框架,分为三层:平台基本功能层、维修性设计基本功能层、集成与界面功能层。平台基本功能层提供数据、通信、文档、系统管理等相关的最基础的功能,包括数据库服务、文档管理等模块。维修性设计基本功能层提供维修性设计的基础功能和算法库,包括维修性结构建模、维修性分析、维修性分配、维修性预计等模块。集成与界面功能层由集成功能和界面功能层组成,其中集成功能提供 Web Service 集成和 Windows 集成功能模块;界面功能层提供用户界面功能。

(3)主要界面展示

①维修性设计检查界面如图 3-18 所示。

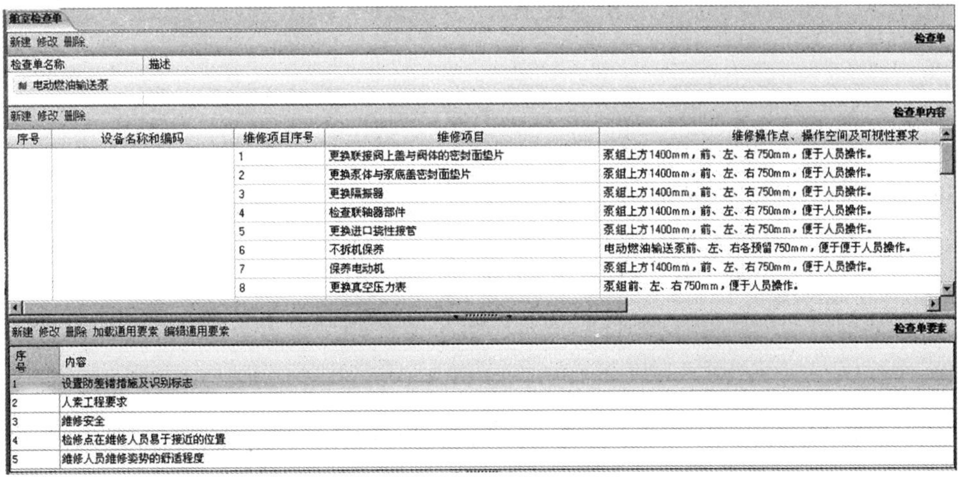

图 3-18　维修性设计检查界面

②虚拟维修仿真界面如图 3-19 所示。

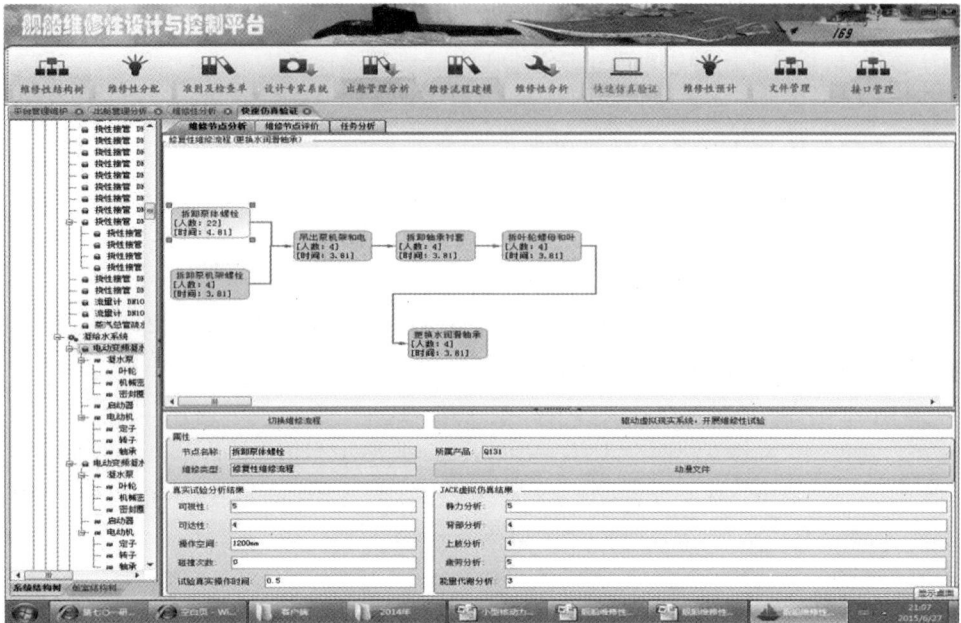

图 3-19　虚拟维修仿真界面

③维修性设计专家系统界面如图 3-20 所示。

图 3-20　维修性设计专家系统界面

3.8　维修性试验与评价

维修性试验及评价用于舰船总体、系统、设备可靠性实施的全面考核,以确定其达到研制总要求或合同中定量与定性要求的程度,其内容包括定量设计试验与评价、定性设计评价、设计工作评价三个方面。

3.8.1　基于数字样机的定量设计验证

前面对维修性定性设计(如可达性、可视性、维修空间、舒适度等)进行了分析,本节主要针对维修性定量设计指标 MTTR 进行数字化验证技术描述。

1. 基于数字样机的维修性验证的意义

随着数字样机技术与虚拟维修技术的不断发展成熟,在装备数字样机平台上利用虚拟维修技术完成装备的维修性试验评定正在逐步被接受并广泛应用。与传统的实装维修性试验验证相比,数字样机维修性试验验证有以下特点:

(1)不依赖物理样机

传统的维修性验证方式是在物理样机或全尺寸模型上进行的,这些样机或模型往往状态不全,造成试验不充分、不全面;且部分分析过程不可见、不形象,评定结果依赖专家主观经验,造成评定结果不够科学准确。对装备数字样机进行维修性试验,可根据设计情况实时更新,保持试验时技术状态与设计状态一致,同时随时生成图片、视频等形式的维修性缺陷"证据",保证试验分析过程可见,问题可回溯,能够给设计人员提供科学准确的维修性评定结果。

(2)试验成本低

基于数字样机的维修性验证以装备设计的数字样机为分析对象,没有物理样机或模型的生产性资源与能量消耗,且不依赖于实际零件加工生产,大幅度降低验证试验的费用。

(3)验证时机前伸

物理样机或全尺寸模型的制造往往滞后于装备整体的设计,试验发现的维修性问题对于最新的装备设计可能已不是问题或者成为无法更改的问题,因此,这种传统的受物理样机限制的维修性试验验证不能尽早地发现装备的维修性问题,不能充分体现维修性试验验证工作的意义。对装备数字样机进行维修性试验不受装备设计阶段影响,可随时调用实时数字样机进行维修性试验,既可在设计初期的数字样机雏形上进行,也可在设计后期的数字样机上进行,大大提前了维修性试验验证的时机,给维修性设计改进留下了更长的时间。

(4)试验样本充足

在维修性试验验证过程中,按照《维修性试验与评定》(GJB 2072—94)要求,通常需要满足最少 30 个的维修作业样本量要求。在实际工程中,自然维修作业样本的数量往往难以达到评估方法中要求的最低样本量,只得用模拟故障补充,但有危险的故障又不能模拟。数字样机维修性试验可采用模拟故障的方式弥补自然故障的不足,利用仿真的手段可以补足试验样本量、仿真特殊故障或罕见故障、完成专项仿真试验、修订数据发生改变的试验样本等。

2. 基于数字样机的维修性验证方法

(1)维修活动分解

要对维修过程的作业时间进行计算,就必须进行维修过程的分解,因为对于一个舰船系统或设备来说,要立刻预计出其维修时间是不现实的,只能把维修过程分解开来,针对某个维修事件的某项维修活动或作业,预计或测量出其时间,然后再将各项作业、维修事件的时间进行综合,预计出系统的维修时间。

①准备接近阶段

主要是指虚拟人从初始位置到达维修位置,并完成工作体态调整。

②维修操作阶段

主要指虚拟人进行维修操作以及相关设备运行阶段。

维修活动具体又分为以下过程:

A. 人体移动过程

指维修人员从初始位置移动到维修操作点。此过程维修人员需要根据维修环境、维修对象位置以及维修接近通道等约束条件,以不同的姿势行进,包括直立前进、直立后退、侧身行走、上下梯子等。

B. 姿态调整过程

指维修人员从某一姿态调整到预定的工作姿态。主要包括转身、抬/放手臂、蹲下/直立等。

C. 维修操作过程

维修人员徒手或使用工具与维修对象发生交互,以完成拆装等维修作业。

其中,准备接近阶段即人体移动过程和姿态调整过程,动作简单且重复性大,其时间可以通过模特法很好地预测出来。而维修操作阶段的动作复杂且无法准确定义,考虑通过查询标准件时间对其进行预测。

按照维修动作的复杂性和活动抽象程度,利用层次化思想将维修活动分为若干层次,由下到上分为三层:与维修无关的动作元素、维修动素、维修作业单元。

需要指出的是,任何一次维修活动都可以层层分解至最基本的动作元素。然而,最底层的动素与维修无直接关系。通过维修任务的层层分解,将复杂维修任务转化为具有一个便于理解、描述和应用模特法(MODAPTS法)时间度量的动作元素。需要指出的是,动作元素中不包括工具操作工程中的动作,该部分的时间应通过标准件时间来预测。具体的维修活动分解方法如图3-21所示。

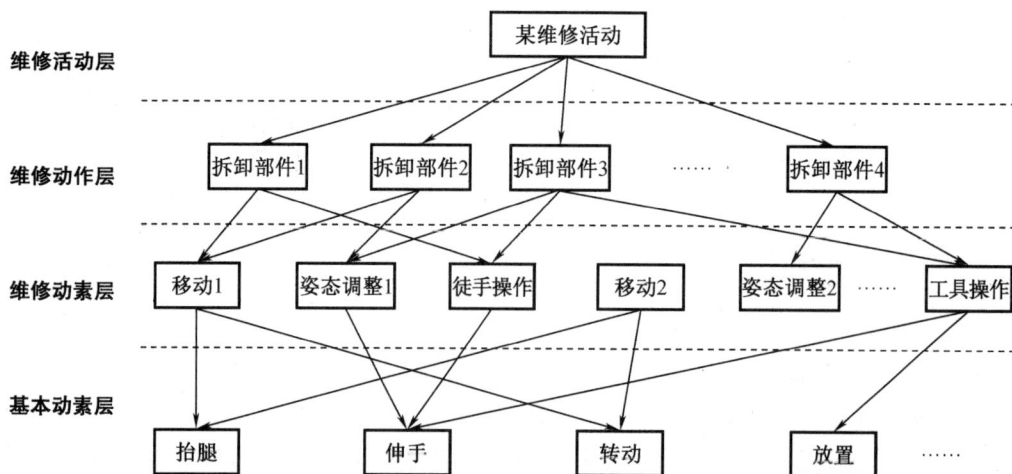

图3-21　维修过程层次化示意图

（2）维修时间的分解

一次维修活动包括以下几个方面:准备、故障检测与隔离、分解、修复（更换）、组装、调校与检验,如图 3-22 所示。一次维修活动所需要的时间就是对某一个或几个故障单元进行维修所需要的时间,它由维修准备时间、故障检测与隔离时间、单元分解时间、单元修复（更换）时间、系统组装时间及系统校验时间六部分组成。

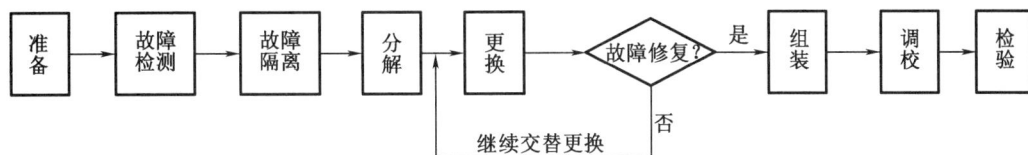

图 3-22　一次维修活动的基本过程

维修时间验证分析主要针对在一次维修活动中,从维修准备开始到可以直接对故障单元进行修复或更换为止的时间进行验证。从图 3-22 中可以看到,维修时间验证主要包括维修准备时间、故障检测与隔离时间、故障修复时间、更换组装调试校验时间等。

（3）MODAPTS 法

MODAPTS 法是 PTS 法中的一种方法,1966 年澳大利亚的海德（G. C. Heyde）博士以现有的各个动作分析方法的使用经验和人类工学为基础,摸索出一种简单易行、低成本和高效率的方法。

MODAPTS 法的基本原理来源于大量的人机工程学试验总结,归纳如下:

①所有人员进行操作时的动作,均包含一些基本动作。通过大量的试验研究,MODA-PTS 法把实际中操作的动作归纳为 21 种基本动作。

②不同的人做同一个动作（在作业条件相同的情况下）所需时间基本相同。

③人体不同部位的动作,所用时间值是成比例的,如手的动作时间是手指动作时间的 2 倍,小臂的动作时间是手指动作时间的 3 倍,由此就可以定义手指一次动作时间作为人体动作的基本单位时间,其他部位的动作可以通过与手指一次动作的时间倍数关系计算求得。从理论上来说,时间单位的量值越小,越能精确地测量各种动作的时间值。

对各种 PTS 法,时间单位的一般选择原则是:应小于该种 PTS 法中最快的基本动作,将该动作完成一次所需时间值的某一量值作为该方法的基本时间单位。

MODAPTS 法根据人的动作级次,选择一个正常人的级次最低、速度最快、能量消耗最少的一次,即手指动作的时间消耗值,作为它的时间单位,记为 1 MOD。相当于手指移动 2.5 cm 的距离,平均动作所需的时间为 0.129 s,即 1 MOD = 0.129 s。但是,这种换算关系也不是绝对的,由于各企业（或部门）的工作基础不同,在实际使用中,可根据实际情况确定 MOD 时间值的大小,比如:

①1 MOD = 0.129 s = 0.002 15 min,正常值,能量消耗最少动作时间;

②1 MOD = 0.1 s,高效值,熟练工人的高水平动作时间;

③1 MOD = 0.143 s,包括恢复疲劳时间的 10.75% 在内的动作时间;

④1 MOD = 0.12 s,快速值,比正常值快 7% 左右。

MODAPTS 法的 21 种动作都以手指动作一次（移动约 2.5 cm）的时间消耗值为基准进

行试验、比较,来确定各种动作的时间值。其主要依据为两个动作的最快速度所需时间之比等于该两种动作的正常速度所需时间之比。由于正常速度难以确定,而动作的最快速度所需时间可以通过大量的实测,用数理统计方法来求得其代表值。因此,只知道手指动作级次的正常值,再根据手指与另一部位最快动作时间之间的比值,就可求得身体另一部位动作所需正常时间值,从而决定这一部位的 MOD 数。试验表明,其他部位动作一次的 MOD 数都大于 1 MOD,通过四舍五入简化处理,得到其他动作一次所需的正常时间,均为手指动作一次 MOD 数的整数倍。

(4)MODAPTS 法动作分类

MODAPTS 法将人体的动作分为基本动作(11 种)和其他辅助动作(10 种)共 21 种。基本动作又分为移动动作(5 种)和终结动作(6 种):移动动作主要是用手指、手腕和手臂使物体的空间位置发生变化;终结动作一般在移动动作之后发生,包括抓取和放置两种动作。MODAPTS 法基本动作分类见表 3-5。

表 3-5 MODAPTS 法基本动作分类

分类		内容	符号
移动动作	移动	手指动作	M1
		手腕动作	M2
		小臂动作	M3
		大臂动作	M4
		大臂尽量伸直的动作	M5
	反射动作	连续反复多次的反射动作	M1/2、M1、M2
终结动作	抓取动作	碰触、接触	G0
		不需要注意力的抓取动作	G1
		复杂的抓取动作	G3
	放置动作	简单的放置动作	P0
		较复杂的放置动作,如对准	P2
		具有装配目的的放置动作	P5
其他动作	脚步动作	蹬踏动作	F3
	大腿动作	行走动作	W5
	独立进行的动作 (此动作进行时其他动作停止)	目视观察	E2
		矫正	R2
		判断与反应	D3
		按下	A4
	可同时进行的肢体动作	旋转动作	C4
		弯腰/弯体→站起	B17
		坐下→起身	S30
	附加因素	重量因素(负重动作)	L1

从表 3-5 可以看出,MODAPTS 法用编号 M、G、P、W 和 E 等符号表示动作,符号后面赋予的数字代表此动作的模特时间值,如 M1 代表 1 MOD＝0.129 s,M2 代表 2 MOD＝0.258 s,以此类推。

除了上述动作分类符号及分析符号外,还可以通过图形、符号结合使用更加形象具体地理解记忆 MOD 体系,如图 3-23 所示。

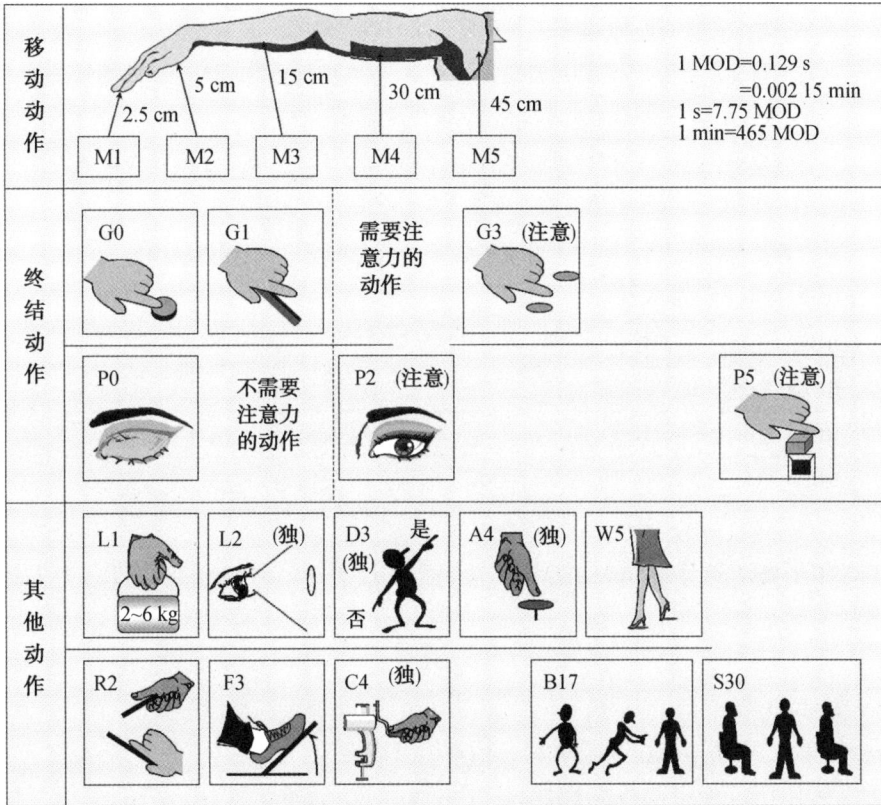

图 3-23　MOD 法基本动作示意图

(5) MODAPTS 法动作时间计算

根据上面维修活动时间的分解和维修动作层的分解,我们将维修准备时间分为人体移动过程时间和姿态调整时间(T_M),将后面的时间分解为标准件维修时间(T_S)。然而,操作现场的条件与环境往往比较复杂且不尽相同,因此一般可在正常时间的基础之上加上一定的宽放时间。宽放时间可以通过宽放率体现,则最终的维修作业仿真时间 T_0 为

$$T_0 = (T_M + T_S)(1 + \alpha_0)$$
$$\alpha_0 = \alpha_s + \alpha_c + \alpha_z \tag{3-33}$$

式中　α_0——宽放率;

　　　α_s——可视性宽放率;

　　　α_c——操作空间宽放率;

　　　α_z——维修姿态宽放率。

宽放率可根据经验确定,具体宽放项目和宽放率见表 3-6。

表 3-6　宽放项目和宽放率

宽放项目	评价内容	宽放率/%
操作空间	操作人员在自然姿态下,手部与工具有足够的操作空间,任务过程中与其他物体不发生碰撞,操作空间良好	0
	操作人员在自然姿态下,手部与工具操作空间狭小,正常的手部行程或工具使用行程受到限制。正常行程为 β_0,实际行程为 β_1。	$\dfrac{\beta_0}{\beta_1} \times 100\%$
可视性	整个维修过程中,均可以直接看见维修对象和内部操作	0
	执行维修动作之前,可以直接看见维修对象,但维修操作时由于身体或维修设备/工具等阻挡,导致维修对象不可见,维修操作可见	0~20
	执行维修动作之前,可以直接看见维修对象,但维修操作时由于身体或维修设备/工具等阻挡,导致维修对象不可见,同时,维修操作也不可见	20~70
	整个维修过程中,均无法直接看见维修对象和内部操作,主要依靠维修人员的感觉、经验和技术水平	70~100
维修姿态	RULA 总分为 1~2 分	0
	RULA 总分为 3~4 分	0~20
	RULA 总分为 5~6 分	20~50
	RULA 总分为 7 分	50~100

基于虚拟维修活动分解和 MODAPTS 法,根据式(3-34)可得到维修过程中人体移动和姿态调整的时间 T_M。

$$T_M = na \tag{3-34}$$

式中　n——MOD 数;

　　　a——单位 MOD 对应的时间值,一般取 0.129 s。

对于维修操作过程中的维修操作,由于其复杂度高,每个操作人员的工作习惯又不尽相同,难以像处理人体移动过程和姿态调整过程中的动作那样将其分解。而同时,装备的大部分维修接口都有相关标准统计其拆装时间,对于缺少标准拆装时间的则选择相似产品的拆装时间。本方法采用建立标准件维修时间数据的方法,直接调用现有数据或相似产品数据预测具体维修操作的时间。

$$T_S = \sum T_i n \tag{3-35}$$

式中　T_i——第 i 种维修接口的标准维修时间;

　　　n——第 i 种维修接口的数量。

值得注意的是,在产品的仿真阶段,可能出现缺少相关维修接口标准件时间的情况。在这种情况下,首先应当由现场维修经验丰富的工程师选择已有数据的相似产品标准件时间作为替代,将仿真进行下去。在产品的后续验证阶段,获得了该维修接口的标准件时间以后,应当重新进行虚拟仿真,计算新的仿真时间,并对后续过程同步进行数据更新,从而提高后续阶段验证的仿真时间符合率。

3.8.2　维修性试验标准方法

定量的评价是针对装备的维修性指标,在自然故障或模拟故障条件下,根据试验中得到的数据,进行分析判定和估计,以确定其维修性是否达到要求,具体方法参见 GJB 2072—94。

舰船装备的维修性定量要求都是以维修时间的平均值、最大修复时间提出的。对于大样本($n \geqslant 30$)数据,可以应用中心极限定理的统计方法。在检验平均值时可以在维修时间分布和维修时间方差 d^2 都未知的情况下使用。仅在验证最大修复时间时才要求假设修复时间服从对数正态分布。这种假设对绝大多数较复杂的机械、电子装备都是适用的。

3.8.3　定性设计评价

定性设计评价是对维修性定性要求在系统、设备设计中的落实情况进行评价,工程上一般将维修性定性要求细分为不同的技术条目,在专家依据自己的工程经验依次做出评断之后,通过评分加以综合量化,见表 3-7。其中"维修性技术设计""维修性定性评价条目""评分标准"可根据工程实际情况进行适当调整与剪裁。

表 3-7　维修性定性设计评价表

序号	维修性技术设计	维修性定性评价条目	评分标准	得分
1	简化设计	应尽量简化设计,对系统功能进行权衡分析,合并相同或相似功能,在满足使用需求的前提下,去掉不必要的功能,以简化设计和维修操作	15	
		要合理配置系统、设备各组成部分,尽量减少零部件的品种和数量,使其检测、换件等维修操作简单方便		
		所有需要拆卸、更换或修理的可换件,应尽量做到装拆简单,尽量少拆或不拆其他零部件		
2	可达性设计	应考虑设备出舱通道,保证尺寸大于门、舱口盖且需吊出船体维修的设备,有合理的维修吊装线路	20	
		各系统、设备和部件应尽量按专业分舱集中布置、单层排列,避免维修时重复拆装和交叉作业		
		应考虑维修人员在拆装设备零部件时,留有适当的维修空间,维修面应尽量集中,并在正面维修		
		对故障率高、预防性维修频繁的设备、维修部位、重要测试点、接头、应急开关、观测仪表等应布置在能够很容易看到和优先到达的位置		
		设备布置应综合考虑维护口盖的形式,确保现有的维护口盖适应设备的检测、拆装及调试		
		敷设管路、线路时,两者的间隔应符合有关规定,一般线路应置于管路上方。不易接近和检查的部位应尽可能不设管接头和接插件。燃油、液压、冷气等管路的安排应整齐规则,尽量避免里外重叠,以便观察和维护		

表 3-7(续)

序号	维修性技术设计	维修性定性评价条目	评分标准	得分
3	标准化、互换性设计	同类装备所用的零部件、紧固件、连接件、导管和电缆等应尽量满足标准化、系列化、通用化要求,并尽量减少品种	10	
		功能相同且对称安装的零部件、组件应设计成可以互换		
		相同型号的电子设备应具有高度的安装互换性,电子设备的更换尽可能不需调整,必须调整时应简便易行		
		尽量保证装备上型号相同的机械产品具有互换性		
4	防差错设计	系统、设备应避免在连接、安装及盖口盖时发生差错,做到即使发生操作差错也能及时发现,避免装置损坏和人员伤亡等事故	15	
		重要设备或部位应采取"错位装不上"的特殊措施		
		应在管路附件上标明流体的流动方向,以防止装反。不同电压等级的插头、插座,其插销形式或位置应有区别,以防误插		
		有固定操作程序的操纵装置都应有操作顺序号码和运动方向的标记		
		需维修人员引起注意的地方应设有醒目的维修标志、符号或说明标牌。标志应根据产品特点、维修需要,按有关标准的规定采用规范化的文字、数字、颜色或光、图案或符号等表示。标志的大小和位置要适当,应鲜明醒目,容易看到和辨认		
5	安全性设计	专用工作舱开口和口盖构件的棱边必须倒角、做成圆角,或覆盖橡胶、纤维等防护物。舱门、口盖应有足够的开度,便于维修人员进出工作,以防划伤、碰伤	10	
		系统设备布置时,应尽可能防止维修人员接近高温、高压、有毒化学剂、强电磁波,以及处于其他危害的环境中进行维修工作。如难避免,应采取防护措施和设置报警装置		
		设备上的旋转或摆动机件,应有遮盖等防护措施,若不能采用这类措施,应设置适当的警告信号或标志		
6	人素工程设计	相对狭小、密闭的舱室安装有设备时,应设置足够的人员进出通道,并考虑足够的空间用于维修时临时安装照明、通风等设施	15	
		尽可能保证维修人员在维修时,有一个较舒适的操作姿势,避免使维修人员以蹲、跪、卧、趴等容易疲劳的姿势操作		
		表面光滑、笨重和难以搬运的零部件,应有手柄、吊装孔等		
7	尽可能减少预防性维修工作项目	新研和改进产品应尽量采用在全寿命周期内无预防性维修或很少需要预防性维修的设计	15	
		系统、设备应开展以可靠性为中心的维修分析(RCMA),尽量减少预防性维修项目,降低维修频率		
		设计时应考虑除了在等级修理或定期工作时需做的工作外,把日常维护工作减到最少		

3.8.4　维修性设计工作评价

维修性设计工作评价是对维修性设计的落实情况进行评定,工程上一般将承制单位开展的维修性工作项目按其不同技术要点进行划分,在专家依据自己的工程经验给出相应的评分之后,进行工作项目的综合量化评价,见表 3-8。其中"工作项目""项目技术要点""评分标准"可根据工程实际情况进行适当调整与剪裁。

表 3-8　维修性设计工作项目评价表

序号	工作项目	项目技术要点	评分标准	得分
1	维修性建模	正确绘制维修职能流程图、设备功能层次图或组成图	15	
2	维修性分配	合理选择维修性分配方法,将规定的分系统级或设备的维修性指标分配到 LRU 级	15	
3	维修性设计准则制定及符合性检查	编制维修性设计准则(有针对性,有利于开展维修性定性、定量设计),按要求逐条进行设计准则符合性检查工作,填写维修性设计准则核查表,并对核查结果进行分析	25	
4	维修性分析填表检查	开展简化设计分析,可达性分析,标准化、互换性分析,维修差错分析,维修的安全性分析,维修的人素工程分析,减少预防性维修工作项目分析,并对维修性分析结果进行汇总	30	
5	维修性预计	合理选择维修性预计方法,维修性指标预计结果合理,并对预计结果进行合理的分析和处理	15	
总计			100	

第4章 保障性设计与验证

4.1 概 述

4.1.1 保障性的定义及内涵

《装备综合保障通用要求》(GJB 3872A—2022)中将保障性定义为:装备的设计特性和计划的保障资源满足平时战备和战时使用要求的能力。定义中:

"装备的设计特性"是指与保障有关的各种特性,主要包括可靠性、维修性、测试性、安全性、环境适应性等。

"计划的保障资源"是指舰船设计时,对人力和人员、备件和供应品、保障设备、技术资料、训练、计算机资源、保障设施、包装、装卸、储存和运输按照统一的设计方法进行规划,并将物化的保障资源(如备件、供应品、保障设备、技术资料等)纳入综合保障系统,与舰船同步研制,以满足使用和维修、训练要求。

"平时战备和战时使用要求"是指舰船在平时达到战备完好性水平,如以使用可用度衡量战备完好性;在战时应达到规定的作战要求,如出动架次率、任务成功率、再次出动准备时间等。

保障性是一种综合特性,它将与保障有关的设计特性关联在一起,平均故障间隔时间(MTBF)、平均修复性维修时间(MTTR)、平均保障延误时间(MLDT)参数均影响整个舰船的保障。保障性以战备完好性和全寿命周期费用作为顶层参数,并力求在两者之间达到最佳平衡。

4.1.2 保障性与其他特性的关系

1. 与可靠性和维修性的关系

自从定义了保障性之后,美国国防部将性能的范围由原来仅指作战性能扩大到包括作战特性和保障特性。1991年发布的《防务采办》(DoDD 5000.1)将性能定义为:"为使系统在整个时间里能有效地高效率执行其指定的任务,系统应具有的作战与保障特性。系统的保障特性包括系统的作战所必需的设计与保障要素两个方面的保障性。"该文件还明确规定:"性能指标中,必须包括可靠性、可用性和维修性之类的关键性的保障性要素。"由以下几点理解其与可靠性、维修性的关系:

(1)保障性是涉及主装备设计和保障资源的装备系统的综合性设计特性,较之可靠性、维修性、测试性等仅描述主装备的设计特性,其层次更高,具有更大的综合性与广泛性。

(2)保障性是装备性能的两大组成部分之一。在确定性能要求时,要把保障性纳入装备的性能规范之中,而且要包括可靠性、维修性等关键的保障特性要素。

2. 与综合保障的关系

保障性是装备的一种综合特性,它包括装备保障自身的保障设计特性和保障系统的特性,强调装备要容易保障并且能够得到保障。综合保障是围绕装备保障开展的一系列管理和技术活动,其主要任务是从保障的角度影响装备的设计并规划保障。因此,保障性目标的实现,有赖于有效地开展综合保障工作。

4.1.3　保障性相关的定量参数

1. 可用度

(1)可用度的定义

可用度是一个综合性指标,与可靠性、维修性、保障性参数密切相关。可用度根据研究需要可以分为瞬时可用度和稳态可用度。对装备而言,瞬时可用度可表示装备在使用过程中某一时刻处于可用状态的概率;稳态可用度表示假设时间趋于无穷时,装备处于可用状态的概率。稳态可用度在工程中应用较为广泛,其在实际中比较常用的分别是固有可用度(A_i)和使用可用度(A_o)。

固有可用度是仅与装备工作时间、修复性维修时间有关的一种可用性参数。模型表示如下:

$$A_i = \frac{MTBF}{MTBF+MTTR} \tag{4-1}$$

使用可用度是与装备能工作时间和不能工作时间有关的一种可用性参数,模型表示如下:

$$A_o = \frac{MTBF}{MTBF+MTTR+MLDT} \tag{4-2}$$

MTBF 表示装备的平均故障间隔时间,是装备可靠性设计的重要参数。

MTTR 表示装备的平均修复性维修时间,表示在所需资源都齐备的条件下,装备修复故障所用时间的平均值,是装备维修性设计的重要参数。

MLDT 表示装备的平均保障延误时间,表示除维修工作时间以外,由于保障与管理等原因造成装备不能工作时间的平均值,是装备保障性设计的重要参数。

(2)舰船可修系统的可用度模型

对于串联系统,如果 A_{oi} 是第 i 个单元的可用度,并且各单元的故障修复是独立的,则该系统的可用度是

$$A_o = \prod_{i=1}^{n} A_{oi} \tag{4-3}$$

对于并联系统,如果 A_{oi} 是第 i 个单元的可用度,则此单元的不可用度为($1-A_{oi}$),系统的可用度为

$$A_o = 1 - \prod_{i=1}^{n}(1 - A_{oi}) \tag{4-4}$$

对于表决系统,若 A_{oi} 是第 i 个单元的可用度,且每个单元都相同,则系统的可用度为

$$A_o = \sum_{i=0}^{n-k} C_n^i A_{oi}^{n-i} \cdot (1 - A_{oi})^i \tag{4-5}$$

式中

$$C_n^i = \frac{n!}{i! \ (n-i)!}$$

2. 备航时间

备航时间是指在规定的使用及维修保障条件下,舰船从接到作战任务命令到完全准备就绪起锚出航所需的时间。备航时间是反映基地保障能力的参数,用来衡量舰船全舰后勤补给速度,仅适用于舰总体保障性的度量。补给的物质包括油料、食品、淡水、弹药、备品备件等。

3. 备件满足率与利用率

(1) 备件满足率

备件满足率是指在规定的维修级别上和规定的时间内,能够提供的备件数与需要该级别提供的备件总数之比(不包括消耗品)。参见4.4节备品备件配置计算,对应公式中的保障概率。

$$备件满足率 = \frac{舰上能提供的备件数量}{实际使用和维修所需的备件数量} \times 100\% \tag{4-6}$$

(2) 备件利用率

备件利用率是指在规定的维修级别上和规定的时间内,实际使用的备件数与该级别实际拥有的备件数之比。

$$备件利用率 = \frac{实际使用的备件数量}{舰上维修提供的备件数量} \times 100\% \tag{4-7}$$

4. 接装培训合格率

接装培训是舰船装备在建造的系泊航行试验期间开展的一项专项活动,旨在对舰员官兵进行系统的理论培训和实操培训,其培训合格后方能正式服役。培训合格率公式如下:

$$接装培训合格率 = \frac{培训合格人数}{参加培训人数} \times 100\% \tag{4-8}$$

4.2　工　作　范　围

4.2.1　工作要求

保障性设计要求主要来自军方的综合保障顶层要求、GJB 3872、GJB 1371。GJB 3872 包括保障性要求确定、综合保障工作规划与管理、保障性分析(LSA)、规划保障、部署保障、保障性试验与评价,如图4-1所示。GJB 1371 规定了保障性分析工作内容,如图4-2所示。

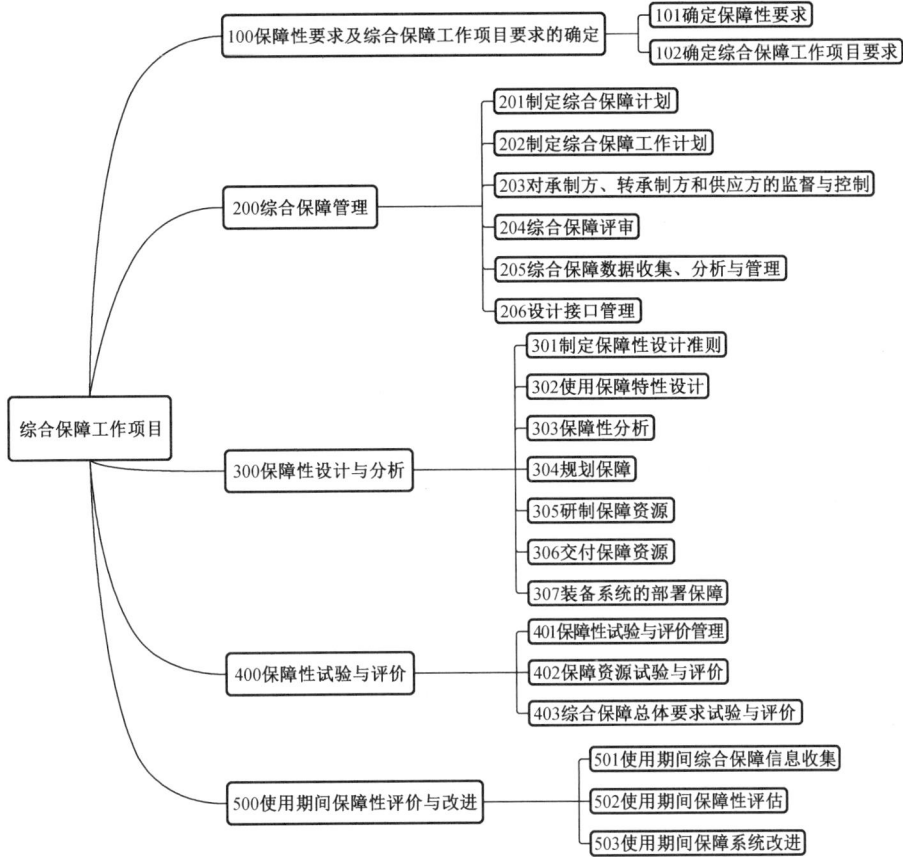

图 4-1 综合保障工作项目

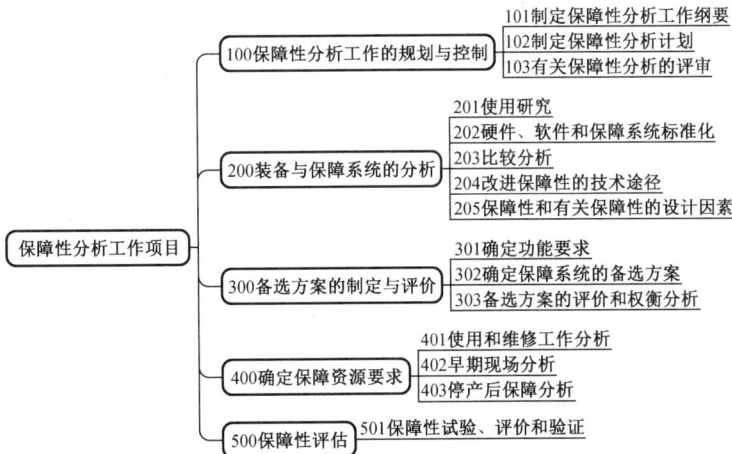

图 4-2 保障性分析工作项目

4.2.2 工作计划

保障性工作依赖于综合保障技术和管理活动,GJB 3872 对综合保障工作范围进行了规定,结合舰船研制情况,其工作范围见表 4-1。

表4-1 综合保障工作项目表

序号	工作项目	工作类型	适用阶段					完成形式
			方案设计	技术设计	施工设计	建造试验	设计鉴定	
1	制定综合保障工作计划	管理与控制	√					总体、系统、设备保障性工作计划
2	对转承制方和供应方的监督与控制	管理与控制	√	√	√	√		转承制方保障性要求;转承制方保障性评审结论;转承制方保障性评审报告
3	综合保障评审		√	√	√		√	总体、系统、设备保障性评审结论
4	保障性分析		√	√	√			总体、系统、设备保障性分析报告
5	规划使用保障与规划维修	设计与分析		√	√			总体、系统、设备保障方案,总体驻泊保障建议书
6	规划保障资源	设计与分析		√	√			保障资源清单
7	研制与提供保障资源	分析			√	√		综合保障建议书
8	部署保障				√	√	√	在厂培训大纲、新装备培训大纲、保障资源交付管理规定
9	保障性试验与评价	试验与评价				√	√	保障性试验与评价报告

注:"√"表示均需开展的工作。

4.3 保障性分析

4.3.1 舰船保障性分析内容

　　舰船设计人员的设计目标在于所设计的舰船技战术指标优良,即作战能力强,同时也要满足使用和维修好,即保障能力强这一目标。为了满足保障能力强,根据 GJB 3872 的要求,设计人员必须开展保障性分析,即舰船的使用与维修分析,为舰船保障能力的提升奠定基础。所谓使用分析,是指为规划所有使用保障活动和战备完好性提供依据,确定如何、何时、何地使用装备,明确使用和使用保障的关系,明确使用过程中配套的使用保障资源,分析舰船系统间、系统和设备间有关特性参数的传递关系,使得舰船服役后好保障,提供的使用保障资源对舰船保障好。所谓维修分析,是指通过舰船装备故障模式分析、预防性维修分析等手段,确定装备修什么、什么时间维修、什么时间更换备件、如何维修、维修需要什么保障设备(工具)、保障设施等需求,为装备的维修活动提供依据。针对不同的装备,使用与维修分析的理解不一样,文献[30-31]所称的使用与维修分析均是维修分析范畴,没有对使用分析给出方法。对于舰船而言,由于舰船装备组成复杂,使用与维修分析不能是单纯地开展维修分析工作,鉴于目前国内外标准规范规定的内容和方法也不是十分明确,如何开展该项工作成为舰船设计面临的一项难题,尤其是使用分析工作更难。因此,本书将从使用与维修分析源头说起,分析开展该项工作的缘由,介绍舰船使用与维修分析工作的流程和方法,并指出该项工作的发展方向。

　　使用和维修分析源于国外的综合保障要求,称之为保障性分析(logistic support analysis,LSA)。1973 年,美国国防部颁布了军用标准 MIL-STD-1388-1《保障性分析》。1983 年,美国颁布了 MIL-STD-1388-1 的更新版本 MIL-STD-1388-1A,新版本中明确了保障性分析的项目。与保障性分析配套的美国军用标准是 MIL-STD-1388-2《保障性分析记录》,1984年改版为 MIL-STD-1388-2A,1991 年更新为 MIL-STD-1388-2B,该标准对保障性分析结果的记录要求给出了规定。在 MIL-STD-1388-1A 中,涉及使用分析的项目规定有:201 项目-使用研究、205 项目-保障性和保障性有关的设计因素、401 项目-保障资源因素的确定;涉及维修分析的项目规定有:301 项目-功能要求确定、401 项目-保障资源因素的确定。在这些标准中,有关使用分析、使用操作任务分析的来源均没有给出方法。

　　在英国,推行的使用与维修分析规定是 1999 年国防标准《综合后勤保障》(Def Stan 00-60),其内容基本与美国标准一致;对使用研究进行了分离,放在维修分析之前,并对维修分析流程进行了说明,但对使用分析没有提及。

　　20 世纪 80 年代后期,我国引入了国外综合保障的概念,在消化、吸收和借鉴美国军用标准的基础上,结合我国国情,先后制定了《装备保障性分析》(GJB 1371)、《装备保障性分析记录》(GJB 3837—99)和《装备综合保障通用要求》(GJB 3872)等军用标准。这些标准基本上沿用了美国军用标准的内容。但是,对装备的使用分析亦没有给出方法。2005 年,由主著者牵头,在舰船行业启动了保障性分析工作,首次结合舰船装备的特点,将 GJB 1371 规定的保障性分析工作分解为使用分析、维修分析。随着舰船上该项工作的推广应用,舰船人员俗称为"5A"分析工作,舰船的保障性分析也称为"5A"分析,并由主著者带领其团队在

2005 年编制了 5A 分析指南,在舰船行业手册编制中首次使用。"5A"含义为:OA—使用分析;FMEA—故障模式及影响分析;RCMA-以可靠性为中心的维修分析;MTA—维修任务分析;LORA—修理级别分析。

通过前面对使用、维修分析的定义及发展历程的梳理,我们将国内外保障性分析的规范标准中规定的使用与维修分析工作(O&MTA)结合舰船领域的应用特点,对标准规范进行了改进,分解为两个板块,即使用分析(OA)和维修分析(MA),亦即本书所指的使用分析和维修分析概念。其分析流程为:在论证阶段完成使用研究(USE STUDY)后,在方案设计阶段开始着手使用分析(OA)和故障模式及影响分析(FMEA),明确装备组成、功能、保障特性(可靠性、维修性等)、装备关重件、装备使用流程、使用操作项目及其步骤,明确故障模式、原因及其预防性维修项目(PM)、修复性维修项目(CM)。在 FMEA 分析中将故障模式分为 3 类:一是不可探测的 FM(故障模式);二是可直接隔离或定位的 FM;三是不可直接隔离或定位的 FM。

进入舰船技术设计阶段后,继续深化 OA、FMEA 工作,对于不可探测故障模式进行预防性维修项目逻辑决断,开展以可靠性为中心的维修分析(RCMA),得出预防性维修类型和维修间隔期。对于不可直接定位的故障模式引入排故分析(TSA)产生相应的 CM、参照 S3000L 标准开展损伤与特殊事件分析(D&SEA)产生 CM。然后,对修复性维修项目(CM)、预防性维修项目(PM)进行维修任务分析(MTA),分析每项维修任务的作业步骤和需要的维修资源,并确定维修在部队级和基地级(注:部队级可分为部队一级、部队二级。部队一级对应于原舰员级,部队二级对应于原中继级)的哪一维修级别上进行,即修理级别分析(LORA),这时即完成了维修分析工作。为了辨识所有 CM,这里按照 S3000L 的要求,增加了损伤及特殊事件分析(DMEA,见本书 4.3.5 节第 2 部分描述)。因此,技术设计阶段主要是确定装备的使用、维修项目及其主要的操作步骤和所需资源,固化其技术状态,为施工设计的技术手册、器材目录、计量清单等编制等提供输入。其流程如图 4-3 所示。

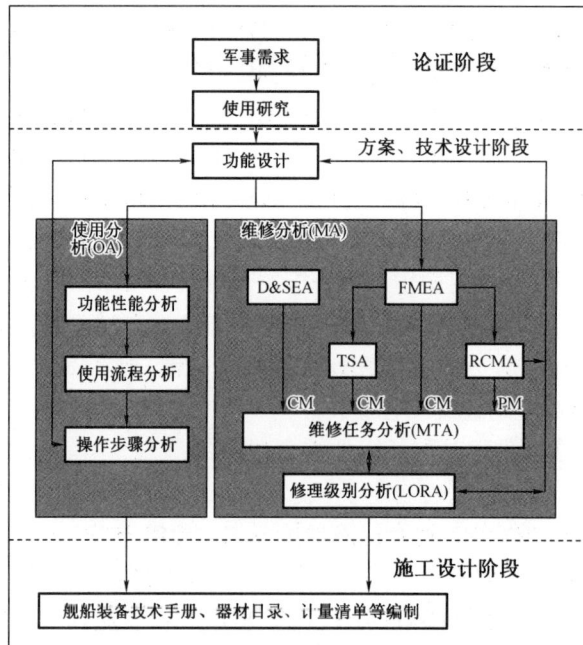

图 4-3　舰船保障性分析流程

4.3.2　使用与维修分析的缘由

使用与维修分析工作是舰船设计的一项基础工作,多年来没有引起足够的重视,主要原因是舰船设计师们对该项工作的重要性认识不足。开展该项工作的主要理由如下:

1. 是技术手册编制的输入

舰船技术手册编制在早期一般是按照《舰船系统、设备随机文件编制和提交规定》(GJB/Z 20216—94)执行的,后来经历了基地级维修设计、随机文件规划化、全舰交互式电子技术手册编制试点等项目实践后,使用分析、维修分析成为技术手册编制的必要条件,技术手册质量也得到大幅提高。技术手册内容一般包括安全警告、基本情况(功能、组成、技术指标)、工作原理及接口、使用操作指导(使用前准备与检查、操作项目索引标准、操作卡、战位操作表)、维修工作指导(维修项目索引表、维修卡、故障及排除方法)、调试细则、图册(图解零件目录、其他图册)、器材保障(工具信息、备品备件信息、消耗材料信息)。从手册内容组成看,安全警告、操作、维修、图解目录、器材保障等核心内容均来自使用、维修分析结果。

2. 是制定舰船任务部署的基本依据

舰船是由系统、设备组成的复杂装备,装备的使用、维修的人员多达上百人,任务操作难度大,因而执行各种任务均有相应的操作依据和任务部署说明书。各种部署包括备战备航部署、对空战部署、对海战部署、反潜战部署、主炮攻击部署、损害管制部署、灯火管制部署、狭水道航行部署等。在部署说明书中,要明确该项任务部署的操作流程、各战位人员的职责、安全注意事项、操作步骤及应急处理措施等。这些内容则与使用分析相关,尤其与总体专业的使用分析相关,详见4.3.4节介绍的使用分析方法。

3. 是虚拟使用与维修仿真的输入

所谓虚拟使用与维修仿真,是指借助虚拟现实技术,在计算机生成的虚拟环境中,模拟装备的使用、维修动作,并进行完整显示的使用和维修过程。一个使用、维修仿真过程是由任务层、操作及维修项目层、操作及维修作业步骤层、动素层组成的,其中前三层均体现在使用和维修分析中,驱动虚拟使用和维修仿真的实现。

4. 是使用研究要求的落实

舰船使用研究是以军方为主体,工业部门配合的一项论证工作。所形成的使用研究报告作为军方要求下达给工业部门研制执行。这里的"使用"是广义的舰船使用,包含了维修的内容。一份完整的使用研究报告应包含任务部署和维修各方面的要求,如装备组成、作战任务、作战环境、任务剖面、寿命剖面、部署海域、预防性维修、修复性维修及基于状态的维修要求、可用性/可靠性/维修性、总体性能、建造修理厂、试验等要求。从使用研究的要求出发,以此作为初始输入,对任务进行分解,对装备使用操作和维修项目进行细分等工作,即本书所说的舰船使用与维修分析。

5. 是舰船转阶段评审的媒介

舰船转阶段评审主要在方案设计阶段、深化方案设计阶段和技术设计阶段,是军方检验工业部门舰船总体设计是否满足要求的有效工作方式。在以往设计评审中,由于缺乏使用、维修分析的成果文件,各种使用与维修的细节问题时有发生,从而引起设计修改返工,因此,使用、维修分析报告作为评审文件应引起足够的重视。

4.3.3 使用研究

1. 概述

使用研究源于美国军用标准 MIL-1388-1A 和英国国防标准 DEF STAN 00-60(PART 0)/3。这两项标准对使用研究的定义为:详细描述新型系统(对舰船而言即新型号舰船)的任务剖面、作战要求、保障性定量因素,此项工作在装备论证阶段完成。

设计新型舰船时,相关人员必须了解舰船如何使用、使用环境、使用场景、任务频率、任务时长、部署周期;必须告知设计部门服役年限、维修周期、保障流程、现有的保障设施,如消磁场站、计量监测站、技术阵地、维修码头等保障系统。因此,使用研究涉及主装备的作战仿真研究和保障系统的维修等研究,然后给出任务剖面、寿面剖面以及新型舰船的系统组成、使用场景、通用质量特性要求、初始保障方案等信息。限于篇幅,本书仅给出与使用研究相关的任务剖面、寿面剖面的设计技术。

2. 确定任务剖面的效能分析

(1)效能的含义

效能是一个系统满足一组特定任务要求程度的能力(度量);或者说是系统在规定条件下达到规定使用目标的能力。"规定的条件"是指环境条件、时间、人员、使用方法等因素;"规定使用目标"是指所要达到的目的;"能力"则是指达到目标的定量或定性程度。

军事装备的效能是指在特定条件下,装备被用来执行规定任务时,所能达到预期可能目标的程度。军事装备效能是对军事装备能力的多元度量,并随着研究角度的不同而具有不同的具体的内涵。常用的效能指标如下:

①单项效能

单项效能是指运用装备系统时,达到单一使用目标的程度。如防空武器装备系统的射击效能、探测效能、指挥控制通信效能等。单项效能对应的作战行动是目标单一的行动,如侦察、干扰、布雷、射击等火力运用与火力保障中的各个基本环节。

②系统效能

系统效能是指装备系统在一定条件下,满足一组特定任务要求的可能程度。它是对武器装备系统效能的综合评价,又称为综合效能。装备的系统效能是在型号论证时主要考虑的效能参数。本书描述的效能即该项定义,就是指舰船执行任务的系统效能。

③作战效能

作战效能有时称为兵力效能,指在规定的作战环境条件下,运用武器装备系统及其相应的兵力执行规定的作战任务时,所能达到的预期目标的程度。这里,执行作战任务应覆盖武器装备系统在实际作战中可能承担的各种主要作战任务,且涉及整个作战过程。因此,作战效能是任何武器装备系统的最终效能和根本质量特征。

作战效能指标是关于敌对双方相互作用结果的定量描述,它不仅可以用来说明装备系统效能和战斗结果之间的关系,进而评估装备系统的作战效能,而且可以确定一种兵力相对另一种兵力而言的作战效能,由于涉及深层次的红、蓝双方的对抗,不在本书讨论范畴。

（2）美国工业界武器系统效能咨询委员会效能模型及其舰船应用

美国工业界武器装备咨询委员会提出的系统效能模型认为："系统效能是预期一个系统满足一组特定任务要求的程度的量度,是系统可用性、可信性与固有能力的函数"。这是一个应用最广泛的系统效能模型,它将可靠性、综合性和固有能力等指标效能综合为可用性、可信性、固有能力三个综合指标效能,并认为系统效能是三个指标效能的进一步综合。其中,可用性是在开始执行任务时系统状态的度量;可信性是在已知系统开始执行任务时所处状态的条件下,在执行任务过程中某个瞬间或多个瞬间的系统状态的度量;固有能力是在已知系统执行任务过程中所处状态的条件下,系统达到任务目标的能力的度量。即

$$SE = A \cdot D \cdot C \tag{4-9}$$

式中　SE——系统的效能;

　　　A——战备完好率或可用度向量;

　　　D——可信度矩阵;

　　　C——固有能力向量。

《装备费用效能分析》(GJB 1364—92)中在引用上述公式时同时推荐了费用分析,本书认为新型舰船使用研究,除了研究其能力外,还应考虑费用约束。本书给出的效能公式如下:

$$SE = C \cdot R_\mathrm{m}/E \tag{4-10}$$

式中　SE——舰船效能;

　　　C——作战能力指数;

　　　R_m——任务可靠度;

　　　E——全寿命周期费用。

舰船的系统效能模型如图 4-4 所示。

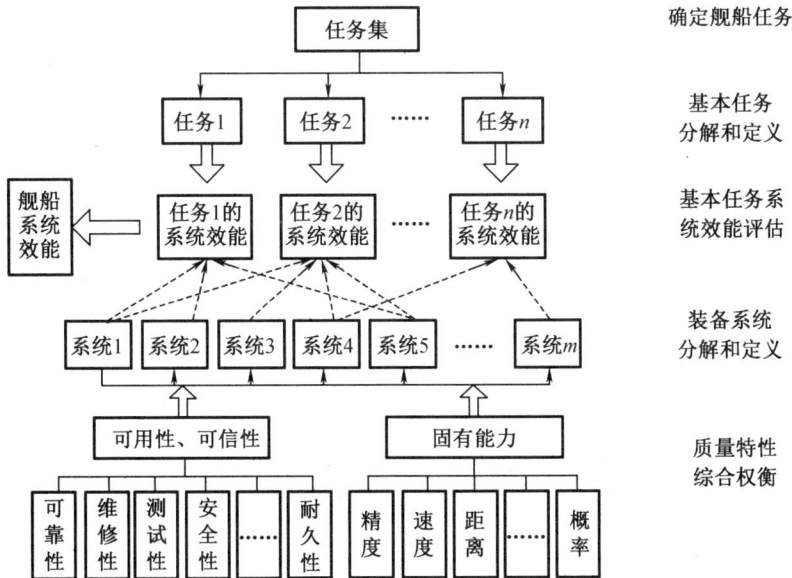

图 4-4　系统效能模型

（3）舰船效能计算流程

舰船是可维修、多任务、长寿命、使用环境恶劣、反复使用的大型复杂系统，由此决定了系统效能分析和评估的复杂性。为了有效地开展舰船系统效能分析，本书给出了以下计算流程：

①将舰船任务分解成主要任务，如巡航、对空战、对海战等；

②将主要任务分解成基本任务，如导弹防空、舰炮防空等；

③确定完成基本任务对应的装备清单；

④基本单元质量特性数据收集和分析，建立固有能力模型、可靠性模型；

⑤分析和评估每个基本任务的系统效能 SE_i；

⑥参量的灵敏度分析，有针对性地解决影响装备系统效能的主要因素，优化基本任务的系统效能 SE_i；

⑦分析和评估舰船的系统效能 SE。

（4）作战固有能力计算

作战固有能力计算有综合指数法、幂指数法、加权指数法和效用函数指数法，分述如下。

①综合指数法

综合指数法采用模糊数学、系统工程和计算机仿真的方法，建立了一个由四个层次模型组成的评估舰船作战能力的指数集，其层次依次为作战能力指数、任务指数、武器系统指数、设备性能参数。其计算公式为

$$F_J = C_{bj} \cdot \sum_{i=1}^{4} F_i \tag{4-11}$$

式中　F_J——作战能力指数；

　　　C_{bj}——变换系数；

　　　F_i——各种任务指数。

该方法在计算任务指数中，除了考虑设备固有性能外，还考虑了人员、敌我双方条件和自然作战环境参数等。它反映了作战系统有效能力，但计算复杂，不适于工程应用。

②幂指数法

此方法对单一武器系统作战能力指数计算采用了幂函数的形式，即

$$I_i = K \cdot \prod_{i=1}^{n} p_i^{\alpha i} \tag{4-12}$$

式中　I_i——武器系统指数；

　　　K——修正参数；

　　　p_i——各种性能值；

　　　αi——对应性能幂。

根据单一系统指数计算对空、反潜、对海作战能力指数，最后将这三种指数加权相加，得到舰船作战能力指数，即

$$I = \sum \lambda_i \cdot I_i \tag{4-13}$$

式中　λ_i——线性加权系数；

I_i——各任务指数。

此方法计算简单,但是用全部幂函数较难完整地体现武器系统指数。

③加权指数法

加权指数法同综合指数一样将作战能力评估分为四个层次,在计算武器系统指数时不考虑人员素质等非武器性能参数。在计算中,严格按各层次关系,用层次分析法(AHP 法)计算各层因素的权重,自下而上进行作战能力指数计算。其计算公式为

$$I = \sum_{i=1}^{n} K_i \cdot I_i \tag{4-14}$$

式中　K_i——权重系数,用 AHP 法得到;

I_i——各任务指数。

此方法中,对性能描述不太全面,而权重计算则较为合理。

④效用函数指数法

此方法将作战能力评估分为三个层次,即任务层、武器系统层、性能层。在底层,即性能层分析中,用各种数学函数求取各武器指数,此效用函数通过大量性能参数对比分析,比较反映武器的指数,由于底层计算可靠,计算的作战能力指数比较合理,因此我们在工程应用中使用了这一方法,受到了的认可。此方法原理如下:

A. 作战能力层次分析

舰船作战能力可分为两部分:一部分为舰载作战系统;另一部分为舰船平台系统。前者可以从任务层、武器层及性能层展开分析、计算指数;后者仅从性能层给予量化描述。

a. 任务层

作战使命任务可分为三个方面,即对空战、对海战及反潜战。对于不同的作战任务,可计算对应的作战指数。

b. 武器层

不同的作战任务要使用不同类型的武器,对应上述三个方面的任务所使用的武器见表4-2。

表4-2　任务与作战武器示例

任务	武器
对空战	舰空导弹系统、主炮系统、副炮系统、电子战系统、雷达系统、作战指挥系统
对海战	舰舰导弹武器系统、主炮系统、电子战系统、雷达系统、作战指挥系统、直升机
反潜战	反潜系统(含拖曳线列阵声呐、回声声呐、鱼雷、深弹)、作战指挥系统、直升机

c. 性能层

以上分析了执行各种任务所使用的武器类型,而对应各种类型武器的作战能力则使用相应的性能参数予以描述。图4-5 给出了描述各种武器作战能力的常用性能参数。

快速性
续航力
自持力
……
平台

主存容量
运行速度
反应时间
……
作战指挥系统

频域
测向精度
测频精度
……
电子战

有效载荷
巡航速度
续航时间
……
直升机

作用距离
空域
探测精度
……
雷达

系统/设备性能参数分类

作用距离
测向精度
分辨力
……
声呐

射程
潜深
命中概率
……
深弹

远界
近界
高界
低界
……
舰空导弹

远界
近界
深界
……
鱼雷

射程
单发命中率
反应时间
……
舰舰导弹

口径
座数
发射率
……
舰炮

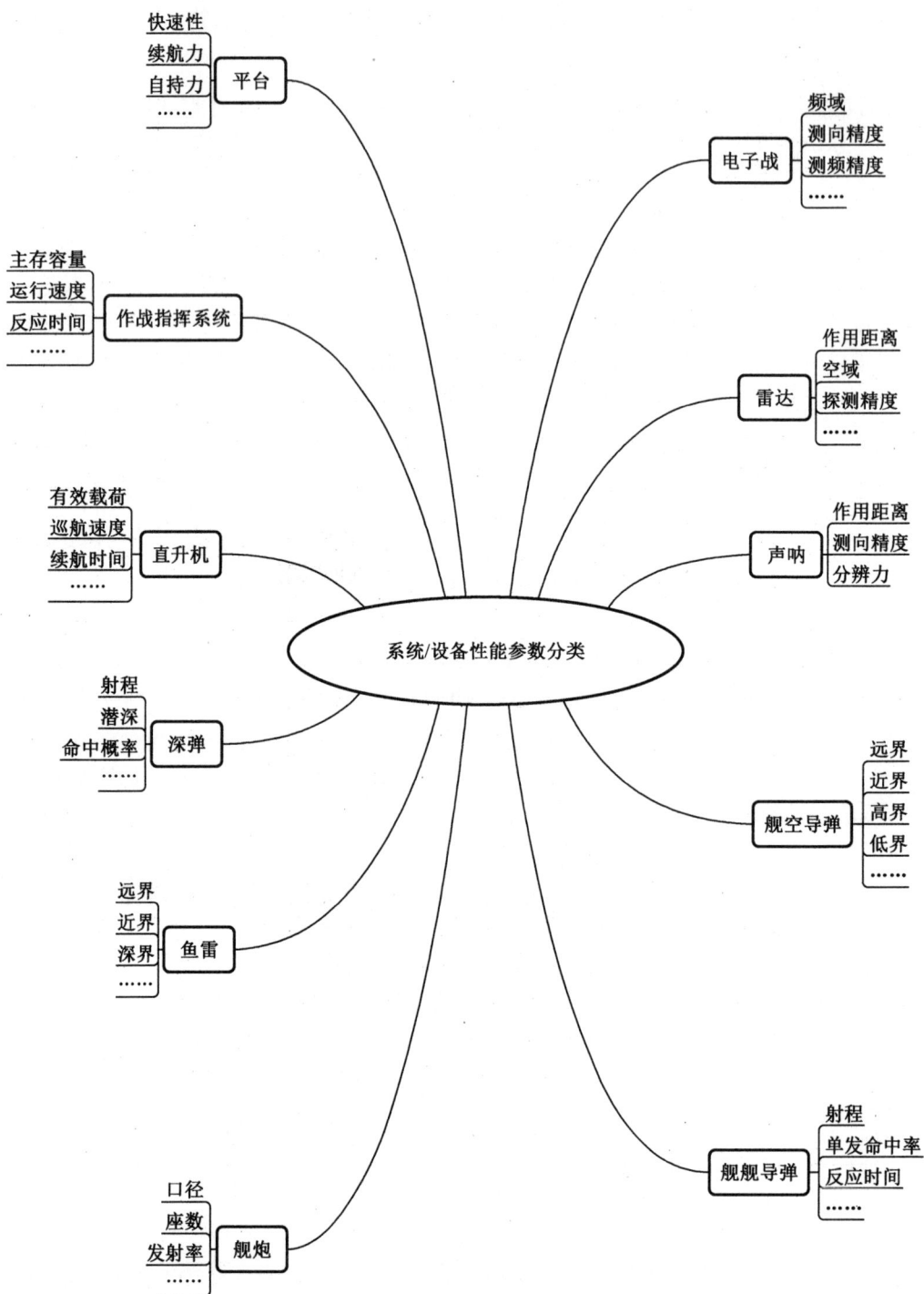

图 4-5　舰船系统/设备性能参数分类

B. 层次分析模型及指数

以上用层次分析的方法对作战系统综合作战能力进行了分析,最下面一层归结到各种武器系统和平台的性能参数,因此,通过对性能参数的分析、建模、量化计算就能算出舰船作战系统的指数及各种作战任务下的量化指数。其计算公式如下:

$$I = B \cdot \sum_{i=1}^{n} F_i \tag{4-15}$$

式中　F——舰船综合作战能力指数;

　　　B——平台指数;

　　　F_1——对空战任务指数;

　　　F_2——对海战任务指数;

　　　F_3——反潜战任务指数。

(5)任务可靠度计算

作战固有能力的仿真计算主要是为了确定新型舰船的功能特性指标,而任务可靠度计算则是为了确定装备通用质量特性的指标。计算方法可参见8.2节 RMS 仿真。

(6)全寿命周期费用计算

舰船全寿命周期费用是指舰船从论证、设计、建造、试验、使用、维修、后勤保障、改装直至退役报废处理全过程所需费用的总和。舰船全寿命周期费用一般包括论证费、研制费、购置费、使用与保障费、退役处置费。在各阶段费用分解过程中需考虑装备对资源消耗的人工费、资料费、培训费、燃动费、利润、管理费、财务费等。舰船的全寿命周期费用构成如图4-6所示。

①论证费(C_1)

论证费是指新型舰船在论证中产生的科研费用。

②研制费(C_2)

研制费即新型舰船研制中产生的关键技术科研攻关费。

③购置费(C_3)

购置费是指订购方向承制方购置装备并获得装备所需的初始保障所支出的全部费用。舰船的购置费应由设备购置费、船厂制造费、初始保障费和利润等构成。

④使用与保障费(C_4)

使用与保障费是指舰船装备在使用期间为装备的使用和保障装备处于战备完好状态所支出的全部费用。它由使用费、舰员级维修费、中继级维修费、基地级维修费、基地供应费、后续舰员训练费、支持性购置费组成。

⑤退役处置费(C_5)

退役处置费是指装备已到使用寿命需报废处理或技术过时需淘汰,或已到经济寿命(继续修复不如更新合算)需退现役所需的全部费用。该费用可能是正值,也可能是负值(如拆卸出售),由装备报废处置费、库存器材处置费、资料存档费、管理及其他费用组成。

舰船寿命周期费用
- 论证费
  - 论证研究费
  - 论证管理费
  - 论证工资费
- 研制费
  - 研制成本费
    - 直接材料费
    - 直接工资费
    - 设计费
    - 试验费
    - 外协费
    - 专用设备费
    - 固定资产使用费
  - 期间费
    - 研制管理费
    - 研制财务费
  - 研制收益费
- 购置费
  - 利润
  - 成本费
    - 设备制造成本费
      - 直接材料费
      - 直接人工费
      - 制造费
      - 燃料动力费
      - 军品专项费
    - 船厂制造费
    - 期间费
      - 管理费
      - 财务费
  - 初期保障费
    - 初始备件费
    - 初始保障设备费
    - 初始保障设施费
    - 初始燃料费
    - 在厂培训费
- 使用与保障费
  - 使用费
    - 船员费用
    - 物质器材费
    - 人员保障费
  - 等级修理费
  - 改装费
  - 基地供应费
  - 后续培训费
  - 支持性购置费
    - 补充器材费
    - 消耗性器材费
    - 补充保障设备费
- 退役处置费
  - 装备报废处置费
  - 库存器材处置费
  - 资料保存费
  - 管理及其他费用

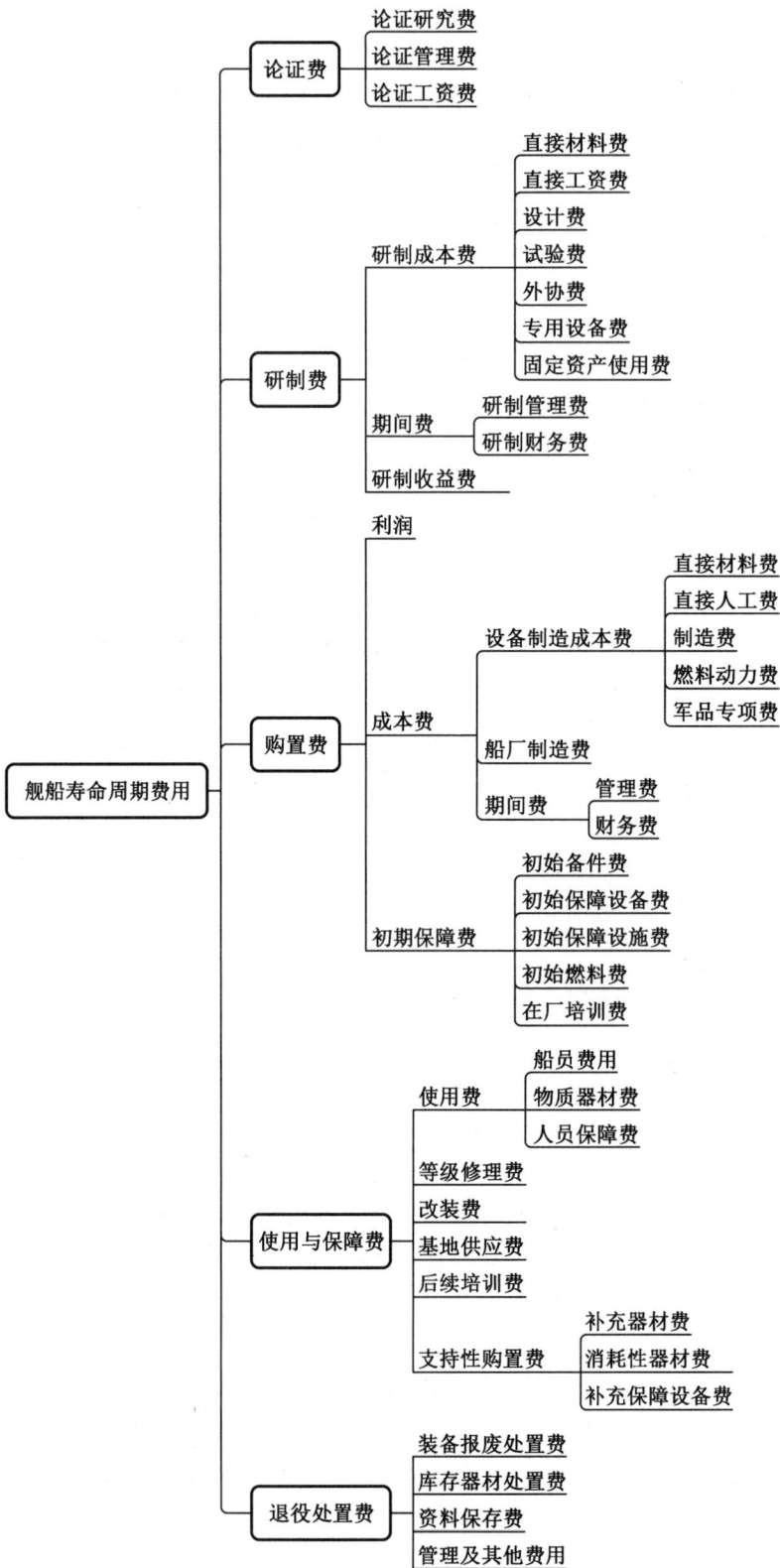

图 4-6　舰船全寿命周期费用构成

3. 确定寿命剖面的修理结构分析

（1）舰船寿命剖面的含义

舰船的寿命剖面是指舰船自服役至退役所经历的使用和维修等事件的描述，即舰船服役后执行任务、检修、等级修理（修理类别包括坞修、小修和中修，或称三级修理、二级修理及一级修理）等事件在舰船寿命长度内循环的次数及持续时间的刻画，反映了舰船的修理结构构成。舰船的修理结构是指舰船在全寿命周期内所进行的基地级计划修理的类别及其修理时间与间隔周期的组合。它是对舰船装备维修实施科学管理的基本依据，关系到舰船的可用率，设备运行的安全性，实施维修的有效性和经济性。

在寿命剖面中，其任务期的总长与舰船寿命之比称为舰船在航率，有时又称舰船的使用可用度。

（2）美国海军舰船修理类别及修理结构

①美国海军舰船修理类别

以美国航母修理为例，修理类别包括如下：

A. 选择性有限修理（SRA）

选择性有限修理在基地级修理厂进行，根据航母的使用情况，通常只对有限范围内的系统或者装备进行选择性修理，修理时不需要进坞。两次选择性有限修理之间的间隔为 18 个月，一般为期 3 个月左右。

B. 进坞选择性有限修理（DSRA）

进坞选择性有限修理在基地级修理厂进行，根据航母的使用情况，通常只对有限范围的系统或者装备进行选择性修理，其部分修理工作需要在干船坞内进行。该修理类别应用于核动力航母的修理，两次进坞选择性有限修理之间的间隔为 39 个月，一般为期 5.5 个月左右。

C. 综合翻修（COH）

综合翻修在基地级修理厂进行，主要对航母的动力系统及其他系统进行全面修理，是定期修理周期结构中修理规模最大的一种修理类别。对常规动力航母，通常 5 年左右进行一次，为期 1 年左右；对于核动力航母，通常 7 年左右进行一次，为期 1.5~2 年。

D. 计划渐进式修理（PIA）

计划渐进式修理在基地级修理厂进行，是根据预先安排计划对航母实施渐进式修理的一种修理类别，修理时不需要进坞。通常情况下，不同 PIA 的工作量是渐进增加的。计划渐进式修理的循环周期早期为 24 个月，目前为 32 个月，一般为期 6 个月左右。

E. 进坞计划渐进式修理（DPIA）

进坞计划渐进式修理在基地级修理厂进行，是根据预先安排计划对航母实施渐进式修理的一种修理类别，其修理规模大于计划渐进式修理，部分修理工作需要在干船坞中进行。通常情况下，不同 DPIA 的工作量是渐进增加的。进坞计划渐进式修理的循环周期早期为 72 个月，目前为 96 个月，一般为期 10.5 个月左右。

F. 换料综合翻修（RCOH）

换料综合翻修在基地级修理厂进行，主要包括更换核燃料和其他各大系统的全面修理。该修理类别是渐进式修理周期结构中修理规模最大的一种修理类别。换料综合翻修在航母的全寿命周期中只进行一次,通常安排在航母中寿 24 年左右时进行,一般为期 36 个月左右。

G. 试航后检修(PSA)

试航后检修是针对新建或综合翻修后航母在试航中发现问题进行的检查和修理,以确保航母建造或修理的质量。检查和修理的时间通常为 4 个月左右。

H. 连续维修(CM)

连续维修是随渐进式修理周期结构调整而出现的一种修理类别。连续维修的主要特点是修理工作在航母在航期间进行,主要完成某些以前需要在基地级修理厂进行的修理工作,以满足航母基地级修理间隔期不断延长的需要。在当前修理周期结构下,两次基地级修理间隔之间至少进行 1 次连续维修,持续时间为 1 个月左右。

以上修理类别中,A ~ C 为美军早期使用的定期修理结构类别,改革后为后面的修理类别。

②美国海军舰船典型修理结构

表 4-3 所示为渐进式修理周期结构下美国核动力航母的使用和计划修理时间分配表。图 4-7 所示为核动力航母采用渐进式修理周期结构时典型的寿命剖面图。

表 4-3　美国核动力航母的使用和计划修理时间分配表　　单位:月

使用时间	26		26		26		21.5		26		26		21.5		26		26			合计
修理时间		6		6		10.5		6		6		10.5		6		6		36		
使用时间	26		26		26		21.5		26		26		21.5		26		26		450	
修理时间		6		6		10.5		6		6		10.5		6		6			150	

从图 4-7 可以看出,核动力航母的寿命剖面中:

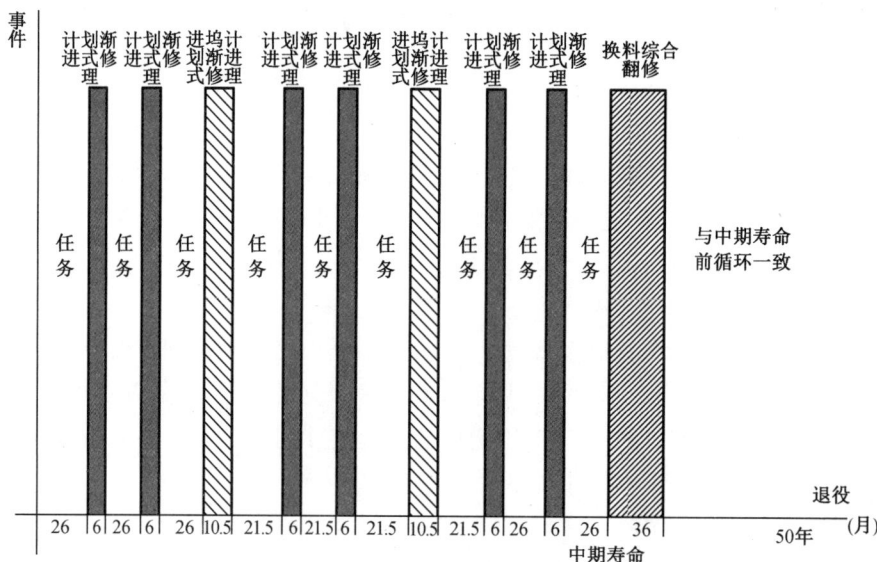

图 4-7　核动力航母寿命剖面

A. 使用可用度(即理论在航率)为 0.75。

B. 在全寿命周期内,安排 12 次计划渐进式修理、4 次进坞计划渐进式修理和一次换料综合翻修。

C. 计划渐进式修理的循环周期为 32 个月;进坞计划渐进式修理的循环周期为 96 个月;换料综合翻修通常在核动力航母的寿命中期进行,其具体时间视航母的使用情况会略有不同,通常为 24 年左右。

D. 计划渐进式修理的时间为 6 个月左右,进坞计划渐进式修理的时间为 10.5 个月左右,换料综合翻修的时间为 36 个月左右。

③美国海军舰船未来修理结构

根据 Eric Schneider 等关于利用产品模型对 CVN78 级航母服役期经济性修理结构论证得知,美国海军通过将部署周期从 32 个月延长到 43 个月,增加不进坞的连续维修,福特级航母的使用可用度将提高 6%,如图 4-8 所示。

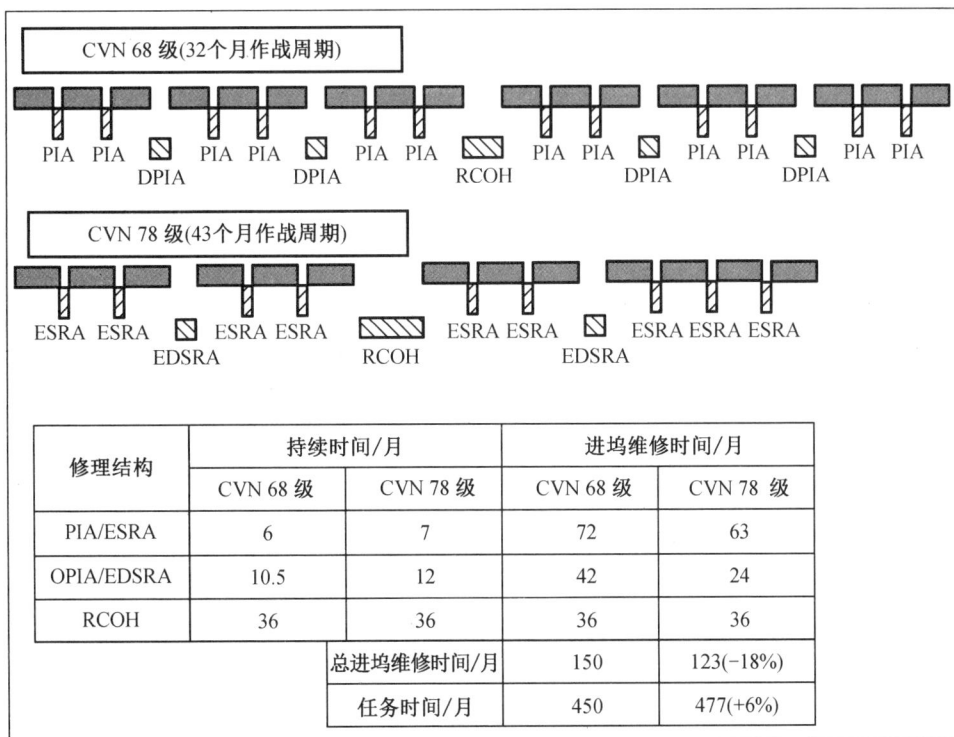

修理结构	持续时间/月		进坞维修时间/月	
	CVN 68 级	CVN 78 级	CVN 68 级	CVN 78 级
PIA/ESRA	6	7	72	63
OPIA/EDSRA	10.5	12	42	24
RCOH	36	36	36	36
		总进坞维修时间/月	150	123(-18%)
		任务时间/月	450	477(+6%)

图 4-8　美国未来的航母修理结构

(3)修理结构的影响因素设计分析

影响修理的主要因素是装备部署的军事需求,以及装备维修需求对修理结构的维修要求,分析如下:

①装备部署的军事需求

为了满足军事作战需求,需要随时有舰船组成其编队执行战备值班和作战任务,因此,从满足军事作战需要出发,分析舰船的部署能力实际上是在海军未来舰船发展规划的前提下,分析所有舰船均服役时多艘舰船同时可供部署去完成战备值班任务和作战任务的概率。

假设正在服役的舰船有 n 艘,在 n 艘舰船共同服役的时间内(稳态期),至少有 k 艘舰船可部署的时间占整个共同服役时间的比例,就是至少有 k 艘舰船可部署的能力 $p_k(k=1,2,\cdots,n)$:

$$P_k = \frac{稳定期内至少 k 艘舰船可部署的时间}{n 艘舰船共同服役的时间} \qquad (4-16)$$

在上面计算舰船可部署能力的过程中,舰船的入列时间间隔是确定的。然而实际情况常常并不是这样,舰船的入列时间间隔在一定时间范围内波动。为了真实反映舰船可部署能力,就需要考虑每艘舰船入列这一随机因素。假设上述随机因素服从某一分布,此时至少有 k 艘舰船可部署能力实际上是在舰船入列时间间隔的各种可能取值情况下,分别计算其可部署能力,然后求取统计平均,即

$$P_k = \int p_k(t_1,t_2,\cdots,t_{n-1})f(t_1,t_2,\cdots,t_{n-1})\,\mathrm{d}t_1\,\mathrm{d}t_2\cdots\mathrm{d}t_{n-1} \quad (k=1,2,\cdots,n) \qquad (4-17)$$

式中,t_i 为第 i 艘舰船和第 $i+1$ 艘舰船之间的入列时间间隔($i=1,2,\cdots,n-1$,单位为月),$f(t_1,t_2,\cdots,t_{n-1})$ 为随机变量 $t_1,t_2,\cdots,t_{n-1}$ 的分布函数,一般情况下,可以选择均匀分布。将通过式(4-17)得到的可部署能力称为至少有 k 艘舰船平稳可部署能力。

②装备维修需求

舰船装备的分类主要包括结构类、机电和机械类、电子类等,装备的寿命特征及维修特征对舰船的修理结构均产生影响。分析如下:

A. 船体结构及涂料

舰船长期在海上航行和作业,船体结构一直受到波浪力及运动产生的各种惯性力的作用。而波浪力和惯性力是不断变化的动载荷,在结构内部产生交变应力,这种交变应力周期性的累积效应将造成结构的疲劳损伤。疲劳损伤影响了寿命剖面的全周期数。

另外,船体长期处于海洋环境中,海水及海洋大气对船体金属的腐蚀给结构造成的危害很大。船体内部环境仍属海洋大气环境,但局部或具体环境又可细分为一般大气环境、潮湿积水环境和舱底积水环境。内舱局部存在潮湿积水环境,导致了船体结构的电化学腐蚀。在预防内舱腐蚀方面,因为不能像水下船体外板外侧那样全面采用"涂料+牺牲阳极"(或外加电流)联合保护,而仅靠涂料保护,因此船体内舱结构腐蚀环境仍十分恶劣。再者,舰船防腐防污涂料的使用寿命也是修理结构设计的主要因素,其防腐设计保护年限可达 10 年以上。

B. 机电类装备

舰上推进系统、电力系统等均属于机电类装备,以 MTU 柴油机为例,其维修计划时间见表 4-4。

W_1 维修等级为日常的运行监控;W_2、W_3 和 W_4 维修等级进行的是周期性的维修工作,不需对发动机解体,可在运行间歇进行;W_5 维修等级即对柴油机进行中修,对部件修整,需将发动机部分解体;W_6 维修等级即对柴油机进行大修,需将发动机全部拆开,以便对所有相关零部件进行检查和修理;W_5、W_6 维修等级需在进行基地级计划修理时进行,并排除出现的故障。因此,制定修理结构时需要考虑以上需求。

表 4-4　维修计划时间

维修等级	时间
W_1 每天运行时进行	
W_2 每运行 极限值为	250 h 后进行 6 个月
W_3 每运行 极限值为	500 h 后进行 1 年
W_4 每运行 极限值为	2 000 h 后进行 2 年
W_5 每运行 极限值为	4 000 h 后进行 6 年
W_6 每运行 极限值为	12 000 h 后进行 12 年

C. 电子类装备

电子类装备多以作战系统的雷达、指控设备等为主,与装备的寿命相关,一般对舰船的修理结构贡献度不大。

4.3.4　使用分析

舰船使用分析是总体、系统和设备研制单位共同完成的一项工作,主要以论证阶段使用研究成果为设计输入,从方案设计阶段开始,系统设备单位将各自分管的装备使用分析按照总体编制的使用分析指南要求,将使用分析报告提交到总体单位,总体按照舰船的使命任务对任务进行分解,完成各任务的使用分析报告。其使用分析过程持续到技术设计阶段,与总体的系统、设备集成优化,舰员分析、效能计算等工作相互协调,并完成全舰使用分析说明书编制,为基于部署的使用说明书提供输入,如图 4-9 所示。

1. 总体使用分析

舰船总体分析主要分为四步:任务分解→系统响应→流程分析→资源汇总。

(1)任务分解

以舰船使命任务为依据,将舰船的任务分解为若干个主要任务、基本任务,即总体使用分析的图纸目录的基本构成,如图 4-10 所示。

(2)系统响应

以主要任务和基本任务为横行,以全舰系统及设备为竖列,形成任务与装备的矩阵表,给出每项任务对应的系统、设备,为下一步流程分析做准备。

(3)流程分析

针对前述的每一项任务,按照舰船执行任务的备战备航、航渡、作战及驻泊四个阶段全流程,进行流程各操作分析,在系统、设备使用分析的基础上,对各个操作项目的操作步骤进行详细叙述,操作步骤描述中给出相应的使用保障资源。

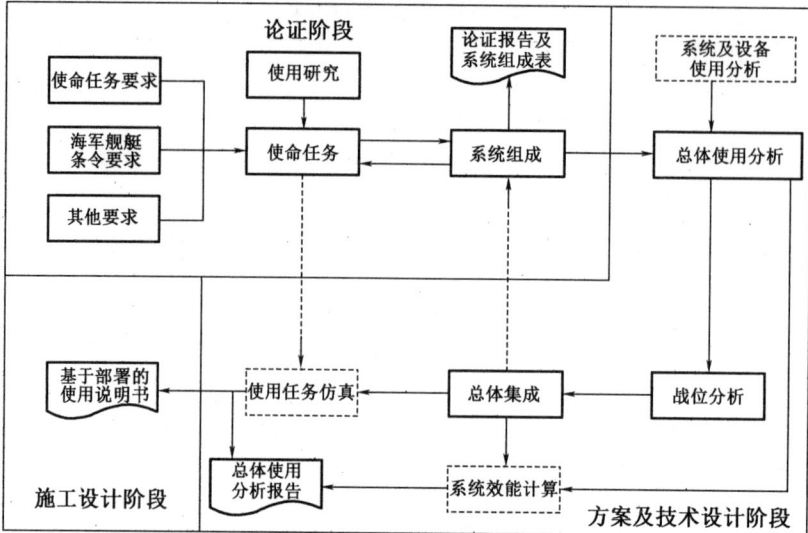

图 4-9　舰船使用分析流程关系图

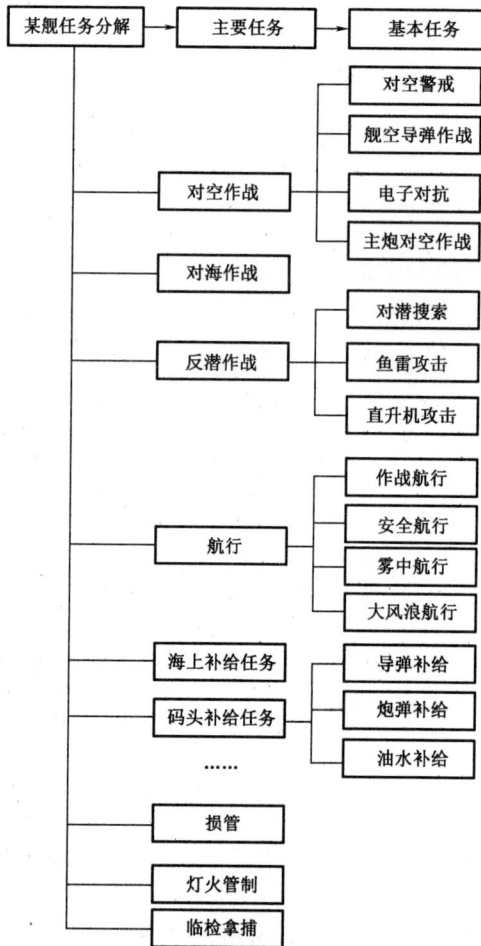

图 4-10　舰船总体任务分解

（4）资源汇总

对上面分析中全舰使用保障资源进行汇总，尤其舰员编制汇总，为全舰人员编制表制订提供输入。

2. 系统/设备使用分析

系统/设备分析主要分为四步：分析准备→流程分析→操作项目及步骤分析→资源汇总。

（1）分析准备

了解军方对本系统/设备的研制要求及保障特性参数，分析其任务剖面、寿命剖面、使用强度，查阅同类系统/设备使用的相关资料。

（2）流程分析

针对舰船备战备航、航渡、作战、驻泊的四个典型任务阶段，分析本系统和设备的使用所涉及的全部操作项目，并且用流程图的方式予以表达。以某舰空导弹为例，其使用流程如图 4-11 所示。

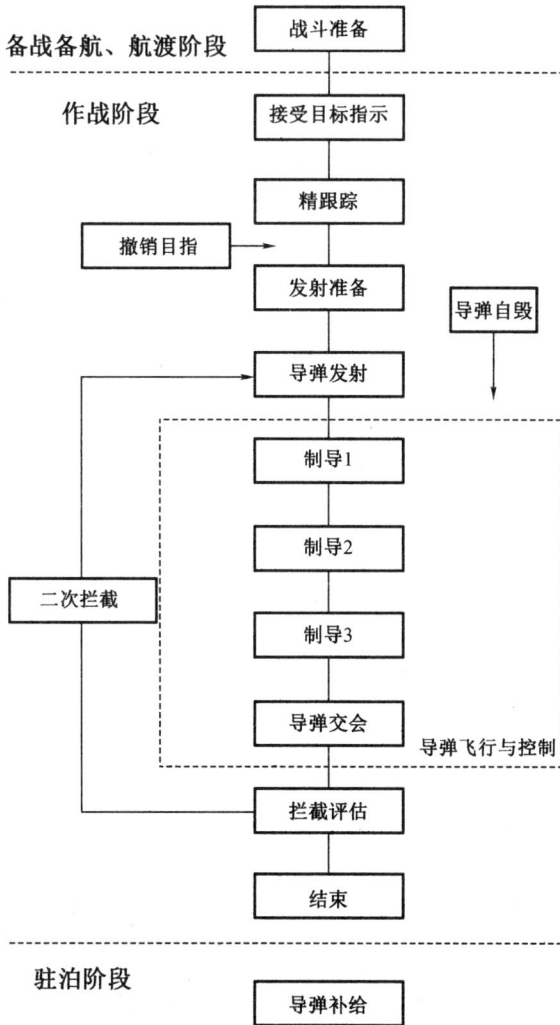

图 4-11 某舰空导弹使用流程

（3）操作项目及步骤分析

按照使用分析表格，填写每个操作项目的作业步骤及其使用的保障资源。

（4）资源汇总

对所有操作项目所需的保障资源进行汇总。

3. 设备使用分析

《装备保障性分析》（GJB 1371—92）中，给出了两个与使用分析相关的项目，即201项-使用研究、401项-使用与维修工作分析。使用研究主要由论证方和总体设计单位共同完成。在概念设计阶段研究舰船的使命、任务、寿命、建造、训练及修理方面等内容，为使用分析工作提出初始输入，前面已有描述。考虑到使用分析工作阶段在舰船方案设计阶段、维修分析一般在技术设计阶段，舰船的保障性分析将使用分析单独列出。使用分析的目的在于为所有规划使用保障活动和战备完好性提供依据，确定如何、何时、何地使用装备，明确其他保障性分析所需的保障性因素，明确使用和使用保障的关系，明确使用过程中配套的使用保障资源，分析舰船系统间、系统和设备间有关特性参数的传递关系，影响并优化舰船设计，满足舰船服役后保障好，提供的使用保障资源对舰船保障好。有关设备的使用分析如下：

（1）确定使用分析输入

使用分析的输入包括军方对装备的提出任务需求、立项论证报告、现场调研、以前的系统研究等。

（2）保障性因素确认

确认保障性因素应考虑系统设备的任务剖面和使用强度、使用寿命、任务频率和持续时间、舰上配置方案、驻泊要求、使用和贮存的环境要求、与其他系统或设备的接口、运输因素、保障性特性参数、使用事件及使用保障方案。

（3）使用流程及操作项目分析

针对舰船的备战备航、航渡、作战和驻泊工况，分析各系统、设备的使用过程和操作项目、步骤，并提出使用保障需求。

（4）输出及案例

某导弹武器系统使用分析示例见表4-5。

4.3.5　维修分析

1. 故障模式及影响分析（FMEA）

（1）分析过程

故障模式分析是可靠性设计的一个重要工作项目，也是安全性、测试性及保障性分析的基础。面向保障的FMEA主要用于确定维修项目，为编制维修技术资料提供输入；而非面向可靠性设计中的FMECA用于找出薄弱环节。通过FMEA对系统/设备可能出现的故障模式、故障原因与故障影响进行系统、全面的分析，提出维修保障人员应采取的维修措施或维护保养措施，预防故障的发生或减弱故障发生时的影响。

FMEA过程是一个自底向上的过程，分析过程从设备组成分解结构的最底层开始，以零件为分析对象进行FMEA，再以零件的上一层部套件为分析对象进行FMEA，然后以部套件

的上一层部套件为分析对象分析故障模式影响,直到以子设备、设备为分析对象,完成
FMEA 过程,步骤如下:

①将设备分解为维修可更换单元(LRU、SRU);

②分析所有任务阶段和工作方式;

③分析所有功能;

④识别所有可能的故障模式;

⑤分析产生每一故障模式可能的原因;

⑥分析每一故障模式的故障影响;

⑦提出维修项目。

按照以上过程将结果填入表 4-6。

如何确定预防性维修、修复性维修要求,主要是分析故障模式产生的后果进行决策,如
图 4-12 所示。

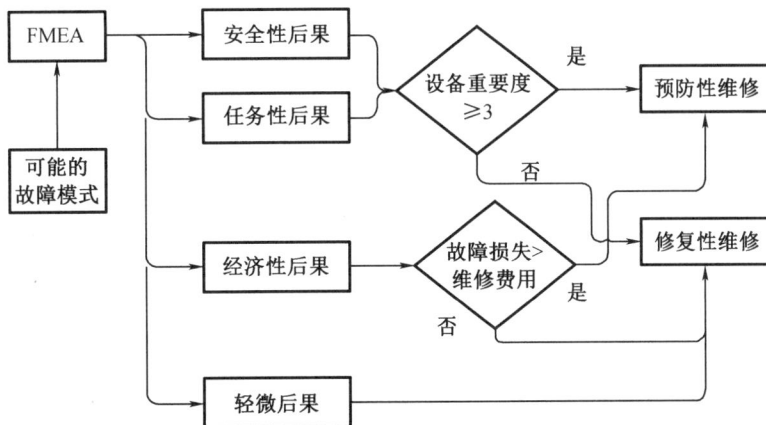

图 4-12　故障模式影响决策分析图

为了最大限度地减少在船上计划维修的工作量,将舰船设备按 1～5 级进行分级,国外
称之为设备重要度(mission essentiality codes,MEC),当 MEC 为 3、4 和 5 时,属于关键性设
备,从而列入重点保障对象。3～5 级的重要设备应提供执行预防性维修的权限和能力;同
时对 1～2 级不十分重要的设备,可将修复性维修推迟到中继级和基地级执行。任务重要性
代码(MEC)主要依据该设备发生故障或失效后,对于它本身及其上一级系统执行正常任
务,以及对于设备和人身安全的影响程度制定分级标准,参见表 4-7。

(2)设备分解方法

①美军标分解方法

文献[34]给出了美国海军的舰船工作结构分解,见表 4-8,舰船装备主要分为船体、推
进装置、电气装置、指挥与控制、辅助系统、装置、武备、综合与工程。文献[35]给出了分解
图例,如图 4-13 所示。

表 4-5　使用分析示例

系统/设备名称	导弹武器系统										
编号	使用操作步骤	使用人员		作业时间 /h	维修、保障人员		保障设备、工具及消耗品		系统设备一代码	其他资源 ZZDW		备注
		数量	等级		数量	等级	名称/编号	数量		名称	数量	
A01101	筒弹装填： 1. 操作手将筒弹由库房转运至发射装置处； 2. 将筒弹装填进发射集装箱	6	士兵	1			筒弹装填装置 筒弹吊索 筒弹转运车 汽车吊车	1 1 1 1				

表 4-6　故障模式及影响分析表

组成编码	名称	功能		故障模式		故障原因		任务阶段与工作方式	故障影响	严酷度	维修项目编号	维修项目
		编号	功能	编号	模式	编号	原因					
0201	油污水处理装置	1	处理机舱、轴隧舱产生的舱底油污水。经油分浓度计检测，处理后达标的水排出舷外，不达标的水回舱底，分离出来的污油排至废油舱	1A	—	1A1	定期保养	全任务阶段	油污水无法进入装置，装置收集功能失效	—	MT001	保养油污水处理装置
				1B	油污水处理装置不能工作	1B1	主要机泵、阀故障	全任务阶段	油污水无法进入装置，装置收集功能失效	II	MT002	检修主要机泵、阀
						1B2	电控箱不能工作	全任务阶段	影响船上油污水收集、处理	II	MT003	排查电控箱故障

注：MT001 的分析参考 S3000L 规范。

表 4-7　设备重要性代码 MEC 表

MEC	分级标准描述
1	该单元或功能失效不会影响舰船执行任何任务的方法、步骤或能力,不会影响安全
2	对任务需要而不重要,该单元或功能失效会影响舰船执行任何任务的方法和步骤,但是不能防止或排除船舶执行任何一项任务,不会影响安全
3	该单元或功能失效将导致舰船执行单个任务的能力丧失,但不会影响安全
4	对多个任务重要,该单元或功能失效将导致舰船执行超过一个以上任务的能力丧失,但不会影响安全
5	危及舰船/舰员安全,该单元或功能失效将导致舰船沉没或人员伤亡

表 4-8　舰船工作结构分解

ESWBS 组	功能组命名
100	船体
200	推进装置
300	电气装置
400	指挥与控制
500	辅助系统
600	装置
700	武备
800	综合与工程

②简化分解方法

如图 4-14 所示,将设备自上向下分解为子设备、组件、部件和零件。考虑到设备分解工作是各单位独立并行开展的,统一编码为 00,子设备依次为 01、02、03 等。分解过程中根据组件的经济价值视情分解到下层基地可更换单元(SRU)。例如:对于某风机,如果基地级修理过程中采取整体更换方式,不再进行修理,则应将其作为"零件"处理;如果风机较大、价值较高,修理比更换更具有成本优势,在基地级修理过程中应对风机的某个部件进行修理或更换,则该风机还需要向下分解为壳体、电机、叶片等零件。

表 4-9 给出了某电动泵组成分解示例。

2. 损坏模式及影响分析(DMEA)

战场损伤(battlefield damage)是指装备在战场上需要排除的妨碍完成预定任务的所有事件,战场损伤研究在装备战场抢修工作中具有十分重要的地位。损坏模式及影响分析可以对装备的损伤情况进行适当的分析和研究,对装备战场损伤后的抢修工作进行指导。

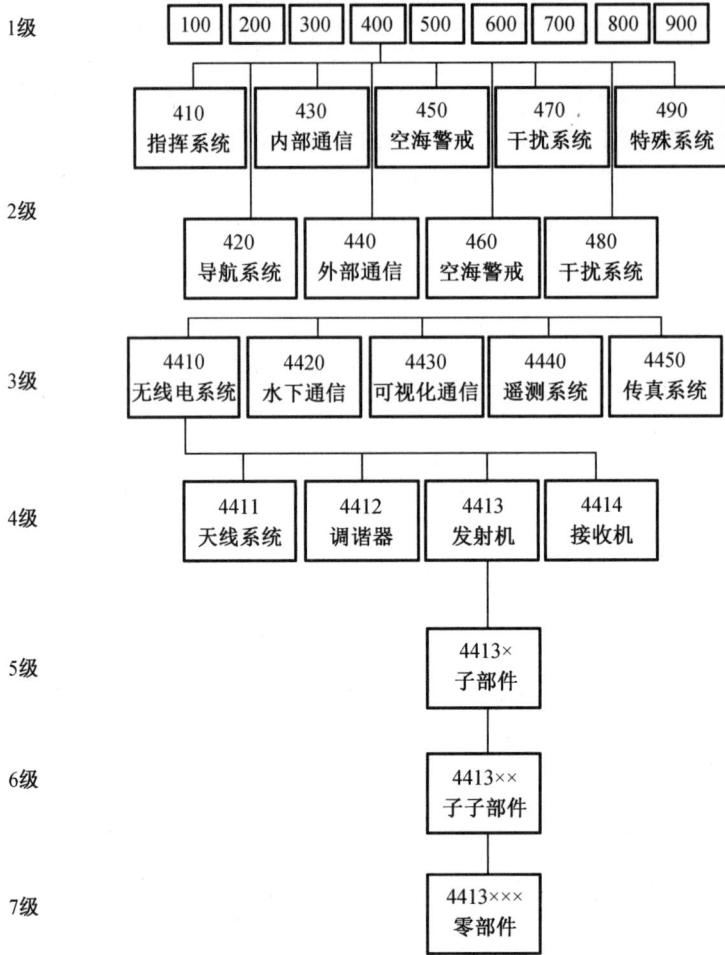

图 4-13 ESWBS 分解插图

表 4-9 某电动泵组成分解示例

组成编码	名称	备注
01	电动泵	
0101	泵体	
010101	泵叶	
010102	机械密封	
……	……	
0102	钟形罩	
0103	联轴器	
0104	减震器	
0105	电机	该电机较小,损坏后直接更换
0106	底架 I	
0107	底架 II	

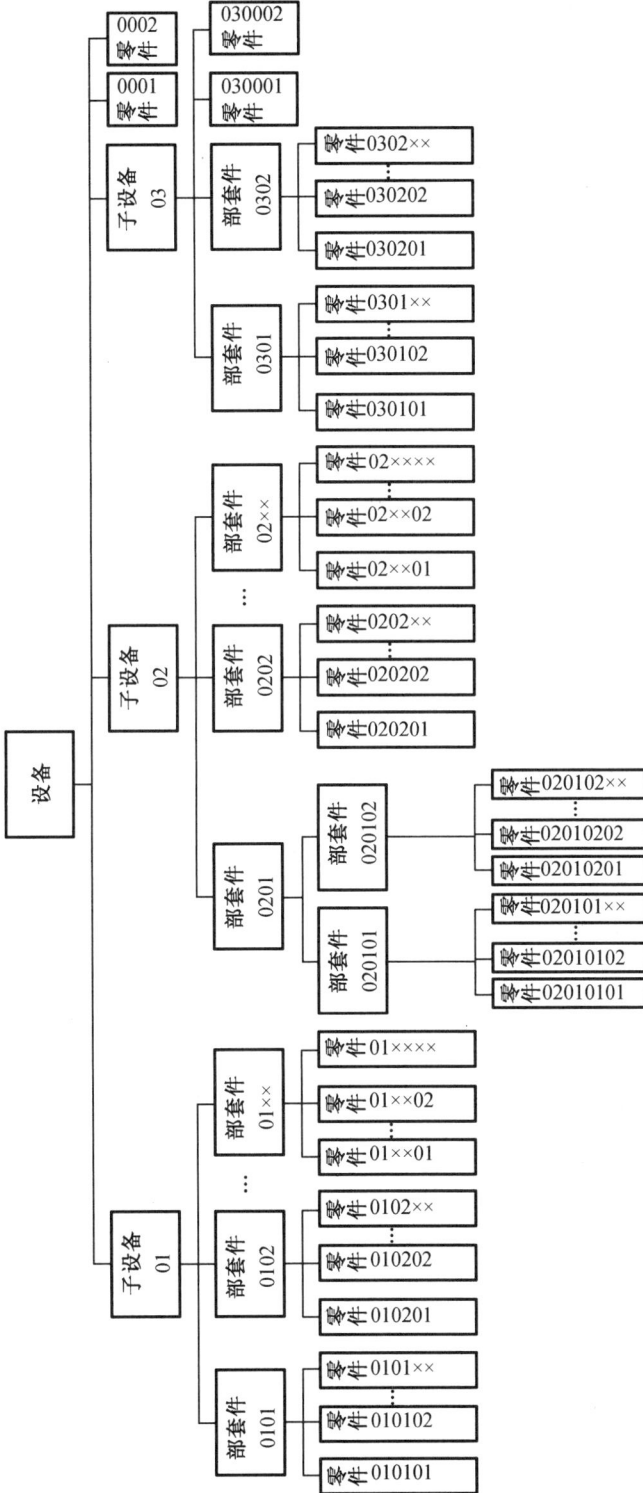

图 4-14　设备组成分解示例

损坏模式是指由于战斗所造成装备损坏或损伤的表现形式。相应的战损模式主要包括机械结构类损伤、电气电子类损伤、化学破坏类损伤、软件系统损伤、核爆综合损伤等。机械结构类损伤模式主要有变形、折断、裂缝、开裂、分离、脱落、分解、卡止、穿透、松动、磨损等。电气电子类损伤模式主要有断路、短路、击穿、低效、漂移、变值、清除、虚接、烧毁、破裂、电离、泄漏等。化学破坏类损伤模式主要有燃烧损伤、化学腐蚀、化学溶解、化学污染等。软件系统损伤模式主要有病毒破坏、无法开机、程序无法启动、程序丢失或损坏、程序受篡改、软硬件失控等。核爆综合损伤模式主要有爆炸损伤、燃烧损伤、破片损伤、冲击损伤、应力损伤、射线损伤、电磁脉冲损伤、化学污染等。

以某航空地面电源车为例,经过实际分析可以得到航空地面电源车 DMEA 表,见表 4-10。

表 4-10 某型航空地面电源车 DMEA 表

序号	产品名称	功能	故障模式	故障原因	任务阶段	严酷度	损坏模式	损坏影响			抢修建议
								局部	高层	最终	
1	连杆	对外做功	无法正常做功	磨损	供电过程	Ⅲ	断裂	连杆丧失功能	柴油机异响	突然停机	更换
2	喷油泵	将柴油喷入气缸	供油不足	柱塞偶件磨损	供电过程	Ⅱ	破孔	漏油	转速不稳	柴油机飞车	预制补片粘接
3	机油泵	泵油润滑	不能泵油	泵体磨损	供电过程	Ⅲ	裂缝	漏油	磨损严重	无法供电	预制补片粘接
4	水泵	泵水冷却	柴油机温度过高	叶轮与轴松动	供电过程	Ⅳ	变形	泵水不足	柴油机过热	停机损毁	更换
5	定子	发电机发电	发电机过热	电刷温度过高	供电过程	Ⅳ	松动	绝缘磨损	电腐蚀	损坏发电机	加固
6	转子	发电机发电	发电机不发电	换向器烧蚀	供电过程	Ⅳ	裂缝	转子断裂	发动机损毁	无法供电	粘接/更换
7	炭片调压器	调节电压	输出电压不稳	调压不稳	供电过程	Ⅳ	弹簧震断	衔铁失控	调压失控	无法供电	更换

3. 以可靠性为中心的维修分析(RCMA)

(1)分析过程

以可靠性为中心的维修分析按照以最少的维修资源消耗保持装备固有可靠性水平和安全性的原则,应用逻辑决断方法确定装备预防性维修要求的过程。通过 RCMA,力求使设备的预防性维修任务合理、全面,确保设备在使用过程中可以通过定期维修保持或恢复其固有的可靠性与安全性水平。RCMA 主要是在对装备故障规律及影响进行深入分析的基础上,提出适当的预防性维修对策的过程。主要分析过程如下:

①确定重要功能部套件,对重要的部套件进行 RCMA;

②采用逻辑决断的方法确定合适的预防性维修工作;

③分析维修间隔和维修级别。

④将以上分析过程填入表 4-11 中。

分析过程中有关说明如下。

①关于确定重要功能部套件

重要功能部套件判定主要满足以下条件之一:

A. 该部套件的失效造成安全隐患;

B. 该部套件的失效影响任务完成;

C. 该部套件的失效造成重大经济损失;

D. 该部套件以往的预防性维修工作有效。

②关于逻辑决断

逻辑决断图的分析流程如图 4-15 所示。

③关于预防性维修工作适用性

预防性维修工作类型按照预防性维修的工作内容及其时机控制原则进行划分,包括保养、操作人员监控、使用检查、功能检测、定时拆修、定时报废、综合工作七个类别,见表4-12。关于保养类的项目可借鉴 S3000L 的逻辑推导方法。

④关于维修间隔

维修间隔是指两次维修间的时间历程,一般分为日历时间和运行时间。如果维修间隔期为日历时间,填写的代码含义是:D—天、W—周、M—月、A—年,例如 M 表示 1 月 1 次,10A 表示 10 年 1 次。如果维修间隔期为工作小时数,填写的代码含义是:h—工作小时数,1 000 h 表示工作时间达到 1 000 小时。

(2)输出及案例

某电动系缆绞盘的 RCMA 分析示例见表 4-11。

4. 维修任务分析(MTA)

维修任务分析是将装备的维修工作分解为有序的作业或操作工序,然后按照每个工序的内容分别确定其所需要的人力、作业时间、维修保障设备的规格和数量、备品备件和消耗材料的规格和数量、人员技能等级要求等。

(1)分析过程

MTA 根据 FMEA、RCMA 结果确定的各项修复性维修、预防性维修工作,对每个维修项目进行维修作业与操作工序分析,拟定详细的作业步骤并说明作业步骤的操作内容,确定每项作业步骤的作业时间、维修保障资源要求,并汇总该维修项目所需的所有维修保障资源要求。

设备名称：电动系缆绞盘

表4-11 RCMA表

序号	组成编码	故障原因 名称	编号	原因	故障影响 1	2	3	4	5	逻辑决断回答（N或Y） 安全性影响 A	B	C	D	E	F	任务性影响 A	B	C	D	E	F	经济性影响 A	B	C	D	E	维修工作 维修工作类型	维修项目名称	维修级别建议	维修间隔期
1	0301	液压系统	1A1	不能向刹车系统提供液压	Y	N	Y									N		Y									使用检查	检查密封圈	舰员级	6M
2	0301	液压系统	1A2	机械结构松动	Y	N	Y									N		Y									使用检查	检查螺栓的紧固性	舰员级	6M
3	0301	液压系统	2A1	不能提供液压	Y	N	Y									N		N	N	Y						定时报废	更换活塞	基地级	2A
4	0301	液压系统	3A1	活塞内严重磨损	N			N	N							N		Y								使用检查	检查活塞内部的磨损	基地级	A

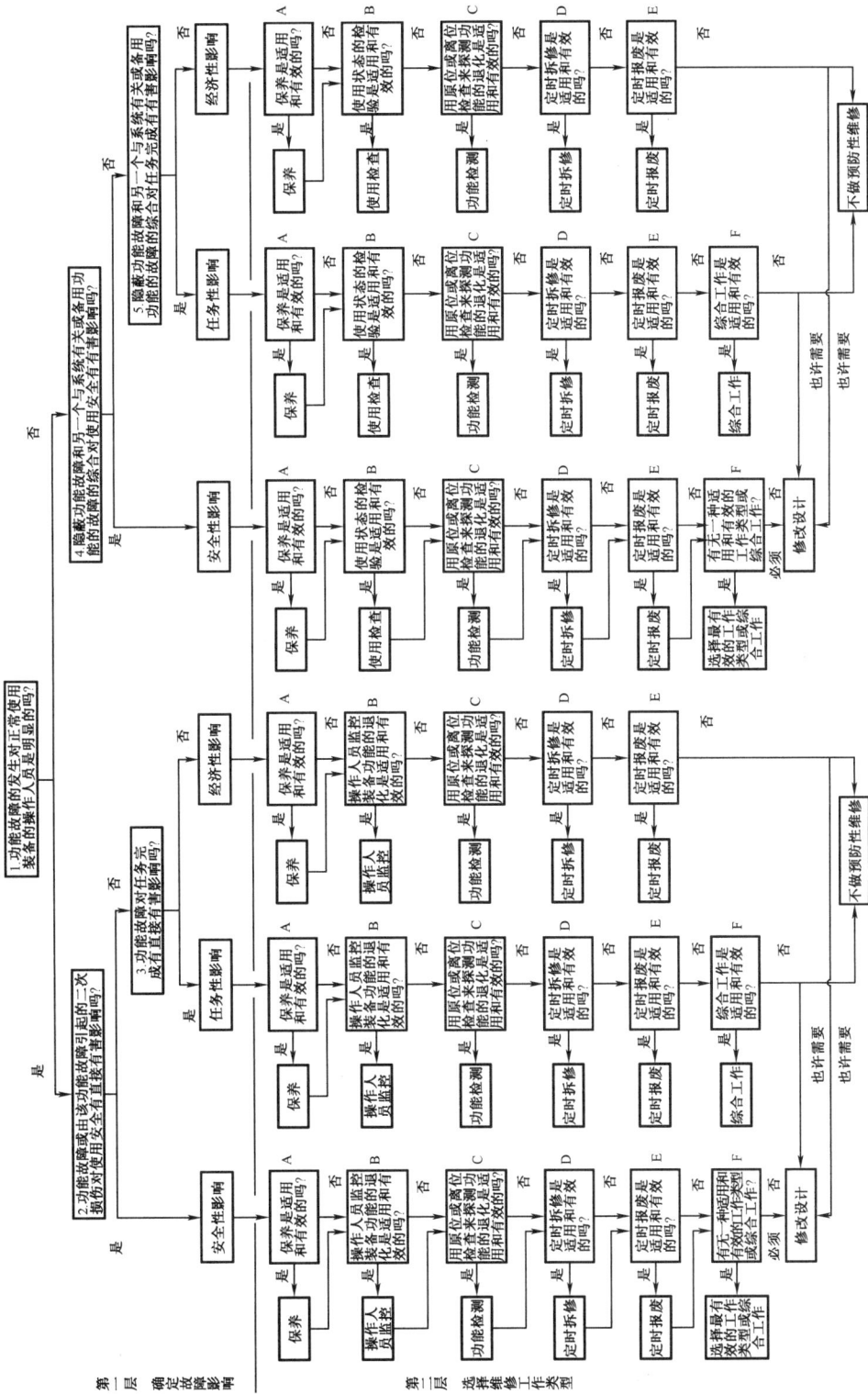

图 4-15　逻辑决断图的分析流程

①收集前述所分析的维修项目；

②分析每个维修项目的维修步骤；

③分析每个步骤的保障资源需求；

④统计保障资源。

将以上过程填入表4-13和表4-14中。

（2）输出及案例

维修任务分析表示例见表4-13。维修保障资源汇总表示例见表4-14。

表4-12 预防性维修工作类型划分

维修工作类型	工作说明	适用条件
保养	为保持分析项目固有的设计性能而进行的表面清洗、擦拭、通风、添加油液或润滑剂、充电、充气、紧固和调整等作业，但不包括功能检测和使用检查等工作	必须能降低分析项目的退化速率
操作人员监控	操作人员在正常使用装备时对其状态进行的监控，用于发现分析项目的潜在故障，包括： (1)对装备所做的使用前检查； (2)对装备仪表的监控； (3)通过感觉辨认异常现象或潜在故障，例如通过对气味、声音、振动、温度、外观、操作力等变化的辨识及时发现异常现象或潜在故障	分析项目的功能退化必须是操作人员可探测的； 分析项目应存在一个可定义的潜在故障状态； 分析项目从潜在故障发展到功能故障之间应存在一个合理的和稳定的间隔期； 必须是操作人员正常工作的组成部分
使用检查	按计划进行的，以检查隐蔽功能故障为目的的维修工作，用于确定分析项目能否执行规定的功能	分析项目的功能故障应是隐蔽功能故障，且其故障状态是可鉴别的
功能检测	按计划进行的，以确定潜在故障为目的的维修工作，用于确定分析项目的功能状态是否在规定限度内	分析项目功能退化应是可测的； 分析项目应存在一个可定义的潜在故障状态； 分析项目从潜在故障发展到功能故障应存在一个合理的和稳定的间隔期
定时拆修	分析项目使用到规定的时间予以拆修，使其恢复到规定的状态	分析项目应有可确定的耗损期； 分析项目大部分均能正常工作到该可鉴别的使用时间； 应有可能将分析项目修复到规定状态
定时报废	分析项目使用到规定的时间予以废弃，更换新品或符合规定要求的分析项目	分析项目应有可确定的耗损期； 分析项目大部分均能正常工作到该可鉴别的使用时间
综合工作	实施两种或多种类型的预防性维修工作	所综合的预防维修工作类型全部适用

表4-13 维修任务分析表

组成编码	0202	名称	流量控制器		维修项目编号	MT002
维修级别	舰员级	故障原因序号	1A1		维修项目间隔周期	7D

作业序号	作业步骤名称	人力和人员 专业	技术等级	数量	维修 时间/h	总人工时/h	保障设备和工具 名称	型号	保障设施 名称	型号	备品备件及消耗材料 名称	数量	专用技术文件 名称
1	确定故障部位	机械	初级	1	0.05	0.05	测试器	1622-5					维修手册
2	分解	机械	初级	1	0.09	0.09	扳手	6811-1					维修手册
							起子	6011-2					
3	更换电路板	机械	初级	1	0.10	0.10	起拔器	6314-1			线路板 A101-153-8	1	维修手册
											接线座 A101-8239	4	
											螺钉 832567-M	6	
4	装配	机械	初级	1	0.12	0.12	扳手	6811-1					维修手册
							起子	6011-2					
5	测试	机械	初级	2	0.05	0.10	测试器	1622-5					维修手册

表 4-14 维修保障资源汇总表

维修保障资源要求

维修项目编号	人力和人员				保障设备和工具		保障设施		备品备件及消耗材料				专用技术文件	工作时间	人工时
	专业	技能等级	数量		名称	型号	名称	型号	名称	型号	数量				
MT001	机械专业	初级	1		活扳手	1622-5			擦拭布	3号	2			0.3	0.3
	机械专业	初级	2		测试器	6811-1			线路板	A101-153-8	1	维修手册	0.41	0.46
					扳手				接线座	A101-8239	4			
					起子	6011-2			螺钉	832567-M	6	维修手册		
					起拔器	6314-1								
					起拔器	6314-1								

5. 修理级别分析(LORA)

维修级别分析是针对维修项目,进行非经济性或经济性的分析以确定可行的修理或报废的维修级别的过程。维修级别分析的目的是为维修项目确定最佳的维修级别。

(1)分析过程

①收集前述所分析的维修项目。

②分析各评价因素是否限制各级别维修,若限制打"×",并在最后列出限制原因;若不限制,在低一级上打"√"。

③给出该维修项目的维修级别,并反映到 MTA 表格中。若某级别列有一项"×",则不适合该级别维修,如果舰员级(部队一级)、中继级(部队二级)、基地级、报废中的某一列均为"√"(或是空白),则维修项目可以在该级别进行;若分析结果不唯一或矛盾时,应尽量选择较低的维修级别。

将以上过程填入表 4-15 中。

(2)输出及案例

维修级别分析记录表示例见表 4-15。

表 4-15　维修级别分析记录表

维修项目名称	检查安全阀	维修项目编号				MT002
评价因素	评价因素的详细描述	是否可在该维修级别完成				不能在某维修级别完成的原因
		舰员级	中继级	基地级	报废	
安全性	设备在特定的维修级别上修理存在危险因素(如高压电、辐射、温度、化学或有毒、爆炸等)		√			
保密要求	设备在特定的修理级别存在保密问题吗?		√			
现行的修理方案	存在影响维修项目在该级别修理的规范或规定吗?		√			
任务成功性	如果零部件在特定的维修级别,对任务成功性会产生不利影响吗?	√				
装卸、运输和运输性	将装备从用户送到维修机构进行修理时存在任何可能有影响的装卸与运输因素(如质量、尺寸、体积、特殊装卸要求、易损性)吗?					
保障设备	(1)所需的特殊工具或测试测量设备限制在某维修级别进行修理吗? (2)所需保障设备的有效性、机动性、尺寸或质量限制了维修级别吗?	×	√			所需测试设备为综合测试设备,舰上不配备该设备

表 4-15(续)

维修项目名称	检查安全阀		维修项目编号			MT002
评价因素	评价因素的详细描述	是否可在该维修级别完成				不能在某维修级别完成的原因
		舰员级	中继级	基地级	报废	
人力和人员	(1)在某一特定的维修级别有足够数量的维修技术人员吗? (2)在某一级别修理或报废会对现有工作造成影响吗?	√				
设施	(1)对产品修理的特殊设施要求限制了其他维修级别吗? (2)对产品维修的特殊程序(如磁微粒检查、X 射线检查等)限制了其维修级别吗?		√			
包装和储存	(1)产品的尺寸、质量或体积对储存有限制要求吗? (2)存在特殊的计算机硬件、软件包装要求吗?					
其他因素	环境的危害		√			
	维修级别分析结果:		√			所需测试设备为综合测试设备,故建议维修级别为中继级

4.4 保障资源设计

4.4.1 保障资源确定流程

根据 GJB 1371,在舰船论证阶段,由军方组织开展舰船使用研究,提出舰船初始保障方案。在方案设计、技术设计阶段,总体单位牵头,系统、设备单位参与开展各自装备的使用分析和维修分析工作,并与主装备设计同步进行,经军厂所协调后提出保障资源需求,形成保障方案。在施工设计阶段对保障资源进行优化,最后纳入综合保障建议书中。保障资源确定流程如图 4-16 所示。

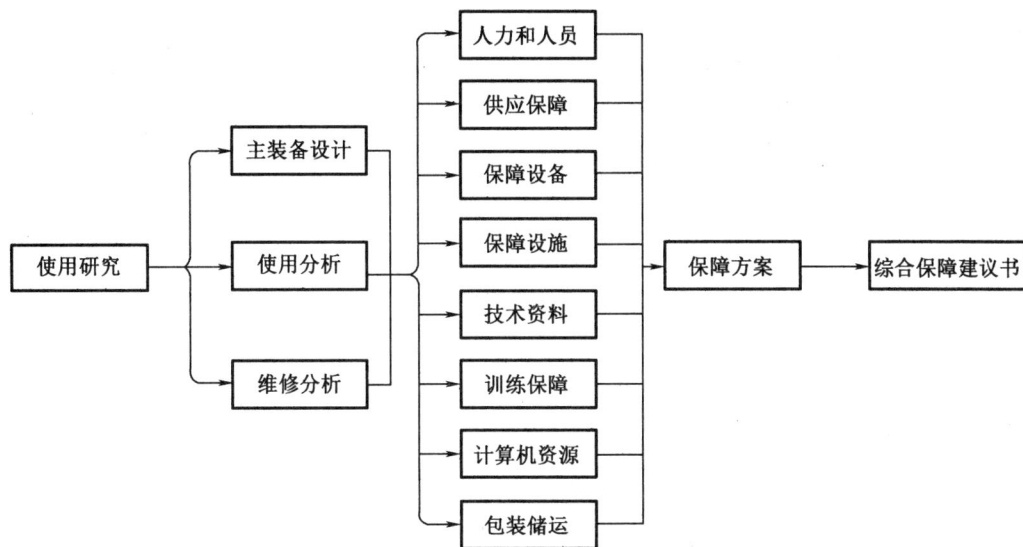

图4-16 保障资源确定流程图

4.4.2 保障资源设计方法

1. 人力和人员

人力和人员是舰船装备重要的保障资源。人力素质要求与军方规定相关,人员数量需求则是通过设计提出的建议,即传统的人员编制表设计。人员和人力设计流程如图4-17所示。其主要设计步骤如下:

(1)系统及设备组成分析,选型装备需采用比较分析,并调研其人员实际配置;

(2)在方案、技术设计阶段开展保障性分析,主要是使用分析,包括详细的使用流程描述;

(3)按照全舰任务要求进行人员战位分析;

(4)与初期论证的人员编制比较、优化。

人员编制优化中,可采用美国海军舰船人与系统集成(human system integration,HSI)设计方法,对舰船执行任务中的绩效进行仿真,对人力资源消耗进行评价,具体参见文献[39]。

2. 供应保障

舰船供应保障涉及备品备件、供应品、各种器材、食品等生活物资,这里主要以备品备件设计进行说明。

(1)备品备件配置流程

舰船上配备的备品备件多达十几万,如何统一设计需要从综合保障顶层加强集成设计,一般设计流程如图4-18所示。其主要设计步骤如下:

①方案设计阶段由总体单位制定备件设计要求,评审后下发设备责任单位。

②技术设计阶段由设备单位按照要求开展 LSA 工作,参照《备件供应规划要求》(GJB 4355—2002)进行初步备件计算,并报总体单位;由总体单位对初步备件计算进行核算,并

作为 RMS 仿真初步输入,计算其是否满足总体的战备完好性、任务成功性要求,若满足则可签技术规格书,固化技术状态。

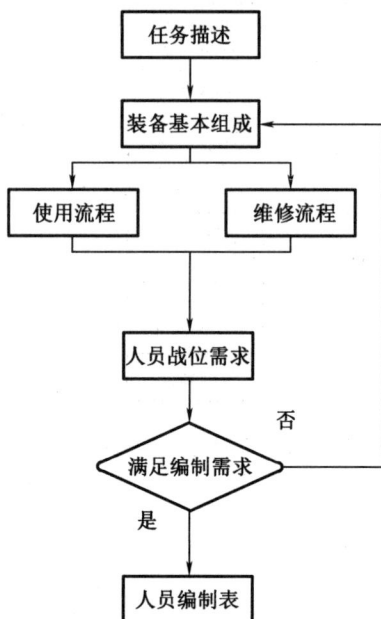

图 4-17　人力和人员设计流程图

方案设计	技术设计	施工设计	建造试验

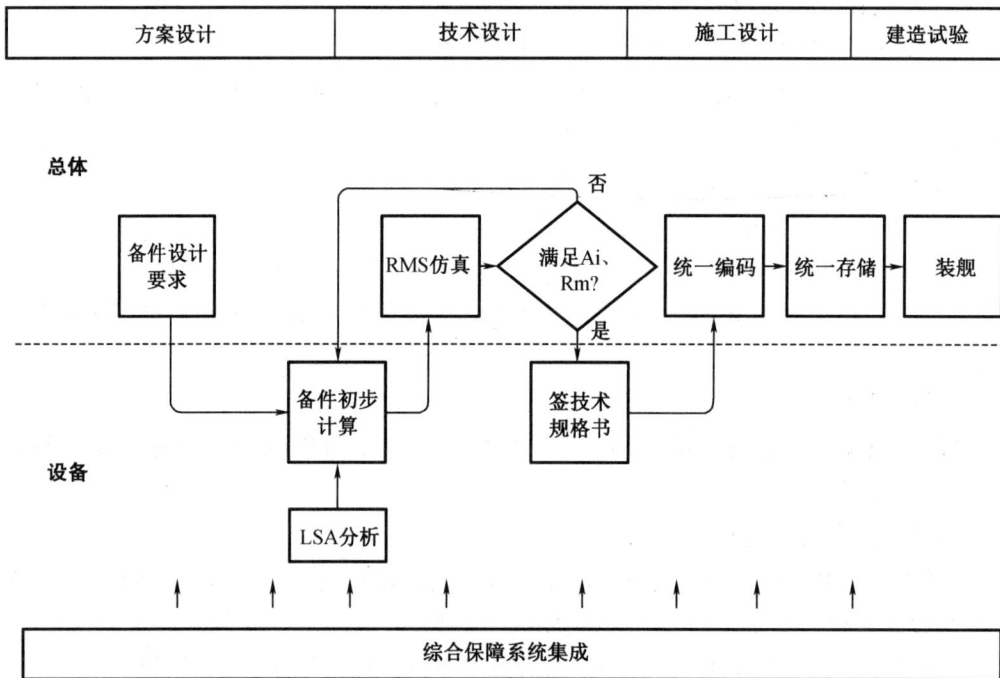

图 4-18　备品备件设计流程图

③在施工设计阶段,由总体组织设备单位对备件统一编码和注册,同时完成装箱及总体布置统一存储设计。

以上过程可结合综合保障系统集成一并完成。有关设计要求、统一编码介绍如下:

①制定设计要求

主要明确备件配置品种、数量的设计要求、装箱要求、包装要求、编码要求、备件信息提交要求等。

②统一编码

国家库存码(NSN)是器材(包括备件、工具等)身份唯一性识别的基础编码。根据外军经验,在订购器材时,通常是直接按照国家库存码订购,并规定没有赋国家库存码值的器材不准进入军方的供应系统,因此北约国家成立了统一授权的器材编码中心进行统一管理。参照外军 NSN 编码规则,舰船器材统一编码规则是:国家库存码共由 13 位数字组成,前 4位为前缀码,编码规则按《军用物资和装备分类》(GJB 7000—2010)中的规定;其后的 9 位为器材标识代码,如图 4-19 所示。

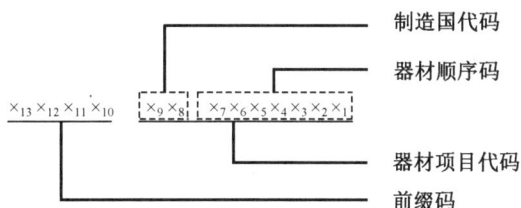

图 4-19 国家库存码构成示意图

(2)备品备件配置初步计算

确定备件种类和数量的工作流程是首先开展保障性分析中的维修分析工作,如图 4-18 所示,确定备件的种类,然后根据装备使用任务时长,依据该备件故障分布规律或实际使用统计分布,计算备件的数量,一般按照 GJB 4355 进行计算。

①指数寿命件备件需求量计算要求

指数寿命件备件需求量计算模型适用于具有恒定失效率的零部件。一般来说,正常使用的电子零部件都属于指数寿命件。如印制电路板插件、电子部件、电阻、电容、集成电路等。

已知条件:零部件寿命服从指数分布,零部件在装备中的单机用数 N,累积工作时间 t,失效率 λ 和备件保障概率 P。

备件需求量的基本计算公式为

$$P = \sum_{j=0}^{s} \frac{(N\lambda t)^j}{j!} \exp(-N\lambda t) \qquad (4-18)$$

式中 S——装备中某零部件的备件需求量;

t——累积工作时间;

P——备件保障概率,即在规定保障时间内,需要该备件时,不缺件(能得到它)的概率;

j——递增符号,j 从 0 开始逐一增加,直至某 S 值,使得 P 不小于规定的保障概率,该 S 值即为所求备件需求量。

当 $N\lambda t>5$ 时,备件需求量可以用正态分布近似计算,计算公式简化为

$$S=N\lambda t+\mu_{\mathrm{p}}\sqrt{N\lambda t} \tag{4-19}$$

式中　μ_{p}——正态分布分位数,可从《统计分布数值表 正态分布》(GB 4086.1—83)中查出。

常用的正态分布分位数见表 4-16。

表 4-16　常见的正态分布分位数表

P	0.7	0.8	0.9	0.95	0.99
μ_{p}	0.52	0.84	1.28	1.65	2.33

②威布尔寿命件备件需求量计算要求

威布尔寿命件备件需求量计算模型主要适用于机电件,如滚珠轴承、继电器、开关、断路器、某些电容器、电子管、磁控管、电位计、陀螺、电动机、航空发电机、蓄电池、液压泵、空气涡轮发动机、齿轮、活门、材料疲劳件等。

已知条件:零部件寿命服从威布尔分布,零部件的形状参数 β、尺度参数 η、位置参数 γ、更换周期 t,备件保障概率 P。

备件需求量的基本计算公式为

$$s=\left[\frac{\mu_{\mathrm{p}}k}{2}+\sqrt{\left(\frac{\mu_{\mathrm{p}}k}{2}\right)^{2}+\frac{t}{E}}\,\right]^{2} \tag{4-20}$$

式中　E——平均寿命,$E=\eta\Gamma\left(1+\dfrac{1}{\beta}\right)$(假定位置参数 $\gamma=0$);

k——变异系数,可按 $k=\sqrt{\dfrac{\Gamma\left(1+\dfrac{2}{\beta}\right)}{\left[\Gamma\left(1+\dfrac{1}{\beta}\right)\right]^{2}}-1}$ 计算。

其他符号与前述一样。

根据现场数据求威布尔分布参数 (β,η) 的方法及 Γ 分布表见《威布尔分布数据拟合优度检验及置信区间、置信下限》(IEC 61649—2008)。

③正态寿命件备件需求量计算要求

正态寿命件备件需求量计算模型主要适用于机械件,如汇流环、齿轮箱、减速器等。

已知条件:零部件寿命服从正态分布,零部件的寿命均值 E、标准差 σ、更换周期 t(如果是磨损寿命,t 用工作时间;如果是腐蚀、老化寿命,t 可以用日历时间近似),备件保障概率 P。

备件需求量的基本计算公式为

$$S=\frac{t}{E}+\mu_{\mathrm{p}}\sqrt{\frac{\sigma^{2}t}{E^{3}}} \tag{4-21}$$

式中符号与前述一样。

3.保障设备

美国标准 *Integrated Logistics Support*(Army Regulation 700-127)中对"保障设备"

(support equipment)做出了定义,即保障主装备使用与维修所需要的移动式或固定式设备,如操纵、搬运、维修、测试设备等;*Integrated Logistic Support Program Assessment Issues and Criteria*(Department of the Army Pamphlet 700-28)中有保障设备的详细说明和体系结构图,如图 4-20 所示。

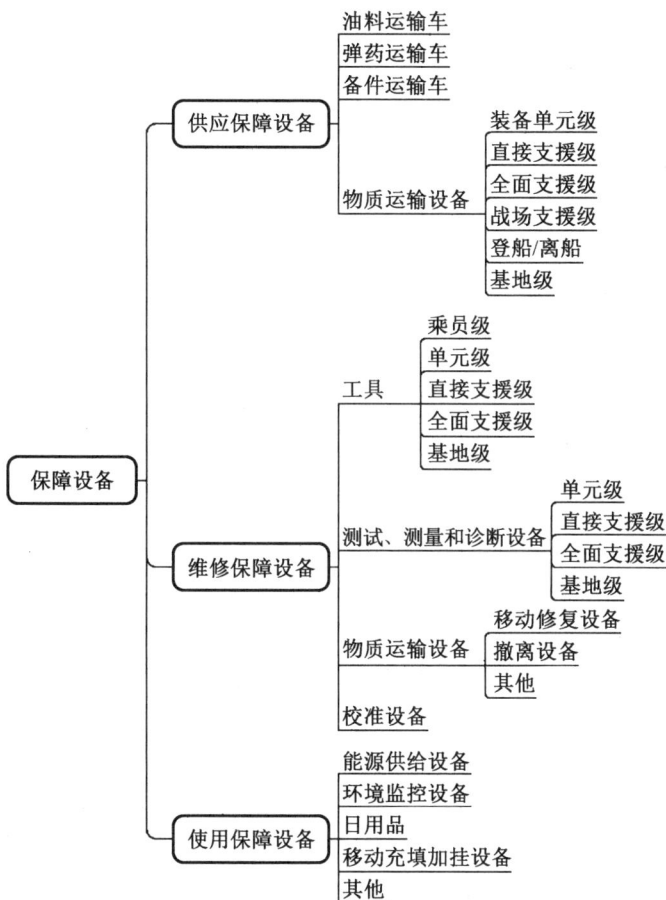

图 4-20　保障设备和测试诊断设备的详细说明和体系结构图

就舰船而言,有关弹药运输、备件转运等供应保障设备已转为主装备,与舰载机相关的充填加注设备也转为航空保障系统的主装备,因此舰船上保障设备主要是各主装备维修用的通用维修保障设备。图 4-21 所示为美国军用标准中给出的航母上部分维修保障设备。

在保障设备设计中,随总体设计阶段不断深化,其设计不断细化,流程(图 4-22)一般如下:

(1)方案设计阶段,由总体单位制定保障设备需求分析要求,下发到系统设备单位。

(2)技术设计阶段,总体分析以往舰船保障设备配置需求,系统设备单位通过 LSA,提出保障设备需求。最后,经总体单位优化形成保障设备清单。

(3)施工设计阶段,总体单位根据保障设备需求清单进行设备分类,一部分设备选取商用货架产品(COSTS)直接由船厂订货;另一部分复杂的设备则需要转为研制程序进行研制,该部分需求可适当提前研制。

以上过程可结合综合保障系统集成一并完成,纳入 9.5 节"使用与维修支援系统"统一研制。

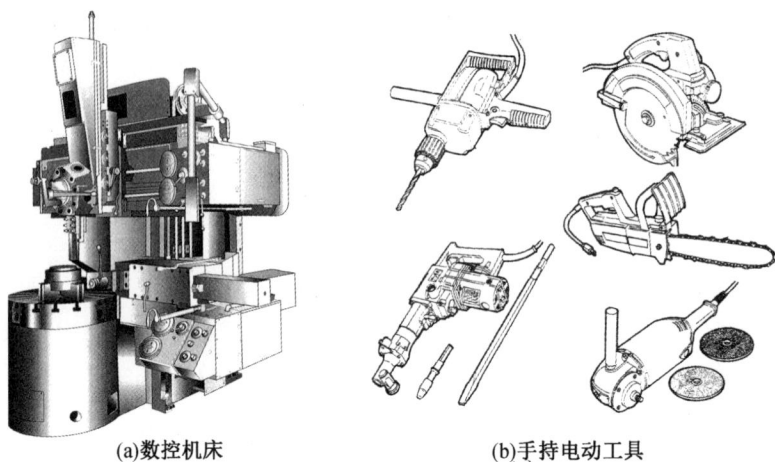

(a)数控机床　　　　　　　　(b)手持电动工具

图 4-21　通用维修保障设备

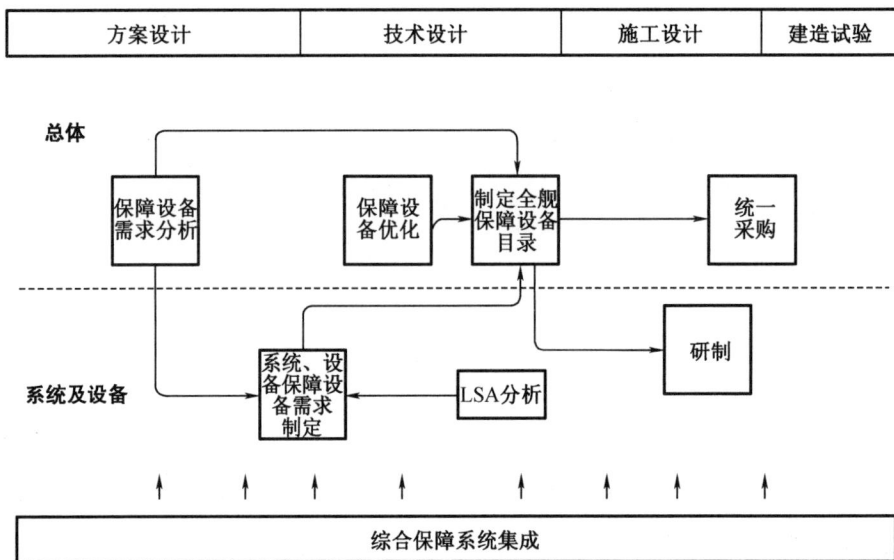

图 4-22　保障设备设计流程

4.技术资料

(1)技术资料编制流程

技术资料是为装备使用与维修人员编制和提供使用与维修所需要的文档资料和图表、技术数据和要求、所需备件和消耗品的规格品种和数量清单。技术资料是以手册、规范、指南和图纸等形式记录的技术信息。如图 4-23 所示,舰船技术资料的设计流程一般如下:

①方案设计阶段,总体单位编制技术资料编制要求,并下发到系统设备单位。系统设备单位编制其随机文件清单报总体单位。

②技术设计阶段由总体单位编制全舰技术资料目录,为技术资料编制做准备。

③施工设计阶段,系统设备单位依据 LSA 结果开展随机文件编制,结合维修设计工作编制基地级维修资料。编制中不断与总体单位进行技术协调,经评审后可由总体单位统一出版。

④交船后,总体单位根据技术资料设计使用反馈意见进行修改。

以上过程可结合综合保障系统集成一并完成,纳入9.4节"技术资料系统"统一编制。

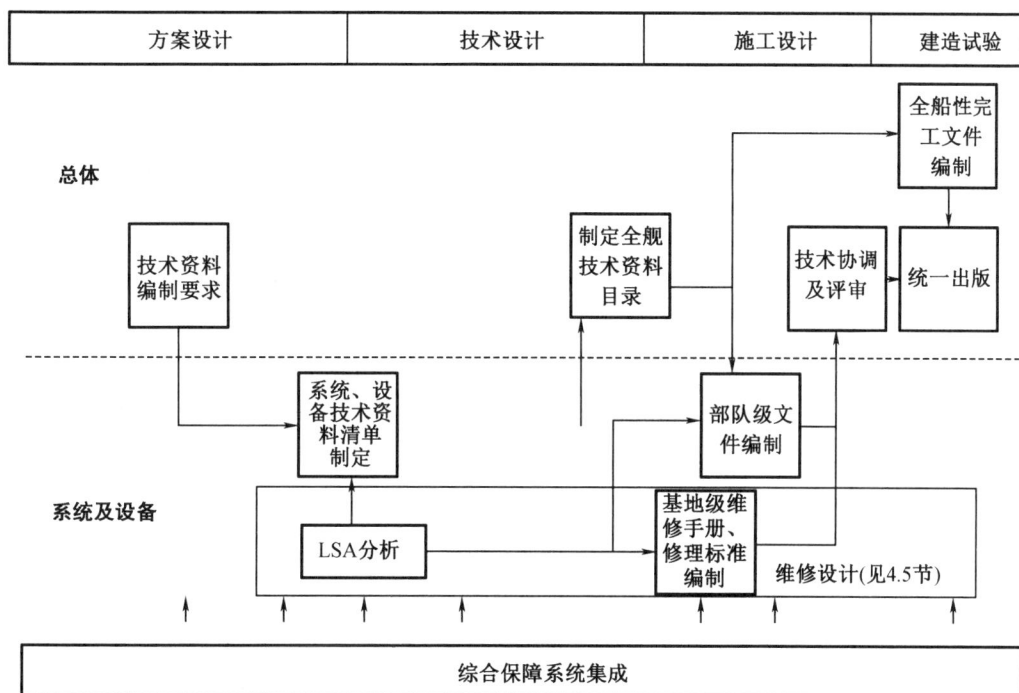

图4-23 技术资料设计流程

(2)技术资料内容编制要求

①章节要求

装备技术手册内容一般包括安全警告、基本情况、工作原理及接口关系、使用操作指导、维修操作指导、调试细则、图册、器材保障八个部分。

②安全警告编制

强调某一基本的操作或维修程序、习惯、条件、说明等,如果不严格遵循,可能导致人员的伤害、死亡或者长期的健康危害,并写入警告节;可能导致设备受损或毁坏或者失效,并写入注意节。

③基本情况编制

主要描述装备的功能、组成及技术指标。

④工作原理及接口关系编制

本节主要说明装备的结构、工作和控制原理,物理及信息接口关系。

⑤使用操作指导编制

以操作索引表和操作指导卡的形式展现装备的使用操作。

⑥维修操作指导编制

以维修索引表和维修指导卡的形式展现装备的维修操作,并给出故障现象及排除方法表。

⑦调试细则编制

按调试项目逐个编制,每个调试项目包括调试准备、调试步骤和调试合格标准。

⑧图册编制

图册主要包括图解零件目录、原理图、线路图、安装图等。图解零部件目录通过图表的形式描述设备的组成,格式见表4-17。

表4-17　图解零部件目录

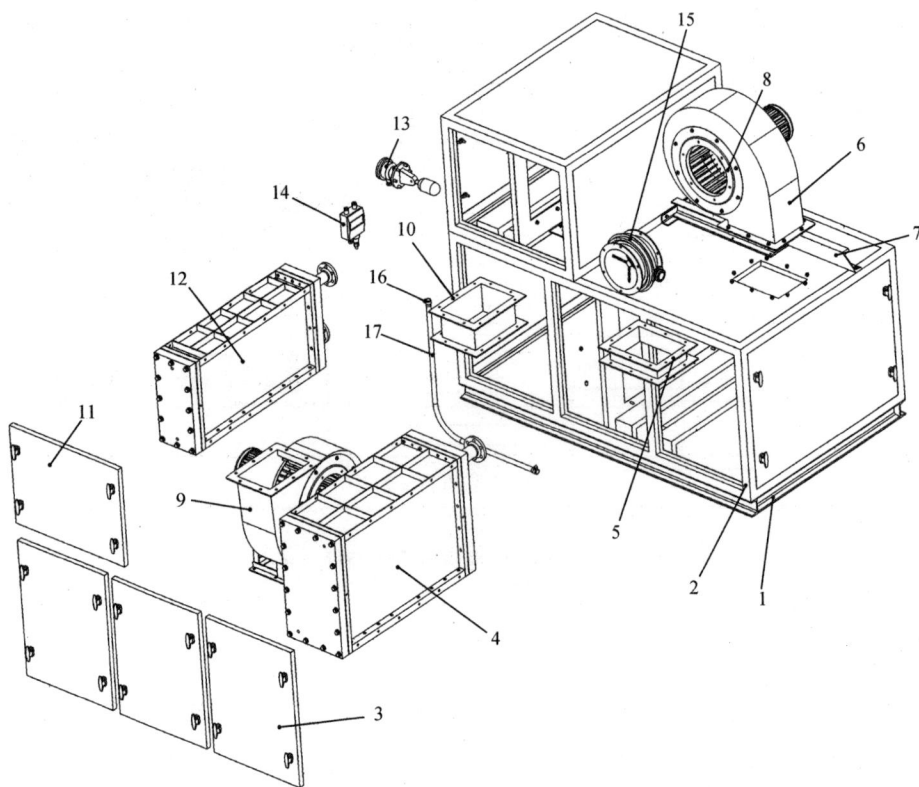

序号	组成编码	名称	型号/零件号	质量/kg	数量
1	0101	底座	473Q13-8-01.00-00	82	1
2					
3					
...					

图名:××设备名

图号:01

⑨器材保障编制

主要是汇总 4.3.4 节、4.3.5 节涉及的工具、备品备件和消耗材料。

5. 培训及训练保障

作为保障资源要素之一,训练保障是指训练装备使用和维修人员的活动所需的程序、方法、技术、教材和器材等。该项资源的设计主要是培训和模拟训练系统设计,美国标准 *Integrated Logistic Support Program Assessment Issues and Criteria* (Department of the Army Pamphlet 700-28)中有训练和训练设备的体系结构图,如图 4-24 所示。

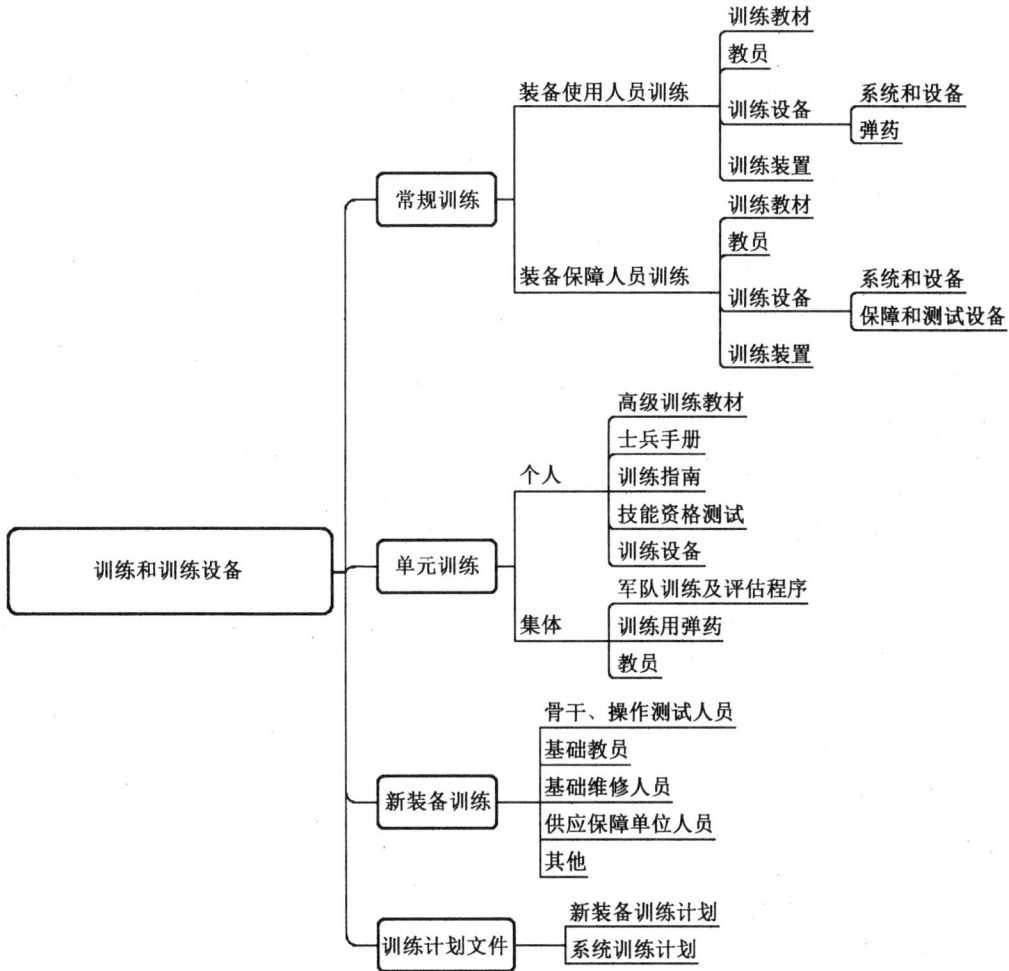

图 4-24 训练和训练设备的体系结构图

在美国海军舰船上也配置了各种类型的大量训练保障系统和模拟训练设备,如航空母舰上的着舰模拟训练系统、核潜艇上的航行操纵模拟系统等。图 4-25 所示为 CVN 76 里根号航母上着舰模拟训练系统的演示画面。

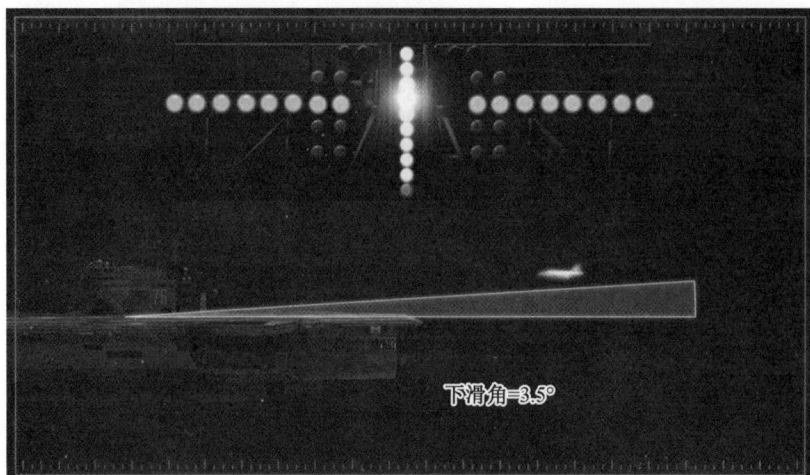

图 4-25　着舰模拟训练图

针对舰船的训练保障,其设计流程(图 4-26)如下:

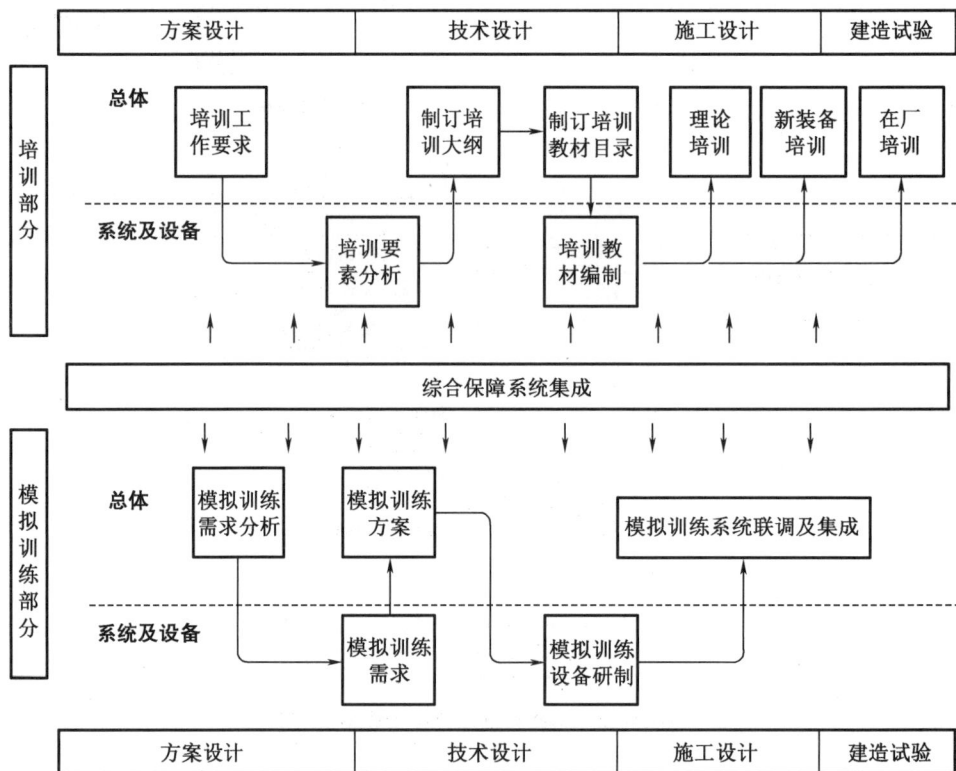

图 4-26　训练和训练设备设计流程

(1)培训部分

方案设计阶段总体单位制订培训工作要求,下发到系统、设备责任单位开展培训要素分析。

技术设计阶段制订培训大纲,并编制培训目录。系统、设备单位对各自负责的系统或设备进行培训规划,向总体单位提交需要培训的舰员对象、培训内容和课程、学时等。

施工设计阶段按照规划的目录编制培训教材,培训教材应按照SCORM(共享内容对象参考模型)标准制定,以便综合保障系统集成。

建造及试验阶段开展舰员培训。

(2)模拟训练部分

方案设计阶段总体开展模拟训练需求分析,与系统、设备单位共同提出模拟训练需求。

技术设计阶段制定模拟训练方案。

施工设计按照模拟训练方案进行设备研制和系统联调。

以上过程可结合综合保障系统集成一并完成,纳入9.6节"使用与维修训练系统"统一研制。

6.计算机资源保障

计算机资源保障是指保障计算机所需的设施、硬件、软件、软件开发工具、文档、人员及其训练。舰船计算机资源保障工作内容主要包括:在研制初期,制订计算机硬件统一选型要求、软件开发的环境及开发语言;在研制后期,规范软件版本管理,制订文档编制要求,制订软件备份规定等。

7.保障设施

保障设施是指保障装备使用和维修所需的永久和半永久性的构筑物及其附属设备,如舰船码头、修理车间、器材仓库等。舰船技术设计阶段,需提出驻泊保障需求建议书,对舰船驻泊时供油、供气、供水、供电、消防、污水污油处理、通信等提出相关保障设施建设需求。

舰船作为一个自保障十分完善的装备,舰内保障设施包括航空修理舱、机械及电子修理舱、油料化验舱、计量舱、技术资料舱、培训舱、备件舱及供应品储藏舱,这些舱室与舰上其他舱室设计一样,均须开展设备布置及安装设计工作。保障舱室分类如图4-27所示。

8.包装、装卸、储存和运输

包装、装卸、储存和运输是指保障装备及其保障设备、备件得到良好的包装、装卸、封存、储存和运输所需的资源、技术、规程、方法和设计考虑,如环境考虑等。舰船装备的该项要素设计主要是要求舰上设备开展这方面的设计,以使设备在运输到总装厂及装舰之前得到有效的保障。更为重要的是,考虑到备件需要在舰上长期储存,需要在包装上提出要求,如备品备件包装材料应符合《军用瓦楞纸板》(GJB 1110A—1999)、《包装用弹性缓冲材料规范》(GJB 2271—95)、《柔韧性防水耐油阻隔材料通用规范》(GJB 2492—95)、《可热封柔韧性耐油防潮阻隔材料通用规范》(GJB 2493—95)相关规定,不允许使用影响产品性能、危害人身安全及污染环境的材料。包装材料应进行阻燃处理,并应符合《专用包装容器设计准则》(GJB 2017—94)的阻燃性要求等。

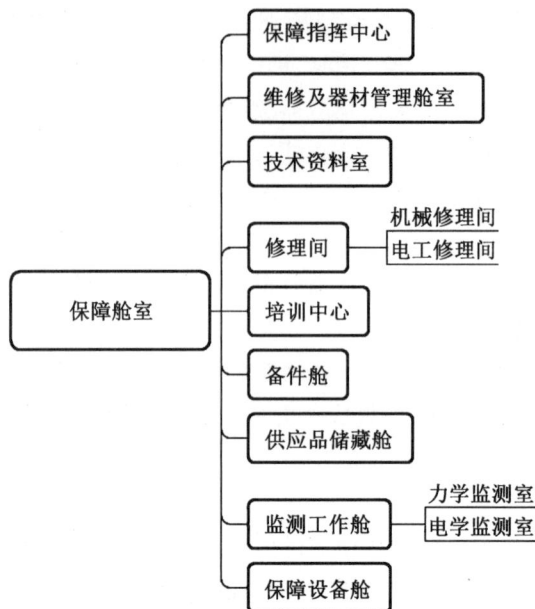

图 4-27　保障舱室分类

4.4.3　综合保障包设计

综合保障包(ILS package)是与舰船同步研制保障资源的物化部分,国外在签订舰船研制合同时,以合同第二个附件的形式体现综合保障包技术要求。英美两国海军在舰船采购合同中,依据英国防部标准 00-60 第 0 部分《综合后勤保障》,00-60 第 1 部分《保障性分析和保障性分析记录》,欧标 S2000M、S1000D,美标 MIL-1388-2A《综合后勤保障》,MIL-1388-2B《保障性分析记录》等,将综合保障包(技术手册、IETM、工具、测试设备、训练设备等)与设备采购项置于同等地位上。由此可体现综合保障设计在舰船研制中的重要性,并以合同形式予以保证。综合保障包交付的文档清单如下:

1. 技术资料清单

所有文档/手册的光盘,所有上舰设备/装置的使用、舰员级和基地级维修所需文件的纸质版本,本清单内容包括装备名称、文件名称、文件图号、文件类型、页数、交付套数(纸质版和电子版)、编制单位等。

2. 保障测试设备清单

舰员级和基地级维修所需的测试设备、专用工具、测试工作台、夹具和固定装置等设备清单。本清单内容包括保障测试设备的名称、型号、生产厂家、数量、单件重量、用途等。

3. 维修规划文档

涉及主要上舰装备的预防性维修和修复性维修规划。预防性维修文档内容包括预防性维修对象、维修级别、维修工作类型、维修间隔期、维修工作说明等。修复性维修内容包括装备的中继级和基地级的修复性维修工作项目。

4. 供应计划相关文档

舰船供应计划包括满足舰上和基地 3 年需求的初始备件配置。舰船交付 3 年后,要制

定后续备件计划,满足舰上 90 天和基地 3 年的备件需求,包括以下内容:

(1)装备器材清单 PTD,包括所属系统、分系统、设备、部件、组件特性、图号、存放位置、零件编号、国家存储码(NSN)、厂商识别码(CAGE)、舰上和基地配备数量、采购时间、单价和原始设备制造商/销售商的详细地址等。

(2)舰上供应品定额表(COSAL),提供满足舰上 90 天备件需求的清单。

(3)岸基供应品定额表(COSMAL),提供满足岸基 3 年备件需求的清单。

5. 培训计划

本计划内容包括需培训的装备、培训内容、培训责任单位、培训课时(理论和实操)、舰上受训部门等。

在培训中,提供培训教材及 PPT。培训教材内容包括概述、组成、功能、工作原理、操作程序、维护保养、故障和排除方法、思考题等。

6. CAMS

综合保障工作主要是通过维修规划、装备设计阶段的保障性分析,产生用于装备使用和维修保障的 8 项资源需求;而计算机辅助维修管理系统(CAMS)的主要任务是对这些资源进行管理,并辅助舰员开展预防性维修及修复性维修工作。其功能主要包括装备配置管理、培训管理、技术资料管理、零部件管理、维修管理、供应管理、舰岸库存接口管理、人员管理。图 4-28 为 CAMS 软件架构。

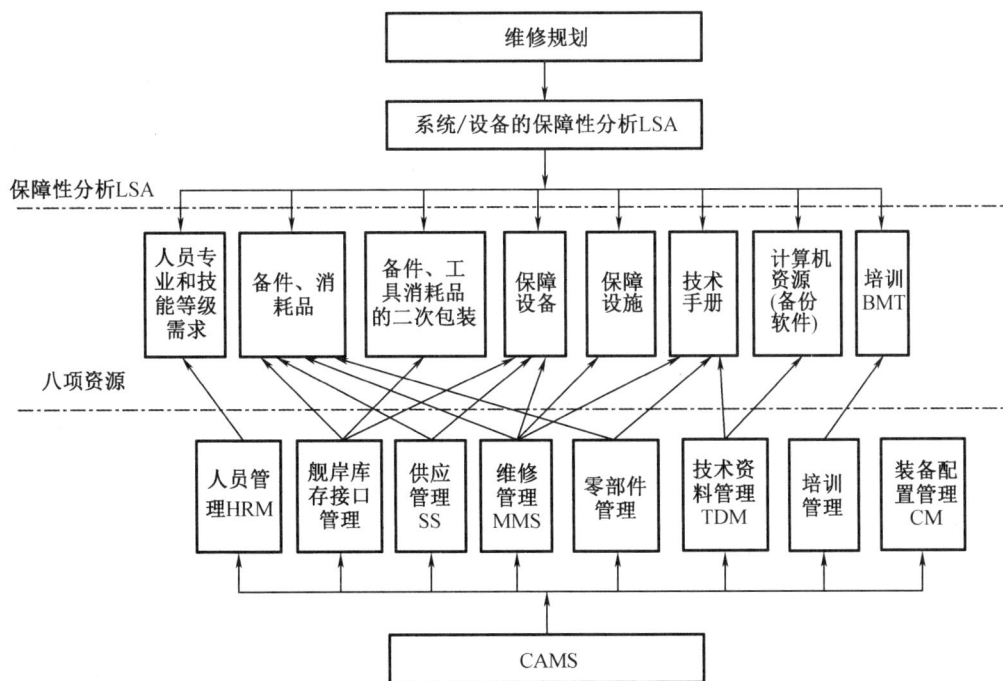

图 4-28　CAMS 软件架构

4.5 维 修 设 计

4.5.1 维修设计的定义

维修设计是针对舰船基地级维修开展的一系列设计工作,其设计成果为舰船基地级维修活动提供技术依据。维修设计的主要任务是编制舰船基地级维修所需的各种维修资料,同时提出基地级维修所需的器材、工装具、人力等保障要素的需求建议。

维修性设计与维修设计的主要差异表现如下:

维修性设计是为增进舰船装备维修能力,对总体设计提出一些特性要求的设计。维修性设计对舰船装备的设计产生影响,决定了舰船装备是否易于维修的能力。维修性设计输出对装备的技术指标要求,如 MTTR、维修空间指标等。

维修设计是针对舰船装备的维修活动展开的设计,设计成果为装备维修活动提供技术依据。通过维修设计定义装备维修的规定程序和方法,其设计结果提供基地级维修资料等保障资源。

4.5.2 维修设计的阶段划分

舰船总体设计阶段一般包括论证阶段、方案设计阶段、技术设计阶段、施工设计阶段、系泊与航行试验。舰船维修设计也需要进行阶段划分,应与舰船总体设计同步进行,一般划分为论证、方案设计和详细设计三个阶段。如图 4-29 所示,首先在总体论证阶段启动维修设计相关论证和关键技术攻关,在总体技术设计阶段中同步完成维修方案设计,在总体施工设计期间开展维修详细设计工作,在交船后一至两年内或保修期结束前完成维修设计的评审验收。

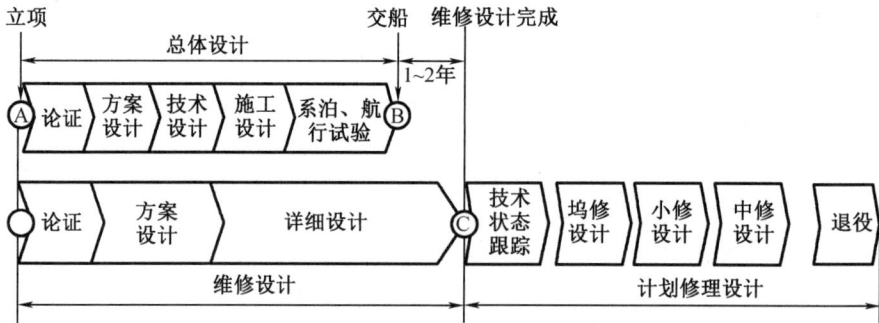

图 4-29 维修设计节点关系图

舰船服役后,在计划修理阶段开展修理设计,即针对某次具体的坞修、小修、中修(或三级、二级、一级修理)开展相应的设计工作。

4.5.3　维修设计流程

舰船维修设计是一项系统工程,应以军方需求为指导,进行维修设计论证,通过开展关键技术研究,借鉴国内外经验,参考相关标准规范,在总体设计中结合维修分析工作,开展维修方案设计及维修详细设计,逐步形成维修设计体系。其流程如图 4-30 所示。某船在2015 年启动了维修设计,制定了维修分析指南,首次在舰船行业实现了保障性分析到基地级维修手册编制的流程化规范化设计。

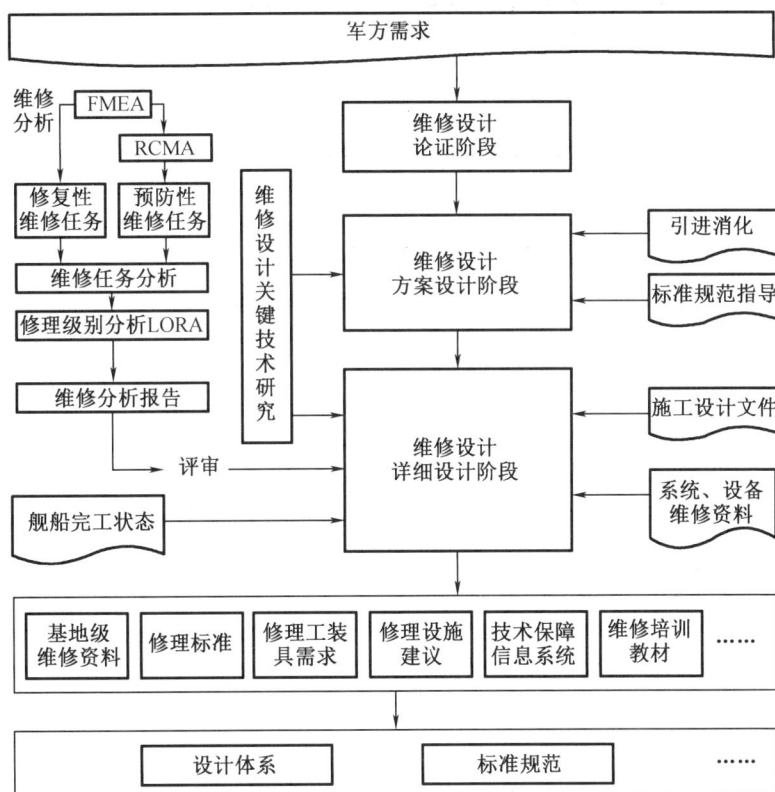

图 4-30　维修设计流程

4.5.4　维修设计主要资料输出

为了有效指导基地级维修工作,必须对基地级维修资料进行规划,为此应对基地级维修过程进行剖析。如图 4-31 所示,基地级维修过程一共分为四个步骤:

步骤 1:维修开始,首先掌握总体、系统、设备的技术状态。

步骤 2:掌握装备周边的环境信息,包括其他装备信息、管系信息和电气信息等,进行维修准备。

步骤 3:进行装备维修,工作内容包括维护保养、换件维修和零部件修复维修三种。

步骤 4:检验修后装备的技术状态,判断是否满足总体、系统、设备的技术状态要求。

为满足上述维修流程需要,舰船维修图纸文件类型应包括总体类文件、系统类文件、设备类文件、船体类文件、试验类文件、修理标准,见表 4-18。

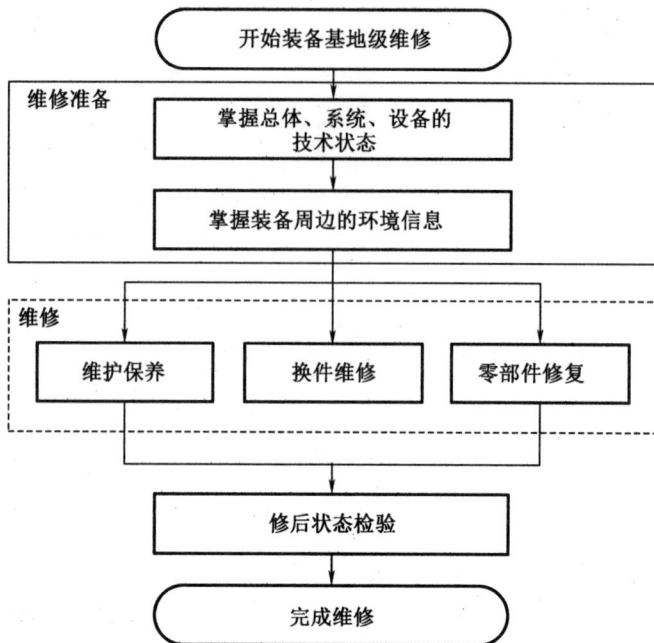

图 4-31　基地级维修模式的维修流程图

表 4-18　舰船维修设计主要图样和技术文件

文件类型	文件名称
总体类文件	总体技术状态控制要求
	总布置图
	舱室设备维修布置图
	设备拆装线路图
系统类文件	系统修理指南
	系统修理文件清单
	备品备件清单
	管系原理图及线路图
	电气原理图
	专业导电线路图
	电缆册
设备类文件	维修手册
	器材目录
	维修工作卡
	设备安装图
	电气接线册及接线图
	吊装图

表 4-18(续)

文件类型	文件名称
船体类文件	船体修理指南
	船体结构图
	材料规格表
	典型节点图册
	绝缘、油漆、覆盖图
试验类文件	系泊、航行试验大纲
	系泊、航行试验细则
修理标准	设备修理技术要求

限于篇幅,维修设计各阶段任务以及管理参见参考文献[32]。

维修设计是舰船设计过程中一定阶段内所开展的一项设计工程,是舰船基地级维修资料设计的里程碑事件,也是将保障性分析转化为舰船技术手册的一项工程实践活动,之后推广到全面开展舰船技术手册的编制,该项工作得以规范化、标准化。

4.6　通用化设计

通用化是指在互相独立的系统中,最大限度地扩大具有功能互换和尺寸互换的功能单元使用范围的一种标准化形式。舰船装备通用化的对象大到系统、设备、船厂自制件,小到零部件、器材。美军在 DDG51 型舰的设计、建造中提出了通过通用化增强购买能力,从设备的模块化到零部件的标准化进行了设计建造。其中,垂直发射系统仅两个模块,采用通用的船体和推进装置,消防泵的数量由 70 种减至 8 种,小型阀的数量由 575 种减至 24 种,离心泵的数量由 2 172 种减至 22 种,采用标准海水淡化装置、空气压缩机、海上补给装置等,提升了该型舰的通用化水平。

4.6.1　模块化设计技术

舰船模块化技术源于 20 世纪 60 年代后期,其代表有美国的可变载荷有效船(VPS)和德国布隆沃斯公司(Blohm & Voss)的多用途标准舰功能单元系统(MEKO)系列舰。1973 年,美国开展了通过模块化进行舰船现代化改装工程(SEAMOD 工程),并于 1975—1976 年对作战系统模块化进行了详细研究。1979 年,美国海军着手研究 VPS,并颁布了舰船系统工程标准(SSES)。按照 SEAMOD 方法,通过引入 VPS 概念,美国设计了 DD963 及 DDG51 两种基本型多用途标准平台,并装备了相应的武器、电子模块。MK41 垂直发射系统舰及综合电力系统开发可以认为是源于模块化技术的发展需求。

1969 年德国布隆沃斯公司开始研究一种建造水面舰船的新方法,即采用标准模块安装武器、传感器及火控系统装备。安装这些独立功能单元时,采用了标准的尺寸、标准接口连接,这样实现了以一个多用途标准平台装载可变的武器装备,这就是著名的 MEKO 技术。

国内在“十五”期间,主著者牵头开展了武器电子模块化研究,并实现了某典型武器系统的武器、电子模块的成功装舰。同时其他专业在大型动力装置、生活居住等模块方面也有所突破。

4.6.2　器材型谱设计技术

　　器材型谱的设计需求主要基于舰船建造、保障过程中存在器材互换性差的问题而产生,主要表现为:一是同类设备在同类型号的舰船中通用性差,如舰上某柴油机型号相同,但供货厂家不同,导致部分零部件在同一舰上不能互换;二是不同装备的同类器材不能通用,如机电部门某装备器材与作战部门的装备器材不能互换;三是器材种类繁多,后勤保障难度加大。因此,需要在设计上进行型谱设计,在管理上开展器材注册。型谱设计主要是编制型号器材目录,指导舰船的设计建造,从器材分类上主要有机电类、电子类、舾装类、管系附件类、仪器仪表类和舰务器材类,如图4-32所示。

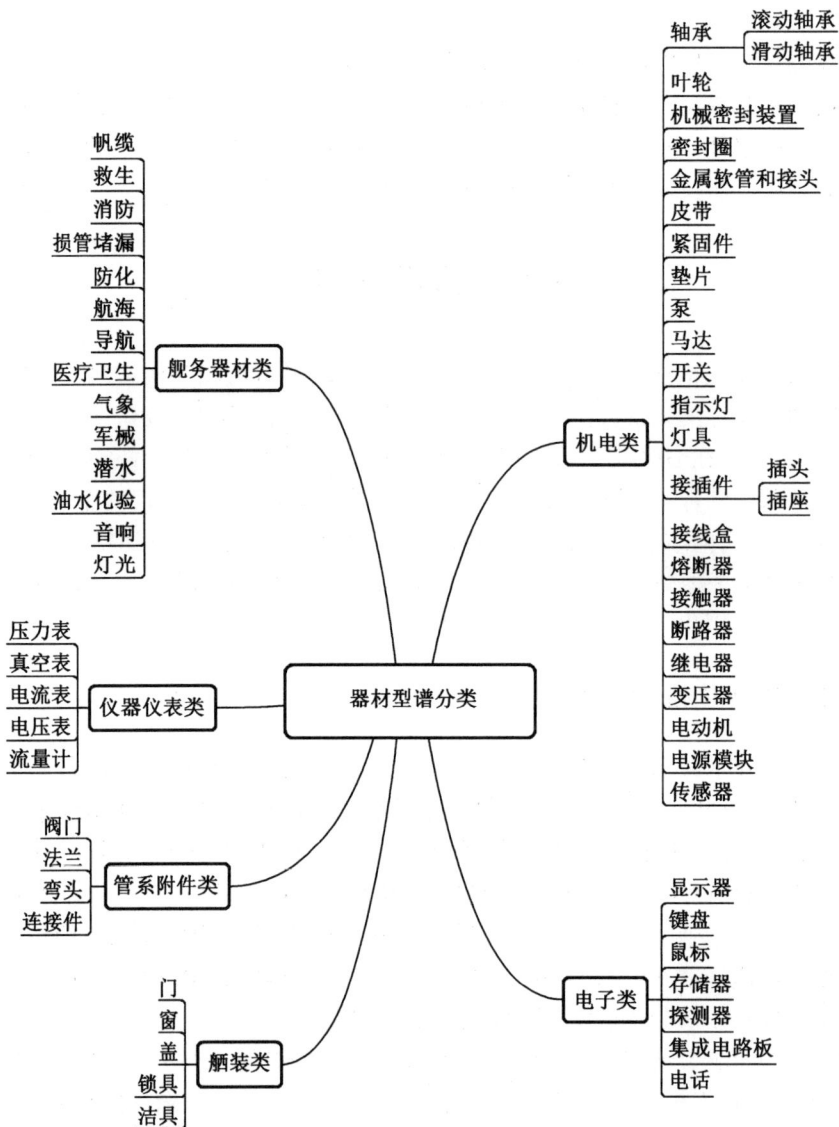

图4-32　器材型谱分类

4.7　保障方案及综合保障建议书制定

4.7.1　保障方案的含义

保障方案是保障系统完整的总体描述。它满足装备的保障要求并与装备设计方案及使用方案相互协调,一般包括使用保障方案和维修保障方案(维修方案)。保障方案的构成如图 4-33 所示。

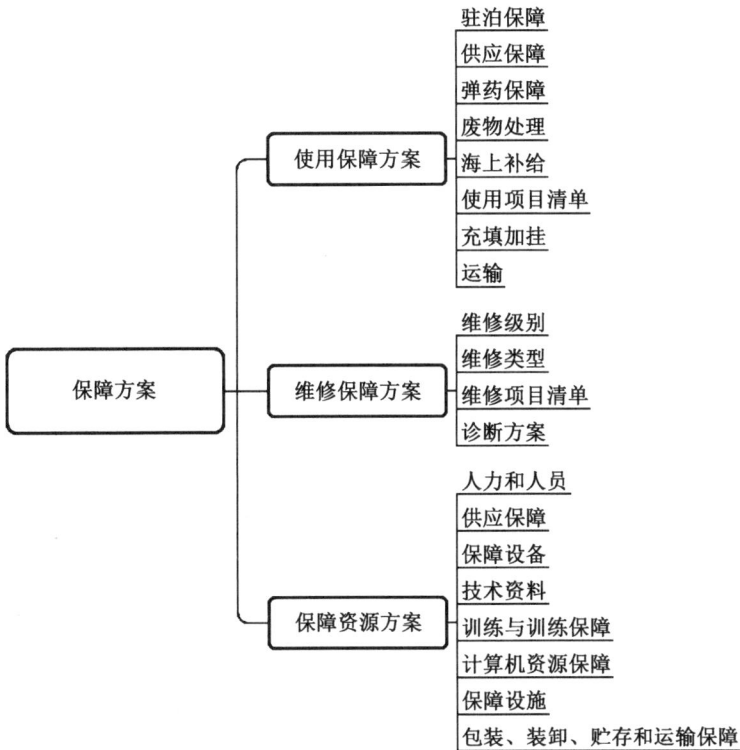

图 4-33　保障方案构成图

4.7.2　综合保障建议书的含义

综合保障建议书是在保障方案基础上进行的细化,是总体、系统、设备研制单位向接舰部队提出的关于舰船列装后如何使用、如何维修以及保障资源配套建设提出的建议,是舰船研制中施工设计阶段产生的设计文件,主要内容包括装备概述、使用保障、维修保障及保障资源配套建议,如图 4-34 所示。

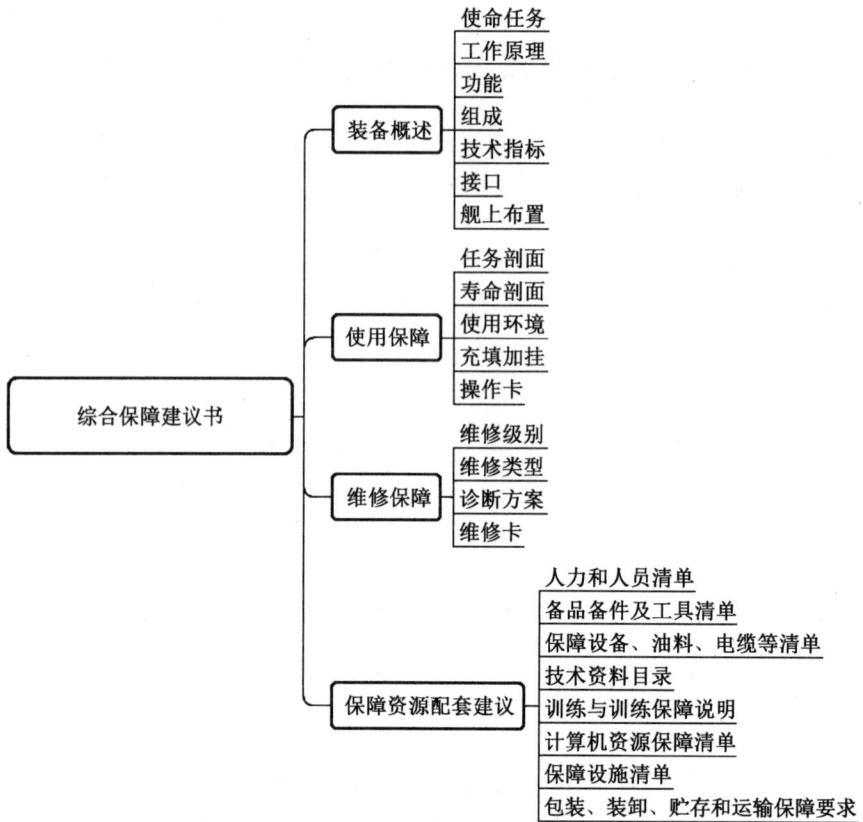

图 4-34　综合保障建议书构成

4.7.3　制定流程

制定流程可参考图 4-16,在技术设计阶段完成保障方案制定,在施工设计阶段完成综合保障建议书的制定。

4.7.4　制定内容

1.保障方案的主要内容

(1)概述

说明保障方案的编制依据、编制目的及范围。

(2)系统组成及使命任务

描述舰船的组成、性能及使命任务。

(3)使用保障方案

包括驻泊保障、供应保障、弹药保障、废物处理及海上补给保障。驻泊保障主要说明港口码头要求、系泊需求、拖带保障、电力保障、蒸汽保障、吊运设施、人员输送等。供应保障有食品、油料、日用淡水、锅炉水、冷媒水及消防保障等。弹药包括航空弹药和自防御武器弹药。废物处理主要说明油污、油污水、灰水、黑水的岸基接口等。海上补给给出本舰接受补给方式及本舰的接受能力。

（4）维修保障方案

说明维修级别及类型。

（5）保障资源方案

主要描述人力和人员,备品备件、供应品和油料,保障设备,保障设施、训练保障,用户技术资料,计算机资源及保障资源管理等。

2.综合保障建议书的主要内容

（1）目的；

（2）装备说明,包括组成、功能、性能、原理、接口等；

（3）使用保障；

（4）维修保障；

（5）保障资源配套建议；

（6）综合保障建议书配套文件清单。

4.7.5　舰船综合保障建议书配套文件清单

1.全舰设备配置表

全舰设备配置表是按照 ESWBS 方法编制的全舰系统、设备表,用于舰船研制交付后维修、后勤保障的唯一标识,见表 4-19。

表 4-19　舰船设备分解举例

ESWBS	含义	数量	位置	重要度（MEC）
200	推进系统			
230	推进装置			
233	推进内燃机			
2331	推进柴油机,主机			
23311	推进柴油机,1 号主机	1	2-49-0-M	4
23312	推进柴油机,2 号主机	1	2-49-0-M	4
23313	推进柴油机,3 号主机	1	2-28-0-M	4
23314	推进柴油机,4 号主机	1	2-28-0-M	4

表中位置对应的含义为:甲板号-肋位号-舷位-舱室分类代号,参见图 4-35、图 4-36。

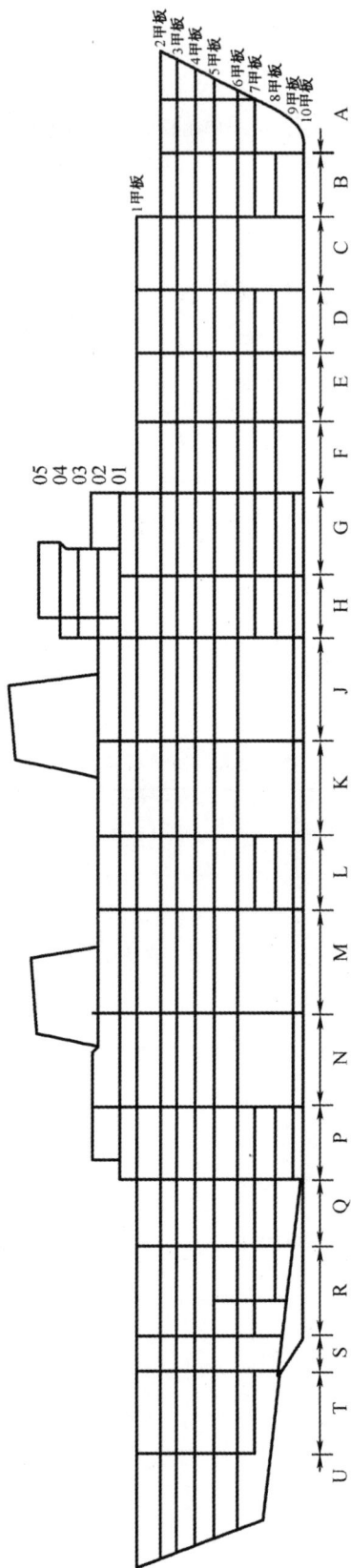

图 4-35 甲板代号示意图

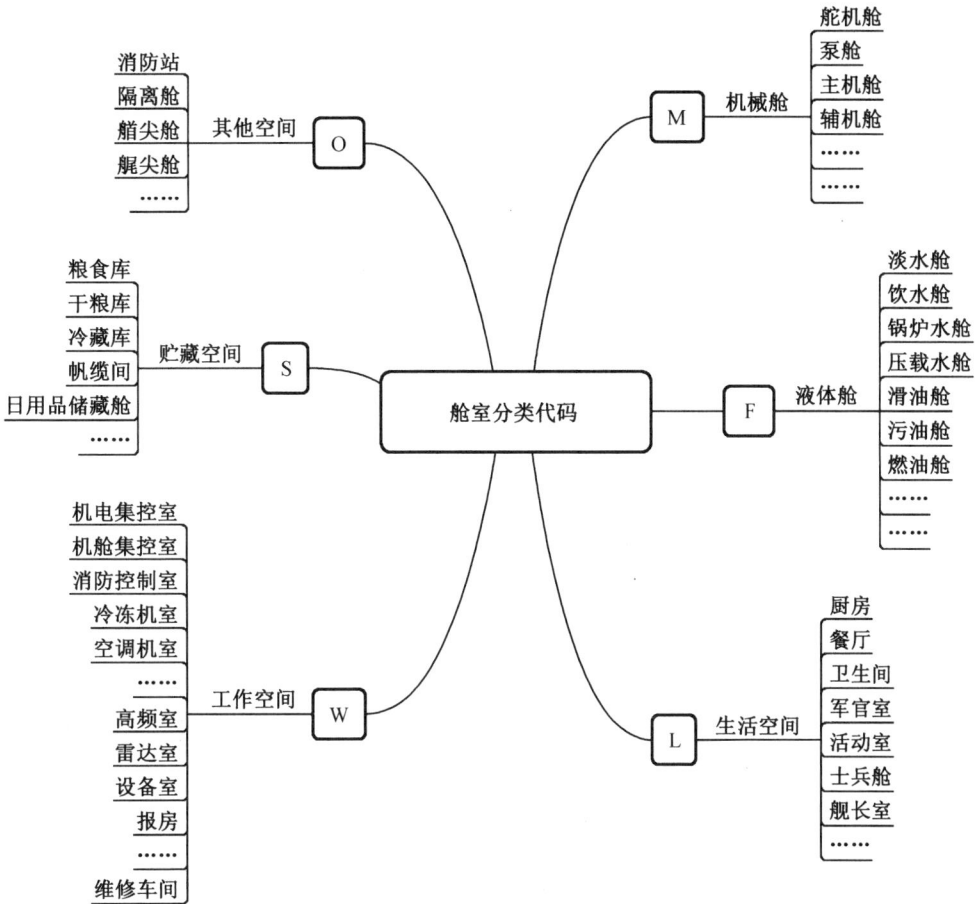

图 4-36 舱室分类代码

2. 全舰电缆布置表(表 4-20)

3. 全舰管路走向表(表 4-21)

4. 全舰管系附件汇总表(表 4-22)

5. 全舰油料汇总表(表 4-23)

6. 全舰计量信息表(表 4-24)

7. 全舰设备信息表(表 4-25)

8. 全舰备件信息表(表 4-26)

9. 全舰工具及保障设备信息表(表 4-27)

表 4-20　全舰电缆布置表

| 电缆所属系统 | 电缆 | | | | | | 敷设类型 | 电缆引出 | | | | | 电缆引入 | | | | | 长度 | | 图号 |
	电缆编号	电缆型号	电缆类型	电缆外径/mm	电缆规格	芯线面积/mm²		甲板	舱室名称	设备名称	舷侧	肋位号	甲板	舱室名称	设备名称	舷侧	肋位号	估计长度	段数	
电力系统	P1-1G	CJPJ80/SC	P	38.2	3×95	285	M	主艇体	集控室	P1-AM1			主艇体	前机舱	P1-G1			28		PM-611-01
电力系统	P1-2G	CJPJ80/SC	P	9.3	2×1.5	3	M	主艇体	集控室	P1-AM1			主艇体	前机舱	P1-G1			28		PM-611-01
……																				

表 4-21　全舰管路走向表

| 序号 | 放样图号 | 所属系统 | 所属管路名称 | 管段编号 | 该管段引出位置 | | | 该管段到达位置 | | | 材料规格 | 管长/m | 管段通径/mm |
					舱室	肋位号	设备/阀名	舱室	肋位号	设备/阀名			
1	PM-511-01	主机海水冷却系统	海水管路	7W1-410,411,401	前机舱	53	海底箱	前机舱	52	主机(左舷)	B10	3	150
2	PM-511-01	主机海水冷却系统	海水管路	7W1-402~406	前机舱	52	主机(左舷)	前机舱	53	舷外阀	B10	5	125
……													

表 4-22 全舰管系附件汇总表

序号	放样图号	阀名	阀阀标识号	阀的零件号	肋位号	阀参考	阀件类型	阀件材料	阀件进口通径	阀件出口通径	进出口压力或流速
1	PM-461-01	快关阀	1HV-01	V01		GB/T 5744—93	AQ40	铸钢	DN40	DN40	0.25 MPa
2	PM-461-01	快关阀	1HV-02	V02		GB/T 5744—93	AQ40	铸钢	DN40	DN40	0.25 MPa
						······					

表 4-23 全舰油料汇总表

序号	油料种类	油料名称	油料牌号及标准	数量或装备容量	用油部位 系统	用油部位 设备	油料生产厂家	在舰上贮存位置 舱(柜)名称	在舰上贮存位置 舱(柜)编号	备注
1	液压油	舰用液压油	HMX/HGJB 4366-2002	XXL	装置系统	舵机	—	舵机舱	150614	
2	液压油	舰用液压油		XXL	装置系统	锚机	—	锚机舱	010408	
						······				

表4-24 全舰计量信息表

设备数量及设备组成		须计量的仪器仪表或部件名称、规格	数量	功能和用途	测量参数	量程	准确度等级/最大允许误差/不确定度	计量等级	所在舱室名称及编号	安装位置	是否可拆卸	是否属于定制产品	是否有规程或规范	计量周期	上次计量日期	有无备件
设备共2台	某设备2台	A1	××型电压表(a1)	1	测量××输入电压并显示	电压	0~450 V	2.5级	C	略	略	是	否	是	1次/年	略	无
			a2														
			……														
		B1	××型角度编码器(b1)	1	测量××电机旋转角度	角度	略	略	A2	略	略	否	否	有	略	未计量	无
			b2														
			……														
			……														

表 4-25 全舰设备信息表

设备名称	设备型号	设备的厂家内部识别号	设备数量	设备性能描述	设备质量/kg	外形尺寸/mm 宽	高	厚	设备是否可修(Y/N)	平均故障间隔时间 MTBF/h	平均修复时间 MTTR/h	设备出厂序列号
2号照明分电箱	PD6-8/2P3	FAC-PD6-8/2P3	1	输入:三相 AC220V 1路 输出:单相 AC220V 8路	22	400	400	210	Y	10 000	0.5	1118I396/1号船 1118I417/2号船
3号照明分电箱	PD6-10/2P3	FAC-PD6-10/2P3	1	输入:三相 AC220V 1路 输出:单相 AC220V 10路	22	400	400	210	Y	10 000	0.5	1118I397/1号船 1118I418/2号船

表 4-26 全舰备件信息表

设备名称	NSN	零部件名称	型号或标准号	生产厂家名称	机装数	计数单位	质量/kg	重要度	保质期/月	制造周期/月	单价/元	存储环境要求	平均故障间隔时间 MTBF/h	平均修复时间 MTTR/h	90天定额数量	3年定额数量	随机数量	电子文档名
分电箱	5925330 000001	微型断路器	C65H C10A 3P 10KA	施耐德	31	个		3	120	1	150	防潮	10 000	0.5	2	10	3	
	5925330 000002	微型断路器	C65H C16A 2P 10KA	施耐德	4	个		3	120	1	150	防潮	10 000	0.5	2	10	1	
	……																	

表 4-27　全舰工具及保障设备信息表

设备名称	工具、保障设备及消耗品名称	工具、保障设备及消耗品标识号	生产厂家名称	数量		计数单位	单价/元
				随机数量	推荐数量		
分电箱	十字槽螺钉旋具	GB/T 10640—1989/100×6		1	1	套	200
分电箱	一字槽螺钉旋具	GB/T 10639—1989/100×6		1	1	套	200

······

4.8　保障性试验与评价

4.8.1　概述

保障性试验与评价是指确定装备保障特性及保障系统对预定用途是否有效和适用。舰船的保障特性除了可靠性、维修性等特性外,还包括备航时间、再次出动准备时间等。根据前面章节所述,保障系统是装备系统的重要部分,涵盖范围大,而研制的试验与评价对象主要指舰内研制的保障资源试验与评价。

保障性试验主要是针对保障设备的功能及指标的试验,同时也包括对备战备航、再次出动准备等保障活动的试验。保障性评价既包括对保障资源成果的评价,也包括对保障性设计过程的评价。保障性试验与评价主要有定量指标的试验与评价、保障资源的试验与评价、保障性设计过程的评价,其主要作用体现在:

(1)通过对保障性定量指标的试验与评价,暴露保障性设计缺陷,同步实现舰船上装备及总体设计的改进;

(2)通过保障资源试验与评价,了解其与主装备的匹配程度,为后续改进和提高提供输入;

(3)通过对保障性设计过程的评价,可以实现对工作过程的监控,同步验证研制单位对于军方提出的保障性设计要求的符合程度,有利于保障性设计工作的落实和提高。

保障性试验与评价的方法包括计算评估、仿真、专家打分和试验,试验与评价的时机尽量结合舰船的转阶段评审、陆上联调试验、系泊航行试验、专项试验、设计定型等工作阶段。

4.8.2　保障性定量指标试验与评价

对舰船保障性定量指标在 4.1.3 节进行了描述,其试验和评价方法、时机和数据要求各异,见表 4-28。

表 4-28　保障性定量指标试验和评价方式

序号	指标	评价方法	评价时机	数据要求
1	备航时间	计算或仿真	技术设计	码头补给接口参数、码头资源、备航流程
		试验	专项试验	
2	备件满足率	计算	保修期结束	实际使用数据
3	备件利用率	计算	保修期结束	实际使用数据
4	舰员在厂专业培训合格率	计算	交船前	理论培训、新装备培训及在厂培训期间统计数据

4.8.3　保障资源试验与评价

1. 保障设备试验与评价

按研制程序设计的保障设备应纳入全舰设备试验范围,编制相应的试验册进行功能、性能检查。其他的保障设备的评价内容主要包括:

(1)是否制订保障设备配套目录,包括工具及检测设备等;

(2)是否尽量简化品种,是否满足标准化、通用化、模块化要求;

(3)是否为沿用类似设备的保障设备,或选用成熟的商用设备;

(4)保障设备展开或撤收是否方便,是否使用安全,是否对使用人员素质要求过高。

2. 技术资料审查与验收

技术资料的评价内容主要包括:

(1)是否完整,如随机文件包括技术手册、原理图、接线册、履历簿等,基地级文件包括维修手册、修理技术要求等;

(2)是否准确,如舰员级维修范围是否合适,维修间隔是否合理等;

(3)是否易读、易理解;

(4)是否满足文字错误率的限制;

(5)随机文件内容和格式是否满足总体提出的编制要求。

3. 备件验收

备件的验收内容主要包括:

(1)交付的随机备件清单是否与设备技术规格书一致;

(2)备件箱及备件是否有编码标识;

(3)备件包装是否符合有关标准规定;

(4)是否提供了备件配置计算书。

4. 计算机资源保障评价

计算机资源保障评价的主要内容包括:

(1)装备的计算机硬件和操作系统是否符合计算机选型统一要求;

(2)应用软件版本是否与计算机资源明细表一致;

(3)是否提供了应用软件的备份;

（4）软件使用维护手册是否完备。

4.8.4　保障性设计工作评价

1.定性设计工作评价(表 4-29)

表 4-29　定性设计工作评价主要内容

序号	保障性技术设计	评分要求	评分标准	得分
1	尽可能减少保障工作量	（1）应开展可靠性设计，重点做好简化设计、故障模式影响和危害性分析(FMEA)、确定关键件和重要件等几项对保障性影响最为显著的工作，提高武器装备的可靠性，减少维修工作的频率，从而减少保障工作量。 （2）应开展维修性设计，重点做好简化设计、标准化通用化设计、互换性设计、可达性设计、模块化设计、快速检测诊断等几项对保障性影响最为显著的工作，提高武器装备的维修性，使装备易于维修和保障，减少维修工作的时间，从而减少保障工作量。 （3）设计时应充分考虑装备的使用保障问题，采取措施减少使用保障的项目和时间，从而减少保障工作量	15	
2	装备与保障资源应有良好的设计接口，保证协调配套	（1）装备与保障资源之间，以及保障资源相互之间均应进行充分的技术协调以保证软硬件接口良好，不致由于协调配套方面的差错影响使用。 （2）装备硬件接口的构造应简单可靠，接口位置应便于接近，并尽可能采用通用和标准化的接口，如燃油及特种液的加注接口应尽量采用通用接口，从而实现方便使用与维修。 （3）保障设备改进改型引起状态变化时，应特别注意与原装备的接口保持协调一致	20	
3	提高自保障能力，减少对保障系统的依赖	（1）在总体设计方案允许的情况下，尽可能提高系统的自保障能力、自救能力和适应特殊环境的能力。 （2）武器装备的关键系统、关键功能应进行余度设计。 （3）重要部件应有故障告警功能，以便在执行任务时及时通知舰员采取措施	20	
4	重视保障资源的继承性、通用性，减少品种规格要求	（1）沿用的系统和设备的备件配备应尽量沿袭相似装备的备件。 （2）应采取措施尽量减少保障设备的品种和数量。 （3）计算机硬件应尽量选用标准、通用的产品	20	
5	合理确定保障资源	应通过保障性分析合理确定保障资源	25	
总计			100	

2. 保障性设计工作项目评价(表 4-30)

表 4-30 保障性设计工作项目评价方法

序号	项目	评分要求	评分标准	得分
1	综合保障工作计划	应包括各阶段工作项目及实施要求、成果形式	15	
2	OA	应包含备战备航、航渡、作战、驻泊各阶段使用项目、使用步骤及其使用保障资源	10	
3	FMEA	应包括装备组成表、功能、故障模式、原因、维修项目等	20	
4	DMEA	应包括装备组成、功能、故障模式、严酷度、损伤模式、抢修建议等	10	
5	LORA	应针对各评估因素进行维修级别分析	5	
6	RCMA	应包含重要部件分析、逻辑决断及预防性维修措施	10	
7	MTA	针对修复性维修、预防性维修项目开展维修步骤分析、填写相应的维修保障资源及汇总	10	
8	保障方案	应包括使用保障方案、维修保障方案、保障资源方案	10	
9	综合保障建议书	应包括使用保障建议、维修保障建议、保障资源描述及其配套清单	10	
总计			100	

第5章　测试性设计与验证

5.1　概　　述

5.1.1　测试性的基本概念及内涵

一个系统、设备或产品的可靠性再高也不能保证永远正常工作,使用者和维修者要掌握其健康状况,确知有无故障或何处发生了故障,这就要对其进行监控和测试。我们希望系统和设备本身能为此提供方便,这种系统和设备本身所具有的便于监控其健康状况,易于进行故障诊断测试的特性,就是系统和设备的测试性。

5.1.2　测试性设计的任务

测试性设计的任务是通过测试性设计工作使装备易于被监控健康状况,易于进行故障诊断测试,并把要求的嵌入式诊断和外部诊断能力设计到装备中去,从而提高装备的测试性水平。

5.1.3　测试性设计流程

舰船测试性设计的流程如图5-1所示。其中测试性工作范围、测试性建模、测试性设计准则、测试性试验与评价内容分别在本章节进行介绍。

5.1.4　测试性与其他工作的关系

测试性工作应与可靠性、维修性、保障性、安全性等相关工作相协调,并尽可能结合进行。主要包括:

(1)测试性工作的输出应能满足可靠性、维修性、保障性、安全性工作的有关输入要求,测试性工作计划应明确这些接口关系;

(2)测试性工作应支持综合诊断、预测与健康管理的应用需求;

(3)测试性工作应支持维修性设计并与之相综合,以满足所有维修级别的修复性维修活动的要求;

(4)测试性工作应支持综合保障要求,包括保障设备和其他保障要素的要求;

(5)测试性工作应支持各约定层次产品的设计工程要求并与其他特性设计综合考虑。

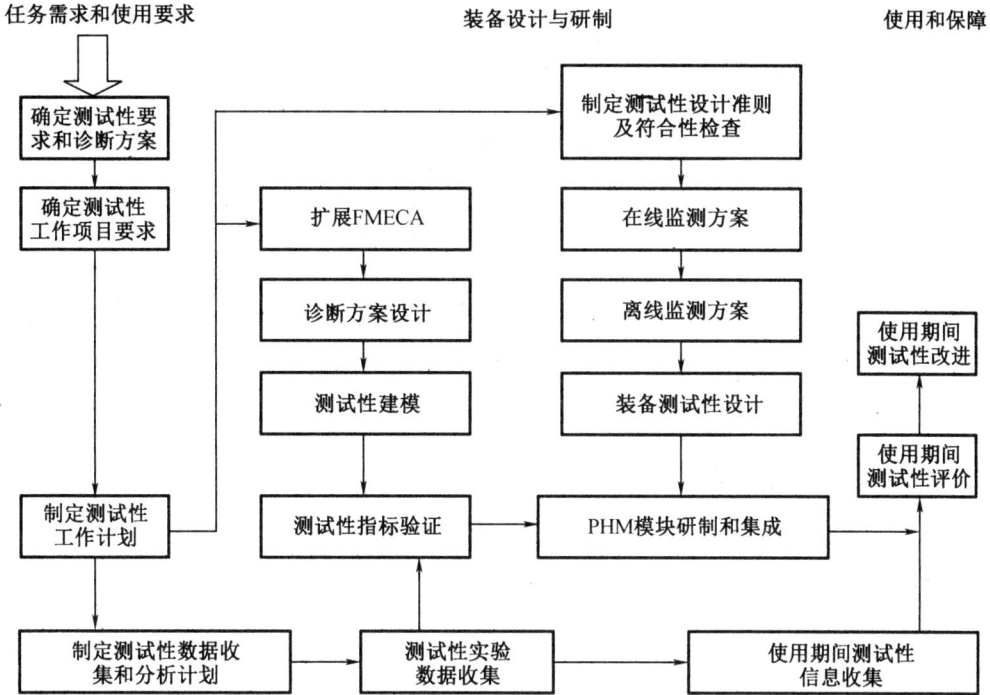

任务需求和使用要求　　　　　　　装备设计与研制　　　　　　　使用和保障

确定测试性要求和诊断方案

确定测试性工作项目要求

制定测试性工作计划

扩展FMECA

诊断方案设计

测试性建模

测试性指标验证

制定测试性数据收集和分析计划

测试性实验数据收集

制定测试性设计准则及符合性检查

在线监测方案

离线监测方案

装备测试性设计

PHM模块研制和集成

使用期间测试性信息收集

使用期间测试性改进

使用期间测试性评价

图 5-1　测试性设计流程示意图

5.2　工　作　范　围

5.2.1　工作要求

舰船测试性设计要求主要是军方的论证要求和《装备测试性工作通用要求》(GJB 2547A—2012)中的有关规定。GJB 2547 规定了制定测试性工作计划,对系统、设备单位的监督和控制,测试性建模,测试性分配,测试性预计,测试性设计准则及符合性检查,测试性验证和评估等,如图 5-2 所示。

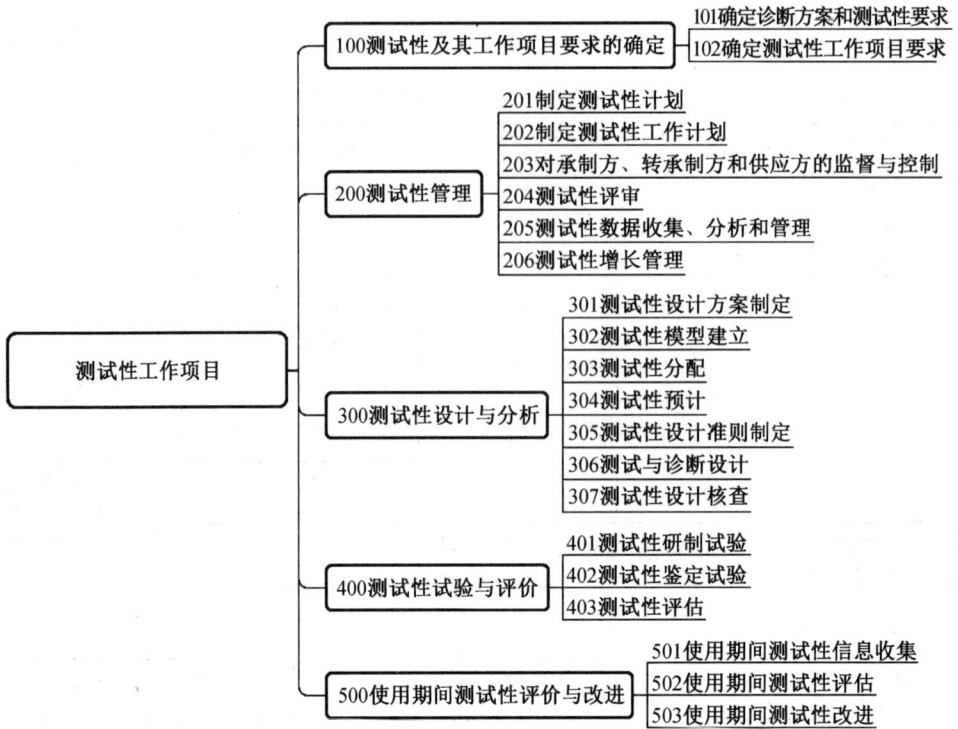

图 5-2　测试性工作项目

5.2.2　工作计划

舰船测试性设计在全寿命周期的工作范围见表 5-1,各承制单位可根据产品具体的技术特点,如新研、改进、研制费用与进度,对其进行适当的优化与剪裁。

表 5-1　测试性工作项目表

序号	工作项目	工作类型	适用阶段					完成形式
			方案设计	技术设计	施工设计	建造试验	设计鉴定	
1	制定测试性工作计划	管理与控制	√					总体、系统、设备测试性工作计划
2	对转承制方和供应方的监督与控制		√	√	√	√		转承制方测试性要求;转承制方测试性设计技术报告;转承制方测试性评审结论
3	测试性评审		√	√		√	√	总体、系统、设备测试性评审结论
4	监测诊断方案测试性设计		√	√				总体、系统、设备测试性设计说明书
5	测试性建模	设计与分析	√	√				扩展 FMECA 报告,系统及设备测试性建模分析报告
6	制定测试性设计准则		√					总体、系统、设备测试性设计准则
7	测试性设计准则符合性检查			√				总体、系统、设备测试性设计准则符合性检查报告
8	PHM 研制		△	△	△	△		系统、设备 PHM 模块及测试诊断代码,总体 PHM 系统
9	测试性试验与验证	验证与评价		△	△	△		系统、设备测试性大纲,试验报告
10	测试性分析评价						√	总体、系统、设备测试性评估报告

注:"√"表示均需开展的工作;"△"表示根据情况视情开展。

177

5.3 测试性建模

5.3.1 概述

1. 故障与测试的相关性

MIL-STD-2165 和 GJB 2547 指出,测试性是系统或设备能够及时并准确地确定其状态并隔离其内部故障的一种设计特性。从该定义可以看出,其基本要素包括故障、测试、故障与测试的相关性。所谓相关性是指某个实体与另一个实体之间的因果关系,这种相关性具有指向性。若由 x 推出 z,则称 z 与 x 相关,或者 z 依赖于 x;若 x 与 z 可以互推,则称二者是互相关的。系统或设备中的故障与测试具有这种相关性。

在测试性设计与分析中,人们利用故障与测试的相关性,得出了故障与测试的相关性矩阵(dependency matrix),即行向量表示测试点,列向量表示故障。20 世纪 80 年代,美国 ARINC 公司的 Sheppard 和防御分析协会的 Simpon 提出了信息流模型。在此模型的基础上,20 世纪 90 年代,美国康涅狄格大学的 Pattipati 和 Deb 提出了多信号流模型。该模型是 QSI 公司的 TEAMS、eXpress 软件的理论基础,从而使得测试性建模与试验得以工程化实用。

2. 相关性模型

相关性模型是表达单元(或故障单元)与测试相关性逻辑关系的模型,包括图示模型和数学模型两种形式。

(1)假设

①被测对象(UUT)仅有两种状态:正常状态,UUT 无故障可以正常工作;故障状态,UUT 存在故障,不能正常工作。

②在任何时刻当 UUT 处于故障状态时,认为只有一个组成单元(或部件)发生了故障,即单故障假设。即使 UUT 同时存在两个以上的故障(概率很小),实际诊断时也是一个一个地隔离较为简便。

③被测对象的状态完全取决于其各组成单元的状态。某一组成单元发生了故障,在信息流可达的各个测试点上,测量有效性都是一样的。

(2)定义

①测试与测试点

为确定被测对象的状态并隔离故障所进行的测量与观察过程称为测试。测试过程中可能需要激励和控制,观测其响应。如果其响应是所期望的,则认为正常,否则认为故障。进行测试时,可以获得所需状态信息的任何物理位置称为测试点。一个测试可以利用一个或多个测试点,一个测试点也可以被一个或多个测试利用。为便于理解,开始时可以认为一个测试就使用一个测试点,则测试点就代表了测试,用 $T_i(t_i)$ 表示测试或测试点。

②被测对象组成单元和故障类

被测对象的组成部件,不论其大小和复杂程度,只要是故障隔离的对象,修复时要更换的,就称为组成单元。实际上,诊断分析真正关心的是组成单元发生的故障,所以组成单元可以用所有故障来代表,它们具有相同或相近的表现特征,称为故障类。为了便于理解,在以后测试点选择和诊断顺序分析中用 F_i 表示组成单元、组成部件或组成单元的故障类。

③相关性

相关性是指被测对象的组成单元与测试点之间、两个组成单元之间或两个测试点之间存在的逻辑关系。例如,测试点 T_j 依赖于组成单元 F_i,则 F_i 发生故障就意味着 T_j 测试结果是不正常的。反过来,如果 T_j 测试通过了,则证明 F_i 是正常的,这就表明 T_j 与 F_i 是相关的。仅仅表明某一个测试点与其输入组成单元(1 个或 n 个)以及直接输入该组成单元的任何测试点(1 个或 n 个)的逻辑关系,称为一阶相关性。如果表明了被测对象的各个测试点与各个组成单元之间的逻辑关系,则称为高阶相关性模型。

(3)相关性图示模型

UUT 的相关性图示模型是建立在 UUT 功能和结构合理划分之后,在功能框图的基础上,清楚表明功能信息流方向和各组成部件的相互连接关系,并标注清楚初选测试点的位置和编号,以此表明各组成部件与各测试点相关性关系的一种测试性模型,如图 5-3 所示。其中,方框代表各个功能单元,圆圈代表测试点,箭头表明了功能信息传递的方向。

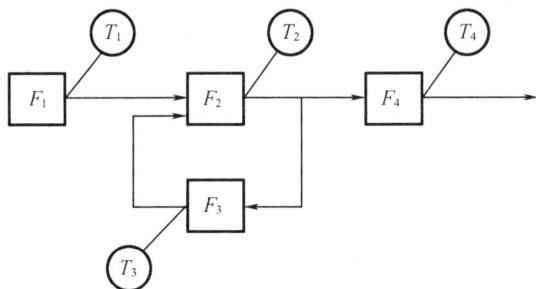

图 5-3　相关性图示模型

(4)相关性数学模型

UUT 的相关性数学模型可用下述矩阵来表示:

$$\boldsymbol{D}_{m \times n} = \begin{bmatrix} d_{11} & d_{12} & \cdots & d_{1n} \\ d_{21} & d_{22} & \cdots & d_{2n} \\ \vdots & \vdots & & \vdots \\ d_{m1} & d_{m2} & \cdots & d_{mn} \end{bmatrix}$$

式中,第 i 行矩阵

$$\boldsymbol{F}_i = [d_{i1} d_{i2} \cdots d_{in}]$$

表示第 i 个组成单元(或部件)故障在各个测试点上的反应信息,它表明了 F_i 与各个测试点 $T_j (j=1,2,\cdots,n)$ 的相关性。而第 j 列矩阵

$$\boldsymbol{T}_j = [d_{1j} d_{2j} \cdots d_{mj}]^{\mathrm{T}}$$

表示第 j 个测试点可测得各组成部件的故障信息,它表明了 T_j 与各组成部件 $F_i (i=1,2,\cdots,m)$ 的相关性。其中,当 T_j 可测得 F_i 故障信息时(T_j 与 F_i 相关),$d_{ij}=1$;当 T_j 不能测得 F_i 故障信息时(T_j 与 F_i 不相关),$d_{ij}=0$。

UUT 的相关性数学模型也称为 **D** 矩阵模型,相关性数学模型的示例如图 5-4 所示。

$$\begin{array}{c}\begin{array}{cccc}T_1 & T_2 & T_3 & T_4\end{array}\\\begin{array}{c}F_1\\F_2\\F_3\\F_4\end{array}\begin{bmatrix}1 & 1 & 1 & 1\\0 & 1 & 1 & 1\\0 & 1 & 1 & 1\\0 & 0 & 0 & 1\end{bmatrix}\end{array}$$

图 5-4 相关性数学模型

(5)诊断树

诊断树是对 UUT 进行故障检测和故障隔离的测试顺序及诊断分支的组合表示,其组成一般包括测试(或测试点)及测试执行次序、测试结论、系统的单元(或单元故障)以及对应的诊断结论和诊断输出等。诊断树一般有四种表现形式:图形形式、表格形式、IEEE1232 标准形式和 XML 文件形式。

①图形形式

图形形式的诊断树在组成上包括方框、测试标志、连线、数字 0/1 等。其中,方框表示基于单元(或单元故障)的故障诊断中间结果和故障诊断最终结果;测试标志表示所用的测试(或测试点);连线表示测试执行次序或者测试跳转关系;数字 0/1 为测试结果标志,0 表示测试结果为正常,1 表示测试结果为不正常。

图形形式的诊断树示例如图 5-5 所示。其中,方框“F”“F_1F_2”表示故障诊断中间结果;方框“F_1”“F_2”“无故障”表示故障诊断最终结果;“T_1”“T_2”为测试标志,代表两个不同的测试。

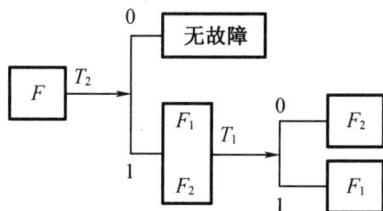

图 5-5 图形形式的诊断树示例

图形形式的诊断树具有表达直观、便于理解的优点,但对于大型系统,其缺点是图形过大而导致不便于阅读和文档处理。

②表格形式

表格形式的诊断树在组成上包括测试步骤、上一测试步骤、测试内容或诊断结果、测试结果及下一步骤等。虽然表格形式的诊断树的直观性要比图形形式的略差,但便于进行文档处理,其示例见表 5-2。

表 5-2　表格形式的诊断树示例

测试步骤	上一测试步骤	测试内容或诊断结果	测试结果	下一测试步骤
1		T_2	正常	2
			不正常	3
2	1	系统正常		结束
3	1	T_1	正常	4
			不正常	5
4	3	维修或更换 F_2	结束	
5	3	维修或更换 F_1	结束	
结束		诊断结束		

③IEEE1232 标准形式

IEEE1232 标准形式的诊断树由诊断树模型实体、诊断树步骤实体和测试结果实体等组成。它与图形形式和表格形式的诊断树相比，直观性较差，不便于理解，但是便于计算机的自动化处理操作。

④XML 文件形式

XML 文件形式的诊断树由 XML 元素和属性组成，它基本不具有直观性，但结构化较强，便于计算机的自动化处理。

（6）故障字典

故障字典是以表格形式表示的故障、正常状态与选用测试之间的相关关系，其示例见表 5-3。

表 5-3　表格形式的诊断树示例

F	T_1	T_2
F_1	1	1
F_2	0	1
无故障	0	0

表 5-3 中，一行代表一个对应关系，F 栏为产品的每一个故障（包括无故障的情况），T_1、T_2 栏为相应的故障特征，数字 0/1 表示测试的结果，其中 0 表示测试结果正常，1 表示测试结果不正常。

故障字典可以看作 D 矩阵模型的一种变形形式。故障字典采用查表方式完成 UUT 的故障检测和故障隔离，既可用于 UUT 的 BIT 设计，也可用于外部的 TPS 设计、人工排故设计等。

5.3.2　测试性建模流程

测试性建模流程如图 5-6 所示，首先根据装备的结构、功能信息扩展 FMECA；其次设计装备的测试方案，建立相关性图示模型，并产生相关性矩阵；最后在此基础上开展装备测试性设计的静态分析、动态分析，并生成诊断策略，为装备 PHM 模块研制提供输入。

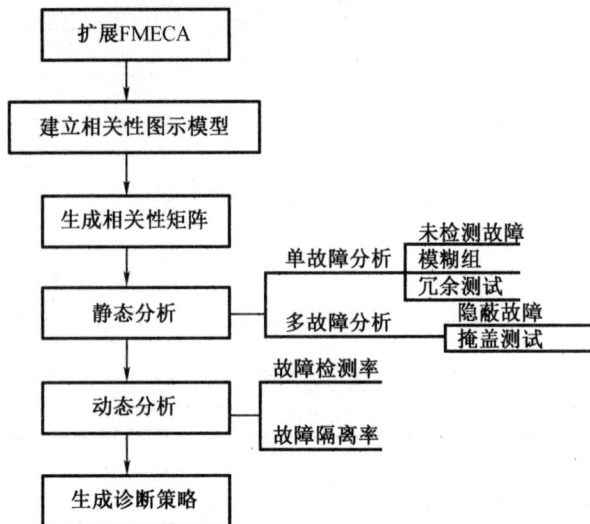

图 5-6　测试性建模流程

5.3.3　扩展 FMECA

扩展 FMECA 是在可靠性分析的 FMECA 基础上开展的分析工作,不同点在于分析粒度更细,强化了危害度量化分析,补充了故障监测信息内容。

1. CA 表

CA 表填写要求见表 5-4。

2. 故障检测方法

故障诊断表是扩展 FMECA 的核心部分,参见表 5-5。故障检测方法(方式)分析能为产品的维修性与测试性设计以及维修工作分析等提供依据。舰船装备故障检测方法主要包括加电 BIT、周期 BIT、维修 BIT 和人工检测。

测试参数方面可参见本书 10.2 节相关监测技术。设备常见监测参数见表 5-6。

3. 故障检测指示

用于描述在初始约定层次上通过加电 BIT、维修 BIT 测试等手段成功检测到故障的依据(故障码、故障信号或故障现象)。对于加电和周期 BIT 测试,应给出具体的检测输出的传递关系,如××总线上报××数据字、显示屏显示××故障指示;对于维修 BIT 测试,应给出所测试的位置及测量参数。

4. 扩展 FMECA 示例

以舰上某监控设备为例,部分扩展 FMECA 见表 5-4、表 5-5。

初始约定层次：监控设备　　约定层次：监控面板各功能单元

表 5-4　扩展 FMECA 的 CA 表

序号	功能单元编码	功能单元名称	功能	故障模式编码	故障模式	严酷度	故障检测方法	故障率 (10⁻⁶/h)	数据来源	故障模式频数比 α_j	故障影响概率 β_j	工作时间 T/h	故障模式危害度 C_{mj} (10⁻⁶)	产品危害度 C_r (10⁻⁶)	使用补偿措施	备注
1	10.04.01	监控面板箱体	支撑或固定控制器、指示灯以及旋钮开关等部件	10.04.01.01	减振功能失效	Ⅲ	人工检测	1	GJB/Z 299C—2006	0.90	1	4	3.60	Ⅲ类:3.6	无	
				10.04.01.02	监控面板体锈蚀	Ⅳ	人工检测	1	GJB/Z 299C—2006	0.10	1	4	0.40	Ⅳ类:0.4	无	
2	10.04.02	电源滤波器	电源滤波	10.04.02.01	滤波功能失效	Ⅳ	人工检测	5	GJB/Z 299C—2006	0.50	1	4	10.00	Ⅳ类:20	无	
				10.04.02.02	滤波性能下降	Ⅳ	人工检测	5	GJB/Z 299C—2006	0.50	1	4	10.00		无	
3	10.04.03	微型断路器	过压、过热保护	10.04.03.01	合闸功能失效	Ⅲ	周期BIT	20	GJB/Z 299C—2006	0.33	1	4	26.40	Ⅲ类:160	无	
				10.04.03.02	过压保护功能失效	Ⅲ	人工检测	20	GJB/Z 299C—2006	0.33	1	4	26.40		无	
				10.04.03.03	分闸功能失效	Ⅲ	人工检测	20	GJB/Z 299C—2006	0.34	1	4	27.20		无	

表 5-5　扩展 FMECA 诊断表

初始约定层:监控设备　　　约定层次:功能单元(LRU)

序号	故障模式基本信息				故障检测信息			
	产品或功能标志	故障模式	故障模式编码	故障症状及判据	测试参数	测试点/传感器位置	检测方式	故障检测指示
1	监控面板台体	减振功能失效	10.04.01.01	监控面板无减振	—	—	人工检测	箱体振动加剧
		监控面板台体锈蚀	10.04.01.02	监控面板台体锈蚀	—	—	人工检测	箱体锈蚀
2	电源滤波器 1	滤波功能失效	10.04.02.01	输出电压值为纹波大于 10%;测量位置:电源模块输出端	—	—	人工检测	电源电压中杂波增加
		滤波性能下降	10.04.02.02	输出电压值为纹波大于 10%;测量位置:电源模块输出端	—	—	人工检测	电源电压中杂波增加
3	微型断路器	合闸功能失效	10.04.03.01	输出电压值为(0±0.5)V;测量位置:微型断路器输出端	电压	—	周期 BIT	白色指示灯熄灭
		过压保护功能失效	10.04.03.02	输出电压值为(24±0.5)V;测量位置:电压、过热时微型断路器输出端	—	—	人工检测	电压、过热时断路器无法断开
		分闸功能失效	10.04.03.03	输出电压值为(24±0.5)V;测量位置:断电时微型断路器输出端	—	—	人工检测	断路器无法断开

表 5-6　设备常见监测参数

测试项目			测试参数
油液监测	理化性能	闪点测定	闪点
		红外光谱分析	氧化物、硫化物、硝化物、积炭、水分、乙二醇、燃油稀释、添加剂含量
		水分测定	水分
		油质分析	油液品质
		黏度测定	运动黏度
	磨粒分析	原子发射式光谱分析	金属磨损元素、污染元素、添加剂元素浓度
振动监测		精密振动分析	振动加速度、速度、位移的时域、频域信号及其幅值、频谱、相位等
		简易振动分析	振动烈度、振动速度有效值
		轴承故障	冲击脉冲最大值
热工参数监测		热工参数监测	转速、压力、流量、温度值、功率等
		工作参数分析	滑油压力、温度,冷却水进出口压力、温度,进/排气温度、压力等
红外监测		红外成像分析	温度、热场
		红外测温	温度
无损检测		内窥镜检查	设备内部、表面情况
电气监测		性能参数	电压、电流、温度、绝缘
		蓄电池监测	内阻、电压、温度、电解液比重、液面
腐蚀监测		船体电位	腐蚀电位监测
		探伤	腐蚀大小、深度
		测厚	厚度

5.3.4　图形化建模过程

1.建模有关术语

（1）信号

信号是指故障发生后影响的系统功能、功能参数或故障发生引起的故障效应。信号类型可以是模拟量、离散量、数据总线、机械位移、液压、电角度同步信号、光、温度和声音等。

（2）端口

端口是指在系统/设备中用于提供信息流和故障影响传播的路径。每个端口可能传输一个或多个不同的信号（参数或功能）。

（3）故障症状

故障症状是指故障模式发生后导致系统/设备产生的可观察或测量到的故障现象或信号表征。通过故障症状可以进行故障诊断。

（4）分配信号

分配信号是指故障模式发生时会导致产生故障现象，或会导致可察觉的信号参数变化的情况。

（5）转换信号

转换信号是指输入到某模块输入端口的信号（故障现象、功能，或参数），在该模块的输出端口不以原来的形式进行传递，而是转换成另外一个信号向后传播的现象。

（6）阻隔信号

阻隔信号是指输入到某模块输入端口的信号（故障现象、功能，或参数），在该模块的输出端口不再继续向后传递，不会造成其他影响的现象。如耦合电容或输出变压器阻隔了前级电路的直流电平偏移信号。

（7）未检测故障

未检测故障是指使用规定的测试方法不能检测到的故障。

（8）模糊组

模糊组是指具有相同或类似的故障特征，在故障隔离中无法（或不能）分清故障真实部位的一组可更换单元。模糊组中的每个可更换单元都可能有故障。

（9）冗余测试

冗余测试是指具有相同特征的一组测试，该组测试中的测试能检测到的故障相同。

（10）隐藏故障

隐藏故障是指产品中一种或多种故障集的表征会被另一种故障掩盖。当失效发生时，隐藏故障不能被检测出来。

（11）掩盖故障

当两个或更多个故障发生时，它们合起来的故障表征与另一个不相关模块的故障表征相同。

（12）反馈回路

故障流能够形成一个环路。反馈环将导致模糊组，故断开环路才能改善测试性设计。

2. 建模基本构成

相关性模型是一种有向图，由节点与有向边构成。有关模块节点、故障模式节点、测试节点、有向边、开关节点和与节点等，说明如下。

（1）模块节点

模块节点表示建模对象的组成单元，可以是系统或设备、可更换单元。示例如图 5-7（a）所示。模块节点的属性包括以下参数：

①模块名称；

②模块编码；

③输入端口名称；

④输出端口名称；

⑤维修费用；

⑥维修时间；

⑦替换费用；

⑧替换时间。

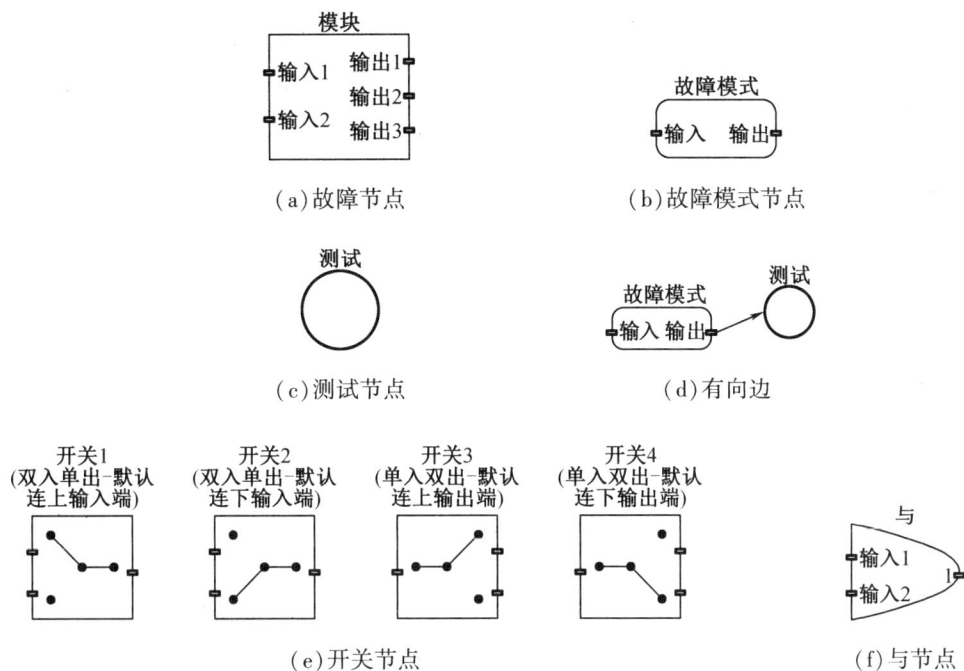

（a）故障节点　　　　　　　　（b）故障模式节点

（c）测试节点　　　　　　　　（d）有向边

（e）开关节点　　　　　　　　（f）与节点

图 5-7　建模基本要素

（2）故障模式节点

故障模式节点表示建模对象的故障模式。示例如图 5-7（b）所示。故障模式节点的属性包括以下参数：

①故障模式名称；

②故障模式编码；

③故障症状；

④影响信号；

⑤严酷度；

⑥故障率；

⑦输入端口名称；

⑧输出端口名称。

（3）测试节点

测试节点表示测量的位置（物理的或逻辑的），一个测点节点可以有一个或多个测试。示例如图 5-7（c）所示。测试节点的属性包括以下参数：

①测试名称；

②测试类型；

③测试信号；

④测试判定条件；

⑤测试时间；

⑥测试成本；

⑦测试资源。

(4)有向边

有向边用于连接任意两个节点,节点类型可以相同也可以不同,其方向表示各模块之间工作影响传播的方向和测试信息的流动方向。示例如图5-7(d)所示。

(5)开关节点

开关节点用于改变系统模块的连接方式:既可用于反映建模对象不同的故障模式,又可用于诊断时中断反馈回路。开关节点包括双入单出与单入双出两种类型。示例如图5-7(e)所示。节点的属性包括以下参数:

①节点名称；

②开关类型；

③工作模式。

(6)与节点

与节点用于描述建模对象的冗余属性,即当冗余模块全部发生故障时,其故障影响才会向后传播到下一个模块。与节点的输入端分别连接冗余模块,输出端连接后续模块。示例如图5-7(f)所示,节点的属性包括以下参数:

①节点名称；

②门限数；

3. 图形化建模流程

图形化建模流程包括层次结构信息收集、结构关系建模、故障模式建模和测试逻辑建模4个部分,如图5-8所示。

4. 层次结构信息收集

(1)结构模块组成表

结构模块组成表用于收集测试性设计对象的零部件组成。组成表的属性包括以下字段内容。

①编码:模块的编码；

②名称:模块的名称；

③标识号:图解目录中对应的图号；

④约定层次:零部件的约定层级；

⑤数量:装备的机装数；

⑥功能:模块的功能说明；

⑦备注:是否存在冗余、任务重构的说明。

(2)端口信息表

端口信息表的属性包括以下字段内容。

①模块信息:模块编码、名称和约定层次；

②端口方向:应包括输入端口与输出端口两类；

③端口名称:表明该端口传递的功能信号,具有可读性。

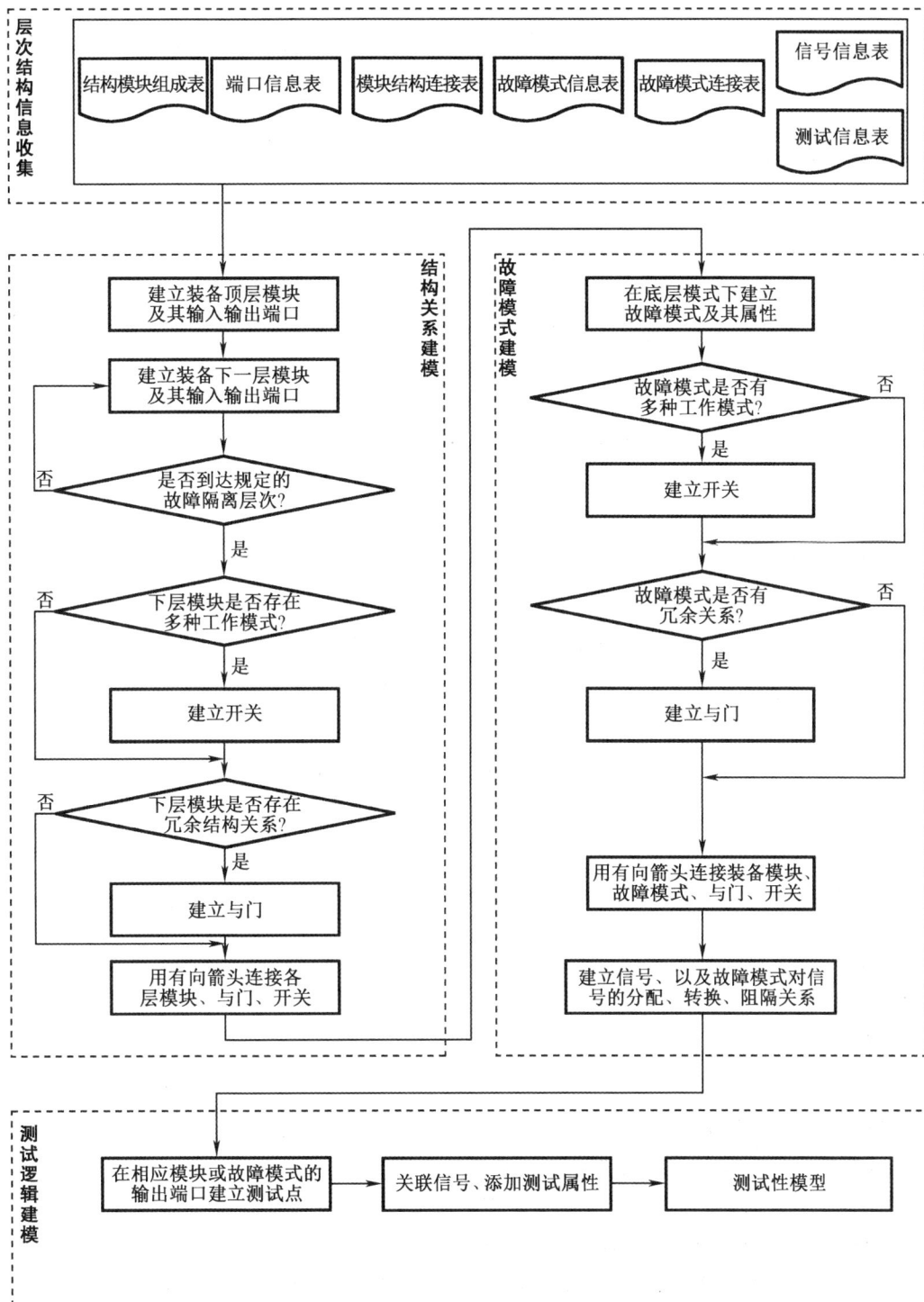

图 5-8　图形化建模流程

（3）模块结构连接表

模块结构连接表主要反映装备各组成部分的交联关系，包括以下字段内容。

①当前模块：模块的名称、端口名称；

②连接方向：相对当前模块来说的连接方向说明，包括输入与输出两类；

③连接模块：与当前模块连接的模块名称、端口名称。

（4）故障模式信息表

根据扩展 FMECA 填写故障模式信息表，包括以下字段内容。

①模块名称：故障模式属于装备的哪一个模块；

②故障模式：故障模式编码、故障模式名称；

③故障症状及判据：来自扩展 FEMCA 诊断表；

④严酷度：故障的危害程度，包括四类严酷度；

⑤故障率：故障率的量值及单位。

（5）故障模式连接表

故障模式连接表包括以下字段内容。

①模块名称：当前故障模式对应的模块；

②当前故障模式：以该故障模式为中心，分析与其他故障模式或模块的连接关系；

③连接方向：相对当前故障模式来说的连接方向说明，包括输入与输出两类；

④连接对象：说明与当前故障模式相连是哪一个故障模式或模块端口。

（6）信号信息表

依据装备的故障模式、故障症状、功能参数等梳理出建模时需要的所有信号。信号信息表包括以下字段内容。

①故障模式：模块的编码；

②分配信号：模块的名称；

③转换信号：图解目录中对应的图号；

④阻隔信号：零部件的约定层级；

⑤信号类型：装备的机装数；

⑥信号特性：模块的功能说明。

（7）测试信息表

测试信息表包括以下字段内容。

①测试名称：当前描述的模块层次的测试命名；

②测试类型：加电 BIT、周期 BIT、维修 BIT 和人工检测等之一；

③测试信号：当前测试可以检测到的功能信号；

④测试位置：说明测试与模块，或测试与故障模式之间的连接关系，相同位置的测试应合并到一个测试点；

⑤测试判定条件：说明测试是否通过的判定条件；

⑥测试资源：如维修 BIT，则需要明确配备的测试设备、数量、测试步骤、测试时间、测试成本等。

5. 结构关系建模

结构关系建模工作主要包括：

(1)建立产品顶层模块及其输入输出端口；

(2)建立产品下层模块结构关系模型；

(3)建立产品结构的连接关系表,建立产品各层模块、开关、与门之间的连接关系。

6. 故障模式建模

故障模式建模主要包括：

(1)在产品最底层模块下建立故障模式,并逐一添加故障属性信息,包含故障症状、严酷度、故障率、故障率单位；

(2)如果故障模式信息表中存在任务重构信息,则应建立开关模块,表达故障模式所处的不同工作模式；

(3)如果故障模式信息表中存在冗余信息,则应建立与门模块,表达故障模式间的冗余逻辑关系；

(4)建立模块、故障模式、开关、与门之间的连接关系；

(5)建立产品的信号以及故障模式对信号的分配、转换、阻隔关系。

7. 测试逻辑建模

测试逻辑建模主要包括：

(1)在产品相应模块或故障模式的端口建立测试点,并连接至输出端口；

(2)对测试点添加测试属性,属性包含测试判定条件、测试类型、测试信号、测试资源等。

5.3.5 测试性建模分析

1. 静态分析

静态分析是分析系统的固有可测试性,识别系统的设计缺陷,为提高故障诊断能力提出建议,主要包括单故障分析和多故障分析。

(1)单故障分析

单故障是指同一时刻装备只发生一个故障。在此假设条件下,根据装备的相关性矩阵,其定性分析方法如图5-9所示,包括如下：

①未检测故障

对应于相关性矩阵中的全零行,但不包含装备的无故障状态。

②模糊组

比较相关性矩阵中的各行,如果有 $F_i = F_j (i \neq j)$,则对应的故障不可区分,可作为一个模糊组处理,并在矩阵中合并为一行。

③冗余测试

比较相关性矩阵中的各列,如果有 $T_i = T_j (i \neq j)$,则对应的测试互为冗余测试,并在矩阵中合并为一列。

其中：

F_i——相关性矩阵中第 i 行故障行向量；

F_j——相关性矩阵中第 j 行故障行向量；

T_i——相关性矩阵中第 i 行测试列向量；

T_j——相关性矩阵中第 j 行测试列向量。

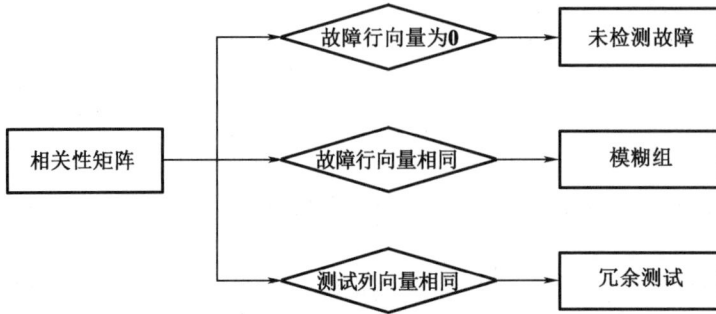

图 5-9　单故障分析方法

（2）多故障分析

多故障是指同一时刻装备发生多个故障。在此假设条件下，根据装备的相关性矩阵，其定性分析方法如图 5-10 所示，包括如下：

①隐藏故障

找出相关性矩阵中某故障对应的行向量与其他任意行向量进行逻辑或运算后，结果与该行向量相同的所有故障集合。

②掩盖故障

首先简化相关性矩阵，将模糊组和冗余测试分别合并到同一行和列；再找出简化后的相关矩阵中，任意行向量进行逻辑或运算的结果与矩阵中某个行向量相同的故障集合。

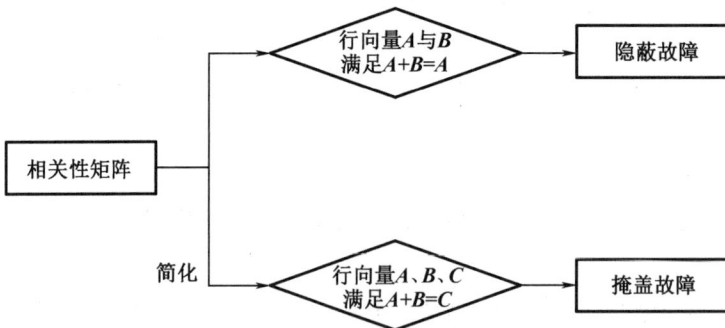

图 5-10　多故障分析方法

2. 动态分析

动态测试性分析是指根据指定的优化函数生成最优测试序列，同时计算故障检测率（fault detection rate，FDR）和故障隔离率（fault isolation rate，FIR）。

（1）故障检测率

故障检测率是指在规定的条件下，用规定的方法正确检测的故障数与故障总数之比，用百分数表示。

根据 FDR 的定义，可以构建故障检测率的统计模型如下：

$$FDR = \frac{N_D}{N_T} \times 100\% \tag{5-1}$$

式中　N_D——在时间 T 内正确检测到的故障数；

　　　N_T——故障总数，或在工作时间 T 内发生的故障数。

（2）故障隔离率

故障检测率是指在规定的条件下，用规定的方法将检测到的故障正确隔离到不大于规定模糊度的故障数与检测到的故障总数之比，用百分数表示。

根据 FIR 的定义，可以构建故障隔离率的统计模型：

$$FIR = \frac{N_L}{N_D} \times 100\% \tag{5-2}$$

式中　N_L——在规定条件下用规定方法正确隔离到不大于 L 个可更换单元数的故障数，L 为隔离组内的可更换单元数，即模糊度；

　　　N_D——在时间 T 内正确检测到的故障数。

当模糊度为 1 时，称之为唯一性隔离；当模糊度大于 1 时，称之为模糊性隔离。

（3）加权故障检测率

除了根据相关性矩阵行向量计算检测率和隔离率外，还有一种方法也能预计指标。即根据每种故障源的实际故障率计算检测率和隔离率。其公式如下：

$$FDR = \frac{\lambda_D}{\lambda} = \frac{\sum \lambda_{Di}}{\sum \lambda_i} \times 100\% \tag{5-3}$$

式中　λ_D——被检测出的故障模式的总故障率；

　　　λ——所有故障模式的总故障率；

　　　λ_{Di}——第 i 个被检测出的故障模式的故障率；

　　　λ_i——第 i 个故障模式的故障率。

（4）加权故障隔离率

$$FIR = \frac{\lambda_L}{\lambda_D} = \frac{\sum \lambda_{Li}}{\sum \lambda_{Di}} \times 100\% \tag{5-4}$$

式中　λ_L——可隔离到不大于 L 个可更换单元的故障模式的故障率之和；

　　　λ_D——被检测出的故障模式的总故障率；

　　　λ_{Li}——可隔离到不大于 L 个可更换单元的故障中第 i 个故障模式的故障率；

　　　λ_{Di}——第 i 个被检测出的故障模式的故障率。

（5）虚警率预计

虚警是指 BIT 或其他检测手段指示 UUT 有故障，而实际上并不存在故障的现象。虚警率（fault alarm rate，FAR）是指在规定的时间内发生虚警数与同一时间内故障指示（报警）总数之比,用百分数表示。本指标在测试性建模分析软件中一般没有预计。

根据 FAR 的定义,可以构建虚警率的统计模型如下:

$$\text{FAR} = \frac{N_{\text{FA}}}{N} = \frac{N_{\text{FA}}}{N_{\text{F}} + N_{\text{FA}}} \times 100\% \qquad (5-5)$$

式中 N_{FA}——虚警次数;

$\quad\quad N_{\text{F}}$——真实故障指示次数;

$\quad\quad N$——故障指示(报警)总次数。

3. 诊断策略生成

诊断策略是结合约束、目标及其他相关要素优化实现装备故障诊断的一种方法,用于确定故障隔离的步骤或顺序。在测试性建模软件中,按照 IEEE 1232 规定的诊断树文件给出,同时也符合 GJB 6600 规定的数据模块文件要求。

5.3.6 测试性建模输出案例

按照 5.3.5 节所述方法,采用 TestabilityDesigner 软件对某舰船轴系建模后,得出图 5-11 所示测试性建模预计输出。

轴系→轴系 测试性分析报告

测试选项

诊断策略搜索算法	=AO*
测试费用权值	=50.00%
费用时间比	=1.00
故障隔离的级别	=故障模式
系统完好率	=1.00%
系统平均无故障时间	=100.00小时

系统统计信息

故障源数量	=49
测试数量	=51
开关数量	=0
机内自测试数量	=0
依赖关系数量	=166
不同级别的模块数量	级别1=33;级别2=49

测试算法统计信息

没有被使用的测试数量	=17
模糊组数量	=35
生成诊断策略树的结点数量	=69
测试序列有效性	=16.46

测试性质量图

故障检测率	=77.55%(未加权:77.55%)
故障隔离率	=62.63%(未加权:62.00%)
平均模糊组大小	=3.29
平均隔离费用	=0.00
平均隔离时间	=0.00
平均检测费用	=0.00
平均检测时间	=0.00

模糊组大小直方图

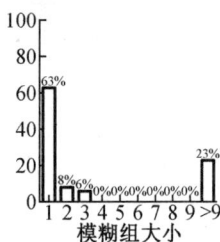

诊断测试情况直方图

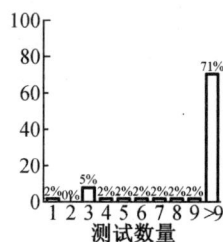

图 5-11 测试性建模预计输出举例

5.4 测试性设计准则

5.4.1 概述

测试性设计准则是为了将舰船总体和系统/设备的测试性要求及使用和保障约束转化为具体的产品设计而确定的通用或专用设计准则。确定合理的测试性设计准则,并严格按准则的要求进行设计和评审,就能确保装备测试性要求落实在装备设计中,并最终实现这一要求。

舰船测试性设计准则涉及的主要内容包括四个方面:测试要求和数据,固有测试性和兼容性,机内测试(BIT)设计,设备、电路。

5.4.2　测试性设计准则的制定程序

测试性设计准则的制定程序如图 5-12 所示。测试性设计准则在方案设计阶段就应着手制定。方案设计评审时,应提供一份将要采用的测试性设计准则,随着方案设计向技术设计的推进,不断改进和完善该准则,并在施工设计开始之前最终确定其内容和说明。

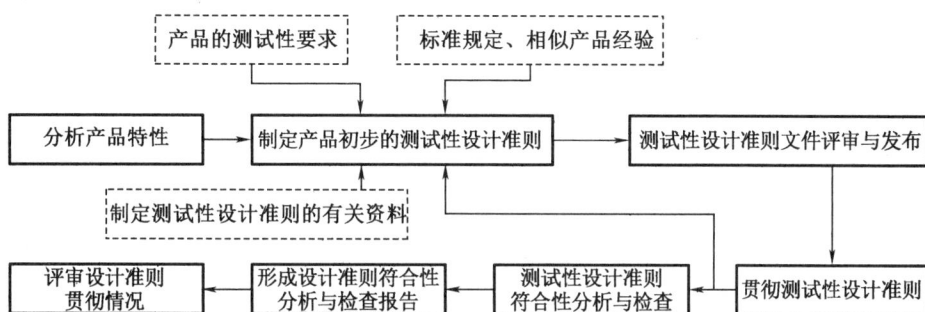

图 5-12　测试性设计准则的制定程序

5.4.3　测试性设计准则的基本内容

1. 术语

(1)被测单元(unit under test,UUT)

被测单元是指被测试的任何系统、设备、部件、元器件的统称。

(2)机内测试(built-in test,BIT)

机内测试是指系统或设备内部提供的检测和隔离故障的自动测试能力。完成 BIT 功能的装置称为机内测试设备(BITE)。BIT 分为加电 BIT、周期 BIT、维修 BIT,说明如下:

①加电 BIT

加电 BIT 主要用于在执行任务(如航渡)之前检查系统/设备的工作状态是否正常,能否投入正常运行,给出通过或不通过的指示。接通电源后,系统或设备会自动启动规定的测试内容,对自身主要功能部件进行自检,不需要外部提供信号。

②周期 BIT

周期 BIT 又称在线 BIT,主要用于执行任务过程中周期性地或持续地监测系统/设备的关键功能。在线 BIT 在系统/设备运行的整个过程中是不间断的,即从系统/设备开始加电到电源关闭之前都将持续运行。在线 BIT 不会干扰系统/设备的正常运行,也不需要外部激励信号。

设备的在线 BIT 电路应能持续地监控自身的工作状况,以及外围设备(如传感器、天线或与其他系统的外部接口等)的工作状况,一旦发生故障,设备应能通过数据总线向系统、总体发送故障信息(包括维护信息代码、故障类型等)。

③维修 BIT

维修 BIT 是主要用于中继级、基地级维修进行故障诊断、隔离的一种检测接口。

(3)测试点

测试点是测试系统用的电气连接点,包括信号测量、输入测试激励和控制信号的各种连接点。它是故障检测和隔离的基础,根据设置位置和用途的不同,测试点可分为:外部测试点和内部测试点;有源测试点和无源测试点;等等。

①外部测试点

外部测试点是指引到系统(如 LRU 级产品)外部可与 ATE 连接的测试点,用于测量系统输入/输出参数,加入外部激励或控制信号,进行性能测试、调整和校准。利用外部测试点可以检测系统故障,并把故障隔离到系统的组成单元。这类测试点一般引到专用检测插座或 I/O 连接器上。

②内部测试点

内部测试点是指设置在系统内组成单元(如 SRU)上的测试点。当外部测试点模糊隔离、达不到 100%的故障隔离时,可利用内部测试点做进一步的测试;此外,SRU 作为下一级维修测试的系统,其测试点可用作外部测试点。SRU 的测试点可设在 SRU 边缘、内部规定位置和 I/O 连接器上。

③有源测试点

有源测试点是指允许在测试过程中对电路内部过程产生影响和进行控制的测试点。有源测试点的选择应保证只需在有源测试点的输入上施加有限的测试矢量就能精确地确定电路状态,测试点的数量应保证安排合理、故障覆盖能力最佳。

④无源测试点

无源测试点是指在电路中某些节点上可以提供测试对象瞬间状态的测试点。无源测试点仅用于观察电路内部情况,不能检测对内部的影响及其外部行为。

(4)总体测试性设计

总体测试性设计是指设计出舰船总体能及时、准确地确定其自身的状态(可工作、不可工作或性能下降)并隔离舰船内部故障的一种性能或功能。舰船的测试性所设计的这种性能或功能由全舰 PHM 完成,包括总体测试性设计、系统测试性设计、设备测试性设计。

(5)系统测试性设计

系统测试性设计是指系统在其设备固有测试性设计的基础上添加必要的传感器完成系统的状态监控,从而由全舰 PHM(或系统级 BITE)完成故障诊断的测试性设计。

(6)设备测试性设计

设备测试性设计是指仅取决于设备硬件设计,不依赖于测试激励和响应数据的测试性设计。

2. 准则分类

测试性准则依据舰船装备的层次分为总体、系统、设备和部件类的设计准则。根据标准,其准则条款的适用范围见表 5-7。

表 5-7　测试性准则条款适用范围

准则条款	总体	系统	设备	部件
1. 测试要求和数据				
1.1 测试与诊断要求	√	√	√	√
1.2 诊断方案	√	√	√	
1.3 总体级和系统级 BIT	√	√		
1.4 性能与状态监控	√	√	√	
1.5 测试数据和资料	√	√	√	√
2. 固有测试性和兼容性				
2.1 测试控制		√	√	√
2.2 测试通路		√	√	√
2.3 结构与功能划分	√	√	√	√
2.4 电子功能结构设计			√	√
2.5 测试点	√	√	√	√
2.6 测试总线设计与选用	√	√	√	
2.7 传感器				
2.8 信息显示	√	√	√	
2.9 电连接器		√	√	
2.10 UUT 与外部测试的兼容性设计	√	√	√	
3. 机内测试(BIT)设计				
3.1 BIT 功能		√	√	√
3.2 BIT 软硬件设计		√	√	√
3.3 BIT 数据存储、传输、指示和导出设计		√	√	√
3.4 减少虚警的设计	√	√	√	√
4. 设备、电路				
4.1 光电设备设计			√	√
4.2 模拟电路设计			√	√
4.3 数字电路设计			√	√
4.4 射频电路设计			√	√

3. 测试性准则要求内容

针对表 5-7 准则条款要求,主要准则内容如下。

(1)测试与诊断要求

①针对不同维修级别的诊断对象,应明确相应的故障诊断与隔离技术手段,如加电 BIT、周期 BIT、维修 BIT(视情研制 ATE、PMA)、人工测试;

②应根据扩展 FMECA 分析结果、任务分解重要度等因素,采取总体级、系统级、设备级故障诊断和隔离策略;

③每个维修级别上,应保证测试资源与人力和人员、培训和技术资料相匹配。

（2）诊断方案

①系统、设备的嵌入式诊断设计应满足总体级 PHM 的接口协议要求;

②应权衡诊断方案与性能监控、外部诊断用的 PMA、ATE 等协调及资源分配。

（3）总体级与系统级 BIT

①总体级测试系统（PHM）应能采集、处理系统及其组成部分的 BIT 信息、性能监控信息;

②应实现故障分级处理,根据影响任务的严重程度对故障进行分级告警,包括警告、注意和提示。

（4）性能与状态监控

①应根据用户要求、扩展 FMECA、测试性设计模型确定系统监控的关键功能;

②应保证来自被监控系统或设备的数据传输与总体 PHM 系统相兼容,系统或设备的监控信号的输出应符合总体 PHM 系统的接口协议;

③针对机械类装备渐变型故障,应将损伤的装备与性能监控结合,应设置预防维修监控功能（如燃油分析、减速器破裂、裂纹）。

（5）测试数据与资料

①UUT 的测试需求文档,应满足 GJB 3966 规定的要求;

②每个测试参数,应明确信号测试容差的范围;

③每个测试应包括测试流程图,图表之间的连接标志应清楚。

（6）测试控制

①为检测和隔离 UUT 故障,应设置专用的测试输入信号、数据通路或电路,如对时钟线、清零线、反馈环路的断开以及三态器件的独立控制;

②在电路设计中应提供重要故障注入或模拟的控制措施,以便于测试性试验的实施。

（7）测试通路

①应使用连接器的备用插针,为综合化的外部自动设备测试提供附加的内部节点数据;

②信号线和测试点应设计成能驱动测试设备的容性负载;

③应提供使测试设备能监控印制电路板上的时钟并与之同步的测试点;

④电路的测试通路点应位于高扇出点上;

⑤应采用缓冲器和多路分配器保护那些因偶然短路而可能损坏的测试点;

⑥当测试点是锁存器且易受反射信号影响时,应采用缓冲器。

（8）结构与功能划分

①每个被测功能所涉及的元件应安装在一块电路板上;

②应能对印制电路板上的不同功能进行独立测试;

③数字电路和模拟电路应能分别进行测试。

（9）电子功能结构设计

①印制电路板上的元器件布局应便于元器件识别,每个 UUT 标志清晰;

②元件之间应留有足够放置测试探针的空间;

③连接器插针的布置应保证结构相邻的插针短路不会造成损坏或损坏程度最小;

④电源和接地线应尽可能包括在 I/O 连接器和测试连接器上;

⑤UUT 的预热时间应尽可能短,以便使测试时间最短;

⑥插头的机械编码应可由测试连接器重写,以减少所需的测试连接器的数量。

(10)测试点

①测试点的位置和数量应根据测试性建模的结果进行设置;

②外部故障诊断测试点必须连接到外部连接器上;

③测试点应能保证连接测试设备以后 UUT 性能不受影响;

④测试点的设计应保证人员安全和设备不受损坏。

(11)测试总线设计与选用

①对于系统总线可同时满足任务和测试通信要求的系统,应利用系统总线传输数据;

②对测试数据要求高的系统,应设计专用可靠的测试总线;

③总线的布局和连接应方便故障注入。

(12)传感器

①应优先选用无源传感器;

②应优先选用不需要校准的传感器;

③传感器的故障不应影响系统的正常工作。

(13)信息显示

①系统/设备的故障诊断结果应可以通过总体级 PHM 实现集中显示;

②故障信息应按照故障影响程度分级显示,采用警告和注意方式提醒;

③LRU 的故障指示器的电源中断时,应能保持最近的测试结果。

(14)电连接器

①器件连接器的针脚布局应采用标准形式,电源电压信号、数字与模拟信号的触点的安排应与集成电路中的类似;

②高压或高频信号输出端应优先安排在连接器中间,以便使电磁干扰最小;

③相同类型的连接器应进行编号,以避免错误连接或损坏。

(15)UUT 与外部测试的兼容性设计

①为了减少或消除大量的专用接口装置,UUT 在电气上和结构上应与 ATE 相兼容;

②对测试点的设计应有足够的接口能力,如适应 3 m 长连接电缆的阻抗,保证 ATE 的测量信号不失真,并且不影响 UUT 的工作。

(16)BIT 功能

①BIT 应能区分系统/设备的功能故障与 BIT 电路故障;

②BIT 应能将被测对象数据与测试数据分开。

(17)BIT 软硬件设计

①当没有微处理器时,应采用 BIT 硬件;当有微处理器时,应优先采用 BIT 软件。

②BIT 电路和装置的故障率不得超过被测设备的故障率的 10%。

(18)BIT 数据存储、传输、指示和导出设计

①BIT 检测到的故障信息应存入非易失存储器;

②各级 BIT 应明确需要存储和上报的信息内容。

（19）减少虚警的设计

①BIT 设计时应注意区分系统/设备故障的特性和系统/设备在允许范围内的特性，如电源在允许的容差范围内波动是允许的，而不是故障；

②BIT 判定故障不应是一次检测的结果，应是在一段时间间隔内信号有效值综合得到的结果；

③应对 BIT 结果进行滤波和延时，以便使系统/设备在识别故障状态前处于稳定状态。

（20）光电设备设计

①应设有光分离器和光耦合器；

②应能自动进行轴线校准；

③应有适当的滤波措施以达到光线衰减要求。

（21）模拟电路设计

①每一级分立的有源电路应至少引出一个测试点到连接器上；

②每个测试点应经过适当的缓冲或与主信号通道隔离，以避免干扰；

③激励信号的上升时间或脉冲宽度应与测试设备相兼容。

（22）数字电路设计

①数字电路应设计成主要以同步逻辑电路为基础的电路；

②所有不同相位和频率的时钟应来自单一主时钟；

③所有存储器应都用主时钟导出的时钟信号来定时；

④应避免使用阻容单稳触发电路和依靠逻辑延时电路产生定时脉冲。

（23）射频电路设计

①射频发射机使用外部测试设备时，需要特定的微波暗室或者其他特殊措施，以保障测试时的安全；

②射频电路必须具有良好的电磁兼容性。

5.4.4　测试性设计准则符合性检查

舰船各专业设计人员应在舰船技术设计阶段针对设计图纸进行测试性设计准则符合性检查，逐条检查测试性设计准则中的各项要求是否已在设计图样和技术文件中有相应的设计措施，根据检查结果编制测试性设计准则符合性检查报告。

5.5　测试性试验与评价

5.5.1　概述

在产品设计研制过程中，为了确认测试性设计与分析的正确性，识别设计缺陷，检查研制的产品是否完全实现了测试性设计要求，需要进行测试性试验与评价，完成测试性的验证。

在使用阶段,为了评价产品实际达到的测试性水平,提供改进产品测试性的建议,实现使用阶段的测试性增长,需要进行测试性使用评价。

测试性试验与评价内容一般包括测试性定量设计试验与评价、测试性设计定性评价和测试性设计工作评价。

5.5.2 测试性定量设计试验与评价

测试性定量设计试验与评价考核的内容包括技术规格书中规定的指标验证,有关产品测试性试验定量考核的试验步骤如下:

(1)初步样本量的确定;

(2)初步样本量的分配;

(3)样本量的补充;

(4)试验样本的选择;

(5)备选试验样本库的建立;

(6)指标评估。

以上步骤在工程上以装备测试性试验大纲、装备测试性试验报告形式完成。

1. 初步样本量的确定

按照最低可接受值试验方案利用式(5-6)进行计算得到满足条件的一组样本量(N, C),在多组样本量中选取大于 $\sum n_i$ 的最小值作为初步样本量 N_1。如果 $\sum n_i \geq N_1$,则在多组样本量中选取大于 N_1 的最小值作为初步样本量 N_1。

$$\sum_{F=0}^{C} \binom{N}{F} (1 - q_{1(FD)})^F q_{1(FD)}^{N-F} \leq \beta \tag{5-6}$$

式中 $\sum n_i$ ——受试产品相应层级故障模式总和;

     N——样本量;

     C——试验判定数;

     β——订购方风险,这里给定 $\beta = 0.2$;

     $q_{1(FD)}$——协议书中签订的相应的指标值。

对于 LRU 级产品,以一级测试性指标和二级测试性指标两者中的较大值作为依据,计算初步样本量。

2. 初步样本量的分配

初步样本量 N_1 确定完后,采用按比例简单随机抽样的方法进行抽样,从而得到各故障样本的样本量。具体分配方法参见 GJB 2072。

3. 样本量的补充

(1)当 $\sum n_i \leq N_2$ 时,初步样本量分配结束后,补充其余未分配到样本量的故障模式。每个故障模式补充的样本量为 1。

(2)当 $\sum n_i > N_2$ 时,初步样本量分配结束后,优先补充严酷度高、故障率高且未分配到样本量的故障模式。每个故障模式补充的样本量为 1,直至分配到样本的故障模式数与补充到样本的故障模式数之和为 N_2。

4. 备选试验样本库的建立

基于样本的分配及补充结果，针对所有检测手段为非人工检测的故障样本，首先要分析其故障原因，确定可用于执行故障注入的备选的试验样本，原则上一个故障模式备选的试验样本数应大于或等于其分配到的样本量。对于 SRU 级故障模式，备选试验样本应尽量覆盖所有功能电路。其次要确定每一个备选样本的试验样本量。试验样本量的确定应综合考虑覆盖性、故障率和易操作性。

如果一个故障模式没有任何能够注入的备选的试验样本，则需说明不可注入的原因，并直接采用故障样本作为试验样本。

对于检测手段为人工检测的故障样本，原则上可不执行故障注入，直接采用故障样本作为试验样本。

将所有备选试验样本形成备选试验样本库。

5. 试验样本表的建立

从备选试验样本库中选择样本量为非零的试验样本，形成试验样本表。

6. 指标评估

试验结果的评估包括故障覆盖率、故障检测率和故障隔离率的评估。将不可注入故障审查结果和故障注入数据合并在一起进行评估。

（1）故障检测率

①点估计

设用规定的检测手段成功检测到的样本量为 N_S，故障检测率的点估计值为

$$\text{FDR}_P = \frac{N_S}{N_1} \times 100\% \tag{5-7}$$

②单侧置信下限

$$\sum_{j=0}^{N_1-N_S} C_{N_1}^j (1 - \text{FDR}_L)^j \text{FDR}_L^{N_1-j} = 1 - C \tag{5-8}$$

式中　N_S——试验检测成功总次数；

　　　C——置信度。

当一个备选样本存在多种 BIT 检测手段时，只要有一种 BIT 能够成功报出故障，则该试验样本记为 BIT 能够检测。

对于 BIT 而言，错报（报出的故障码与大纲检测判据中的故障码不一致，但其包含在设备文件的故障码定义中）、多报（报出的故障码比大纲检测判据中的故障码多，且其包含在设备文件的故障码定义中）、漏报（报出的故障码只包含了大纲中检测判据中的部分故障码）算检测成功，但作为遗留问题。

（2）故障隔离率

①点估计

设用规定的检测手段正确隔离到模糊组为 L 的次数为 N_L，故障隔离率的点估计值为

$$\text{FIR}_P = \frac{N_L}{N_S} \times 100\% \tag{5-9}$$

②单侧置信下限

$$\sum_{j=0}^{N_S-N_L} C_{N_S}^j (1-FIR_L)^j FIR_L^{N_S-j} = 1-C \qquad (5-10)$$

式中　N_S——试验检测成功总次数;
　　　N_L——正确隔离到模糊组为 L 的次数;
　　　C——置信度。

5.5.3　测试性设计定性评价

测试性设计定性评价的主要内容示例见表 5-8。

表 5-8　测试性设计定性评价主要内容

序号	测试性技术设计	测试性定性评价原则	评分标准	得分
1	系统固有测试性设计要求　功能与结构划分应保证系统/设备具有良好的可测试与可隔离特性	(1)功能划分原则 一个可更换单元最好只实现一个功能,如果在一个可更换单元实现多个功能应保证能对每个功能进行单独测试。 (2)结构划分原则 ①有利于故障隔离; ②被测单元的最大插针数与自动测试设备接口能力一致; ③在不影响功能划分的基础上,尽量使模拟电路和数字电路分开; ④尽量将功能不能明确划分的一组电路装在同一个可更换单元中	10	
2		(1)测试点选择应从系统级到 SRU 级,按性能监控和维修测试要求统一考虑。 (2)通过对系统/设备功能关系进行分析,设置故障检测所必需的测试点。同时对系统/设备故障隔离到 LRU 或 SRU 的技术途径进行分析,合理确定故障隔离所必需的测试点。 (3)应在满足故障检测和隔离要求的前提下,对测试点进行优化,使之达到最少配置。 (4)应结合扩展 FMECA 结果检查对故障影响系统任务或武器装备安全的单元及故障率高的单元是否设置了必要的测试点。 (5)系统或设备检测所需测试点的外部接口,应尽可能集中或分区布局。外部接口的测试点针脚排列应有利于进行逻辑和顺序测试。 (6)应结合指标预计检查测试点设置是否满足各种故障检测和隔离的需要	20	

表 5-8(续)

序号	测试性技术设计		测试性定性评价原则	评分标准	得分
3	系统固有测试性设计要求	应合理选择测试参数	(1)对备选的测试点,应进行测试参数分析,确保测试参数对系统或设备工作状态和性能监控的灵敏度。 (2)选取的测试参数应具有可观测性和明确的参数容差界限。 (3)BITE 测试参数容差应适当宽于自动测试设备的测试参数容差,尽可能降低测试的"重测合格率"	10	
4		测试控制方案应能够实现故障检测和故障隔离的有关要求	(1)系统/设备应具有明确的可预置初始状态,以便于故障隔离和重复测试。 (2)系统/设备应提供专用测试所需的激励信号和输入数据通道或电路,以便进行性能检测和故障隔离。 (3)测试流程覆盖的产品故障模式应该能够达到规定的指标要求	20	
5	检测装置设计要求	内部检测装置(BITE)应能够满足武器装备、设备故障检测与隔离的有关要求	(1)武器装备内部检测装置(BITE)布局应采取"分布-集中式"。 (2)武器装备 BITE 的检测数据和信息经显控管理机(DCMP)处理后,应根据故障等级分别在平显(HUD)和多功能显示器(MFD)上予以显示,并传送到数据传送设备(DTE)予以记录。 (3)系统/设备的 BITE 应具有三种 BIT 工作方式:加电 BIT、周期 BIT 和维修 BIT。对各种 BIT 方式的设计,应突出其检测特点和检测覆盖程度,确保达到规定的故障检测和隔离率以及故障检测和隔离时间要求。 (4)BITE 的故障率不应超过被测对象故障率的 10%,BITE 故障不应影响被测对象的正常工作。 (5)BITE 应用软件应按软件工程要求进行开发。 (6)BITE 设计应考虑其在外场不需要标定或校准	20	
6		外部检测装置设计应尽可能提高综合化程度和与被测单元的接口兼容性	(1)应在系统或设备功能、性能检测及故障诊断需求分析的基础上,对武器装备外部检测装置进行综合规划,尽可能设计和开发综合化和自动化程度比较高的地面测试系统。 (2)应充分利用被测单元(UUT)可测试资源,确保在最低限度的测试激励资源条件下,对系统或分系统、设备的工作状态进行检查或故障检测,并快速、准确地将系统故障隔离到 LRU 或 SRU。 (3)外部检测装置设计应考虑与被测单元 BITE 的兼容性。 (4)利用 ATE 进行 LRU 故障检测和隔离时,应不需要其他 LRU 的激励,所有激励生成和响应监控原则上应由 ATE 完成。 (5)ATE 与 UUT 应具有良好的接口兼容性,尽可能减少接口适配器数量	20	

5.5.4　测试性设计工作评价

测试性设计工作的评价内容主要包括测试性准则、功能和结构划分、BIT 输出形式、测试性指标设计等,评价方式为专家打分。

测试性设计工作评价方法示例见表 5-9。

表 5-9　测试性设计工作评价方法

序号	项目	评分内容	评分标准	得分
1	总体方案及产品的概述	是否可以监控产品的性能和状态并进行故障的检测和隔离	1	
		说明可实现的 BIT 工作方式	3	
		测试性设计(可结合功能框图和测试流程图进行说明,对含天线的产品要说明天线的检测方式和使用的检测仪器)	2	
		测试结果的显示控制	2	
		测试性设计与其他专业的接口	1	
2	测试性设计准则	确定测试性设计准则[可依据 GJB 2547、GJB/Z 190]给出的测试性准则进行剪裁和补充)	3	
3	功能和结构划分	给出设备的 LRU、SRU 的划分	5	
4	测试点设计	依测试点设置原则确定测试点,填写 LRU 各 SRU 的测试点定义表,确定测试点与测试方式的对应关系	6	
5	BIT 输出形式	确定 BIT 结果的输出内容和形式	5	
6	检测输出形式	确定 SRU 具体输出的内容和形式,填写对 SRU 的测试输出的故障信息表	5	
7	故障信息存储和输出	明确周期 BIT 故障信息存储方式及调出信息的手段	5	
8	测试接口	对外部测试设备的接口,尤其是 ATE 的专用接口进行分析说明(可结合填写测试信号接口表说明)	5	
9	虚警率	说明防止、降低虚警的措施	5	
10	测试时间	说明 BIT 的故障检测、隔离时间	5	
11	固有测试性设计评价	通过填写固有测试性核对表,对照测试性设计准则评价设备的固有测试能力	5	
12	测试性建模及指标预计	预计的基本规则和假设合理	5	
		明确电子元器件的故障率来源	5	
		量化参数值选取合理	5	
		预计模型及预计方法合理	5	

表 5-9(续)

序号	项目	评分内容	评分标准	得分
12	测试性建模及指标预计	结合 LRU 测试性预计工作单和产品测试性预计工作单进行指标预计,得出故障检测率(FDR)、故障隔离率(FIR)的预计值	14	
		对比测试性指标的要求和预计结果,评价产品 BIT 能力。分析说明 BIT 设计存在的问题、解决措施及改进建议	4	
13	测试性分析的结论和建议	分析总结测试性设计情况,对存在的问题提出下一步解决措施,阐述测试性工作建议	4	
		合计:	100	

审阅意见:

第6章 安全性分析与设计验证

6.1 概 述

6.1.1 安全性相关基本概念

1. 安全性(safety)

我国军用标准《舰船通用规范》(GJB 4000—2000)对安全性的定义为:安全性是舰船不发生事故的能力,可用事故风险度量。舰船最严重的事故是发生不可逆转的火灾、爆炸,造成船沉人亡。安全性的设计目标是消除舰船总体、系统、设备中的危险或将风险减少到军方可接受的水平。安全性是产品的固有特性,表示产品在规定的条件下,以可接受的风险执行规定功能的能力。安全性是可以通过设计赋予的,是产品必须满足的设计要求。

2. 事故(mishap)

舰船事故是指在舰船上发生的造成人员伤亡或职业病、设备损坏或财产损失的一个或一系列的意外事件。

3. 危险(hazard)

《装备安全性工作通用要求》(GJB 900A—2012)对危险的定义为:可能导致事故的状态。安全的对立面是危险,有危险的存在就有可能出现事故,对安全就有潜在的威胁,因此研究安全的实质是研究危险。

4. 风险(risk)

风险是指任何影响预定目标实现的障碍或威胁因素,它包括了事故可能性和事故严重性。一般用危险可能性和危险严重性来表示事故的可能程度。风险又分为可接受风险和不可接受风险。

5. 事故严重性(mishap severity)

事故严重性是指事故发生后的严重程度,一般用严重等级来描述。

6.1.2 安全性设计基本流程

基于系统工程的安全性设计基本原理,为保证舰船研制满足预期的安全性要求,在研制过程中应开展安全性设计。安全性设计基本流程如图6-1所示,主要包括安全性通用分析与设计、安全性专项设计。

1. 安全性通用分析与设计

(1)安全性要求论证

首先要确定安全性设计目标,确定一个可以度量安全性的标准。对于舰船而言,保证舰员和装备的安全是第一位的,因此能导致舰员死亡或受永久性损伤的事件是灾难性的,是不可接受的。为此,需提出保证舰员和装备安全性的设计要求,以控制、评价舰船设计、生产、试验、使用过程中的安全性工作。

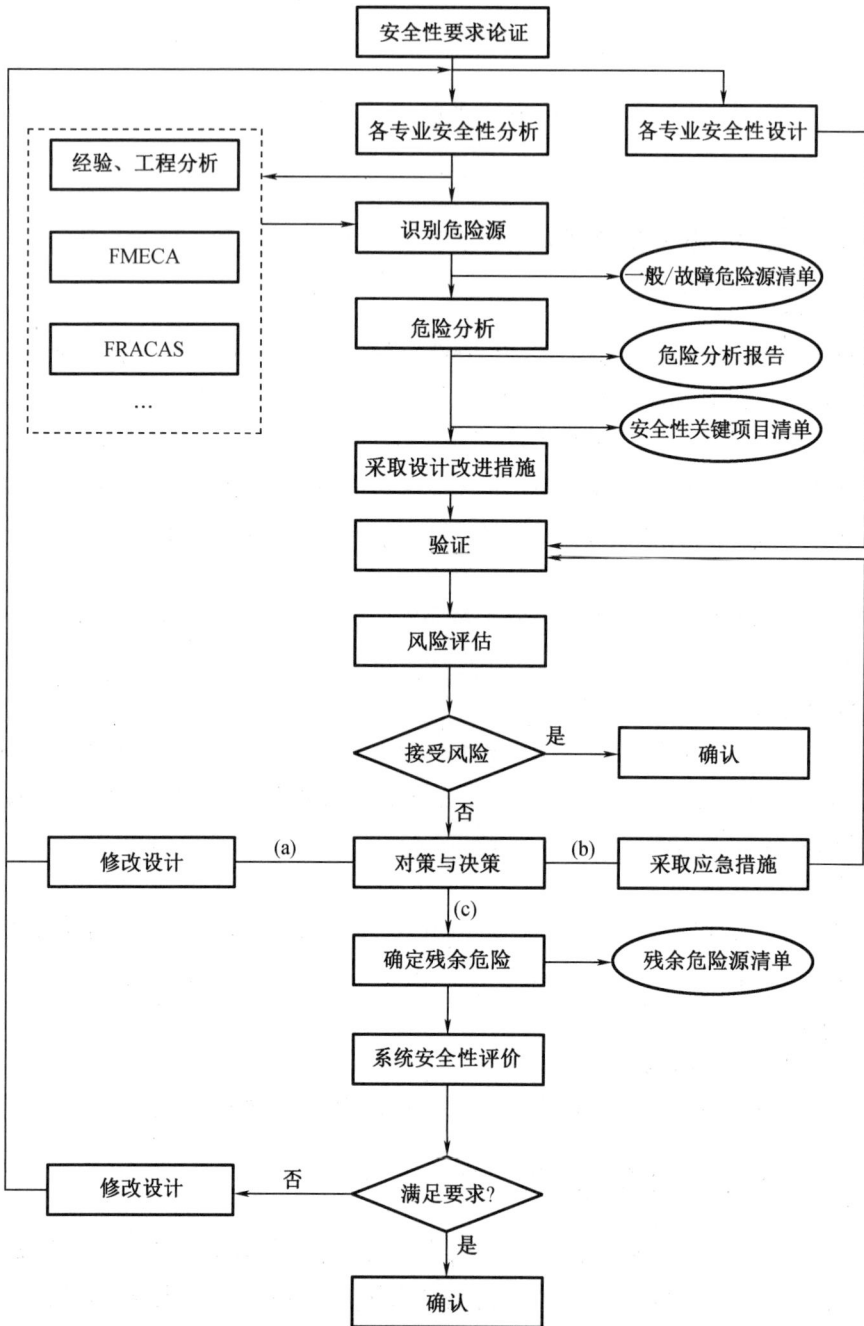

图 6-1　安全性设计基本流程

(2)装备分析

装备分析的目的在于了解舰船装备的功能及其组成、工作过程和使用条件。通常完成装备分析后可确定任务剖面。对舰员和装备安全性来说,确定任务剖面将有助于全面识别整个任务过程中对舰员安全构成威胁的危险事件。

（3）识别危险源

识别危险源是安全性工作流程中的关键环节。如果不能识别出所有的危险源,就不能充分地控制危险,则不可能保证舰船装备的安全性。因此应全面地识别已存在的和潜在的危险源,形成危险源清单,它是安全性分析的基础。

（4）危险分析

危险分析是在危险源清单的基础上,分析每一危险的原因以及对舰船的影响,以便使工程人员了解危险原因与危险后果之间的关系。当存在需要与其他系统协调解决的问题时,应填写系统间安全性协调问题清单。

（5）危险后果严重性评价

严重性评价是将上述分析结果对照危险严重性分类准则,将危险进行分类,明确哪些危险是灾难性的,哪些危险是严重性的,以确定要对哪些危险采取安全性措施,以消除或减少对系统的影响。通过这项工作完成一份安全性关键项目清单。

（6）确定消除或控制危险的措施

对于舰船总体、系统和设备,已明确为灾难或严重后果的危险项目,不管发生可能性大小,均要采取消除或控制危险的措施。首先要从设计上采取措施,要对照安全性设计准则修改设计,消除危险或将危险风险降低到可接受的水平。需要注意的是,不能将采取应急救生措施作为危险控制措施。

在某些情况下,如果对有灾难或严重后果的危险项目无法采取消除或控制危险的措施,则应按(8)进行风险评价与决策。

（7）验证

一旦控制措施明确,就应验证措施的有效性,即验证危险是否得到有效控制。

（8）风险评价与决策

危险的控制措施得到验证后,管理部门需要做出能否接受风险的决策。为此需要对照已确定的风险评价准则进行风险评价,确定该危险项的风险能否接受。如果可接受,则确认安全性满足要求。对不可接受的风险应提出对策,可能有以下三种对策:

①修改设计,重新考虑危险控制措施;

②采取应急救生措施,对应急救生措施的有效性也应实施验证;

③同意保留那些未采取控制措施,或虽然采取的控制措施不太完善但不再进行改进的危险项,按残余危险处理。

应对上述三项对策做出管理决策。

（9）确定残余危险

确定并汇总所有残余危险项。应将所有的残余危险形成清单,并说明理由。

（10）安全性评价与决策

舰船的安全性取决于系统中的残余危险。通过安全性评价确定舰船的安全性是否满足要求。管理部门据此决策是否批准开展后续工作。

2. 安全性专项设计与验证

安全性专项设计是指舰船设计过程中按专业分工要求所开展的安全性专业设计，例如舰船武备专业开展安全射界设计、火力兼容设计，舰船系统专业开展消防安全设计、核生化防护设计，等等。

6.2 工作范围

6.2.1 工作要求

舰船安全性设计要求主要是军方的论证要求和《装备安全性工作通用要求》(GJB 900)的有关规定。GJB 900规定了安全性工作与其他工作的协调、安全性管理、安全性设计与分解、安全性验证与评价、装备的使用安全、软件安全性等，如图6-2所示。

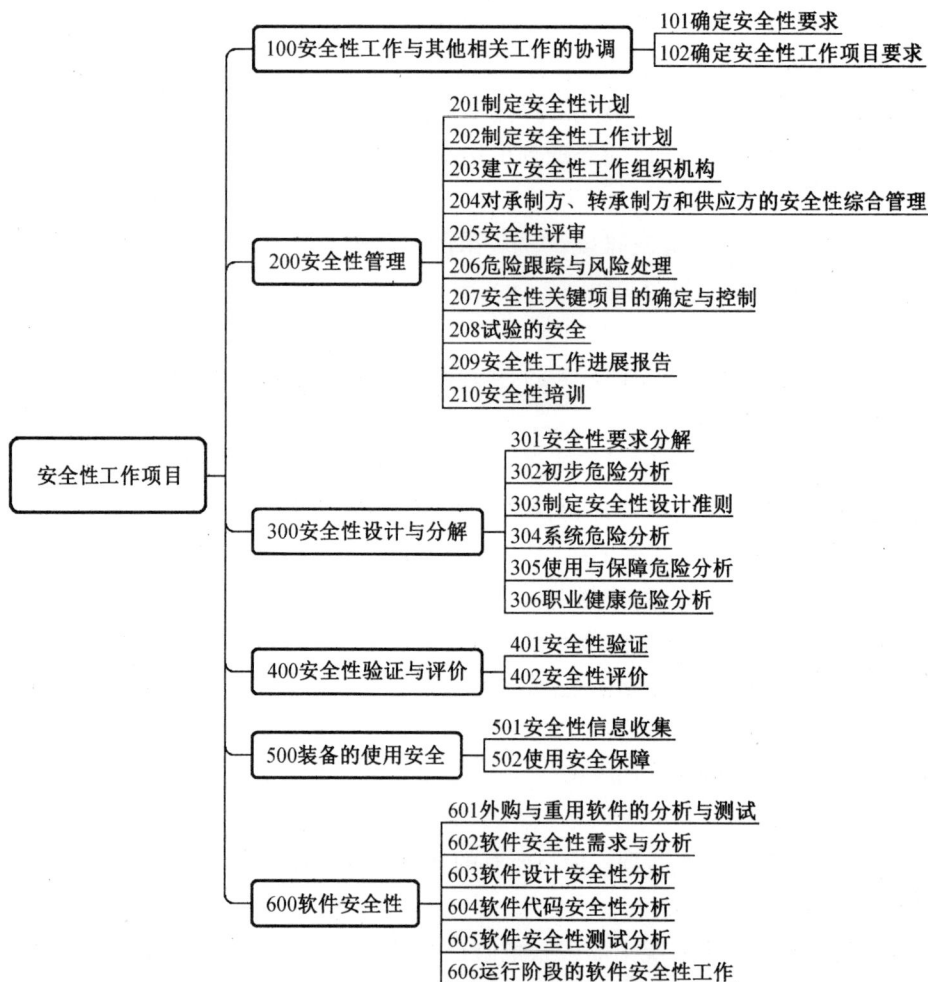

图 6-2 安全性工作项目

6.2.2　工作计划

按照军方的安全性要求、《装备安全性工作通用要求》中关于安全性工作项目的要求，确定各阶段中的总体、系统和设备安全性工作项目要求，舰船总体、系统和设备的安全性工作包括制定安全性工作计划、对转承制方和供应方的监督与控制、事故报告与调查、安全性培训、安全性设计、风险评价、设计准则编制、准则符合性检查、安全性试验与评价等。安全性工作项目表见表 6-1。

表 6-1 安全性工作项目表

序号	工作项目	工作类型	适用阶段					完成形式
			方案设计	技术设计	施工设计	建造试验	设计鉴定	
1	制定安全性工作计划	管理与控制	√					总体、系统、设备安全性工作计划
2	对转承制方和供应方的监督与控制		√	√	√	√		转承制方安全性要求；转承制方安全性设计技术报告；转承制方安全性评审结论
3	安全性评审		√	√	√	√		总体、系统、设备安全性评审结论
4	事故报告与调查		△	△	△	△		总体、系统、设备事故调查报告
5	安全性培训		√	√	√	√		培训记录
6	建立危险报告、分析和纠正措施系统	设计与分析	△	△	△	△		危险报告、分析和纠正措施系统
7	危险源识别		√	√	√	√		总体、系统、设备安全性设计报告
8	风险评价		√	√	√	√		总体、系统、设备安全性设计报告
9	制定安全性设计准则		√	√	√			总体、系统、设备安全性设计准则
10	安全性设计准则符合性检查			√	△	√		总体、系统、设备安全性设计准则符合性检查报告
11	安全性设计		√	√	√	√		各专业安全性设计计算报告
12	软件安全性设计		√	√	√	√		总体、系统、设备安全性设计报告
13	安全性验证与评估	验证与评估		√	△	△	√	总体、系统、设备安全性设计评估报告

注："√"表示均需开展的工作；"△"表示视情开展。

6.3　安全性分析

6.3.1　安全性分析方法

安全性分析方法通常可分为定性分析和定量分析两种类型。

定性安全性分析通常用于检查、分析和确定可能存在的危险以及可能的危险事故等。常用的定性安全性分析方法有一般危险分析法(GHA)、原因后果分析法(CCA)、故障模式–影响及危害性分析(FMECA)、故障危险分析(FHA)、使用及保障危险分析、危险分析检查单等。定量安全性分析可以用于检查、分析并确定危险、事故及其影响可能发生的概率,比较采用安全措施前后或更改设计方案前后的概率变化等。定量分析以定性分析为依据,常用的定量安全性分析方法有故障树分析(FTA)、事件树分析(ETA)和概率风险分析(PRA)等。说明如下:

1. 一般危险分析法

危险分析法可以根据舰船的任务要求和技术特性,分析识别舰船的总体、系统和设备中固有的、最基本的危险因素并进行初步危险风险评价。在初步危险分析中,应针对识别出的每一项危险(源),对其所引发的危险事件及后果做出详细说明,并在初步危险项目表中进行明确描述。

2. 故障模式、影响及危害性分析法

故障模式、影响及危害性分析是辨识产品在研制、生产或使用过程以及最终产品退役时所有可能失效的一种方法。“故障模式”指可能产生某些故障的方式或模式;“影响及危害性分析”指研究这些故障的后果或效应。

这些故障按照它们结果的严重度、发生频率以及被检测到的容易度优先排序。FMECA的目的是从有最高优先级的开始来采取预防控制措施消除或者减少故障。FMECA的结果可以提供有关可靠性、安全性等多方面的信息。

3. 原因后果分析法

原因后果分析法把事件树“顺推”的特点和故障树“逆推”的特点融为一体,可以用于分析最终事故与许多可能导致事故的基本事件的关系。

4. 故障危险分析

故障危险分析用于确定系统和分系统各部件危险状态及其发生的原因,以及对系统和分系统及其使用的影响。它可以作为故障树分析等其他分析方法的辅助分析工具。

5. 使用及保障危险分析

使用与保障危险分析主要用于装备使用操作、贮存、运输等过程中的危险分析。

6. 危险源检查单法

危险源检查单法主要是对照机械危险、电气危险、化学危险、生理危险、着火及爆炸解除、加速度危险、冷热危险、压力危险、辐射危险、毒性材料危险、振动噪声危险等危险条目列成检查单的形式,并在设计中逐一核对检查的设计方法。

7. 事件树分析

事件树分析是从给定的一个初始事件的(故障或事故)开始顺推,按时间进程进行逻辑分析,逐步推导最终后果,可以用于定性与定量地评价产品、系统或分系统的安全性,并由此做出正确的决策。

8. 概率安全性评价

概率安全性评价是一种用以辨识与评估复杂技术系统风险的结构化、集成化的逻辑分析方法,能够帮助我们辨识出复杂技术系统中占主导地位的风险因素及其相对值,揭示资源分配的优先顺序,在给定可用资源的约束前提下进行结果的优化。

工程上常见的有一般危险分析、故障危险分析、使用及保障危险分析、区域危险分析等。

6.3.2 一般危险分析

1. 危险物品分类

危险物品是指易燃、易爆、有毒、有腐蚀性及放射性危害的物质。世界各国对危险物品统一的分类方法是根据联合国国际海事组织所制定的分类标准,该标准称为 IMDG 规则,共分 9 类。原国家物资总局参照 IMDG 规则编制了《物资技术管理规程》,将危险品分为 10 类:

(1)爆炸品

爆炸品指具有易燃易爆性能,在受高热、摩擦、撞击或与其他物质接触后,能发生剧烈反应,产生大量气体和热量而引起爆炸的物品。

(2)氧化剂

氧化剂指具有强烈的氧化性能,当受潮湿、高热、摩擦、冲击或与易燃有机物和还原剂接触时,能分解而引起燃烧或爆炸的物质。

(3)压缩气体及液化气体

压缩气体及液化气体指以压缩气体或液体状态贮存于钢瓶或压力容器中的气体。

(4)自燃物品

自燃物品指即使不与明火接触,在适当温度下,也能发生氧化作用,放出热量,因热积累达到自燃而能引起燃烧的物品。

(5)遇水燃烧物品

遇水燃烧物品指遇水受潮能分解,产生易燃易爆或有毒气体,同时放出热量,引起燃烧或爆炸的物品。

(6)易燃液体

易燃液体指闪点及燃点较低,即使不与明火接触,在受热、撞击或与氧化剂接触时,也能引起急剧的、连续的燃烧或爆炸的可燃液体。

(7)易燃固体

易燃固体指燃点低,即使不与明火接触,在受热、撞击或摩擦以及氧化剂接触时,能引起急剧的、连续性的燃烧或爆炸的物品。

(8)剧毒品及有毒品

剧毒品及有毒品指具有强烈毒性/较强毒性,以少量接触皮肤或侵入人体内,即能引起中毒而造成直接死亡或引起局部刺激、中毒、甚至死亡的物品。

(9)腐蚀性物品

腐蚀性物品指具有较强腐蚀性,接触人体或其他物品后,能产生腐蚀作用,出现破坏现象,甚至引起燃烧、爆炸而造成重大伤害的物品。

(10)放射物品

放射物品指能自发地、不断地放射出人眼看不到的 χ、α、β、γ 等射线的物品。

2. 一般危险源分类

物质或设备本身存在着固有危险特性,如物质具有有毒、易燃易爆的性质;物质能量的释放,如电能、动能等;环境因素,如高温、低温、χ、β、γ 射线等,它们都可能造成危险源。这种危害是一个物理、化学过程,因此提出按物理现象将危险源分类。这些物理现象可以归结为能量造成危害的理论。

1966 年,美国运输部国家安全局哈登(Haddon)和吉布森(Gibson)提出了"生物体(人)受伤害的原因只能是某种能量的转移"这一观点,并提出了"根据有关能量造成伤亡事故的分类方法"。能量包括势能、动能、热能、化学、电能、原子能、声能、生物能等,它们具有做功的本领,但也能伤害人体、物体。因此,一个系统在其预期工作条件下工作,意外释放能量、危险物质(如毒物),就可能造成事故。这些能量、危险物质也就构成了危险源。考虑到有关条件、能源和系统特性或状态,参照《系统安全工程手册》(GJB/Z 99—97),将危险源分为 15 类,见表 6-2。

表 6-2 一般危险源分类表

序号	危险种类(物理现象)及子类
1	环境:设备周围的闪电、海浪、雨雪、大风,船外的风浪、暗礁、狭窄水道、浅水区等
2	热:机舱内的高温、蒸气管的传导、辐射,电子机柜的热交换,导弹燃气流等
3	压力:高压气瓶、高压液压管路等
4	毒性:灭火剂、制冷剂、抑制剂、导弹燃气流等
5	振动:水泵、油泵、发电机、空压机等高功率设备运动部件的撞击、舰炮压力波、船体自振等
6	噪声:舰上噪声超过 85 dB(A)的设备
7	辐射:舰载雷达等
8	化学反应:弹药分解、船体腐蚀等
9	污染:管路和设备中的杂质、霉菌阻塞通道,造成流动不畅,导致局部压力升高;水污染、空气污染、核污染等
10	材料变质:船体结构因腐蚀、持久应力、振动、疲劳使材料强度削弱、材料失效或变质等
11	燃烧:油类、舰上的装修材料等
12	爆炸:弹药、主锅炉、弹射装置的液压系统等
13	电气:船用电气设备、静电、雷电等
14	加速度:由于典型武器发射产生的强冲击引起船体结构和设备失效等
15	机械的:舰上锅炉、压力容器被碰撞,水泵、发动机卡住等

3. 舰船一般危险源识别方法

一般危险分析法可以根据舰船的任务要求和技术特性,分析识别舰船的总体、系统和设备中固有的、最基本的危险因素并进行初步危险风险评价。在一般危险分析中,应针对识别出的每一项危险(源),对其所引发的危险事件及后果做出详细说明,并在一般危险项目表中进行明确描述。

一般危险分析法可以把大系统分割成若干个小的子系统并最终落实到具体的设备,将检查项目按系统或分系统的顺序编制成表,以便进行检查和避免漏检查。

一般危险分析法通常用来识别一般危险,并形成一般危险源清单,一般填写如下内容:

(1)序号:填写分析记录的顺序编号。

(2)危险源编号:填写一般危险源的编号顺序。

(3)产品名称:给出进行危险源识别的设备、部件的具体名称,如"木质家具及绝缘装饰"或"消防泵"等。

(4)危险源类别:参照表6-2,填写识别产品的那一类一般危险源。

(5)任务阶段:填写所识别的危险源可能引发事故或危险事件的任务阶段或工作过程,如"全任务阶段"或"航渡阶段"等。

(6)危险事件:详细说明危险源可能引发的危险事件或事故,如"出现火源时,木质家具、绝缘装饰发生燃烧,并引发火灾和火灾蔓延"等。

(7)危害后果:尽可能准确地描述危险引发的不安全事件或事故的过程和后果,包括可能造成的危害或损失等,如"发生火灾和火灾蔓延,造成设备受损和舰员受伤"等。

4. 舰船一般危险源识别举例

表6-3所示为某供电系统一般危险源清单。

表6-3 某供电系统一般危险源清单

序号	危险源编号	产品名称	危险源类别	任务阶段	危险事件	危害后果
1	GH001	发电机组	噪声	全任务阶段	设备发出刺耳的声音	毁伤人员
2	GH002	发电机组	热	全任务阶段	设备表面温度高,无隔热	毁伤人员
3	GH003	发电机组	爆炸	全任务阶段	碎片飞出	毁伤人员
4	GH004	发电机组	燃烧	全任务阶段	设备烧坏	无法完成任务
5	GH005	发电机组	电气	全任务阶段	人员触电	人员伤亡
6	GH006	配电板	电气	全任务阶段	人员触电	人员伤亡

6.3.3 故障危险分析

故障模式、影响及危害性分析是辨识产品在研制、生产或使用过程以及最终产品退役时所有可能失效的一种方法。"故障模式"指可能产生某些故障的方式或模式;"影响及危害性分析"指研究这些故障的后果或效应。

故障模式、影响及危害性分析法通常用来识别故障危险,并形成故障危险源清单,填写下列内容:

(1)序号:填写分析记录的顺序编号。

（2）危险源编号：填写一般危险源的编号顺序。

（3）产品名称：给出进行危险源识别的设备、部件的具体名称，如"小艇收放装置"或"消防泵"等。

（4）故障危险源：填写识别产品的故障危险源。

（5）任务阶段：填写所识别的危险源可能引发事故或危险事件的任务阶段或工作过程，如"全任务阶段"或"小艇收放作业阶段"等。

（6）故障模式：详细说明危险源可能引发的危险事件或事故，如"小艇收放装置拉索损坏导致装置故障，造成小艇收放失败"等。

（7）危害后果：尽可能准确地描述危险引发的不安全事件或事故的过程和后果，包括可能造成的危害或损失等，如"小艇收放失败，造成小艇损伤和舰员伤亡"等。

表 6-4 所示为某阻拦装置故障危险源清单。

表 6-4　某阻拦装置故障危险源清单

序号	故障危险源编号	产品名称	故障危险源	任务阶段	故障模式（危险事件）	危害后果
1	FH001	阻拦索	阻拦索阻拦失效	运行阶段	阻拦索断裂	阻拦索阻拦失效，导致舰载机着舰失败，造成舰载机损毁或者人员伤亡
...						

6.3.4　使用及保障危险分析

使用及保障危险分析是为了确定和评价装备在试验、安装、改装、维修、保障、运输、地面保养、贮存、使用、应急脱离、训练、退役和处理等过程中与环境、人员、规程和设备有关的危险；确定为消除已判定的危险或将其风险降低到有关规定或合同规定的可接受水平所需的安全性要求。

如果说故障危险分析源于 4.3.5 节维修分析中的 FMEA 的故障模式，那么使用及保障危险分析则源于 4.3.4 节的使用分析（OA），而使用与危险分析粒度细化到使用操作项目的操作步骤层。参照《装备安全性通用要求》（GJB 900A）实施指南，以某导弹从舱室转运到发射管操作为例，其操作流程中可从图 6-3 导弹发射全流程中选择导弹装入发射管为部分示例。操作步骤示例见表 6-5。危险分析见表 6-6。

使用与保障危险分析所选择的流程

导弹贮存在地面贮存场所 → 导弹运到船上 → 导弹贮存于船舱中 → 导弹装入发射管 → 导弹进入待机阶段 → 导弹发射时序 → 导弹飞向目标

图 6-3　导弹发射全流程

表 6-5　导弹装入发射管操作步骤

步骤	作业活动说明
1	从舰船密闭舱中取出导弹
2	将导弹装入手推运输车
3	将导弹运至发射管
4	吊装导弹装入发射管
5	对导弹进行检测
6	安装导弹电缆
7	取下安全保险装置的保险销
8	将导弹置于待机状态

6.3.5　区域危险分析

舰船装备是由总段、分段及舱室构成的,在舱室内安装有系统、设备及管路、电缆。区域危险分析的任务是识别舱室内所有相关的危险源,并采取相应的安全设计措施。图 6-4 所示为典型舰船的总段划分。图 6-5 所示为 06 甲板部分舱室编号图。

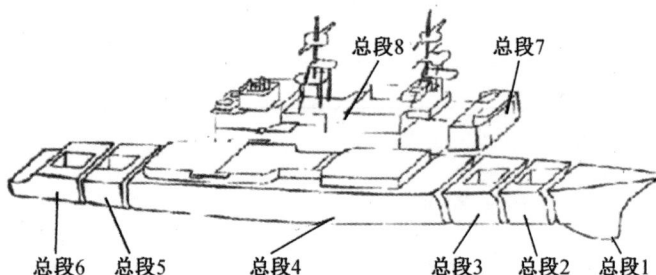

图 6-4　舰船总段划分

图 6-5　06 甲板部分舱室编号

表 6-6 某导弹装入发射管使用与保障危险危险分析表

序号	步骤	危险源编号	危险事件	原因	后果	危险严重性	危险可能性	风险指数	安全性改进措施	危险可能性	风险指数
										安全性改进措施后	
1		OH001	引起爆炸	人员装卸差错,对导弹造成冲击	冲击引起战斗部炸药起爆	I	D	8	在手册中就易爆物危险提出警告	E	12
2	1	OH002	导弹跌落造成导弹损坏	人员装卸差错,跌落时导弹碰撞尖锐表面	导弹蒙皮产生凹痕,导致导弹无法使用	I	D	8	在手册中就导弹损坏提出警告;须使用经过培训的合格人员	E	12
⋮											

在总段划分、舱室划分后,需要制订区域分析表格,制定区域安全性设计准则,全面开展系统、设备、管路及其附件、电缆等安全性分析与设计。表 6-7 所示为舰船某机舱区域安全性检查分析表。

表 6-7 舰船某机舱区域安全性检查分析表

舱室号:040501

准则号	准则内容	是否符合	备注
1.1	在锅炉、烟道、蒸汽管、排气管及消声器上方的油管及油柜均应采取有效的安全性措施,以防止油类滴落在上述管路或设备的热表面上	符合	
1.2	发热设备和热管路均应采取绝缘包覆措施,其外表面温度不超过 60 ℃	符合	
1.3	机舱内的重要操作部位、通道和出入口处,均应设有防止高温气体和火焰等灼伤人体的水喷淋防护设施	符合	
1.4	机舱应设有通风系统,可实现机舱内空气更新和温度控制	符合	
1.5	机舱内的热管路与油管应保持足够的距离,且热管路在上部,油管处于较低处,尽可能避免两者接触出现着火的可能	符合	
1.6	蒸汽管路材料应耐高温、耐腐蚀,材料牌号为×××	符合	

6.4 安全性度量及风险评价

6.4.1 事故率或事故概率

事故率或事故概率是安全性的一种基本参数,其含义为在规定时间内,系统的事故总次数与寿命单位总数之比,即

$$P_A = N_A / N_T \tag{6-1}$$

式中 N_A ——事故总次数。

N_T ——寿命总单位,表示总工作时间或总工作次数。

P_A ——当 N_T 用时间表示时为事故率,如"事故次数/10^5 飞行小时"表示飞机的事故率;当 N_T 用次数表示时为事故概率,如"事故次数/10^6 离站次数"表示飞机的事故概率。

6.4.2 安全可靠度

安全可靠度是指在规定的条件下和规定的时间内,在装备执行任务过程中不发生设备或部件故障造成灾难性事故的概率,即

$$R_S = N_W / N_{T2} \tag{6-2}$$

式中 R_S ——安全可靠度,百分数(%);

N_W ——不发生设备或部件故障造成灾难性事故的总次数;

N_{T2}——总使用次数、故障循环次数。

6.4.3　损失率或损失概率

损失率或损失概率是指在规定的条件下和规定的时间内,装备的灾难性事故与寿命单位总数之比,即

$$P_L = N_L/N_T \tag{6-3}$$

式中　P_L——当 N_T 用时间表示时为损失率,用次数表示时为损失概率;

$\qquad N_L$——灾难性事故总数;

$\qquad N_T$——寿命总单位,表示总工作时间或总工作次数。

损失概率与安全可靠度的关系为

$$P_L = 1 - R_S \tag{6-4}$$

6.4.4　风险评价方法

根据 GJB/Z 99,在安全性设计中的风险是指危险事件的风险,或称危险风险(R_H)。危险事件是客观存在的,它们发生的时机和危险的大小各不相同。危险风险通常是用危险可能性(即危险发生概率)和危险严重性表示的未来某一不确定条件下发生事故的可能程度,用式(6-5)表示。

$$R_H = f(P_H, C_H) \tag{6-5}$$

式中　R_H——危险风险;

$\qquad P_H$——危险发生概率;

$\qquad C_H$——危险严重程度。

风险评价是对危险的风险程度的客观描述。风险评价通过风险指标对危险加以描述和衡量。风险是危险可能性和危险严重性的函数,是对危险或事故进行的综合度量。

1. 风险评价的目的

风险评价是一种根据危险的严重性和可能性评定系统/设备的预计损失及采取措施的有效性的方法。它在安全性工作中的作用如下:

(1)评价系统和设备的设计是否使收益与风险达到最合理的平衡。当风险过高时,必须更改设计;当超过规定的可接受风险而又无法改进设计时,则只好放弃这种设计方案。

(2)在系统和设备的试验、使用前或合同完成时,对安全性设计工作进行评价,以便考核已识别的危险是否已被消除或控制在合同规定的可接受水平。

(3)为用于消除危险或将风险降低到可接受水平的安全性设计和控制措施所需的费用和时间提供决策支持。

(4)评价安全性工作是否符合有关标准和规定。

2. 风险评价的方法

风险评价一般包括风险指数评价(risk assessment code,RAC)法、总风险暴露指数评价(total risk explosure code,TREC)法、概率风险评价(probability risk assessment,PRA)法等。

（1）风险指数评价法

RAC 法是一种定性分析方法，它是将危险事件风险的两种因素（危险严重性和危险可能性）按其特点划分为相应的等级，形成一种风险评价矩阵，并赋予一定的权值来定性衡量风险的大小。

①危险严重性

根据 MIL-STD-882E，危险严重性划分为 4 个等级，见表 6-8。

表 6-8　危险严重性等级

程度	等级	事故后果标准
灾难的	1	人员死亡，永久不能使用，不可挽回的重大环境污染，经济损失达到或超过 10 万美元
严重的	2	人员严重受伤、严重职业病或需要舰船中修才能恢复的舰体严重损坏、主要设备报废等
轻度的	3	人员轻度受伤、轻度职业病或各类主要设备轻度损坏或低价值辅助设备报废
轻微的	4	轻于Ⅲ级的损伤

②危险可能性

危险可能性划分为 5 个等级（表 6-9），每个等级同样以一些定性或半定量的指标进行区分。

表 6-9　危险可能性等级

可能性等级		对于单件产品	对于具有多个单件产品的组合整体
A	频繁	频繁发生	连续发生
B	很可能	在全寿命周期内会出现若干次	经常发生
C	有时	在全寿命周期内可能有时发生	发生若干次
D	极少	在全寿命周期内不易发生，但有可能发生	不易发生，但有理由预计可能发生
E	不可能	很不容易发生，以至于可以认为不会发生	不易发生，但有可能发生

③风险评价指数矩阵

将危险严重性等级和危险可能性等级结合，形成风险评价指数矩阵（表 6-10），为危险严重性和危险可能性分别选择一个相应的等级，查风险评价指数矩阵，从而最终确定风险评价指数。风险评价指数为 1~20。

④风险水平划分

根据风险评价指数，将风险水平划分为 4 个等级（表 6-11），分别是高、严重、中、低，每个风险等级分别对应一定范围的风险评价指数。风险评价指数越小，风险水平越高。

（2）总风险暴露指数评价法

RAC 法通常是较为主观的，而且定性或半定量的指标有时很难落实，这是该方法的一大缺点。后来提出的 TREC 法是 RAC 法的一种改进方案，以补充其不足。TREC 法与 RAC

法之间的显著不同是,前者严重性尺度的范围扩大了,并将所有损失的大小转化为货币, "暴露"尺度代替了"概率"尺度作为矩阵的"纵轴"。暴露指数的确定方法是:单一危险事件的概率(通常用每 10^5 暴露小时所发生的事件数表示)乘以全寿命周期内总暴露小时的估计值和该系统生产的总量。

表 6-10　风险评价指数矩阵

可能性等级		严重性等级			
		Ⅰ(灾难的)	Ⅱ(严重的)	Ⅲ(轻度的)	Ⅳ(轻微的)
A	频繁	1	3	7	13
B	很可能	2	5	9	16
C	有时	4	6	11	18
D	极少	8	10	14	19
E	不可能	12	15	17	20

表 6-11　风险水平划分

风险指数	风险水平	评价准则	风险控制措施及时间期限
1~5	高	不可接受的风险	直至风险降低后才能开始工作。为降低风险有时必须配备大量资源。当风险涉及正在进行中的工作时,就应当采取应急措施
6~9	严重	不希望有的风险	应努力降低风险,但应仔细测定并限定预防成本,并应在规定时间期限内实施风险降低措施
10~17	中	有条件接受的风险	通过评审决定是否还需要另外的控制措施,如需要,应考虑投资效果更佳的解决方案或不增加额外成本的改进措施
18~20	低	不需要评审即可接受的风险	无须采取措施

相比于 RAC 法,TREC 法扩大了矩阵的数据,同时还将定性的风险估算发展到具有某些定量的水平。另一方面,风险暴露指数式风险评价方法的准确程度依赖于输入数据的质量。

①风险指标计算

A. 危险严重性划分

危险严重性划分为 10 个等级(表 6-12),均以货币计算事故损失,从最小 100 元以下到最大 10^{10} 元以上。严重性等级每增加一级,货币损失增加一个数量级。

B. 危险暴露指数划分

暴露指数划分为 10 级(表 6-13),以表明事故总数的估计值。指数的最小值 1 表示在全寿命周期中危险所导致一定大小的某种事故的可能性估计值低于 10^{-5}(10 万次中发生 1 次);指数的最大值为 10,它指在系统寿命周期中危险将导致可能发生 1 000 次以上的事故。暴露指数每增加 1 个数量级,代表危险发生的可能性增加 1 个数量级。虽然危险事件的暴露单位是以暴露时间计算的(小时、年、循环次数等均可),但方便起见,单位可以在计算中省去。

表 6-12　危险严重性指数

指数	范围/元	平均值/元
10	$>10^{10}$	5×10^{10}
9	$(1\sim10)\times10^9$	5×10^9
8	$(1\sim10)\times10^8$	5×10^8
7	$(1\sim10)\times10^7$	5×10^7
6	$(1\sim10)\times10^6$	5×10^6
5	$10^5\sim10^6$	5×10^5
4	$10^4\sim10^5$	5×10^4
3	$10^3\sim10^4$	5×10^3
2	$10^2\sim10^3$	5×10^2
1	$<10^2$	5×10^1

表 6-13　危险暴露指数

指数	范围	平均值
10	$>10^3$	5×10^3
9	$10^2\sim10^3$	5×10^2
8	$10\sim100$	5×10^1
7	$1\sim10$	5
6	$0.1\sim1$	5×10^{-1}
5	$0.01\sim0.1$	5×10^{-2}
4	$10^{-3}\sim10^{-2}$	5×10^{-3}
3	$10^{-4}\sim10^{-3}$	5×10^{-4}
2	$10^{-5}\sim10^{-4}$	5×10^{-5}
1	$<10^{-5}$	5×10^{-6}

C.总风险暴露指数

总风险暴露指数可由严重性指数和暴露指数相加而得,形成总风险暴露指数矩阵(表 6-14),为危险严重性和暴露指数分别选择一个相应的等级,查总风险暴露指数矩阵,从而最终确定总风险暴露指数。总风险暴露指数为 2~20。

②风险水平划分

根据总风险暴露指数,将风险水平划分为 4 个等级(表 6-15),分别是高、严重、中、低,每个风险等级分别对应一定范围的总风险暴露指数。总风险暴露指数越大,风险水平越高。

表 6-14　总风险暴露指数矩阵

暴露指数	严重性指数									
	10	9	8	7	6	5	4	3	2	1
10	20	19	18	17	16	15	14	13	12	11
9	19	18	17	16	15	14	13	12	11	10
8	18	17	16	15	14	13	12	11	10	9
7	17	16	15	14	13	12	11	10	9	8
6	16	15	14	13	12	11	10	9	8	7
5	15	14	13	12	11	10	9	8	7	6
4	14	13	12	11	10	9	8	7	6	5
3	13	12	11	10	9	8	7	6	5	4
2	12	11	10	9	8	7	6	5	4	3
1	11	10	9	8	7	6	5	4	3	2

表 6-15　风险水平划分

风险指数	风险水平	评价准则	风险控制措施及时间期限
16~20	高	不可接受的风险	直至风险降低后才能开始工作。为降低风险有时必须配备大量资源。当风险涉及正在进行中的工作时,就应当采取应急措施
12~15	严重	不希望有的风险	应努力降低风险,但应仔细测定并限定预防成本,并应在规定时间期限内实施风险减少措施
4~10	中	有条件接受的风险	通过评审决定是否还需要另外的控制措施,如需要,应考虑投资效果更佳的解决方案或不增加额外成本的改进措施
2~4	低	不需要评审即可接受的风险	无须采取措施

(3)概率风险评价法

概率式定量风险评价方法通常需要依据一定规则建立工程模型,即概率安全性模型,而对此类安全性目标的验证活动,通常采用概率风险评价(PRA)法。

概率风险评价法是大型复杂武器装备重点采用的风险评价方法,也是目前国际上风险评价方法发展的主流趋势。

简单的概率风险评价法数学表达式为

$$P_s = 1 - \sum_{i=1}^{m} \sum_{j=1}^{n} P(X_{ij})[1 - P(Y_{ij})] \quad (t_p < t_d + t_r) \tag{6-6}$$

式中　X_{ij}——在任务的第 i 时段,系统可能出现的第 j 个安全事件($i=1,2,\cdots,m$ 时段; $j=1,2,\cdots,n$ 个危险事件);

Y_{ij}——对应事件 X_{ij} 的安全措施成功实现的事件;

$P(X_{ij})$, $P(Y_{ij})$——相应事件 X_{ij}、Y_{ij} 的概率;

P_s——安全性概率估计值;

t_p——传播时间;

t_d——检测或反应时间;

t_r——相应时间。

当对应事件 X_{ij} 未采取安全措施时,$Y_{ij}=X$,$P(Y_{ij})=P(X)=0$。

6.4.5 风险评价及控制案例

某导弹系统经过使用与保障危险、故障危险等分析后,对照设计准则采取设计措施后,风险得到了进一步释放,风险指数从 8~10 上升到 12,见表 6-16。

表 6-16　某导弹系统风险分析评价与控制表

序号	危险源编号	危险事件	任务阶段	原因	后果	危险严重性	危险可能性	风险指数	安全性改进措施	安全性改进措施后 危险可能性	安全性改进措施后 风险指数
1	OH001	弹体破裂导致燃料泄漏,火源引起火灾	地面操作	制造缺陷、设计错误	导弹着火造成人员伤亡	I	D	8	在结构设计中使用 5 倍安全系数	E	12
2	OH002	装卸时导弹结构失效,导致人身伤害	PHS&T	制造缺陷,装卸设备故障	人身伤害	II	D	10	在结构设计中使用 5 倍安全系数;制定装卸设备的系统安全要求	E	12
3	FH001	战斗部起爆功能意外执行	飞行	硬件、软件故障,人为差错产生的错误指令	战斗部过早起爆,造成人员伤亡	I	D	8	安装安全联锁装置,在需要起爆前保持抑制信号开启	E	12
4	FH002	发出起爆命令后,战斗部不再安全	飞行	硬件、软件故障	导弹撞击地面时,战斗部爆炸,造成人员伤亡	I	D	8	高可靠性设计	E	12
...											

注:PHS&T——包装、装卸、贮存和运输。

6.5　安全性设计

6.5.1　概述

安全性设计是通过各种设计活动来消除和控制各种危险,提高舰船装备的安全性。在安全性分析的基础上,采用准则、规范、设计惯例等来约束设计活动,并采取预防措施保证装备的安全性。舰船装备是一个复杂的巨系统,设计专业涵盖总体、综合保障、结构、动力、电气、装置、系统、航空、作战等。在 GJB 4000 中涉及安全的词多达 290 个章节,由此可见安全性设计在舰船设计中的重要性,大风浪航行安全、结构安全、消防安全、武器射击安全、核生化安全等,均有相应的专业设计对应。本书仅对舰船武器射击安全设计,即安全射界进行介绍。

6.5.2　安全射界设计流程

1. 安全射界及其影响因素分析

安全射界系指在保证舰上人员和设备安全的条件下,允许武器射击的方向角和高低角范围。影响武器安全射界范围的因素繁多,主要归纳为以下几个方面:

(1)舰船的总体布局要求;

(2)舰船的运动特性;

(3)武器周围的设备;

(4)武器的安装定位属性;

(5)武器的几何属性;

(6)武器的运动特性;

(7)武器周围设备承受武器发射时产生的物理场的能力;

(8)武器发射体的几何特性和运行特性;

(9)武器发射的物理场特性;

(10)跟踪器视界范围。

2. 安全射界的设计方法

(1)作图法

图 6-6 所示为某舰炮立体图。当舰炮方向回转角 α、炮管俯仰角 β 时,α、β 即为舰炮此时的方向角和高低角。

安全射界作图如图 6-7 所示。某舰炮前后有 A、B 两个障碍物,在平面图上分别作 L_1、L_2 线,图中给出了方向射击范围,R_1、R_2 为安全余量值;在纵剖图上同样可以作出高低角射击范围。

(2)数值计算方法

安全射界数值计算方法是近年来采用的一种先进的设计方法,美国、法国等先进国家均采用该方法。现就笔者本人自行研制的安全射界数值计算方法介绍如下。

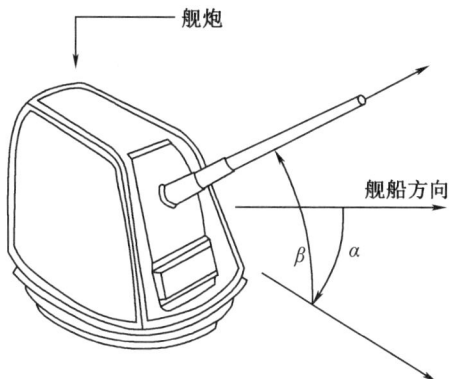

图 6-6　其舰炮立体图

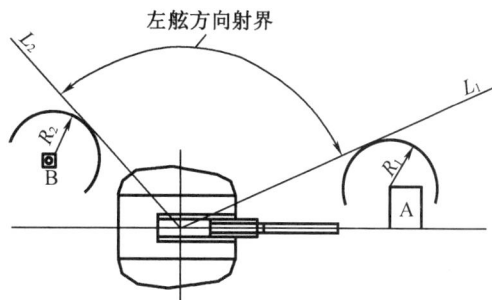

图 6-7　安全射界作图法

①障碍物数值离散

在舰面上设备均是一些实体模型,不便于进行数值计算,因此,需要对这些实体进行数值离散,即将障碍物实体转化为有限的空间离散点。

②余量数值计算

余量的含义　一般而言,余量是指武器发射体飞越障碍物时离开障碍物的距离,如果我们要使这一概念更为确切地表达出来,那么余量就有两层含义:一是障碍物数值离散点到武器发射轴线的横向距离;二是发射管前端相对于障碍物数值离散点的纵向距离,如图 6-8 中的 CP、G_2C 所示。

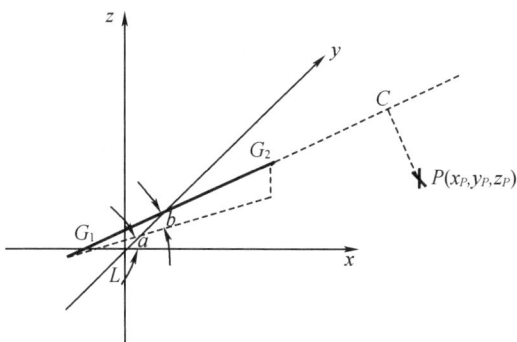

图 6-8　余量示意图

余量的确定方法　计算武器安全射界时,必须给出武器发射体离开障碍物的余量大小,不同武器、不同障碍物给出的余量数值也不同。确定余量大小时一般应考虑的因素可归纳如下:

A. 设计经验及试验验证得到的安全余量数据;

B. 障碍物承受武器发射时产生压力场、温度场等物理场的能力;

C. 舰船运动影响;

D. 武器发射体的几何属性和运动特性。

上述因素中与武器发射体有关的几何属性和运动属性,如直径、翼展、弹道下沉等,以及障碍物承受物理场的能力均由设备本身决定,一般由设备研制单位提供,而舰总体设计部门考虑的主要是舰船运动的影响、试验及经验取得的数据。试验及经验数据需要不断积累总结,而舰船运动影响则须深入研究分析。

③坐标系定义及求取步骤

由于安全射界设计与总体布局密切相关,而总体方案变化较多,这就要求安全射界设计适时随方案变化而变化,并且应在总体方案设计优化中使安全射界范围扩大。由于总体布置变化,计算安全射界采用的原始数据也随之发生变化,例如障碍物位置的改变导致其相对武器发射装置的坐标相应变化。这样就需要设计各种动态的坐标系和静态坐标系,动态坐标系随武器和障碍物布置方案的修改而变化。具体涉及的坐标系有以下三种:

A. 障碍物坐标系,该坐标系的原点位于障碍物的安装几何中心;

B. 甲板坐标系,甲板坐标系原点设在 0 号肋位,中纵剖面与基线交汇处;

C. 发射坐标系,发射坐标系原点位于武器回转中心线与过俯仰轴水平面的交汇处。

舰上武器按照发射方式可分为两类:一类是回转俯仰式发射装置;另一类是固定式发射装置。对于不同类别武器发射装置,其安全射界设计需使用不同数学模型进行处理。这里简单介绍一下回转俯仰式发射装置安全射界数值计算方法。舰上舰空导弹发射装置及主炮、副炮、深弹发射装置等均属于回转俯仰式发射装置。

至此,我们可以采取三个步骤求取方向和高低射界。

A. 角度投影计算

使武器发射管轴线对准障碍物,求取障碍物相对于武器发射与轴线的方向角和高低角。

B. 角度投影视图生成

将上述计算的角度,用可视化图形直观显示在屏幕上,从中可以清楚地看到障碍物限制的方向角和高低角。

C. 安全射界计算

在上述角度投影的基础上,附加一定余量即可得出安全射界。

④安全射界设计判据

在障碍物的角度投影所形成的遮挡区域内武器不能发射,如在此区域基础上附加一定的余量就形成了安全射击区域边界,即安全射界。余量的给出有以下两种方式:

A. 给出横向余量(即 CP 类)

大多数武器安全射界采用这种计算方式,即给定某一余量数值 RR_1,使得

$$CP \geqslant RR_1 \tag{6-7}$$

B. 给出 CP、G_2C 余量

这种情况主要针对某些障碍物对武器发射冲击波压力或燃气流温度有一定承受能力限制。例如,某舰空导弹在装舰要求中就明确指出:发射装置承受的静压力为 29.4 kPa(0.3 kgf/cm²),而安装在其附近的主炮发射冲击波压力非常大。如图 6-9 所示某主炮动压曲线图中,炮口附近动压高达 196~980 kPa($2 \sim 10$ kgf/cm²),这样,在计算主炮安全射界时就要考虑这两种余量,使得

$$\begin{cases} CP \geqslant RR_1 \\ G_2C \geqslant RR_2 \end{cases} \tag{6-8}$$

式中,RR_1、RR_2 分别为障碍物能承受的最大冲击波压力值所对应的横向和纵向距离。

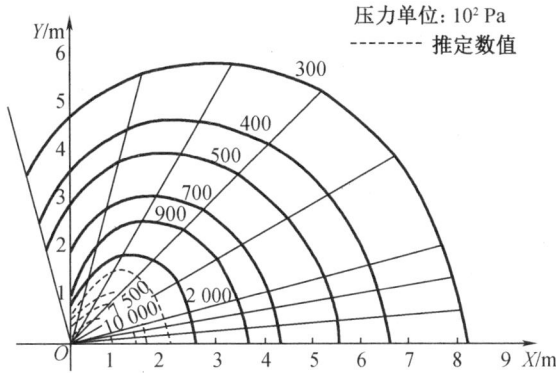

图 6-9 某主炮动压曲线图

所谓安全射界即满足式(6-7)或式(6-8)条件的方向角和高低角包络线。图 6-10 给出某舰主炮安全射界数值计算实例。其中 $A \sim L$ 表示安全射界的边界坐标。

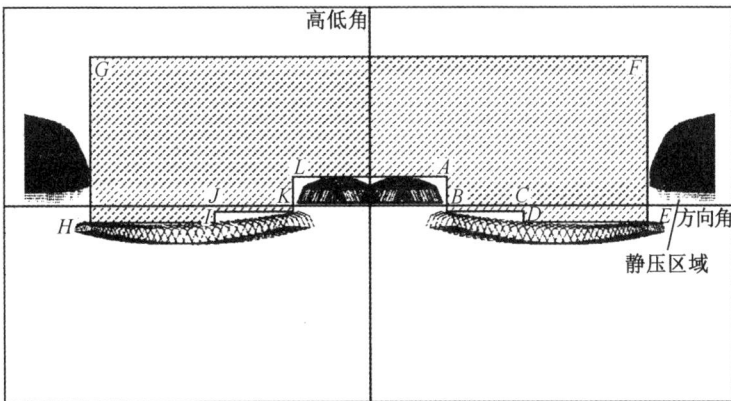

图 6-10 某舰主炮安全射界数值计算图

⑤安全射界设计流程

综上所述,安全射界设计流程如图 6-11 所示。

6.5.3 安全射界数值计算原理

1. 余量计算方法

舰上障碍物受舰船运动影响的主要因素有横摇、纵摇、升沉和艏摇,为此需建立各中心的运动方程,一般可简化为简谐运动。然后计算障碍物点在武器发射时间内的最大运动变化量 ΔX、ΔY、ΔZ,该变化量即余量考虑的最小值:

$$R = \sqrt{\Delta X^2 + \Delta Y^2 + \Delta Z^2} \tag{6-9}$$

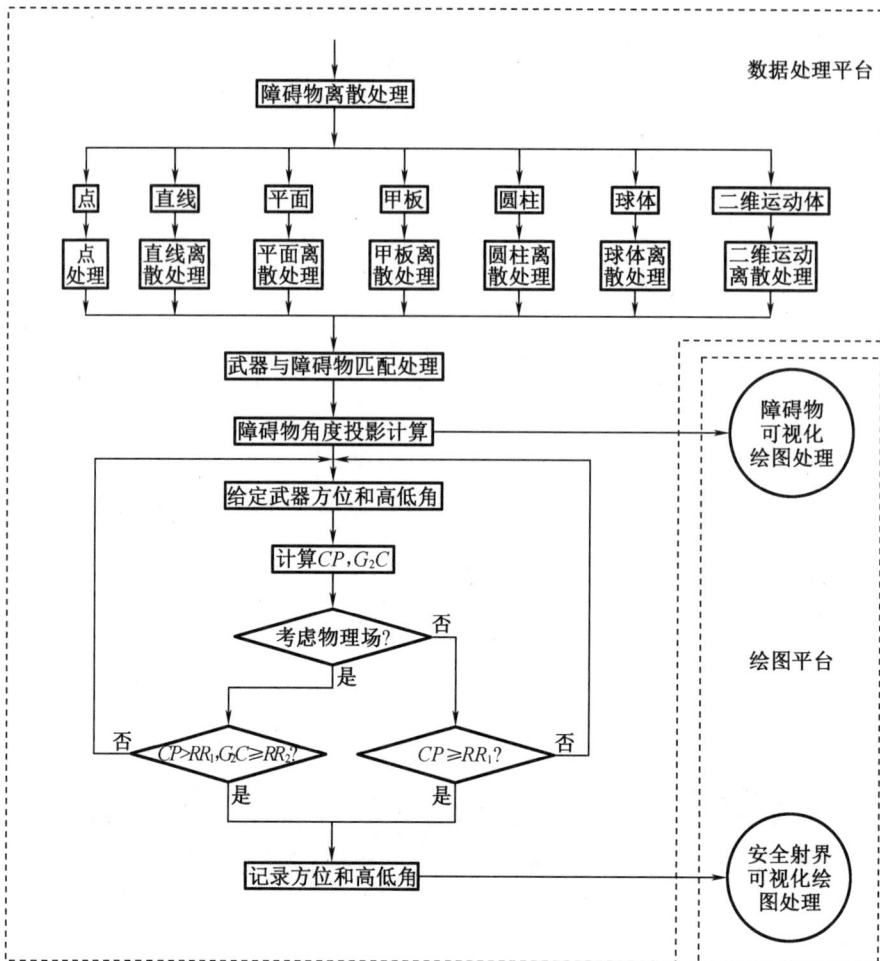

图 6-11　安全射界设计流程图

2. 障碍物与武器发射空间直线的距离计算原理

（1）发射旋转变换

设 r_1 表示武器管口到耳轴的距离，r_2 表示回转偏心（左正右负），r_3 表示耳轴，r_4 表示俯仰偏心（耳轴上正下负）。如果武器发射轴水平回转 α、竖直俯仰 β，根据线性代数的矩阵变换推算，则武器轴上坐标变换矩阵为

$$\boldsymbol{T}=T_\alpha * T_\beta=T_\beta * T_\alpha=\begin{bmatrix} \cos\alpha\cos\beta & \sin\alpha\cos\beta & \sin\beta & 0 \\ -\sin\alpha & \cos\alpha & 0 & 0 \\ -\cos\alpha\sin\beta & -\sin\alpha\sin\beta & \cos\beta & 0 \\ r_3\cos\alpha(\cos\beta-1) & r_3\sin\alpha(\cos\beta-1) & r_3\sin\beta & 1 \end{bmatrix} \quad (6-10)$$

令

$$t_{11} = \cos \alpha \cos \beta$$

$$t_{12} = \sin \alpha \cos \beta$$

$$t_{13} = \sin \beta$$

$$t_{21} = -\sin \alpha$$

$$t_{22} = \cos \alpha$$

$$t_{23} = 0$$

$$t_{31} = -\cos \alpha \sin \beta$$

$$t_{32} = -\sin \alpha \sin \beta$$

$$t_{33} = \cos \beta$$

$$t_{41} = r_3 \cos \alpha (\cos \beta - 1)$$

$$t_{42} = r_3 \sin \alpha (\cos \beta - 1)$$

$$t_{43} = r_3 \sin \beta$$

如果初始 $G_{20} = (r_1 - r_3, r_2, r_4, 1)$，$G_{10} = (-r_3, r_2, r_4, 1)$，则 T 变换后，其坐标对应为

$$x_2 = (r_1 - r_3) * t_{11} + r_2 * t_{21} + r_4 * t_{31} + 1 * t_{41}$$

$$y_2 = (r_1 - r_3) * t_{12} + r_2 * t_{22} + r_4 * t_{32} + 1 * t_{42}$$

$$z_2 = (r_1 - r_3) * t_{13} + r_2 * t_{23} + r_4 * t_{33} + 1 * t_{43}$$

$$x_1 = -r_3 * t_{11} + r_2 * t_{21} + r_4 * t_{31} + 1 * t_{41}$$

$$y_1 = -r_3 * t_{12} + r_2 * t_{22} + r_4 * t_{32} + 1 * t_{42}$$

$$z_1 = -r_3 * t_{13} + r_2 * t_{23} + r_4 * t_{33} + 1 * t_{43}$$

（2）发射空间直线方程确定

根据（1）中计算的 $G_1 = (x_1, y_1, z_1)$、$G_2 = (x_2, y_2, z_2)$，可知其方向向量为

$$\boldsymbol{S} = \{x_2 - x_1, y_2 - y_1, z_2 - z_1\}$$

设

$$l = x_2 - x_1$$

$$m = y_2 - y_1$$

$$n = z_2 - z_1$$

则按照空间解析几何原理，给出发射空间直线方程为

$$\frac{x - x_1}{l} = \frac{y - y_1}{m} = \frac{z - z_1}{n} = tt \tag{6-11}$$

（3）参数 tt 的确定

按照空间解析几何及向量投影方法得出 tt 的计算公式如下：

$$tt = \frac{(x_p - x_1) * l + (y_p - y_1) * m + (z_p - z_1) * n}{l^2 + m^2 + n^2} \tag{6-12}$$

（4）计算 CP、$G_2 C$

根据以上推导，可知 C 点坐标如下：

$$x_C = tt * l + x_1$$

$$y_C = tt * m + y_1$$

$$z_C = tt * n + z_1$$

所以

$$\begin{cases} CP = \sqrt{(X_C - X_P)^2 + (Y_C - Y_P)^2 + (Z_C - Z_P)^2} \\ G_2 C = \sqrt{(X_2 - X_C)^2 + (Y_2 - Y_C)^2 + (Z_2 - Z_C)^2} \end{cases} \tag{6-13}$$

6.5.4 安全射界数值计算绘图程序

经原理推导和数据库计算,编制 AutoLISP 程序,用于安全射界在 AutoCAD 中自动绘图。程序如下:

```
(defun c:svcd(/ x0 y0 f f2 az w  q0 qx i0 as  ap ab fn)
(setq f (open"c:\\acad\\abkf.txt""r"))
(setq loop t)
(while loop
(setq fn (read-line f))
(if (=fn nil)(setq loop nil)
(progn
(setq ap '())
(setq i0 1)
(setq f2 (open"c:\\acad\\abk.txt""r"))
(setq loop2 t)
(while loop2
  (setq w (read-line f2))
  (setq fn (substr fn 1 3))
    (if (=w nil)(setq loop2 nil)
  (progn
    (setq ef (substr w 1 3))
    (if (=ef fn)
      (progn
        (setq qa (strcat"(" w ")"))
        (setq az (read qa))
        (setq as1 (nth 1 az))
        (setq as2 (nth 2 az))
        (setq  as (list as1 as2))
        (if (=i0 1)(setq ap (cons  as ())))
        (if (≥ i0 2)(setq ap (append ap (list as))))
        (setq i0 (+ 1 i0))
      )
      )
    )
  )
 )
 )
 )
(close f2)
```

```
    (print ap)
  (if (=(substr fn 1 1)"P")
    (command "text""j" "c" (nth 0 ap)25 0 fn"")
    (progn
  (setq i0 0)
  (while (<=i0 (-(length ap)1))
  (command "line" (nth i0 ap)(nth (+ 1 i0)ap)"")
  (setq i0 (+ 1 i0))
  )
    (command"text" "j" "c" (nth (- i0 2)ap)25 0 fn "")
  )
  )
  )
)
)
(close f)
)
(defun c:svce(/ f  az w  q0 qx i0 as  ap ab qa )
(setq f (open "c:\\acad\\sak.txt""r"))
(setq loop t)
(while loop
(setq i0 1)
(setq ap '())
(while (<=i0 5)
    (setq fn (read-line f))
    (if (=fn nil)(setq i0 6 loop nil )
      (progn
        (setq qa (strcat"(" fn")"))
        (setq az (read qa))
        (setq as1 (nth 0 az))
        (setq as2 (nth 1 az))
        (setq as (list as1 as2))
        (if (=i0 1)(setq ap (cons as ())))
        (if (≥ i0 2)(setq ap (append ap (list as))))
        )
      )
(setq i0 (+ 1 i0))
    )
(print ap)
(setq i0 0)
(while (<=i0 (-(length ap)1))
  (command"line" (nth i0 ap)(nth (+ 1 i0)ap)"")
```

```
(setq i0 (+ 1 i0))
)
)
(close f)
)
```

6.6 安全性设计准则

6.6.1 安全性设计准则的适用范围

安全性设计准则适用于型号产品的总体、系统和设备,适用于型号产品的全寿命周期。由于各个型号产品的具体技术特点不同,如水面舰船和潜艇,故安全性设计准则存在一定差异。

6.6.2 安全性设计准则的制定时机

一般在型号产品的方案设计阶段,结合型号产品的具体技术特点,根据安全性设计要求制定型号产品的安全性设计准则。必要时,可以在技术设计阶段对安全性设计准则进行局部修订。

6.6.3 安全性设计准则的制定原则

1. 符合性

安全性设计准则应符合相关标准规范:在相关标准规范中有明确要求的,安全性设计准则的相关内容应与其一致或提出更高的要求;在相关标准规范中没有明确要求的,安全性设计准则的相关内容应经过评审确定。

2. 全面性

安全性设计准则的内容应能够涵盖型号产品的总体、系统和设备。总体、系统和设备均应制定安全性设计准则。

3. 针对性

安全性设计准则应根据具体型号产品的具体技术特点制定。对于不同的型号产品,安全性设计准则一般是不同的。

4. 准确性

安全性设计准则的叙述用词应准确,提出的要求应具有明确的物理含义,要求如果能够量化的应进行量化。

5. 指导性

安全性设计准则的目的是指导和影响安全性设计,提出的安全性要求和目标应能贯彻到实际设计工作中,进而提高型号产品的固有安全性水平。

6. 可检查、可验证

安全性设计准则提出的安全性要求和目标应具有可检查、可验证的特性,确保可以通过一系列的验证方法来对型号产品是否符合规定的安全性要求进行验证。

6.6.4　安全性设计准则的基本内容

安全性设计准则是舰船总体、系统和设备研制单位为落实安全性定性设计要求、相关国军标规定等所编制的一份设计文件。该文件是舰船装备设计经验的传承积累,用于指导舰船装备从事舰船安全性设计与分析。安全性设计准则一般在舰船方案设计阶段编制,在技术设计阶段或施工设计阶段进行符合性检查。安全性设计准则编制中主要依据军方的顶层要求条目,可参考以往型号的设计规范,以及 GJB 4000、GJB/Z 99 等标准,从消除危险设计出发,一般包括下列内容。

1. 环境危险

对于环境危险,常用的安全性设计准则有:

(1)设计应保证人员尽量避免在恶劣环境中工作;

(2)如无法避免人员在恶劣环境中工作,其环境条件应不会对人员安全造成威胁;

(3)应通过设计尽量避免设备等直接暴露在恶劣环境中;

(4)暴露在外界环境中的设备等应进行环境适应性设计,保证其能在规定的环境条件下正常工作;

(5)对船体结构等按已形成的结构设计方法或准则进行设计,船体结构的强度、刚度、稳定性和振动等结构力学特性满足安全性要求;

(6)对船体结构的局部进行结构加强。

2. 热危险

对于热危险,常用的安全性设计准则有:

(1)在系统、设备的研制过程中应尽早进行热分析,尽量消除可能出现的过热部位;

(2)在设备的热表面、高温管路表面包覆热绝缘材料;

(3)通过设计,尽可能避免人员接触到过热部位。

3. 高压危险

对于高压危险,常用的安全性设计准则有:

(1)根据工作压力选择合适、可靠的压力容器和管材;

(2)保证压力容器和管路具有符合标准的强度和密性;

(3)对压力容器和管路设置超压保护装置;

(4)尽量避免高压管路穿过人员密集的区域;

(5)通过设计尽可能使人员不会暴露在高压危险环境中,需要由人员操作的压力系统设计的最低安全系数不得小于 4.0。

4. 毒性危险

对于毒性危险,常用的安全性设计准则有:

(1)选用无毒或毒性较低的材料;

(2)在可能产生毒性物质的系统、设备的设计中,应尽量设计带有配套的过滤系统;

（3）通过设计,尽可能避免人员接触到毒性物质;

（4）在可能存在毒性气体集聚的部位应设计良好的通风;

（5）毒性流体尽量避免穿过人员密集的区域;

（6）在存放毒性材料的容器、舱室处应有告警标志;

（7）应向负责编写培训教材和使用维修手册的人员提供完整的毒性材料的相关资料;

（8）应对毒性材料进行严格管理,制定严格的操作规程。

5. 振动危险

对于振动危险,常用的安全性设计准则有:

（1）尽可能采用静态零部件;

（2）振动设备应设置减振装置,降低其振动程度,满足相关标准规范的要求;

（3）所有旋转装置应进行动平衡设计;

（4）电气零部件(如变压器)的磁感应振动应小于或等于设备设计的最大允许振动;

（5）如果操作人员必须长时间接触振动部位,应设置泡沫、塑料之类的隔振层;

（6）流体管道应牢固地支承和紧固,以便在运动时不产生振动;

（7）安全关键部件的螺栓及其紧固件应采取紧固以防止零件间的运动,并保证螺栓在振动环境下不松动。

6. 噪声危险

对于噪声危险,常用的安全性设计准则有:

（1）设计中选用低噪声的设备、部件;

（2）噪声设备应设置减噪、吸声装置,降低其噪声强度,满足相关标准规范的要求;

（3）对主要噪声设备进行合理分类和布置,并采取吸隔声、阻尼等声学处理措施,以降低舱室空气噪声;

（4）如果操作人员必须长时间处于噪声环境中,则工作时需配备护耳罩等防噪装备。

7. 辐射危险

对于辐射危险,常用的安全性设计准则有:

（1）通过电磁兼容设计,设置电磁兼容管理设备,对大功率辐射源进行管理控制,改善舰面电磁环境,降低电磁辐射强度;

（2）根据电磁干扰分析结果,对舰船、舰载机可能产生干扰的电子设备采取必要的抗干扰措施;

（3）对弹药进行合理的电磁安全性设计;

（4）弹药储运作业中应遵守电磁安全性作业要求;

（5）弹药电磁安全性评估合格后方允许装舰,必要时通过陆上试验加以验证;

（6）燃油通气口应远离大功率发射天线;

（7）非作战状态下进行加油作业时,进行电磁辐射管理;

（8）加油设备保持良好接地;

（9）舰载机进行合理的电磁安全性设计;

（10）飞机着舰后的静电由机载接地装置或专用静电泄放装置泄放,在飞机系留时通过接地装置接地;

(11)舰载机进行加油、挂/卸弹等作业时,按要求进行电搭接和接地,必要时采取电磁兼容性管控措施;

(12)生活区电磁环境应控制在标准限值以内;

(13)发射射频电缆、波导不穿入人员住舱;

(14)强电磁辐射设备不允许布置于人员生活区;

(15)进行天线布局优化,划分电磁辐射区域,在强辐射区域设立警示牌,并在主要通道口设置实时的电磁环境警示屏;

(16)通过设计尽可能避免人员在强辐射区域工作,无法避免人员在强辐射区工作时应配备屏蔽服等防护装备;

(17)在露天部位进行重要的人员作业时,控制大功率辐射源的发射。

8. 化学反应危险

对于化学反应危险,常用的安全性设计准则有:

(1)在选择金属保护涂层时必须考虑金属电化序,以避免发生电化学腐蚀;

(2)在高应力条件下使用的金属产品,应考虑除氢,以防止材料发生断裂;

(3)在设计中通过使用氧化抑制剂或温度控制,以避免大多数过氧化物的危险,如在弹库发生危险时使用抑制剂;

(4)设置保护涂层、惰性气体等腐蚀防护措施。

9. 污染危险

对于污染危险,常用的安全性设计准则有:

(1)设计中应确定系统中污染的可能来源,并针对其采取相应的措施;

(2)应防止因不洁净的外界环境的引入、溢出或泄漏、化学反应(主要是腐蚀)及过滤设备故障而导致的污染;

(3)设计中应避免在一个完全封闭的系统中的污染。

10. 材料变质危险

对于材料变质危险,常用的安全性设计准则有:

(1)设计中必须采用安全系数或其他设计方法,以确保材料在其预计的使用寿期内能经受住预期的变质作用,同时仍能满足设计强度要求;

(2)设计中应采用减振装置或质地坚固的支架,保证将关键元件和部件控制在安全限度内,以防止由振动造成材料退化和关键的机械对准丧失导致的危险;

(3)设计中应鉴别出振动敏感部件,并确定出能验证输入的振动波和设计上的振动控制措施的试验方法;

(4)设计中必须保证各种零件的期望寿命是以考虑了环境中老化的材料性能为基础求出的;

(5)设计中必须在系统研制的初期确定出应力和相应的磨损,以便精确地预测出关键部件的期望寿命,并确定更换期限;

(6)设计中应采取措施防止绝缘材料受辐射的影响而变质;

(7)设计中必须分析环境对系统的关键部位的影响,防止环境因素加速材料变质。

11. 燃烧危险

对于燃烧危险,常用的安全性设计准则有:

(1)选用不可燃或燃烧危险较低的材料,例如尽可能在舰上使用燃点、闪点较高的不易燃油料;

(2)对全船划分防火分隔,对重要舱室设置防护边界;

(3)在可能发生燃烧的部位设置火灾监测设备;

(4)对可能发生燃烧的部位设置满足要求的消防措施,例如在机舱设置水灭火、1301、CO_2、泡沫等消防措施;

(5)在可能存在可燃气体集聚的部位应设计良好的通风;

(6)存放可燃材料的容器、舱室处杜绝火源,或者必须保证安全用火作业;

(7)存放可燃材料的容器、舱室应避免靠近人员密集的区域;

(8)在可燃材料的容器、舱室处应有告警标志;

(9)应向负责编写培训教材和使用维修手册的人员提供完整的可燃材料的相关资料;

(10)应对可燃材料严格管理,制定严格的操作规程。

12. 爆炸危险

对于爆炸危险,常用的安全性设计准则有:

(1)选用不会爆炸或爆炸风险较低的材料;

(2)明确全舰爆炸危险区域的划分;

(3)在可能发生爆炸的部位设置可燃气体浓度监测设备;

(4)对可能发生爆炸的部位设置满足要求的抑爆措施,例如1301抑爆系统;

(5)在可能存在可燃气体集聚的部位应设计良好的通风;

(6)对可能发生爆炸的部位必须杜绝火源;

(7)在可能发生爆炸的部位,电器设备采用防爆电气设备并采取防爆措施;

(8)爆炸危险区域应避免靠近人员密集的区域;

(9)应对爆炸危险区域严格管理,制定严格的操作规程。

13. 电气危险

对于电气危险,常用的安全性设计准则有:

(1)电气设备的金属外壳均应按规定接地和电缆屏蔽层接地;

(2)电气设备均应满足绝缘要求;

(3)带电部分在人员可触及表面应设计良好的绝缘保护层,避免操作人员无意接触造成的事故;

(4)电气设备应保证有足够的电气间隙和爬电距离;

(5)在电气设备的安装和使用过程中,对正常和故障条件下的触电危险均应加以防护;

(6)应设有具备保护功能的断路器,以避免负载过载或线路短路时引起电火灾;

(7)电力系统应设置绝缘监控装置,当系统绝缘低于某值时,发出报警;

(8)在可能有漏电或触电危险的地方,在显眼处应设置安全标志牌;

(9)发电机设置安全联锁装置,避免多相系统不正确或错误的连接引起的电气故障;

(10)配电系统或设备的设计能使系统、设备或其部件在安装、调换时可以切断电源;

(11)电气设备内部相互间或设备之间设有联锁装置。

14. 加速度危险

对于加速度危险,常用的安全性设计准则有:

(1)通过设计,尽可能避免人员和设备直接暴露在武器发射、舰载机起降等加速度造成的强冲击环境中;

(2)无法避免时,对设备进行抗冲击设计;

(3)确定强冲击区域,设置防护挡板等隔离措施;

(4)制定严格的管理操作规程。

15. 机械危险

对于机械危险,常用的安全性设计准则有:

(1)通过设计,尽可能避免往复、旋转等运动部件暴露在设备外面;

(2)对设备的往复、旋转等运动部件,均应设置适当的防护设施,避免外露的运动部件与人员接触而发生危险;

(3)通过设计隔离措施等,避免操作人员直接与往复、旋转等运动部件接触;

(4)对往复、旋转等运动部件设置联锁装置,避免部件超速运转;

(5)制定严格的管理操作规程。

6.7 安全性验证与评价

6.7.1 概述

安全性验证是通过提供的客观证据(理论的、实验的),对规定的安全性设计要求已得到满足的认定,是为评价产品和流程安全性改进措施的有效性以及对要求的符合程度而开展的任务、行为和活动的综合。舰船安全性验证是对各系统及其组成部分是否符合规定的安全性要求实施有效的证明和确认,从而保证安全性确实已经设计到产品中去并在生产制造过程中实现,证明危险事件不可能发生;或者即便发生,危险的风险也是可以接受的。

相当数量事故的起因是设计所未预料的系统缺陷和未对潜在的危险做应有的控制。因此,在安全性设计中必须进行安全性验证,以鉴别设计中的安全薄弱环节和评价舰船的安全性、危险预防措施和残余风险水平,以便及时做出必要的设计更改;或将设计中残留的危险及其预防措施方面的信息告诉舰船的试验人员和使用人员,以确保舰船在试验、使用、保障和退役处置时的安全。这方面的工作在产品全寿命周期内都要进行,但重点是研制过程。

1. 舰船安全性验证目的

安全性验证的主要目的是:

(1)对系统的所有危险及其相关的风险进行识别与跟踪;

(2)针对危险的原因对所采取的安全性改进措施进行验证;

(3)对安全性关键功能进行鉴定;

(4)确定系统设计满足安全性要求。

成功的验证应能够确认系统是否满足用户需要和经过确认的安全性要求,即系统及其安全性关键产品能否达到规定的安全性水平,能否安全地执行规定的功能,能否按规定的方式安全使用。这并不是说要对每一个设备进行试验,而是要在适当的阶段针对特定的层次进行相应的试验、分析等来保证系统设计已经满足所有安全性的要求。

对于舰船这类技术复杂、投入大、风险高的军工型号,为保证任务成功和安全,在研制初期通常需要确定安全性要求,作为安全性工作的基本目标。在适当时刻,应有计划地对此要求的实现情况进行检查和考核,安全性评价和验证是完成此项工作的重要手段,也是舰船研制安全性工作实现闭环管理的重要内容之一。

合理、有效地实施安全性评价和验证活动,证实所提出的安全性要求是否已经得到满足,可以为工程管理和决策活动提供参考和依据。同时,适时、有效的安全性验证活动还可以检查和监督型号安全性工作的实施效果,评价和审查安全性工作要求的落实情况,为实施过程改进提供参考和依据,并最终实现"预防为主、过程跟踪、节点控制、里程碑考核"的目标。

2. 舰船安全性验证对象和内容

(1) 安全性验证的对象

安全性验证的对象是系统中的安全关键的产品(包括硬件、软件和规程),即对系统的安全使用来说要对它们做正确的识别、控制和保持其正常的性能和容差的那些产品。如果它们不符合规定的安全性要求,就会引起系统的事故。

进行安全性验证之前,应明确"安全关键的"具体含义,即会造成多大的人员伤害、设备损坏或财产损失就算是"安全关键的"。在明确了"安全关键的"具体含义之后,就可以应用自上而下的初步危险分析或工程判断来确定具体系统中的安全关键的产品,或由用户指定具体系统中的安全关键的产品。

(2) 安全性验证的内容

安全性验证的主要内容包括:

① 针对危险对应原因所采取的安全性改进、控制措施有效性的验证。

应对为消除或控制危险所采取的安全性措施进行验证并跟踪,以保证每项消除或控制措施的有效性。对于不能通过设计消除的灾难性后果,而采用安全装置、报警装置、特殊规程来控制危险的项目,对其控制效果进行验证。

② 完成对安全性关键功能鉴定(包括识别、确认和评价)和关键项目控制。

安全性关键功能是指某种功能如果丧失或下降,或由于不正确或不注意使用,就有可能造成灾难或关键性的危险事件。应完成安全性关键功能鉴定(识别、确认与评价)和关键项目控制,安全关键的产品一般应包括:系统、分系统或部件中的指挥控制单元;引信、发射电路、军械保险装置等;应对执行安全性关键功能的硬件、软件和操作程序按正常、应急、急救三种工作模式进行验证,鉴定其安全性关键特性、性能、安全裕度、故障容错能力,以及相关人员按操作规程参与时是否符合安全性要求。

③ 对系统所有危险及其相关的风险进行跟踪。

应对系统或分系统、设备中所有的危险及相关风险进行跟踪。可利用本单位建立的问题报告、分析及纠正措施系统,跟踪所有已确定的危险是处于"开环"状态还是"归零"状态。应跟踪"开环"状态的危险,包括:

A. 有无明确的并得到认可的控制措施;

B. 有无明确的并得到认可的验证方法;

C. 有无验收所需要的验证数据或资料;

D. 有无确定要进行强制检验或独立观察的关键程序或工序。

只要具备下列条件之一,就认为危险"归零":

A. 危险已消除;

B. 危险经过验证已减到最小,并得到了控制;

C. 安全性偏离或超差已获安全性认可,安全性关键项目控制措施已获批准;

D. 每一项危险的"归零",得到安全认证机构的批准。

安全性验证过程保证安全性设计方案满足系统要求且该系统能够用于预期环境条件。这表示经过验证的系统能够证明它在功能、性能、分配、继承和接口等方面符合安全性要求。安全性验证过程贯穿系统全寿命周期内不同层次的开发活动,包括舰船方案设计、技术设计、施工设计以及系泊、航行试验、使用和退役处置的全过程。

6.7.2　舰船安全性验证流程

1. 舰船安全性验证流程

(1) 确定验证对象和项目;

(2) 确定各验证对象相应的验证方法;

(3) 当验证工作与其他性能、功能、可靠性验证工作结合进行时,说明结合的理由和方法;

(4) 制订验证大纲;

(5) 确定验证时机;

(6) 进行验证;

(7) 验证信息的收集;

(8) 总结验证结论。

2. 舰船安全性验证方案的制定

安全性验证方案主要是确定验证对象、验证方法、验证阶段及层次。在确定验证方案时,应当考虑以下因素:

(1) 必须考虑实际使用中可能遇到的最严酷和最临界的工作条件。

(2) 应综合权衡关键性、费用、时间等因素。

(3) 要注意不同验证内容和验证方法的交叉和协调。

(4) 除了对安全性关键的硬件、软件及规程的确切验证外,还必须注意各安全性关键的硬件之间,软件之间,软、硬件之间以及人机之间接口的验证。应在各产品单独通过验证的基础上进行接口验证。

(5) 应确保参与验证工作的人员、试验硬件与设施的风险是可接受的,即必须考虑因实施演示或试验验证而带来的安全性问题。

(6) 应当充分利用研制过程中其他各项验证结果的信息,或在其他验证中兼顾安全性验证。

6.7.3 舰船安全性验证与评价

在综合目前国内外相关研究成果的基础上,总结归纳出通用的安全性验证与评价方法,包括试验、演示(也可包含在试验方法中)、分析、评审和检验等,但针对不同类型的安全性要求、安全性关键项目及其不同方式的改进措施、相关的不同类型危险源等方面进行综合考虑,多数情况下综合利用上述方法验证安全性要求。一般来说,当采用试验方法进行总体验证行不通时,则要采用分析方法验证关键特性,采用设计分析或仿真方法验证假设条件;经确认有效的模型和仿真工具属于分析性验证方法,是对其他方法的补充。验证活动的重点和性质随着设计从方案到详细设计再到实际产品的进展而变化。下面具体介绍试验、演示(也可包含在试验方法中)、分析、评审和检查五项安全性验证方法。

1. 舰船安全性验证的几种方法

(1)试验验证

安全性试验验证是指用专门的仪器、设备和其他模拟技术,在各种模拟或真实环境下测量、测试产品具体参数,并通过对试验结果和测量数据进行分析、评价,以验证武器装备系统是否符合各种安全防护规定的性能;是验证武器装备系统在各种极限条件下使用时其武器装备系统安全程度,以及正常使用中不发生事故的能力;安全性试验验证就是考核武器装备系统在各种极限条件下使用时,不能造成人员伤亡、武器装备损坏或财产损失的一系列意外事件的能力。为了满足安全性验证工作以及其他方面的需要,在型号研制过程中要进行各种级别的试验和测试工作。经验表明,能在陆上试验的,就不进行舰上试验。因此,在研制过程中安排的大部分试验是陆上试验。在许多情况下,安全性验证试验和性能试验、可靠性试验等是相关的,因而可以统一起来考虑。

①仿真试验验证

仿真是用研究和建立模型的方法来考察实际对象或系统性能。安全性仿真试验验证就是用研究和建立模型的方法来鉴定武器装备系统的安全性。由于计算机技术的飞速发展,加之仿真技术在应用上安全经济,仿真试验在武器装备研究中广泛应用,例如在舰载机起降中,采用模拟舰船运动和气候环境来仿真舰载机的起降安全。仿真试验除了安全经济外,在技术实现上还有一个特殊价值,即它能对故障进行复现,这样大大方便了试验的组织实施。仿真试验验证的主要研究内容是仿真建模、模型的验证、确认和仿真试验的实施。具体可分为以下几种方法:

A. 比例模型仿真试验法

这类比例模型仿真试验主要在武器装备的设计阶段得到广泛应用,比如,武器装备的外形结构气动力参数、弹丸的气动力参数确定等都要应用比例模型仿真试验,通常称为风动试验。

B. 半实物模型试验法

以实际部件或者子系统替代部分计算机模型进行的仿真试验,以提高试验的可信度。这类半实物仿真试验在武器装备研制阶段得到较好的应用,比如,武器装备系统中某些部件或分系统以计算机模型替代进行的试验。这类试验由于部件和分系统是实物,因此,实验值比较接近真值,可信度高。

C. 全数字计算机仿真

用全数字计算机模拟部件、子系统或全系统功能。它和部件、子系统或全系统一样,可运行同一程序并能获得相同结果。

②实物试验验证

实物试验是武器装备研制中必须进行的主要试验,如靶场试验。这类试验也是武器装备正式生产或装备部队之前必须进行的试验。安全性试验验证作为设计定型试验中的一部分,可以结合其他性能试验一同进行,也可根据需要单独进行;试验中,一般分为测试性试验法和实物射击试验法。

A. 测试性试验法

测试性试验法是指在实物实际射击试验之前,对武器装备系统进行的性能参数和功能检测,以及软件系统的性能参数和功能检查等,是对被试品初始状态的测量、检测和调试,为实物射击试验提供初始条件和性能状态。没有准确测试性试验就无法得到正确有效的实物射击试验结果,也不可能对被试验武器装备系统得出正确的结论和给出合理的建议。

B. 实物射击试验法

在武器装备研制阶段对作战使用性能考核、武器装备系统鉴定和国家靶场定型试验中大都采用实物射击试验法,安全性作为定型试验中必须考核的一项武器装备系统的性能,也需要通过实物射击试验法进行验证。在武器装备研制或装备生产过程中,通常也用实物射击试验法进行鉴定试验、模拟试验、交验试验等。实物射击试验法虽然消耗人力、物力、财力,但是可以获得接近实战条件下的装备性能,提供可靠的试验结果,以便确定武器装备系统是否满足相应的安全性要求。正是由于能够获得接近实战条件下的试验结果,目前实物射击试验法已被世界各国广泛应用。舰船装备安全性实物射击验证试验包括武器发射安全射界的边界射击试验、导弹发射的安全性验证等。

③实战试验验证

实战试验是在战争条件下,武器装备系统的对抗性演练和演习。主要考虑武器装备系统的实际作战性能。实战试验是在特定条件下的作战应用,是其他试验不能替代的试验。实战应用是最好、最实际的试验。军事演练和演习是最好的实战试验,是实战条件下的考核,而不是过去试验的重复。实战试验验证,不仅是在战争条件下检验武器装备系统的战术技术性能、作战使用性能和部队适应性、验证武器装备系统安全性的最好、最真实的试验,同时也是对武器装备系统战场环境条件下人机环境的最真实、最实际的验证。

(2)演示验证

演示是一种试验性的定性验证方法,可以归为试验类的安全性验证方法,用于人机接口系统以验证操作能否按规定的程序安全地进行。演示要确定产品的使用安全性是否达到所规定的要求。通常采用"通过"或"不通过"的准则来验证,即产品是否以安全的、所期望的方式运行或一种材料是否具有某种性质。例如,演示某纺织物或绝缘物是否具有规定阻燃性,验证其装舰的安全性。

(3)分析验证

安全性分析验证是一种在产品研制初期开始进行并贯穿于产品研制、生产阶段的系统性的检查、研究和分析技术,它用于检查产品或设备在每种使用模式中的工作状态,确定潜在的危险,预计这些危险对人员伤害或对设备损坏的严重性和可能性,并确定消除、减少或控制危险的方法,以便能够在事故发生之前消除或尽量减少事故发生的可能性或降低事故有害影响的程度。

安全性分析验证方法主要包括定性分析方法和定量分析方法两种。定性分析用于检查、分析和确定可能存在的危险、危险可能造成的事故、事故发生的可能性以及可能的影响和防护措施。常用的定性安全性分析技术有 HA、FMECA、FTA、SA 等。定量分析用于检查、分析并确定具体危险、事故及其影响可能发生的概率,比较系统地采用安全措施或更改设计方案后概率的变化。定量分析以定性分析为依据,常用的定量安全性分析和评价支持方法有 FTA 和 PRA 等。

(4)评审验证

评审是安全性验证工作的主要方法之一,通过对设计有关记录的确认和设计文件有效性的证实,来确定设计报告、技术说明、工程图样等技术文件是否与有关安全性要求一致,包括评审检查单、复核复算等。验证性设计评审活动可与产品设计评审同时实施,必要时应在对关键项目完成复核、复算的基础上进行。通过设计评审及时发现产品安全性工作中存在的问题并提出改进建议,确保安全性工作能正常实施,使产品最终满足规定的安全性要求。

安全性评审验证主要是评审安全性设计的可行性和产品的安全性是否达到合同规定的要求,以及安全性工作项目的进展情况和关键问题。安全性工作评审适用于产品全寿命周期的所有阶段,一般在研制的初期就要开展这项工作。评审的次数取决于产品的复杂程度,安全性工作评审应尽可能与产品设计的其他质量特性(如战术性能、可靠性、维修性)的评审结合进行。评审结果是产品研制工作从一个阶段转入另一个阶段的重要依据,产品研制未按研制计划规定进行设计评审或评审未通过,不允许转入下一阶段工作。

设计评审作为产品研制程序中的组成部分,应纳入研制计划,从时间、经费、工作条件等方面予以保证。设计评审应有完整的记录,评审结论应形成文件。设计评审的有关文件及评审结论应及时归档。

2. 舰船安全性验证方法的选用原则

(1)应针对验证对象的安全性验证要求,综合权衡关键性、重要性、费用、验证工作周期等因素,在保证验证有效性的基础上,选用一种或几种组合的保守可靠的验证方法。验证方法的确定应通过上级单位和安全性主管部门的评审和确认。

(2)在选择安全性验证方法时,应考虑尽可能与产品研制过程中的测试、试验、验收、检验等验证工作相结合。如需通过提高产品可靠性来保证其安全性,则应按可靠性验证要求进行验证。

(3)选用验证方法的优先顺序从高到低一般为分析、设计评审和检验、演示、试验。在分析、设计评审和检验验证方法不能满足要求时,就应采用演示或试验验证方法。

(4)分析与验证试验往往是互为补充的。如果进行复杂系统验证试验因试验设施能力不足、费用过高或某些环境条件无法模拟等而不可行时,在上级单位和安全性主管部门的认可下,可用工程分析、类比法、全尺寸功能模型或小尺寸模型的模拟来代替产品实物的试验验证;或通过采用低层次的试验与高层次的分析相结合的方式来实施对高层次产品安全性要求的验证。但这些方法一般不能提供对极限安全性水平的验证,并要求有足够的安全性设计裕量来弥补这些方法的相对不确定性。

（5）对于不能通过设计消除其灾难性后果,而需要采用安全装置、报警装置、特殊规程来控制危险的项目,应通过专门的安全性试验来验证其安全性。

（6）对用强制检验法验证安全性的飞行产品,应在飞行前按发射规程中设置的强制检验点进行飞行前安全检查。

（7）已鉴别出的所有安全性关键功能和安全性关键项目,对其安全性偏离或超差都必须进行强制性检验或试验,以作为是否认可或接受的依据。

第7章 环境适应性设计与验证

7.1 概　　述

7.1.1 环境适应性的基本概念及内涵

1. 定义

环境适应性定义为:装备在其全寿命周期预计可能遇到的各种环境作用下能实现其所有预定功能、性能和(或)不被破坏的能力,是装备的重要质量特性之一。环境适应性设计是为满足装备环境适应性要求而采取的一系列措施,包括改善环境或减缓环境影响的措施,以及提高装备对环境耐受能力的措施。

2. 内涵

对环境适应性内涵的理解应把握以下三个方面:

(1)环境

定义中的环境是指舰船全寿命周期中遇到的一定风险的极端环境。其基本思路是认为舰船能适应极端环境,一定也能适应较良好的环境。定义中的功能是指"能做什么",性能是指"做到什么程度"。

一般而言,舰船环境分为三类:一是舰船及其装备所处的外部环境,包括海洋及其天气的影响。二是内部环境,可影响舰员及其内部的设备。内部环境如温度、湿度可以由舰上的空调通风系统调节。三是人机接口,其环境影响到舰员的使用和维修。

(2)先天固有性

舰船装备的环境适应性取决于其选用的材料、构件、元器件耐受环境效应的能力。舰船及其装备完成设计定型后,其选用材料、元器件、结构组成和加工工艺已冻结,其耐受环境能力也就基本固定。因此,环境适应性是舰船装备固有的质量特性,它是靠设计、制造、管理等环节来保证的。

(3)后天渐变性

随着舰船服役时间的增长以及各组成部分的磨损和自然老化,环境适应性也会有所变化,通常是降低的,所以应在不同的阶段进行环境适应性评估。

7.1.2 环境适应性与其他特性的关系

1. 环境适应性与可靠性

(1)采用的环境条件不同

可靠性中规定的条件是寿命剖面中典型的、代表性的环境条件,而环境适应性中考虑的是遇到的各种环境条件,尤其是极端环境条件。

(2)研究出发点略有不同

可靠性设计研究是应用统计的方法,求出完成功能的概率;而环境适应性往往分析环境对装备造成的损伤机理,将个别的具体问题予以解决。例如,密封圈材料低温弹性差,导致"挑战者号"航天飞机机毁人亡的事故,是一个典型的环境适应性问题,而不是统计意义上的可靠性问题,是通过环境适应性设计可以消除的问题。

(3)环境适应性是可靠性工作的基础

环境适应性试验是可靠性试验的前提,只有环境适应性试验充分暴露装备故障并采取设计措施解决后,开展可靠性试验才有把握通过试验。美国军用标准 MIL-STD-785B 中指出,应该把 MIL-STD-810 中规定的环境试验作为可靠性增长试验的早期部分,并纳入 FRACAS 系统。

2. 环境适应性与保障性

在保障性分析的使用研究阶段,开展作战环境分析,指出装备部署的环境条件是使用研究报告的重要章节。环境适应性越好,装备的故障率就越低,对保障性的要求就越低,因此环境适应性与保障性是相互关联的。

3. 环境适应性与安全性

英国国防标准 DEF STAN 00-35 中规定了环境适应性与安全性之间的关系,并要求开展一致性评估,如图 7-1 所示。

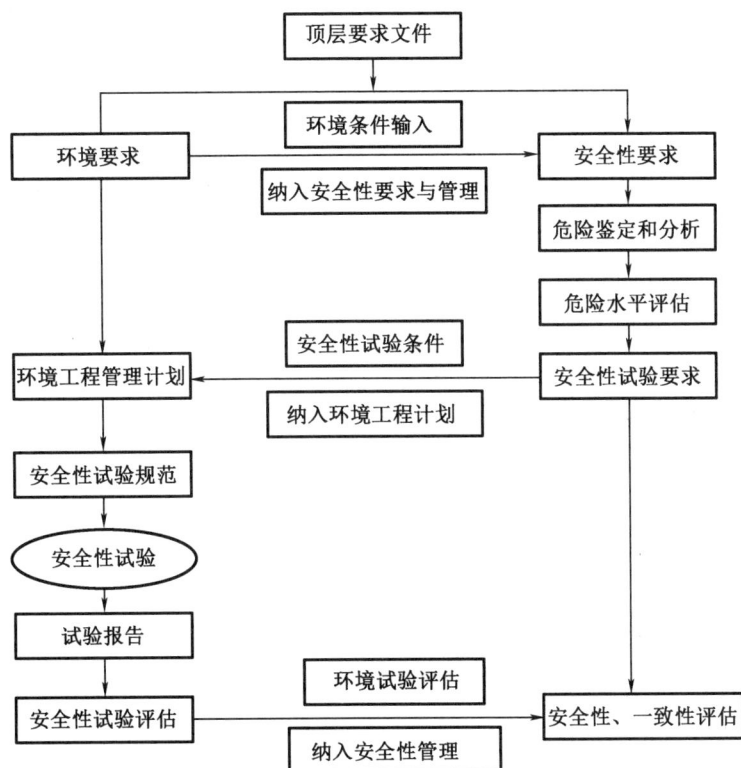

图 7-1　环境适应性与安全性的关系

7.2　工 作 范 围

7.2.1　工作要求

舰船环境适应性设计要求主要是军方的论证要求和《装备环境工程通用要求》(GJB 4239—2001)的有关规定。GJB 4239规定了环境适应性工作管理、环境分析、环境适应性设计、环境适应性验证与评价等,如图7-2所示。

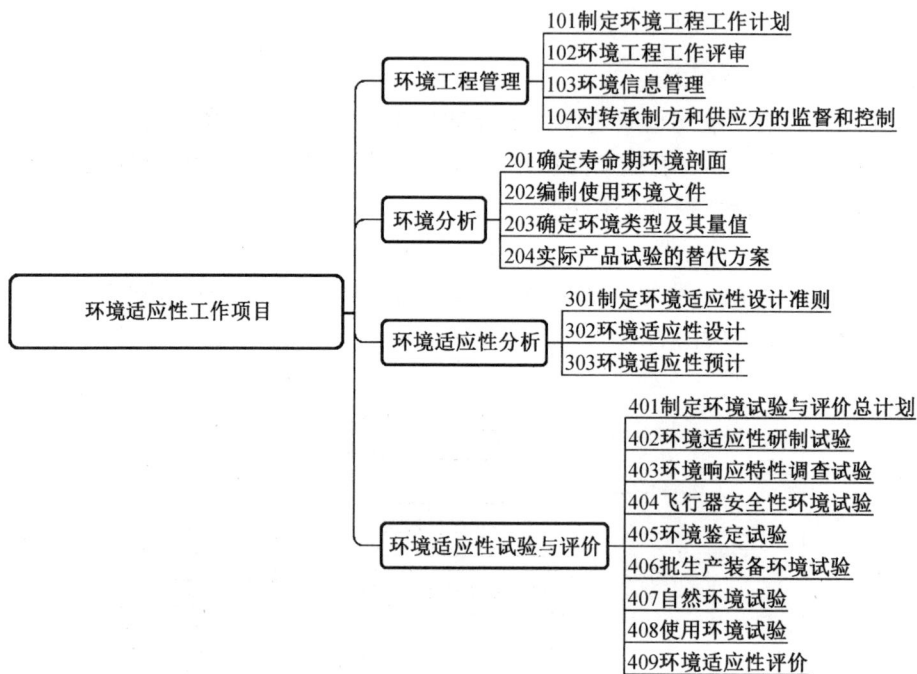

图7-2　环境适应性工作项目

7.2.2　工作计划

按照军方的论证要求、GJB 4239中关于环境性工作项目的要求,确定各阶段的总体、系统和设备环境性工作项目要求,舰船总体、系统和设备的环境适应性工作包括制定环境适应性工作计划、对转承制方和供应方的监督与控制、确定环境条件、设计准则编制、准则符合性检查、环境适应性设计与分析、环境适应性试验与评价等,见表7-1。

表 7-1　环境适应性工作项目表

序号	工作项目	工作类型	方案设计	技术设计	施工设计	建造试验	设计定型	完成形式
			适用阶段					
1	制定环境适应性工作计划	管理与控制	√					总体、系统、设备环境适应性工作计划
2	对转承制方和供应方的监督与控制	管理与控制						转承制方环境适应性要求；转承制方环境适应性设计技术报告；转承制方环境适应性评审结论
3	环境适应性评审		√	√			√	总体、系统、设备环境适应性评审结论
4	确定环境条件	设计与分析	√	√				总体舰（艇）用条件
5	制定设计准则及符合性检查	设计与分析	√	√	√			总体、系统、设备环境适应性设计准则及符合性检查报告
6	环境适应性设计与分析			√				总体、系统、设备环境适应性设计报告
7	环境适应性试验	验证与评价		√			√	系统、设备环境适应性大纲及环境适应性试验报告
8	环境适应性评价	评价					√	总体、系统、设备环境适应性评估报告

注："√"表示均需开展的工作。

7.3 舰船环境适应性要求及指标体系

7.3.1 概述

环境适应性要求是舰船装备立项论证中提出的重要设计要求,《武器装备论证通用要求 第14部分:环境适应性》(GJB 8892.14—2017)给出了环境适应性要求论证的内容、方法,其确定流程要开展作战环境剖面论证、风险率确定、阈值确定以及最后提出装备研制的环境适应性要求和指标。

1.作战环境剖面

装备的作战环境剖面包括后勤阶段环境和作战阶段使用环境,是装备全寿命周期内经历的环境因素的时序描述。在 MIL-STD-464H 中,给出了通用武器装备的环境描述。对于舰船装备而言,更关心舰船的作战使用环境。按照 GJB 8892 划分主要包括气候环境和诱发环境两类,定性要求的确定主要按照这两类描述;定量指标要求方面,从舰船装备的环境适应性设计和验证评估的可操作性方面考虑,主要包括总体的作战环境要求、系统及设备的装备环境要求。

2.风险率

按照《军用设备气候极值》(GJB 1172—91)的定义风险率包括时间风险率、面积风险率和再现风险率,主要是指极值出现不小于或不大于某特定记录值的百分比。该比率是确定环境适应性定量指标要求的基本输入。

3.阈值

风险率确定后按照相关标准 GJB 1172、《军用设备海洋气候、水文极值》(GJB 3617—99)、《舰船环境条件要求》(GJB 1060—91)等相关数据来源,结合环境适应性试验在不同海域的数据收集论证出环境参数阈值。

7.3.2 舰船环境适应性要求的确定

1.气候环境适应性要求

自然环境是指自然界中由非人为因素构成的环境,它由自然力产生,无论装备处于静止状态还是工作状态,都受这种环境的影响,即自然环境是一种与武器装备的存在形式和工作状态无关的环境。舰船装备在整个服役期间最长时间所处的环境是自然环境中的大气环境和海洋环境,因此制定常用舰船的自然环境适应性要求指标应包括:

(1)风

对水面舰船装备影响较大,通常根据标准中风速的标准时距和标准高程换算后,依据舰船的使用作战需求予以确定。

(2)浪和海况

参照标准中对浪和海况的分级要求,一般会制定舰船在不同工况下应能适应的浪和海况的级别。

(3)海浪谱

舰船适航性预报中,海浪谱、波高与波浪周期的对应关系应采用舰船预定活动海域的实测资料予以确定,但在缺乏实测资料时,可按开阔海域或有限海域的情况采用国际水池会议推荐的海浪谱,或参照海浪的年平均统计资料来确定。

(4)能见度

应根据舰船的使用需求按照标准中能见度分级要求提出舰船的该项指标要求。

以上四项指标一方面会对舰船的适航性等总体性能造成影响,另一方面也要求舰船设备能满足在规定的气候环境下正常工作与运行。

(5)太阳辐射

露天甲板、舰船上层结构的舱室以及有透明或半透明遮蔽物阻挡的部位都面临着太阳辐射的影响。依照舰船装备全寿命周期航行海域的气候统计情况,可对舰船的太阳辐射适应能力进行规定,但应考虑在有遮挡和完全暴露等不同情况下设备或结构的抗太阳辐射能力。

(6)大气温度

舰船装备会受到外界的大气温度影响,因此对舰船装备的抗高温和抗低温能力都应有所要求。目前主要是以高温极值和低温极值的形式进行表征,依据舰船装备的任务剖面和环境剖面,可以确定舰船的航行水域,从而根据标准制定舰船不同露天部位的温度极值指标。

(7)海水温度

海水温度也是影响舰船装备设计,特别是装备通海部分和舷外设备设计的重要因素,例如对于采用海水作为冷却介质的换热器,其入口处海水温度微小的差异可能导致整体设计形式的重大变更,因此舰船接触海水的部分需要充分考虑对于一定温度区间海水的适应性。

目前对于舰船装备而言,一方面要根据舰船的预期航行海域确定舷外设备及通海水管路附件的海水温度极值,另一方面也要重点关注船体、舷外设备及通海水管路附件的防腐蚀能力,从材料选取、结构形式、防护涂层和设计裕度等多方面入手保证舰船的正常使用。

(8)湿度和盐雾

暴露于空气中的舰船装备及其附属设备会受到海洋潮湿大气环境的影响,这种潮湿的盐雾环境会比地面环境更容易造成船体结构、设备及其内部元器件的腐蚀。

目前,应根据舰船装备的实际航行海域确定其所面临的海洋潮湿环境,并对直接暴露于大气环境中的设备做好防护措施。

(9)海洋生物环境

舰船在海水中会受到海生物附着的影响,这些附着的生物除了会腐蚀船体和设备,也会对舰船的性能造成很大的影响。例如附着在螺旋桨上的海洋生物,会影响螺旋桨的线型和运转效率,降低舰船动力性能,甚至会引发异常噪声,增大舰船暴露的可能性。

但海洋生物环境对舰船装备的影响难以量化,需要探讨其表征方式,目前主要是通过材料选取、涂层处理等方式降低海生物的附着。

(10)淋雨、雪、冰、冰雹

露天甲板及以上空间、舷外设备会遇到因为雨、雪、冰、冰雹等天气状况而受到诱发浸润,设备的孔洞、密封、接头等部位容易受到浸泡渗漏进水,影响设备的材料和工作性能;而吸附和吸收水分以及冷凝水等可能会导致使用材料和面漆变质,也可能导致绝缘电阻和电路板的失效而引起安全事故。此外,冰雹会对舰船露天设备造成一定冲击,而降雪也可能使得设备受到积冰的影响,造成机械系统失灵,如联动装置、解脱机构无法正常工作等情况,传感器和光学设备若结冰霜,则会影响信号采集传输和导航通信。

因此,对于舰船装备上外露的设备而言,除了规定其应满足的雨、雪、冰、冰雹等天气状况,也应根据其对应部位及工作性质,选取适当的防护方式,保证其安全可靠。

(11)水压

对于装备来说,其主船体、舷外设备、通海水部分管路及部件应能适应规定极限深度的海水压力,舷外设备要求在极限深度时不损坏,在工作深度时能正常使用。

在实际的舰船设计工作中,风、太阳辐射、温度、雨、雪和冰雹这些自然环境的极值可以通过查找相关标准得出,如在《舰船环境条件要求 气候环境》(GJB 1060.2—91)中就列出了对应于不同设备工作风险率和设备承受风险率时各自然环境因素的极值,以及应遵循的风险率选取准则。其中,设备工作风险率指设备丧失正常工作能力的概率,设备承受风险率指设备暴露于不同环境因素期间,环境极值出现的概率。例如按照标准推荐选取5%设备工作风险率时,对应的海面环境高温极值为46 ℃,预计暴露时间为25年情况下,设备承受风险率为10%的高温极值为52 ℃、相对湿度为67%、太阳辐射为1 103 W/m²。

2. 诱发环境适应性要求

诱发环境是指人为活动、平台、其他装备或装备自身等产生的局部环境,即诱发环境可能是人为的或武器装备自身工作过程中产生的,也可能是自然环境与武器装备的物理化学特性综合产生的。因此诱发环境可以形成于装备内部,也可发生在装备外部,而对于舰船装备来说,诱发环境通常包括机械环境、诱发的大气环境和电磁环境等。

(1)机械环境适应性要求

①倾斜摇摆

舰船的倾斜摇摆会引起静态力和动态力,从而对结构和设备产生破坏影响。倾斜摇摆将破坏设备原平衡的作用力,使轴承受力条件改变,轴承润滑条件恶化,并使设备内部自由液面位置变化和液体外泄,导致上层建筑、桅杆等船体结构的损坏。

一般来说,对上层建筑、桅杆、基座等船体结构倾斜摇摆的要求应考虑舰船运动引起的动态力的作用,具体要求可参见有关舰船船体规范标准。而安装于舰船上的系统/设备对于船体在极限倾斜摇摆条件下的适应情况,则由角度和时间来表征(不计入设备本身的安装角),一般按标准选取。

②振动

舰船的振动以累积的形式周期性地作用于船体和设备上,使船体和设备产生疲劳破坏,设备功能和性能失常,引起人体不适以及可能激发异常噪声,影响舰船的隐蔽性。

开展舰船环境适应性设计时,船体振动允许值及评价要求应符合国军标有关各类舰船的船体振动衡准的规定,而设备的环境振动参数理论上应根据安装位置的实测或估算数据来确定,在无实测数据的情况下,可参考《舰船设备环境参数分类及其严酷度等级 机械》(GJB 440.2—88)所列参数进行确定。

根据实测结果制订环境振动参数时,其过程首先应是选择船型和测试部位,测试部位一般选择在设备基座上(有隔振器的基座则应在隔振器与基座安装部位测试);然后进行测试,并充分考虑各工况、海况等外界环境;最后按相关标准对测试数据处理后确定振动的环境参数,一般采用最大值包络法,参数形式为位移(加速度)幅值及对应频率范围。

③冲击

舰船在服役期内可能遇到来自非接触爆炸或接触爆炸的冲击作用以及其他机械运动产生的冲击(如武器发射、舰载机着舰等),其中水下非接触爆炸所引起的冲击破坏更具破坏性和严酷性,且冲击可通过船体结构传递给船上的基座和设备。

冲击一般要考虑的要求包括频率、振幅、加速度、能量以及其他指标。对于舰船设备来说,其总体抗冲击往往是按照其可能遭受的常规武器攻击情况依照标准进行抗爆、抗冲击计算,而设备则按照其不同的抗冲击等级、类型和设备重量划分等级制定抗冲击要求、进行冲击动响应分析、试验及计算等。

按设备对舰船安全和连续作战能力的重要性,其抗冲击等级划分为 A 级、B 级和 C 级;按设备在舰船上安装位置的不同,又可将设备划分为船体部位安装设备、甲板部位安装设备和外板部位安装设备。基座的抗冲击等级和类型与被支承设备相同。

④颠震

舰载设备应能耐受由波浪冲击(舰底冲击、甲板上浪等)引起的重复性低强度冲击,特别是安装在水面舰船上的设备受此影响更为明显。设备的颠震指标往往根据标准按照其不同安装位置提出。

⑤噪声

在舰船装备环境适应性中,一般主要考虑空气噪声,包括噪声频率和噪声强度。根据舰船装备的使用需求和舰船上人员的防护要求,目前可参照标准对舰船的不同部位提出相对应的噪声要求。

(2)诱发大气环境适应性要求

①大气温度

在舰船装备上,无论是安装于甲板露天部位、有一定遮蔽物但无气候防护的设备,还是完全被防护的设备,都会直接或间接地受到大气温度的影响。

装在露天、有遮蔽物但无气候防护的设备会因为太阳辐射和大气温度而受到超过昼夜循环最高温度(气象)的外界温度影响,此外云量、设备外表面和热源之间的相对仰角,以及受辐射表面的涂层、颜色和热容量都将影响设备吸收的热量,导致设备受热的急剧增加。而对于安装在舱室内或被封闭结构包围的设备来说,一方面封闭结构使得设备运转发出的热量难以排散导致空气温度愈发升高,使得舱内温度条件进一步恶化;另一方面舱室和封闭结构会使设备更容易遇到比昼夜循环最低温度还低的温度。

由此可见,安装在舰船上的设备容易受到诱发高/低温的影响,而这种影响会通过改变舰船建造材料的基本特性来引起装备整体的功能和性能差异。例如对于机械设备来说,高/低温可能会引起材料的膨胀和收缩以及延展性的降低,从而导致结构件的尺寸发生永久或临时变化;而对于电子设备来说,温度的变化则可能降低通信、武器、控制系统的性能,极高/低温甚至可能造成电路板、部件的脱焊和开胶等问题。

因此,对于安装在有遮蔽物部位的设备,应尽量根据实测值确定其可能承受的高/低温极值要求;而对于可采取气候防护的部位,则尽量采取措施控制空间内的温度变化。同时,设备也应根据其安装部位的不同而设计满足不同的高/低温极值要求,必要时应采取一定的防护措施。

　　此外,舰船装备设计时还应考虑到热冲击和热循环效应,即设备持续或突发性地遭遇到冷热交替环境。例如舰船在高纬度地带作业时,设备从主甲板以下船舱向甲板上移动时,可能遇到在几分钟内温度骤降几十摄氏度的情况,这种热冲击和热循环可能诱发较高的膨胀收缩率,将造成材料碎裂、应力异常、接缝开胶或密封性能下降,以及影响材料的化学性能等,造成舰船上设备失效。

　　②湿度

　　舰船上安装的设备容易受到诱发湿热空气的影响。同无防护封闭空间容易诱发高温的因素相似,对于没有充足通风的部位,外界环境温度和太阳辐射的昼夜变化,会诱发该部位的压差,使得外界大气吸入并截留潮气,而当舰船位于某些昼夜温差大的区域时,这种现象会更为明显,潮气的逐渐积累会导致较高的露点温度,进而增大夜间低温部位饱和的可能性。

　　诱发湿热环境容易造成材料劣化速度的加剧,吸收和吸附潮气致使材料一般性变质,引发机械设备高的故障频率;水迹可能使电路和电阻的性能降低或丧失,降低电气/电子信息系统的可靠性;光学相关设备也可能因为透镜上的水汽或积水等影响使用。此外,无通风区域的潮湿环境为接触腐蚀和腐蚀因素的侵蚀提供了理想的条件。

　　在确定诱发湿度环境要求时,由于设备运转产生的热量可降低相对湿度,因此一般应根据舰船上各部位的实测数据予以确定;但若没有实测数据,则无通风的封闭空间内应假定湿度环境接近饱和,并以此作为此空间内设备应满足的湿度条件。在实际湿度要求的制定和设备对于湿度环境适应性的验证过程中,往往将湿度与高温或太阳辐射的强度联系起来进行要求或试验。不同的温度和温变下,舰船内外不同部位应能适应相对应的湿度要求指标。

　　对于有气候防护或空气调节的舱室或部位,为了给人员和设备提供合适的工作条件,要求采用一定手段对湿度进行控制,保证在既定舱室温度范围内的湿度水平,并允许由外界环境和舱内人员、设备散发的热量与水分所引起的一定范围内的变动,电气、电子控制柜、控制台内的个别元器件和部件所遇到的相对湿度应根据局部散热的程度选定;有新鲜空气通风的舱室和部位,由于其使用用途、通风程度和机械的排放差异,环境条件可能为干热或湿热,如发动机的热量容易降低相对湿度,而洗衣房和厨房区域的冷凝和蒸汽则可能增加空气中的水分。另外,一般越靠近舰船中心的部位,诱发湿热环境受舰船内系统设备的影响越大,受自然条件的影响越小;而在无空调和通风的舱室部位,则空气以潮湿、停滞为主。

　　另外,虽然有空调的舱室湿度环境会比较缓和,但也必须注意到静止无风的环境可能会促进霉菌的生长。

　　③霉菌

　　空气中的霉菌由于不同部位环境变化的压差而被抽入遮蔽部位或吸入个别设备,并在舱室内的温湿环境中迅速生长,影响了面漆的防护性能,降低了材料和连接剂的机械强度,同时真菌分泌的酶可促使某些材质变成可溶形态的腐蚀性废物,造成透明件表面腐蚀,并产生绝缘电阻,造成导电旁路。

　　因此在舰船装备实际设计中,要采取控制措施防止和降低霉菌的生长,同时要对舰船内外不同部位提出相适应的霉菌种群要求。

④盐雾、油雾

舰船装备在海上航行会受到含盐大气的影响,而舱室内部分设备也可能因为附近设备的运转而遭受油雾的侵蚀,如柴油机舱油雾较高,该舱内设备应特别关注油雾的防护。盐雾和油雾可能通过接缝和孔洞,穿过屏蔽和护盖进入设备或隐抽吸进入屏蔽区域,设备所处区域或内部温度越高、湿度越大,则设备或其部件受到侵蚀和侵害的可能性就越大。

盐雾可能对舰船装备造成的影响包括:金属因电化学作用腐蚀或加大金属电位差腐蚀;防护涂层因电解气泡;盐雾形成的酸碱溶液加大腐蚀;产生加速机械构件应力腐蚀;盐沉积形成导电沉积物,引起电气/电子系统故障;橡胶件和塑胶表面脆化出现裂纹或变色、丧失透明度;非金属材料抗拉强度变化、脆变或丧失点性能;机械部件和组合件活动部分阻塞或卡滞;等等。而油雾则可能使非金属材料(如橡胶、塑料、添加剂等)受到化学侵蚀,造成胀缩、裂纹、密封处渗漏等问题,也可能会对电路的导电性能造成影响,引起击穿等事故。

舰船系统、设备设计时应根据其安装部位提出其盐雾、油雾环境适应性要求。最理想的方式是通过各部位实测值来确定该要求,但在缺乏实测值的情况下,也可参照标准选取指标。此外,为了不使装备因油雾、盐雾而受到损害,也应对装备进行一定的防护,并在舱室内采取一定的大气环境控制措施。

⑤有害气体

舰船装备的人员和装备会受到武器发射、机械使用、维修保养或舰船上部署车辆、飞机排放甚至是构成材料本身所散发的有害气体的污染和侵害,而由于舱室内的封闭环境,特别是对长时间水下航行的潜艇来说,这种有害气体产生影响的范围可能更大。有害气体一方面可能会与废气、蒸汽或滴状液体发生化学反应,生成酸碱的雾以腐蚀设备;另一方面也会对人员的健康造成损害。因此在舰船装备的设计和使用中,一方面要对设备的选材进行控制,控制设备使用时不应产生严重危害人员健康或影响其他设备性能的有害气体或液体;另一方面舱室内应安装大气环境监测和控制设备,对各部位有害气体的浓度做出监测和限定。

(3)电磁辐射环境适应性要求

电磁辐射环境通常包括装备内部产生的电磁环境和外部产生的电磁环境,该环境可能会严重影响舰上电子、电气设备的正常工作运行继而影响作战任务的成败,也可能对场内人员造成身体伤害,因此需要对场地的电磁环境进行规定,对设备产生的电磁能量进行限定。装备的电磁辐射发射强度和辐射敏感度、传导发射强度和传导敏感度应能满足《军用设备和分系统电磁发射和敏感度要求与测量》(GJB 151B—2013)的有关规定,并按《军用设备和分系统电磁发射和敏感度测量》(GJB 152A—97)规定的方法进行测量,应达到合格要求。另外,对舰船装备的电磁适应能力也应有所要求,对静电放电和磁场反应敏感的设备,应采取接地、隔离和屏蔽等措施来保证正常工作,并能通过《电子测量仪器电磁兼容性试验规范》(GB 6833—87)的系列规范要求。

对于舰船装备的系统、设备来说,平台诱发环境既是对系统、设备的设计要求,限制其对外界释放能量,也是对系统、设备的环境适应能力的要求,要求设备能在该平台诱发环境下正常工作运转。

7.3.3　舰船环境适应性指标体系

舰船环境适应性指标包括总体的作战使用环境和舰船装备(系统、设备)所承受的环境条件要求,说明如下。

1. 作战环境指标体系

作战环境指标包括正常环境指标、极端环境指标、耐波性、海况、战损稳性等,如图7-3所示。

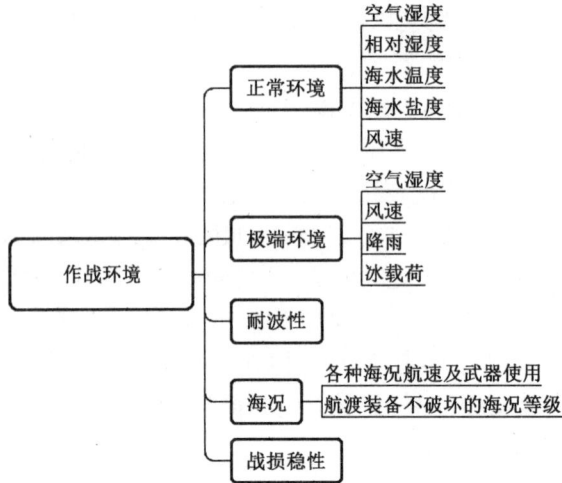

图7-3 舰船作战环境

2. 舰船装备环境要求指标体系

舰船装备环境要求指标包括气候环境、机械环境、敌方行动环境和电磁环境等,如图7-4所示。

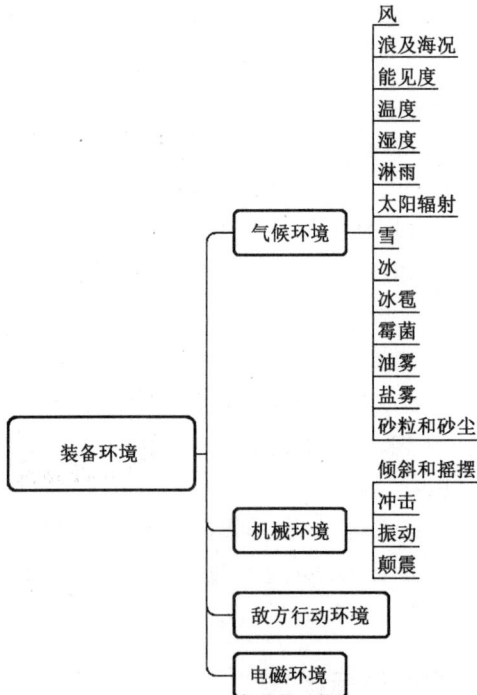

图7-4 舰船装备环境

7.4　舰船环境条件

舰船环境条件是在以环境适应性要求和指标为依据的基础上,依据总体环境适应性实际测试试验数据,参考过去以往型号环境适应性设计准则和标准制定的舰船型号设计指导文件,也称为舰(艇)用条件,用于指导舰船总体、系统和设备单位开展环境适应性设计。《舰船通用规范》(GJB 4000—2000)以及其他国内外标准均给出了舰船环境的相关分类及参数。舰船环境分类一般包括气候环境、机械环境、敌方行动产生的环境和电磁环境,说明如下。

7.4.1　气候环境

1. 风

参照《热带气旋等级》(GB/T 19201—2006)、《风力等级》(GB/T 28591—2012),风力的分级按表 7-2 的规定。

表 7-2　风力等级的划分

风级	名称	平均风速范围(高程为海平面上 10 m,时距为 10 min)/(m/s)
0	无风	0~0.2
1	软风	0.3~1.5
2	轻风	1.6~3.3
3	微风	3.4~5.4
4	和风	5.5~7.9
5	清风	8.0~10.7
6	强风	10.8~13.8
7	疾风	13.9~17.1
8	大风	17.2~20.7
9	烈风	20.8~24.4
10	狂风	24.5~28.4
11	暴风	28.5~32.6
12	飓风	≥32.7

2. 浪与海况

波高的标准统计值规定为三分之一最大波高的平均值,简称有义波高,取符号为 $(h_w)_{1/3}$。浪的等级划分参考《海洋预报和警报发布 第二部分:海浪预报和警报发布》(GB/T 19201—2006),按表 7-3 的规定。海况的等级划分参考 GB/T 19721.2—2017,按表 7-4 的规定。浪级中波高与波浪周期有关,北半球大洋海浪的年平均统计结果见表 7-4。

表 7-3 浪的等级划分

浪级	名称	波高范围/m
0	无浪	$(h_w)_{1/3} = 0$
1	微浪	$0 < (h_w)_{1/3} < 0.10$
2	小浪	$0.10 \leq (h_w)_{1/3} < 0.50$
3	轻浪	$0.50 \leq (h_w)_{1/3} < 1.25$
4	中浪	$1.25 \leq (h_w)_{1/3} < 2.50$
5	大浪	$2.50 \leq (h_w)_{1/3} < 4.00$
6	巨浪	$4.00 \leq (h_w)_{1/3} < 6.00$
7	狂浪	$6.00 \leq (h_w)_{1/3} < 9.00$
8	狂涛	$9.00 \leq (h_w)_{1/3} < 14.00$
9	怒涛	$(h_w)_{1/3} \geq 14.00$

表 7-4 北半球大洋海浪的年平均统计结果

海况等级	波高 $(h_w)_{1/3}$/m	相应风级	平均风速/(m/s)
0	$(h_w)_{1/3} = 0$	0	$0 \sim 0.2$
1	$(h_w)_{1/3} < 0.10$	$1 \sim 2$	$0.3 \sim 3.3$
2	$0.10 \leq (h_w)_{1/3} < 0.50$	$2 \sim 4$	$1.6 \sim 7.9$
3	$0.50 \leq (h_w)_{1/3} < 1.25$	$4 \sim 5$	$5.5 \sim 10.7$
4	$1.25 \leq (h_w)_{1/3} < 2.50$	$5 \sim 7$	$8.0 \sim 17.1$
5	$2.50 \leq (h_w)_{1/3} < 4.00$	$7 \sim 8$	$13.9 \sim 20.7$
6	$4.00 \leq (h_w)_{1/3} < 6.00$	$8 \sim 9$	$17.2 \sim 24.4$
7	$6.00 \leq (h_w)_{1/3} < 9.00$	$9 \sim 10$	$20.8 \sim 28.4$
8	$9.00 \leq (h_w)_{1/3} < 14.00$	$10 \sim 11$	$24.5 \sim 32.6$
9	$(h_w)_{1/3} \geq 14.00$	12	≥ 32.7

3. 能见度

按照文献[97]，能见度的等级划分按表 7-5 的规定。

表 7-5 国际能见度代码

代码	能见距离	天气现象	能见度状况
0	小于 50 码[①]	浓雾	极坏
1	50~200 码	大雾	不良
2	200~500 码	中雾	
3	500~1 000 码	小雾	

表 7-5（续）

代码	能见距离	天气现象	能见度状况
0	小于 50 码①	浓雾	极坏
4	0.5~1 海里②	非常小的雾	不良
5	1~2 海里	薄雾	
6	2~5.5 海里	非常薄的雾	中等
7	5.5~11 海里	晴天	良好
8	11~27 海里	大晴天	很好
9	大于 27 海里	异常晴天	极好

注：①1 码≈0.914 4 m；②1 海里≈1 852 m。

4. 温度

按照《舰船设备环境参数分类及其严酷度等级 气候、生物、化学活性物质和机械作用物质》（GJB 440.1—88），大气温度的分类按表 7-6 的规定。

表 7-6　大气温度的分类

温度/℃	适用举例
−40	无气候防护，黑龙江、乌苏里江、鸭绿江等内陆水道
−30	无气候防护，世界可航水域（极区及冰区除外）
−10	有气候防护的非加温部位
0	有气候防护的应急发电机处所
5	有气候防护的机器处所及加温部位
45	有气候防护的非通风部位（常规潜艇）
50	有气候防护的非通风部位（水面舰船）
55	有气候防护的机器处所及在大量散热设备邻近
60	有气候防护的锅炉、汽轮机及在大量散热设备邻近 无气候防护的有限航区
65	无气候防护的世界可航水域
70	有气候防护的不通风的封闭式部位，并遭受从其他设备发出的热量影响

海水表层温度按照 GJB 440.1—88，海水表层温度按表 7-7 的规定。

表 7-7　海水表层温度

温度/℃	适用举例
水的冰点	可航水域
30	除阿拉伯湾水温特高的水域及热带水域以外的水域
32	热带水域
35（36）	阿拉伯湾水温特高的水域

注：由于盐或污染，海水的冰点可能低于 0 ℃。

5. 湿度

按照 GJB 440.1—88,湿度的分类按表 7-8 的规定。

表 7-8 湿度的分类

	湿度	温度/℃	适用举例
不伴随急剧的温度变化下的相对湿度	95%	35	有气候防护,在湿热和稳定湿热的部位
	95%	45	有气候防护,不通风的封闭舱室、围壁的外表面承受太阳辐射,内部具有湿表面的部位(水的蒸发)
	10%	30	有气候防护及无气候防护(浸水部位除外)的所有部位
伴随急剧的温度变化下的高相对湿度(空气/空气)	95%	−30/35	有气候防护,装卸货期间冷藏舱
伴随急剧的温度变化下的绝对湿度(空气/空气)	60 g/m³	70/15	有气候防护,不通风的封闭舱室内部具有湿表面,围壁的外表面承受太阳辐射后又立即受雨水或水柱等冲洗

注:急剧的温度变化系指温度急剧下降,含水量数值适用于低到露点为止的各种温度,在较低的各种温度下,假定相对湿度接近 100%。

6. 淋雨

按照 GJB 440.1—88,淋雨强度的分类按表 7-9 的规定。

表 7-9 淋雨强度的分类

降雨强度/(mm/min)	适用举例
6	无气候防护,具有正常降雨的气候区,也包括可能承受喷水和海浪影响的部位
15	无气候防护,航行于降雨量异常和有飓风的水域

7. 太阳辐射

按照 GJB 440.1—88,太阳辐射强度的分类按表 7-10 的规定。

表 7-10 太阳辐射强度的分类

辐射强度/(W/m²)	适用举例
700	有气候防护,仅暴露于透过窗格玻璃的太阳辐射部位
1110	无气候防护,直接暴露于太阳辐射部位

8. 雪

按照 GJB 1060.2—91,雪载荷强度按表 7-11 的规定。

表 7-11 雪载荷强度

雪载荷		适用舰船部位和航行水域
强度	0.96 kPa	无气候防护露天部位,世界可航水域
密度	95.8 kg/m³	
积深	102 cm	

9. 冰

按照 GJB 1060.2—91,冰载荷强度按表 7-12 的规定。

表 7-12 冰载荷强度

冰载荷			适用舰船部位和航行水域
水平表面	强度	2.94 kPa	无气候防护露天部位,世界可航水域
	密度	847 kg/m³	
	冰厚	3.5 cm	
垂直表面	强度	1.47 kPa	无气候防护露天部位,世界可航水域
	密度	847 kg/m³	
	冰厚	1.8 cm	

10. 冰雹

按照 GJB 1060.2—91,舰船工作承受冰雹的极值见表 7-13。

表 7-13 舰船工作承受冰雹的极值

冰雹直径	适用舰船部位和航行水域
2 cm	无气候防护露天部位,世界可航水域

11. 霉菌

按照 GJB 440.1—88,霉菌的分类按表 7-14 的规定。

表 7-14 霉菌的分类

空气中的生物种类	适用举例
霉菌	航行在长霉菌危险大的地区及舰船上易长霉部位
啮齿动物和其他动物	航行在遭啮齿动物和其他动物侵袭的危险地区

12. 油雾

按照 GJB 440.1—88,油雾浓度的分类按表 7-15 的规定。

表 7-15 油雾浓度的分类

油雾/(mg/m³)	适用举例
40	有气候防护的水面舰船机舱
50	有气候防护的潜艇机舱

13. 盐雾

按照 GJB 440.1—88,盐雾浓度的分类按表 7-16 的规定。

表 7-16 盐雾浓度的分类

盐雾/(mg/m³)	适用举例
2	有气候防护,无防盐雾措施的部位
5	无气候防护,无防盐雾措施的部位

14. 砂粒和砂尘

按照 GJB 440.1—88,砂粒和砂尘的分类按表 7-17 的规定。

表 7-17 砂粒和砂尘的分类

空气中的砂/(g/m³)	适用举例
0.1	有气候防护,受颗粒影响的部位
10	无气候防护,航行于靠近沙漠的区域

按照 GJB 440.1—88,灰尘的分类按表 7-18 的规定。

表 7-18 灰尘的分类

灰尘沉积/[mg/(m²·h)]	适用举例
3	有气候防护,受灰尘影响的部位

按照 GJB 440.1—88,其他物质的分类按表 7-19 的规定。

表 7-19 其他物质的分类　　　　　　　　　单位:mg/m³

类别	二氧化硫	硫化氢	氧化氮	臭氧	盐酸	氢氟酸	氨	适用举例
I	0.1	0.01	0.1	0.01	0.1	0.003	0.3	有气候防护以及航行于不受附近工业源排放物影响的区域,也不暴露发动机排气中的部位
II	1.0	0.50	1.0	0.01	0.1	0.003	0.3	有气候防护以及航行于不受附近工业源排放物影响的区域,但暴露于发动机排气中的部位
III	1.0	0.50	1.0	0.22	0.5	0.030	3.0	无气候防护且航行于受附近工业源排放物影响的区域

7.4.2 机械环境

1. 倾斜和摇摆

按照 GJB 440.2—88,水面舰船的倾斜和摇摆参数按表 7-20 的规定。

表 7-20　水面舰船的倾斜和摇摆参数

倾斜、摇摆	角度/(°)	周期/s
纵倾	±10	—
横倾	±15	—
纵摇	±15	4~8
横摇	±45	5~14

2. 冲击

设备抗冲击等级按设备对舰船安全和连续作战能力的重要性分为 A 级、B 级和 C 级。列为 A 级或 B 级的设备应按《军用装备实验室环境试验方法 第 18 部分：冲击试验》（GJB 150.18A—2009）的有关规定进行抗冲击鉴定。基座的抗冲击等级与被支承设备相同。

3. 振动

按照 GJB 440.2—88《舰船设备环境参数分类及其严酷度等级》，振动的分类按表 7-21 的规定。

表 7-21　振动的分类

频率范围/Hz	位移幅值/mm	加速度幅值/(m/s²)	适用举例
1~13.2 13.2~25	1	7	核潜艇上除往复机上各部位以及驱逐舰上主区
1~13.2 13.2~25	1.45	10	驱逐舰尾区
2~13.2 13.2~40	1	7	护卫舰主区及常规潜艇上除往复机上各部位
2~13.2 13.2~40	1.45	10	护卫舰尾区
2~25 25~100	1.6	40	往复机上

4. 颠震

按照 GJB 440.2—88，颠震的等级划分按表 7-22 的规定。

表 7-22　颠震的等级划分

等级	峰值加速度/(m/s²)	持续时间/ms	适用舰船
1	100	16	快艇
2	50	16	舰船（除快艇以外）
3	30	16	舰船（除快艇以外）上层部位

7.4.3 敌方行动产生的环境

舰船可能处于敌方武器打击诱发的环境。该环境可能是冲击波、热、光、电,也可能是核、生物、化学环境。该环境数据通过估算或假定的方式获得。

7.4.4 电磁环境

舰船电磁环境包括自然电磁环境和人为电磁环境。自然电磁环境指雷电、静电、太阳宇宙噪声等,人为电磁环境指舰上警戒跟踪雷达、电子对抗系统、通信系统、导航系统等电子设备产生的电磁场。为了保证舰上设备的使用、维修正常完成,以及人员工作安全,在舰船设计中均要考虑电磁限值要求,MIL-STD-464D 给出了舰船露天区域的电场强度限值,见表 7-23。此外,电磁环境特性还涉及磁场强度、功率密度、金属物体感应电压、传导发射等,详见文献[98]。

表 7-23 舰船电磁环境最大限制

频率范围	舰船飞行甲板		舰船露天甲板	
	电场/(V/m)		电场/(V/m)	
	峰值	均值	峰值	均值
0.01~2	*	*	*	*
2~30	164	164	189	189
30~150	61	61	61	61
150~225	61	61	61	61
225~400	61	61	61	61
400~700	196	71	445	71
700~790	94	94	94	94
790~1 000	491	100	744	141
1 000~2 000	212	112	212	112
2 000~2 700	159	159	159	159
2 700~3 600	4 700	595	4 700	595
3 600~4 000	1 225	200	1 859	200
4 000~5 400	200	200	200	200
5 400~5 900	361	213	711	235
5 900~6 000	213	213	235	235
6 000~7 900	213	213	235	235
7 900~8 000	200	200	200	200
8 000~8 400	200	200	200	200
8 400~8 500	200	200	200	200

表 7-23(续)

频率范围	舰船飞行甲板		舰船露天甲板	
	电场/(V/m)		电场/(V/m)	
	峰值	均值	峰值	均值
8 500~11 000	913	200	913	200
11 000~14 000	745	200	833	200
14 000~18 000	745	200	833	200
18 000~50 000	200	200	267	200

7.5　舰船环境适应性设计准则

7.5.1　环境适应性设计准则的主要内容

设计准则主要是在设计过程中根据环境适应性要求,参考相应的环境适应性设计手册,提出需要采取的技术和方法,以使产品达到规定的环境适应性水平。由于不同的环境因素对装备的影响机理不同,因此应针对不同环境因素制定其具体的环境适应性设计准则。

按照 GJB 4239—2001 要求,环境适应性设计准则主要从以下方面进行考虑:
(1)耐环境因素设计,如耐高温、低温、温热等,抗冲击、振动等设计;
(2)适当的设计余量(耐环境余量);
(3)防止瞬态过应力作用的措施;
(4)选用耐环境能力强的零部件、元器件和材料;
(5)采用改善环境或减缓环境影响的措施;
(6)环境防护设计,如保护涂层、防护罩、密封设计等。

7.5.2　环境适应性设计准则的制定程序

在装备研制的论证和方案设计阶段早期,主要是制定产品的环境适应性要求、环境适应性设计的限制条件等,综合有关标准、手册和工程经验,成为制定产品的环境适应性设计准则的输入。在舰船装备的方案设计阶段,则需要制定环境适应性设计准则并按照准则的要求进行产品的环境适应性设计。在技术设计阶段、施工设计阶段则需要对照设计准则进行符合性检查及设计评审。根据产品的环境适应性要求,在设计、定型和使用阶段开展环境适应性试验和评价工作,以确认装备的环境适应性是否达到要求。其程序如图 7-5 所示。

环境适应性准则制定的主要程序和要求如下:
(1)订购方明确装备的环境适应性顶层要求,包括环境类型和应力强度;
(2)承制方明确产品的环境适应性设计要求,包括环境类型和应力强度;

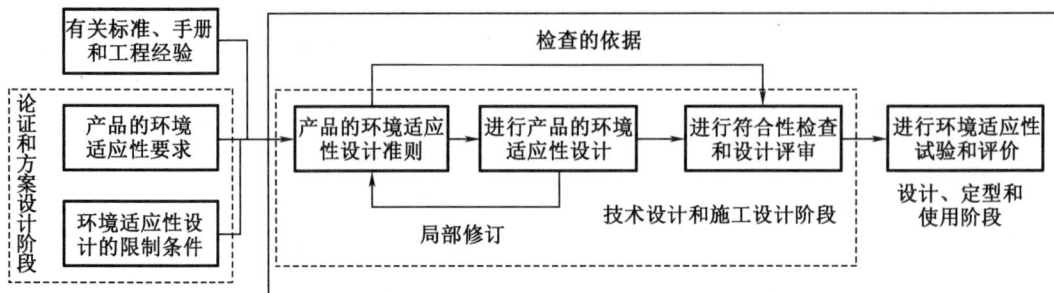

图 7-5 环境适应性设计准则的制定程序

（3）承制方明确产品环境适应性设计的限制条件；

（4）根据有关标准、手册和工程经验制定专用的环境适应性设计准则；

（5）在设计过程中可对环境适应性准则进行局部修订；

（6）环境适应性设计准则是设计评审的依据。

7.5.3　环境适应性设计准则详细要求的制定

环境适应性设计准则通常分为一般要求和详细要求两部分。一般要求规定各种类型产品在设计过程中均应满足的环境适应性设计要求，详细要求则是针对不同的产品类型及其在设计、生产、使用过程中可能涉及的使用、贮存环境条件的不同，提出的系统设计人员在设计时必须遵循的环境适应性设计准则。

舰船详细设计要求一般包括耐高温设计、耐低温设计、耐湿热设计、耐盐雾设计、防霉菌设计、防腐蚀设计。

1. 耐高温设计

选用耐高温的元器件、材料；电子产品应开展热设计仿真，根据发热量设计相应的散热通道，设置散热风扇，元器件的排列要有利于流体对流；应采用经验证的涂装工艺，确保其镀层在温度变化范围内不受影响。

2. 耐低温设计

应选择防低温脆化的材料和元器件；应考虑器件的低温特性设计，如低温可能引起的铝电解电容器损坏、石英晶体不振荡、继电器接点烧结等。

3. 耐湿热设计

设备表面进行三防（防潮湿、防霉菌、防盐雾）涂覆处理，进行密封设计，如露天设备采用防水结构形式，舱内设备采用防滴式结构形式，暴露在外部的电连接器与电缆的连接部位采用硅橡胶灌封，防止灰尘和潮气渗入。电路板应进行三防处理，提高产品抗霉菌、盐雾、湿热的能力。

4. 耐盐雾设计

应采用密封结构，选用耐盐雾材料；元器件采用相应的防护措施，涂覆有机涂层，不同金属间接触要防止接触腐蚀。

5. 防霉菌设计

主要是选用不易长霉和耐霉性好的材料；严格密封设备，使其内部空气保持干燥清洁；

设备表面涂覆防霉剂或防霉漆。

　6. 防腐蚀设计

　机械产品的零部件应按照舰(艇)用条件选择材料和涂(镀)层,防止盐雾造成的腐蚀。不同金属结合面,应防止电化学腐蚀。使用海水作为工作介质的设备,应选用与海水相容的材料和防腐蚀措施。管接头等易产生冷凝水的部位采用油麻丝填满缝隙,外层采用包覆环氧胶泥或涂漆的方法防止缝隙腐蚀。电子设备的模块单元应单独密封、插箱及分机局部密封、机箱整体密封,电缆插头、插座及连接处应采取密封措施。

7.6　舰船环境试验与评价

7.6.1　环境试验分类

　GJB 4239—2001 将环境试验分为自然环境试验、实验室环境试验和使用环境试验三类,其目的是衡量舰船装备的环境适应性满足其环境适应性要求、舰(艇)用条件规定的指标,为装备的研制和使用提供决策依据。这三类试验对应不同的用途和应用时机,见表 7-24。

表 7-24　环境试验分类及应用时机

试验类型	定义及说明	用途	应用时机
自然环境试验	设备或部件、元器件长期暴露于自然环境中,确定自然环境对其影响的试验。自然环境包括大气环境、海水环境、土壤环境等	筛选对自然环境适应性好的材料、工艺、器件	日常安排的基础试验
		评价产品自然环境中贮存和使用时的环境适应性	研制阶段、使用阶段
实验室环境试验	在实验室按规定的环境条件和负荷条件等进行的试验,按其目的分为环境适应性研制试验、环境鉴定试验和环境例行试验。舰船装备研制中,常用到环境例行试验	发现设计缺陷,验证装备是否满足舰(艇)用条件、技术规格书的规定要求,获取装备的物理特性和耐应力极限信息	样机研制、研制阶段
使用环境试验	在规定的实际使用环境条件下考核、评定舰船装备环境适应性的水平,对交付后的舰船进行环境适应性评估	评价舰船装备环境适应性是否满足规定的要求	使用阶段

　1. 自然环境试验

　自然环境试验是将样品暴露或贮存在极端或典型自然环境条件下,考核和研究环境对其影响的科学实践活动。自然环境按照环境类型可分为大气环境试验、海水环境试验、土壤环境试验以及特殊环境试验(如电磁环境试验)。对于舰船装备而言,常用的是大气环境试验和海水环境试验。

自然环境试验的方式包括暴露试验、贮存试验、自然加速试验、模拟工况试验等。选择自然环境试验时应充分考虑装备在全寿命周期内可能遇到的自然环境条件。常用的自然环境试验方法见表7-25。

表7-25　常用自然环境试验方式和适用范围

试验类别	试验方式	特点	适用范围
自然环境试验	户外暴露试验	直接暴露于户外自然环境中,受到各种环境应力的综合作用	模拟产品使用环境条件或作为棚下暴露、库内暴露、贮存试验的自然加速
	棚下暴露试验	样品不直接受太阳辐射和雨淋的作用	模拟产品使用环境条件或作为库内暴露、贮存试验的自然加速
	库内暴露试验	室内环境,不受太阳辐射和雨淋的作用	模拟产品使用环境条件或作为贮存试验的自然加速
	贮存试验	产品处于封存或包装状态,可以露天贮存、半封闭封存或全封闭贮存	考核产品贮存期内的性能变化
自然环境加速试验	追光式跟踪太阳暴露试验	跟踪太阳转动,强化光和热效应,加速产品老化	涂层、非金属材料
	跟踪太阳反射聚能暴露试验	跟踪太阳转动,将太阳光聚集到样品上,增强太阳光辐射	涂层、非金属材料
	喷淋加速暴露试验	定时喷水,增加试样表面湿润时间,也可在喷水中增加腐蚀介质	金属材料、金属涂覆层等
	黑箱暴露试验	增加太阳热量吸收,使热量聚集在试样表面	涂层、非金属试样
	玻璃框下暴露试验	遮挡雨水和尘埃,过滤太阳光,强制通风,可控温、控湿	室内、船舱内使用的材料和制品
	户外大气应力腐蚀试验	在自然环境条件下对材料施加载荷,模拟材料使用时的承力状态	在自然环境下使用的具有应力腐蚀倾向的材料
海水环境试验	飞溅区暴露试验	按使用环境条件,可模拟海水环境的飞溅、潮差、全浸、深海等区带	海洋环境条件下使用的产品
	潮差区暴露试验		
	全浸区暴露试验		
	深海区暴露试验		

自然环境试验的环境条件不是人工控制的,而是取决于所选择的暴露场地的自然环境变化规律。由于自然环境变化周期以年计,而且自然环境对产品的影响速度较慢,因此自然环境试验是一个漫长的过程,是一项基础性的试验工作,它的一项重要任务是给装备设

计人员提供优选的材料、元器件、工艺和构件清单。

在装备研制的过程中,最为理想的情况是在装备立项论证和开始研制前就开展自然环境试验,或者所有现有的材料和结构件、元器件或零部件均系统地进行了自然环境试验,并具备了可供设计人员直接判断是否能选用的数据。在装备的实际研制工作中,这一项目主要是对可能选用但缺乏环境试验型数据的产品进行试验,是不得已而为之,越少越好。因此应当加强对已有材料的自然环境试验和数据积累,尽可能提供完整的材料环境适用性数据,并尽早安排需要开展的自然环境试验。

2. 实验室环境试验

实验室环境试验是指在实验室内按规定的环境条件和负载条件进行的试验,或根据论证中提出的环境条件,对舰船装备系统、分系统、设备的环境适应性要求通过试验来予以确认的一种试验方法,是装备质量验收的基础。而实际环境中,影响产品环境适应性和可靠性的因素比较复杂,模拟环境与真实环境可能难以完全一致,因此试验结果具有局限性,只能基本反应装备环境适应性的水平,并不代表真正的环境适应性。实验室环境试验按其目的可分为环境适应性研制试验、环境响应特性调查试验、飞行器安全性环境试验、环境鉴定试验、环境验收试验和环境例行试验,其试验种类、目的和应用时机可参见表7-26。

表 7-26　实验室环境试验种类、目的及应用时机

种类	目的	应用时机
环境适应性研制试验	发现设计和工艺缺陷	研制阶段早期
环境响应特性调查试验	确定产品对某些环境(温度、振动)的物理响应特性(量值)和影响关键性能的环境应力极限值	研制阶段中期、后期
飞行器安全性环境试验	飞行器首飞前考核某些环境因素的影响,防止耐环境设计不当而危及首飞安全	首飞前
环境鉴定试验	验证产品环境适应性是否符合合同(系统、设备技术规格书)要求	设计定型、工艺定型
环境验收试验和环境例行试验	检验批生产过程工艺和质量控制过程的稳定性,验证环境适应性是否仍然满足规定要求	批生产阶段、样机研制阶段

(1)环境适应性研制试验的目的是应用环境应力激发的方式寻找产品耐环境设计的缺陷。该试验应在研制阶段早期制成样机并具备基本性能时开始进行,以便在研制早期发现缺陷、改进设计。此时改进设计技术上容易实现,且费用低,有利于保证进度和装备研制的需要。

(2)环境响应特性调查试验的目的是确定受试设备(产品)在环境应力作用下内部应力的分布情况,即对环境应力的响应特性,并进一步确定受试产品性能保持正常或不被破坏的应力极限值。应力响应特性信息和应力极限值信息等可为后续试验的控制、实施及用户正确使用该产品提供信息。当前舰船装备的环境响应特性调查试验主要是调查产品对温度和振动应力的响应特性、应力极限值及其敏感部位和薄弱环节。

（3）首飞试验的目的是确保装上飞行器的产品,不会在飞行器首次飞行和后续试飞中,因不能适应环境而损坏或产生故障,导致飞行器坠毁和确保飞行人员的安全。

（4）环境鉴定试验的目的是在产品定型时,通过试验验证产品的环境适应性是否满足合同或技术规格书中规定的指标要求,作为产品定型的决策依据。一般说来,进行设计定型和生产定型时,均应进行相应的环境鉴定试验,以确保在合同或规格书中规定的环境应力条件下使用时,产品不会出现环境影响引起的故障,确保产品的环境适应性设计满足要求,不会把环境问题遗留到批产阶段和使用阶段。因此,环境鉴定试验是一种符合性验证试验。

（5）环境验收试验和环境例行试验的目的是检查批产过程工艺操作和质量控制的稳定性。批产过程的稳定性不仅涉及制造过程的工艺稳定性,而且涉及供应的原材料、元器件和外购件质量的稳定性。批产环境试验包括环境验收试验和环境例行试验。

《军用装备实验室环境试验方法》(GJB 150A—2009)规定了一系列相应的试验方法,当规定了一系列的环境试验项目和试验顺序后,即可开展实验室环境试验,舰船装备经剪裁后,一般称为装备环境例行试验,在装备样机研制、演示验证等期间开展环境例行试验。GJB 150—2009 规定的试验项目如下:

第 2 部分:低气压(高度)试验;

第 3 部分:高温试验;

第 4 部分:低温试验;

第 5 部分:温度冲击试验;

第 6 部分:温度-高度试验(GJB 150A 中已取消);

第 7 部分:太阳辐射试验;

第 8 部分:淋雨试验;

第 9 部分:湿热试验;

第 10 部分:霉菌试验;

第 11 部分:盐雾试验;

第 12 部分:砂尘试验;

第 13 部分:爆炸性大气试验;

第 14 部分:浸渍试验;

第 15 部分:加速度试验;

第 16 部分:振动试验;

第 17 部分:噪声试验;

第 18 部分:冲击试验;

第 20 部分:炮击振动试验;

第 21 部分:风压试验;

第 22 部分:积冰/冻雨试验;

第 23 部分:倾斜和摇摆试验;

第 24 部分:温度-湿度-振动-高度试验;

第 25 部分:振动-噪声-温度试验;

第 26 部分：流体污染试验（GJB 150A 中增加）；

第 27 部分：爆炸分离冲击试验（GJB 150A 中增加）；

第 28 部分：酸性大气试验（GJB 150A 中增加）；

第 29 部分：弹道冲击试验（GJB 150A 中增加）；

第 30 部分：舰船冲击试验（GJB 150A 中增加）。

3. 使用环境试验

使用环境试验是指在规定的实际使用环境条件下考核装备环境适应性水平的试验，其目的是评价整个舰船装备及其设备对实际使用环境的适应能力。实际使用环境包括装备所处的自然环境、诱发环境、载荷环境和操作维修环境等，这些环境综合作用于装备及其设备上，比实验室试验的单一环境和综合环境更为实际，是实验室环境试验和自然环境试验无法替代的实际使用环境对装备的考核。

使用环境试验是产品在其使用平台上真实的使用环境、负载和接口的情况下进行的，是一种真实的试验。但这种真实试验由于受到费用和认识的限制，如果不是有目的、有计划地安排开展，则往往进行得不够充分、考核得不够全面，因而不能认为将产品装载到其使用平台上投入使用就进行了全面的使用环境试验。而目前在舰船装备研制过程中，使用环境试验尚未规范开展，舰船装备在交船前进行的航行试验，由于对试验海区、海况等环境并没有做特别的要求，尚不能认为是真正的使用环境试验，但也能起到实验室试验无法起到的作用。

7.6.2　舰船装备环境例行试验

舰船装备研制中，一般应开展环境例行试验，包括高温试验、低温试验、湿热试验、霉菌试验、盐雾试验、振动试验、倾斜与摇摆试验、冲击试验和电磁兼容试验等。一般在样机研制中先开展试验大纲的评审，然后进行试验。有关试验目的、试验准备、试验步骤等参见 GJB 150、GJB 151 的规定。

7.6.3　环境适应性评价

1. 环境适应性评价的目的

环境适应性评价的目的是衡量舰船装备的环境适应性满足环境适应性要求的程度。具体包括以下几个方面。

（1）评价环境适应性要求的实用性和合理性。舰船总体是否达到规定的环境适应性要求；环境适应性设计是否满足合同规定的要求；环境保障资源是否达到功能和性能要求，是否与舰船装备的使用相匹配；环境保障资源之间是否协调。

（2）分析设计结果偏离预定环境适应性要求的原因，以便在后期研制和使用过程中采取必要措施，使问题得到解决或消除。改进方面包括舰船装备硬件、软件、环境保障资源或使用原则等。

（3）发现并确定弥补环境适应性的缺陷和改善环境适应性的方法。

（4）预测由于采取改进措施而对环境适应性、费用和环境保障资源方面带来的影响。

（5）测试收集并分析部署后舰船装备的有关环境适应性数据，预计在使用后出现环境适应性目标值的偏差,提出进一步的改进措施。

2. 环境适应性评价的原则和要求

(1)结合试验

环境适应性评价应尽量结合舰船装备的研制试验,装舰装备应提供该装备的环境试验报告。

(2)结合实际

环境适应性评价应尽可能在实际的使用条件下进行,以提高试验结果的可信度。

(3)利用各种信息

环境适应性评价必须综合利用其他指标试验评价和已有型号试验评价的有关信息,提高评价结论的全面性和客观性。

3. 环境适应性评价的时机

(1)论证阶段

环境适应性评价在提出初步的环境适应性要求后进行,其目的是评价所提出的环境适应性要求、环境保障资源配套建设要求和保障方案的科学性、合理性,为进一步补充完善各项要求提供依据。在评价中,所用数据、信息的来源可以是过去已有型号环境适应性分析的结果,也可以是进行仿真模拟得到的数据,或者是总体环境适应性实际测试试验获得的有效信息。

(2)工程研制阶段

环境适应性评价的目的是进一步确定并修正新研舰船装备投入现场使用之前的环境适应性缺陷。研制阶段进行环境适应性评价的作用是:及时发现舰船装备的环境适应性指标和保障系统是否满足预期要求,及时发现研制中的装备缺陷,以便提出纠正措施。

(3)列装定型阶段

环境适应性评价的目的是评定武器装备的环境适应性是否达到规定的要求,为定型提供决策依据。根据标准规定进行定型,试验大纲必须由订购方认可。

(4)使用阶段

环境适应性评价是在新研武器部署使用后进行的,主要是对在实际使用环境中通过试用、维修等实际工作进行分析评价。其主要目的是评价新研舰船装备成熟期或接近成熟期的环境适应性水平的有效性与满足程度。

4. 环境适应性评价的过程

(1)确定评价目标和内容

评价目标是确定舰船装备的环境适应性满足作战使用要求的程度。因此,应从设备、系统、总体三个层级进行评价。

评价内容主要是作战使用地区的环境类型和使用特点,对装备性能和使用的影响,在评价中需指出某个环境适应性缺陷或需解决的某环境适应性的关键问题。

(2)制定评价计划

评价计划的主要内容包括:

①评价的目标、重点与要求

确定环境适应性评价的目标、重点与要求是做好评价的前提。主要包括:根据环境适应性要求的总目标,确定环境适应性评价的具体目标、内容和要求,确定环境适应性评价的重点;借鉴现有相似舰船装备系统的试验方法及其有效的试验结果,制定新研舰船装备环境适应性评价策略。

②评价准则

评价准则是评价环境适应性的具体细则,它由各项环境适应性定量或定性的指标要求确定。应根据评价的需要和试验方案以及这些指标要求,选择合适的统计试验方案(包括试验样本数),并确定试验检验值。

③评价项目、方案

确定需进行的环境适应性评价项目,制定评价方案;若有试验需求,应明确进行试验的时机、持续时间、进度安排等。

④试验环境条件与试验资源

确定环境适应性评价所需的环境要求和资源需求。主要包括:试验环境与场地,受试对象(试品)的状态,试验设施,试验与测试、观测、数据处理等环境保障设备、试验技术资料、试验操作人员及其训练,以及专门用于试验的测量设备、数据处理设备及其他特殊设备等。

⑤试验方法与试验规程

包括试验方案与贯彻相应标准的要求,试验的评价参数以及根据这些评价参数所确定的测量参数,试验的步骤与操作规程,试验数据的采集格式要求、处理与结果分析的方法等。

⑥评价的组织与管理

包括试验的组织与责任分工、参试单位与人员、试验持续时间与进度安排、评价的费用预算与管理等。

⑦评价报告编写要求

报告中应包括试验目的、问题和目标、完成的方法、结果分析、结论与建议等。

(3)选择评价方法

环境适应性评价的问题各种各样,设计环境适应性定型与定量要求的各个方面,对每一具体的评价问题都应提出一种适用的评价方法。

(4)收集评价数据

进行环境适应性试验是研制和使用过程中获取数据最直接、最有效的方法。因此,在环境适应性评价计划中要列出评价环境适应性所需的试验及其试验结果的清单。

(5)分析试验结果,编制环境适应性评价报告

对试验采集的数据按照预定的方法进行处理,分析试验结果并与评价准则相比较,研究与评价装备及环境保障资源规定的环境适应性要求的程度。当决定问题的全部准则成功地实现时,得到全面评价结果。最后,按要求的格式编制环境适应性评价报告。

第8章　一体化设计技术

8.1　概　　述

8.1.1　一体化设计技术的意义

一体化设计是指在舰船通用质量特性设计的同时,综合权衡可靠性、维修性、保障性、测试性等通用质量特性的一种设计技术,以达到各特性综合指标兼优。在新型舰船的研制过程中,通用质量特性一体化设计已成为与战术性能设计同等重要的发展方向,对舰船装备的作战能力、生存能力、部署机动性、维修保障和全寿命周期费用等均具有重大影响,并最终成为战争胜负的一个决定因素。然而,在当前通用质量特性设计过程中,工作项目繁多,容易顾此失彼,此外各特性设计方案之间缺乏协调平衡,导致单个特性"过设计""欠设计"等问题时有发生。

1.可靠性、维修性与保障性缺乏一体化考虑

根据舰船执行某任务反馈统计,其携带备件的利用率及满足率均较低,造成执行任务中部分设备需要更换备件时缺备件、部分可靠性较高部件备件携带过多的情况,缺乏权衡一体化考虑。

2.可靠性和维修性等缺乏一体化考虑

某船汽轮机油封使用多年后出现巡航工况以上航速时漏油情况,其根本原因是该油封可靠性水平不够,维修性欠设计,更换不方便,导致火灾安全隐患。设备的可靠性、维修性指标缺乏综合考虑。

3.维修性和测试性缺乏一体化考虑

某船发电机组运行振动噪声大、润滑油中存在黑色杂质,但由于面向测试的故障模式分析不透彻,测试性设计不足,一直无法确定噪声大和杂质产生的原因,导致该装备无法确定维修方案。

以上情况究其原因,主要表现为:

第一,各通用质量特性联系紧密,但设计发展年代不一、自成体系,都有各自的标准规范;各个标准规范强调自身的定量指标建模分配和预计,以及自身的定性设计工作,缺乏一体化的建模分析考虑。

第二,缺乏综合考虑及一体化设计的技术和方法,独立开展可靠性设计、维修性设计和保障性设计等工作,势必影响通用质量特性设计工作的效率和效益。从舰船行业实际情况看,舰上各装备目前在确定装备可靠性、维修性、测试性、保障性等定量指标时,照搬标准,没有面向舰船复杂装备、多任务、高强度的一体化建模工程分配方法,成为舰船行业进行一体化设计的瓶颈。

早在2006年,甘茂治教授在文献[64]中提出了RMS一体化设计设想。"十二五"期间,我们开发了维修性设计与控制平台,引进了一些国外的可靠性、保障性分析等软件工具,但没有一体化的工具可用;开展了通用质量特性设计项目优化工作。"十三五"期间,主著者提出了装备通用质量特性一体化设计技术需求,尤其在舰船装备研制过程中开展通用质量特性一体化设计和综合权衡意义重大,形成了一体化设计方法,改善了一体化设计和分析的水平,并开发了一体化设计与控制平台,为舰船装备提供了一体化设计工具和有效的手段支持,提高了设计工作效率,综合优化了舰船装备维修性等通用质量特性水平,从而提高了装备的战备完好率,进而提高了舰船持续作战能力和完成任务的能力,使得装备在通用质量特性一体化设计方面得到了较大提升。近期,在型号研制中,我们开展了基于模型的通用质量特性一体化设计研究。

8.1.2 一体化设计技术的内容

一体化设计的内容主要从设计项目、设计内容上展开设计。设计项目优化相对简单,主要是依据前叙标准要求,对工作项目合并处理,如工作计划、说明书、准则及符合性检查报告等。其设计内容包括定量设计和定性设计。舰船通用质量特性定量指标主要从可靠性、维修性、保障性指标要求角度进行一体化仿真(简称RMS仿真)建模,见8.2节。定量和定性设计结合方面,主要围绕故障模式分析进行一体化探索,这里用基于模型的系统工程(简称MBSE)设计思想开展通用质量特性一体化设计,见8.3节。

8.2 RMS仿真

8.2.1 RMS仿真输入

舰船装备组成复杂、任务多样、环境恶劣、小子样、可维修等特点决定了舰船RMS的设计需求,RMS仿真的任务主要是求得舰船执行任务的成功概率,对舰船系统、设备的可靠性指标(MTBF)、维修性指标(MTTR)、保障性指标(保障概率)等综合权衡,在舰船论证、方案设计、技术设计阶段对舰船总体、系统和设备的通用质量特性指标进行状态固化,为后续阶段的设计验证提高基准。舰船RMS仿真输入主要包括产品结构模型、任务模型和关联模型。

1.结构模型

产品结构模型主要用于描述舰船装备的层次逻辑结构,主要包括舰船装备基本信息、可靠性信息和维修性信息。其中,基本信息主要是设置装备的编号、型号、名称和当前状态(正常、故障);可靠性信息主要是设置装备的可靠性分布函数类型(指数分布、正态分布、威布尔分布等)及其参数;维修性信息主要是设置装备的维修性分布函数类型(指数分布、正态分布、威布尔分布等)及其参数。

产品模型的具体属性设置如下:

(1)装备基本信息

- 装备编号。
- 装备型号。
- 装备名称。
- 装备当前状态:正常、故障。

(2)装备可靠性信息

- 可靠性分布函数类型:指数分布、正态分布、威布尔分布等。
- 分布函数参数值。

(3)装备维修性信息

- 维修性分布函数类型:指数分布、正态分布、威布尔分布等。
- 分布函数参数值。

产品结构模型的建模过程如下:

(1)建立装备结构层次树

根据舰船装备的功能与结构,将其划分为系统、子系统和设备等若干层次,建立类似于图 8-1 所示的舰船装备层次结构树。

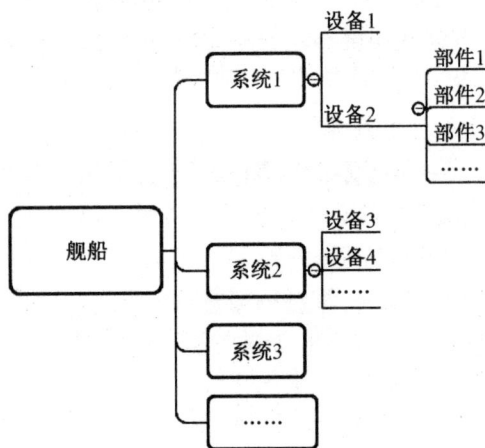

图 8-1　结构模型

(2)输入装备结构层次树中的各层次属性信息

装备结构层次树中的各层次节点需要输入的信息包括基本信息、可靠性信息、维修性信息和保障概率。

2. 任务模型

建立任务模型前,应先开展舰船任务分解。一般而言,舰船一级任务包括对空作战、对海作战、反潜作战等,任务分解示意图如图 8-2 所示。分解任务后,对任务剖面进行阶段划分,如航渡阶段、作战阶段、补给阶段、返航阶段等,每个阶段对应于前面分解的各级任务。图 8-3 所示为舰船任务模型图。

任务剖面主要用来描述舰船装备在某一任务序列过程中的各个典型任务阶段的时序关系,主要包括任务剖面名称、任务阶段名称、任务阶段次序、任务阶段起始时间、任务阶段终止时间、任务阶段累计维修时间百分比等信。

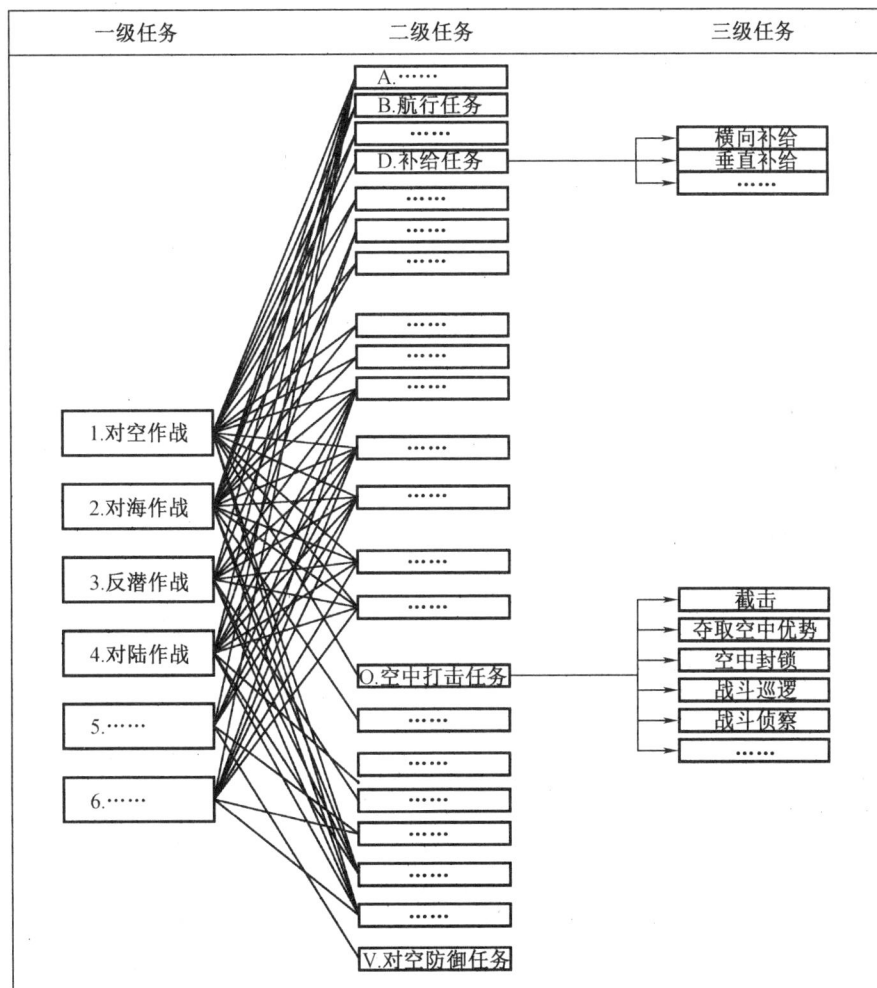

图 8-2　任务分解示意图

　　任务阶段主要是分析主装备在规定任务时间段内所经历的事件和环境,主要包括任务剖面名称、任务单元名称、任务单元次序、任务单元起始时间、任务单元终止时间、任务单元允许延误时间等信息。

　　任务单元是构成一个任务阶段的基本组成元素,包括任务单元名称、任务单元维修类型、任务单元抽样概率等信息。

　　任务模型的具体属性设置如下:

　　(1)任务安排信息

　　● 总任务名称。

　　● 任务剖面名称。

　　● 任务剖面起始时间(h)。

　　● 任务剖面终止时间(h)。

　　● 权重。

（2）任务剖面信息

• 任务剖面名称。

• 任务阶段名称。

• 任务阶段次序。

• 任务阶段起始时间（h）。

• 任务阶段终止时间（h）。

• 任务阶段累计维修时间百分比。

（3）任务阶段信息

• 任务阶段名称。

• 任务单元名称。

• 任务单元次序。

• 任务单元起始时间（h）。

• 任务单元终止时间（h）。

• 任务单元允许延误时间（h）。

（4）任务单元

• 任务单元名称。

• 任务单元维修类型：可修，不可修。

• 任务单元抽样概率（%）。

任务模型的建模过程如下：

（1）列出装备的任务安排表，并给出其任务剖面

分析舰船装备的任务安排，并按照执行顺序，列出装备任务剖面，给出其起始时间和终止时间，并给出其权重信息。

（2）对各个任务剖面进行细分，列出其任务阶段

分析各个任务剖面，按顺序给出其任务阶段的起始时间和终止时间，并给出该阶段的累计维修时间百分比。

（3）对各任务阶段进行细分，列出其任务单元

分析各个任务阶段，按顺序给出其任务单元及其起始时间和终止时间。最后，需要定义各任务单元的维修类型及抽样概率等。

在完成上述三个步骤后，建立任务结构层次，如图 8-3 所示。（括号内数字为时间段）

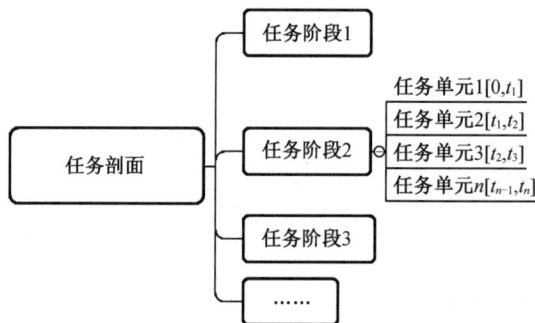

图 8-3　任务模型

3. 关联模型

关联模型主要用于设置任务阶段执行过程中所需的主要装备,建立所需装备对任务阶段完成所产生的影响关系图,如图8-4所示。

关联模型						
		任务单元1	占空比1	任务单元2	占空比2	……
系统1						
	设备1	1	0.4			
	设备2	1	0.8			
系统2						
	设备3	1	0.5	1	0	
	设备4			1	0.6	
……	……	……	……			

图8-4 关联模型

在建立舰船装备结构模型和舰船装备任务模型时,通过添加各个任务阶段需要哪些子系统或主装备支持,各个主装备在发生故障时需要哪些备件和维修工具来支持,来建立舰船主装备与舰船使命任务之间的关系,最终形成了可靠性仿真关联模型。在各个装备之间包括串联、并联、表决、冷储备等逻辑关系。建立类似图8-5所示的任务可靠性框图(RBD)。

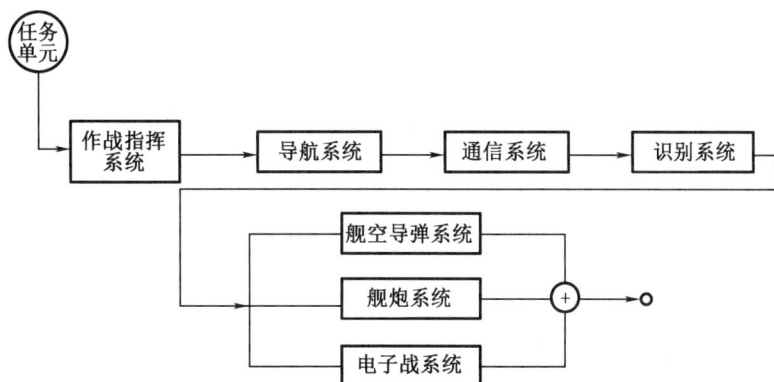

图8-5 单元任务可靠性框图

需要指出的是所涉及的装备对任务的成功起到至关重要的作用,其任务优先级 P_m 均为1。通过对任务阶段所需装备的设置,将任务与装备关联起来,反映了装备对任务阶段的辅助和支持作用。

8.2.2　RMS 仿真原理

1. 蒙特卡洛数字仿真方法

蒙特卡洛(Monte Carlo)数字仿真方法,又称随机抽样或统计试验方法,是在 20 世纪 40 年代中期为了适应原子能事业的发展而发展起来的。随着计算机科学技术的日新月异,系统数值仿真日益显露出其解决复杂系统问题的巨大能力。对一些复杂的工程技术问题的设计分析,使用传统的物理试验或数学解析方法往往难以奏效,而系统数值仿真却能为之提供可行且有效的解决途径。因此,蒙特卡洛数字仿真被广泛应用于复杂大系统问题求解。

蒙特卡洛数字仿真方法是一种应用随机数来进行计算机模拟的方法,此方法对研究的系统进行随机观察抽样,通过对样本值的观察统计,求得所研究系统的某些参数。其基本思想是当所要求解的问题是某种事件出现的概率,或者是某个随机变量的期望值时,它们可以通过某种"试验"的方法,得到这种事件出现的频率,或者这个随机变量的平均值,并将它们作为问题的解。它通过抓住事物运动的几何数量和几何特征,利用数学方法来加以模拟,即进行一种数字模拟实验。其主要特点如下:

(1)蒙特卡洛数字仿真分析是通过大量而简单的重复抽样实现的,故计算方法和程序结构都很简单;

(2)收敛的概率性和收敛速度与问题的维数无关;

(3)适应性强,受问题条件限制的影响较小;

(4)收敛速度较慢,不宜用来解决精度要求很高的实际问题。

蒙特卡洛数字仿真的主要步骤如下:

(1)建立与描述该问题有相似性的概率模型

针对实际问题建立一个简单且便于实现的概率统计模型,使问题的解对应于该模型中随机变量的概率分布或其某些数字特征,如均值和方差等。所构造的模型在主要特征参量方面要与实际问题或系统相一致。

(2)对概率模型进行随机模拟或统计抽样

根据概率模型的特点和模型中各个随机变量的分布,设计和选取合适的抽样方法,在计算机上产生随机数,实现一次模拟过程所需的足够数量的随机数。

通常先产生均匀分布的随机数,然后生成服从某一分布的随机数,再进行随机模拟试验。

(3)求解特征量的统计值作为原问题的近似解,并对解的精度进行估计

例如,构造一个概率空间,然后在该概率空间中确定一个依赖于随机变量 x 的统计量 $g(x)$,其数学期望为

$$E(g) = \int g(x)\,\mathrm{d}F(x) \tag{8-1}$$

式中,$F(x)$ 为 x 的分布函数。然后,产生随机变量的简单子样 $x_1, x_2, \cdots, x_N$,用其相应的统计量 $g(x_1), g(x_2), \cdots, g(x_N)$ 的算术平均值 $\hat{G}_N = \dfrac{1}{N}\sum_{i=1}^{N} g(x_i)$ 作为 G 的近似估计值。

蒙特卡洛数字仿真的收敛性分析:蒙特卡洛数字仿真是将随机变量 X 的简单子样 X_1, $X_2,\cdots,X_n$ 的算术平均值,即

$$\overline{X}_n = \frac{1}{n}\sum_{i=1}^{n} X_i \qquad (8-2)$$

作为所求解的近似值。由大数定律可知,若随机变量 $X_1,X_2,\cdots,X_n$ 独立同分布,且具有有限期望值 $E(x)$,则

$$P(\lim_{n\to\infty}\overline{X}_n = E(X)) = 1 \qquad (8-3)$$

也就是说,当子样数 n 充分大时,随机变量 X 的简单子样的算术平均值 $\overline{X}_n$,以概率 1 收敛于它的期望值 $E(x)$。

2. 仿真流程及总控模块

舰船可靠性仿真中,故障事件和维修事件是引发舰船装备设计特性进行交互、影响的起因,事件的发生不仅与时间有关,还与其他条件有关,即事件只有满足某些条件时才会发生,其活动持续时间是不确定的,无法预定活动的开始或终止时间。例如,对于维修事件,只有在维修保障资源满足的条件下,才能进入维修作业活动。当资源不满足,进入等待状态时,进入维修作业活动的开始时间是无法确定的。为此,将借鉴活动扫描法中循环扫描、根据条件判断的思想,并依据舰船可靠性仿真的实际需要,做出必要的补充,最终确定了舰船可靠性仿真的基本思路,具体如下:

根据蒙特卡洛模拟法的基本思想,考虑舰船基本组成单元的可靠性参数及其故障分布函数,对装备在全寿命周期内平时训练或战时执行任务期间的故障情况进行仿真,随机抽样得到各单元的故障发生时间,并生成故障事件,进而激发维修事件的产生。将两类事件加入事件表,根据故障事件的维修时间和任务重要程度,确定事件的时间优先级 p_t 和任务优先级 p_m,以及总优先级 P,并根据时间元和总优先级 P 的先后顺序将事件表进行排列。用各实体的时间元的最小值推进仿真时钟;将时钟推进到一个新的时刻点后,按优先顺序对事件进行扫描,找到满足发生条件的事件,而后调用对应的处理模块进行处理;对所有当前时刻可能发生的和过去应该发生但条件未满足的事件反复进行扫描,直到确认已经没有可能发生的事件时才推进仿真时钟。

结合舰船可靠性仿真的基本思路,并依据上文建立的舰船可靠性仿真的计算模型,即产品模型、任务模型和可靠性关联模型,设计如下舰船可靠性仿真过程,总体流程如图 8-6 所示。

(1)基本数据的设置

启动仿真任务时,需要事先设置的基本数据主要包括仿真模型参数、仿真次数 N、单次仿真开始时间 t_0、单次仿真结束时间 t_f。

(2)仿真是否结束的判断

通过仿真次数来判断仿真是否结束,如果仿真次数 $n>N$(规定仿真的次数),仿真就结束,转至(6);否则,仿真继续进行。

(3)仿真变量的初始化

对仿真所需的各种变量进行初始化,主要包括对事件表的初始化处理和系统仿真时钟 TIME 的初始化。

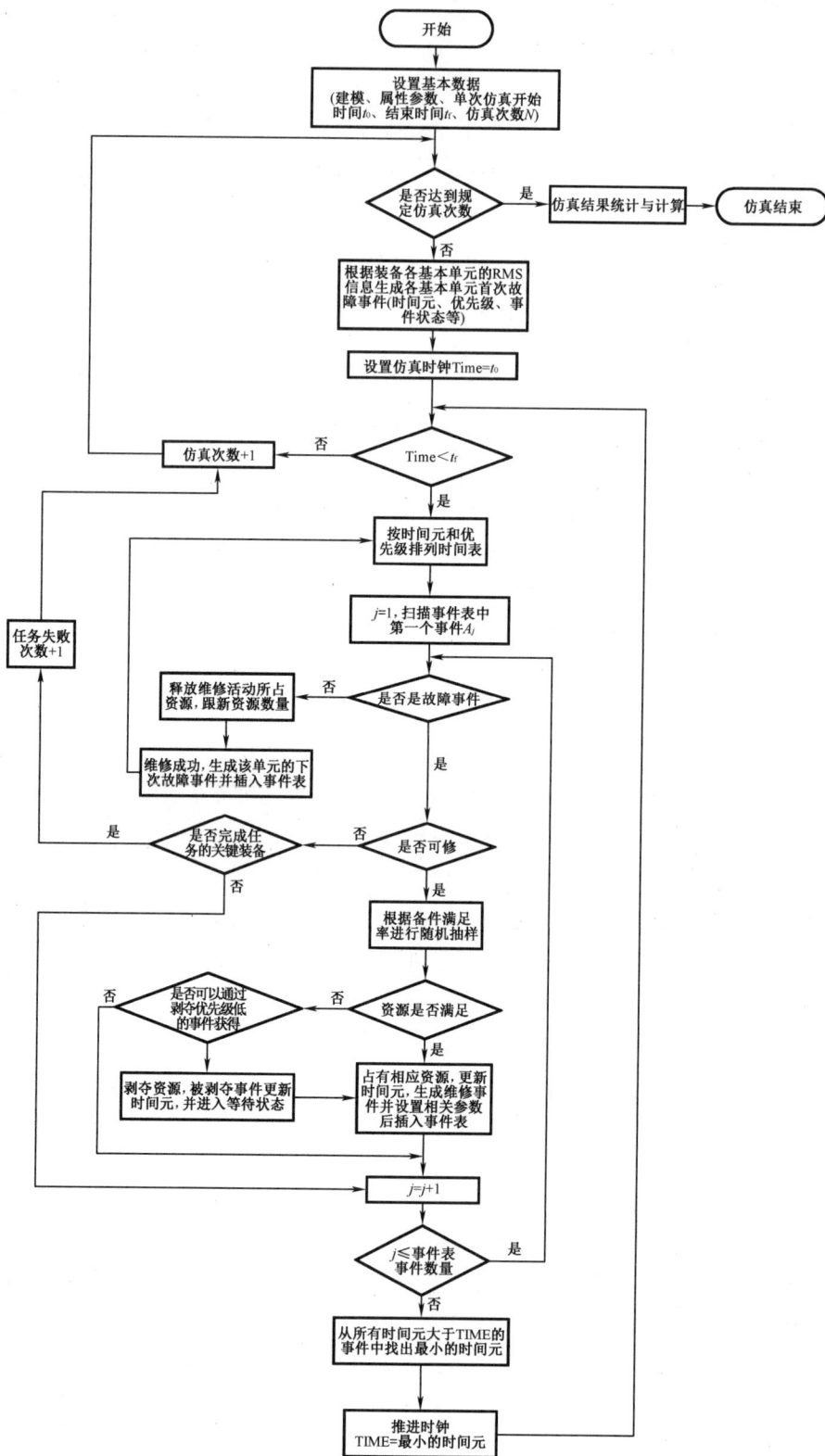

图 8-6　仿真流程图

在每次仿真开始后,通过对舰船各基本组成单元的故障分布函数的抽样,产生其各自的首次故障事件,并设置各故障事件的时间元,确定其优先级、保障资源等相关信息以生成事件表。

根据系统仿真时钟 TIME 与仿真结束时间 t_f 判断本次仿真是否结束,如果 TIME $> t_f$,则仿真次数加(1),转至(2);否则,仿真继续进行,转至(4)。

(4)事件处理

根据时间元的先后顺序和优先级的高低,将事件表中事件按时间元的先后顺序进行排列,如果时间元相同,则按优先级的高低进行排列。设置 $j=1$,扫描第一个事件 A_1。首先判断是故障事件还是维修事件。

如果是故障事件,则判断该任务阶段是否可修。如果可修,则查询库存,判断资源是否满足:如果资源满足,则占有相应资源,更新时间元,进入维修作业,之后扫描下一个事件;如果资源不满足,则故障无法修复,此时判断该设备是否是完成任务阶段的关键设备:如果是关键设备,则该任务阶段失败;如果不是关键设备,扫描下一个事件。如果该任务阶段不可修,此时判断该设备是否是完成任务阶段的关键设备:如果是关键设备,则该任务阶段失败;如果不是关键设备,扫描下一个事件。

如果是维修事件,则更新其状态设置为维修完成,并释放其占有资源。

根据事件表中时间元小于或等于 TIME 的事件的数量和已扫描事件的数量,判断所有事件是否处理完毕。如果没有处理完毕,则继续扫描事件表;否则,时间推进,转至(5)。

(5)时间推进

在处理完当前事件表中的所有时间元小于或等于 TIME 的事件后,从所有时间元大于 TIME 的事件中找到最小的时间元,将仿真时间推进至该时间元,并转至(4)。

(6)仿真试验数据统计与计算

在舰船可靠性仿真过程中,记录仿真期间产生的各种数据和仿真结果,在仿真结束之后,整理并输出各种所需的统计量,并进行相关参数的计算。

如:A_s 表示任务成功的次数;T_{BFi} 表示评价对象在仿真中出现第 i 次故障时的故障间隔时间;T_{CMi} 表示评价对象在仿真中出现第 i 次修复性维修的维修时间等。

为了使上述舰船可靠性仿真总体流程顺利进行,将舰船可靠性仿真总体流程细分为不同的仿真模块,并给出各仿真模块的仿真逻辑。我们知道:舰船可靠性仿真过程中有两类基本事件,即故障事件和维修事件。故障事件的产生是由基本组成单元的可靠性分布函数抽样产生的,故障事件的维修时间是由维修性分布函数决定的,在维修中又涉及保障资源。因此,舰船可靠性仿真总体流程可分为可靠性仿真模块和维修性仿真模块。

可靠性仿真模块主要是根据舰船基本组成单元的可靠性参数及其故障分布函数,对装备在全寿命周期内平时训练或战时执行任务期间的故障情况进行仿真,随机抽样得到各单元的故障发生时间,并生成事件表,进而激发维修事件的产生。

可靠性仿真模块业务流程如图 8-7 所示。当仿真开始后,可靠性模块根据各基本组成单元的可靠性分布函数抽样生成随机变量,确定故障产生时间,产生故障事件,之后将生成的故障事件加入事件表;根据故障事件的维修时间和任务重要程度,确定事件的时间优先级 p_t、任务优先级 p_m 以及总优先级 P,并根据时间元和总优先级 P 的先后顺序将事件表进行编排,以供后续仿真调用。

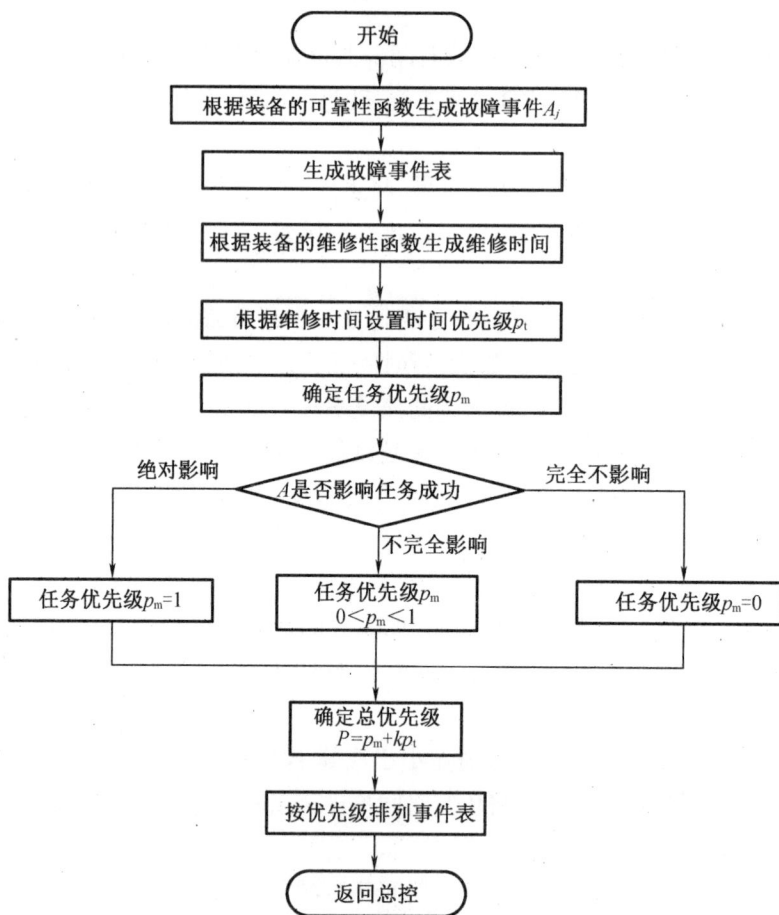

图 8-7 可靠性仿真模块业务流程图

维修性仿真模块是在可靠性仿真模块的基础上,对舰船在平时和执行任务期间的修复性维修过程进行的仿真。维修性仿真模块处理当前正在进行的维修事件以及即将进行的维修事件。其业务流程如图 8-8 所示。

3. 仿真算法设计

(1)随机变量的生成算法

可靠性仿真中,由于所反映的实际系统都包含多种随机因素的交互作用和影响,在仿真中需要重复地处理大量的随机因素。而各种随机事件的发生时刻,都是不同概率分布的随机变量,每次仿真运行都要从这些概率分布中进行随机抽样,以便获得该次仿真运行的实际参数。产生随机变量的基础是产生[0,1]区间上的均匀分布的随机数,然后通过逆变换法或函数变换法得到随机变量。

①随机数的产生

当今应用最多的随机数发生器是各种线性同余发生器,它由 Lehmer 在 1951 年提出。

利用线性同余发生器生成[0,1]区间上的均匀分布的随机数,其表达式为

$$X_{n+1} = (aX_n + c) \bmod m \tag{8-4}$$

式中,$n \geq 0$,m 是模数,a 是乘数,c 是增量,初始值 X_0 为种子,且 $m>0$,$m>a$,$m>c$,$X_0<m$。

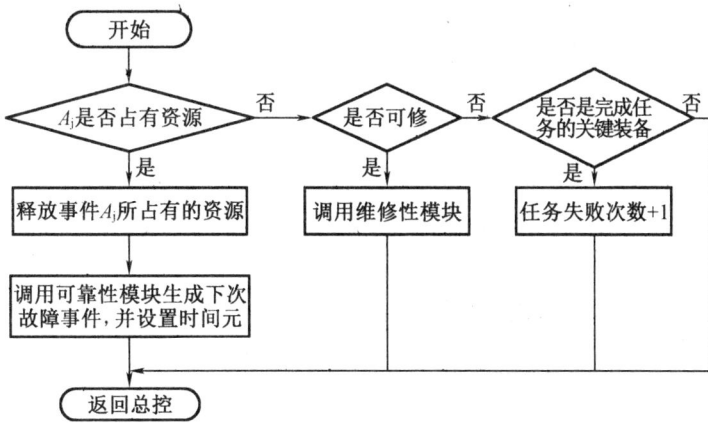

图 8-8　维修性仿真模块业务流程图

当 $c \neq 0$ 时,称之为混合同余法;当 $c=0$ 时,称之为乘同余法。

在实际应用中通常用模数对整数随机数序列做归一化处理:

$$R_{n+1} = \frac{X_n}{m}, m \geq 0 \tag{8-5}$$

就得到 $[0,1]$ 区间上的随机数 $R_n(n=1,2,\cdots)$,其中 $0 \leq X_n \leq m-1$。可以证明,取 $m=2k$,可以获得的随机数的最大周期为 $T=2k-2$。

②随机变量的产生

产生随机变量的方法很多,当然,所使用的具体算法必定与要产生的分布有关。在可靠性仿真中,常用的分布主要有指数分布、正态分布和威布尔分布,具体见表 8-1。

表 8-1　分布模型及参数表

分布类型	分布模型	参数	适用范围
指数分布	$R(t) = e^{-\lambda t}$	λ(故障率)	电子产品
正态分布	$R(t) = \dfrac{1}{\sigma\sqrt{2\pi}} \int_{-\infty}^{t} \exp\left[-\frac{1}{2}\left(\frac{t-u}{\sigma}\right)^2\right] \mathrm{d}t$	μ(正态分布均值) σ(正态分布均方差)	机械产品
威布尔分布	$R(t) = e^{\frac{-x^\alpha}{\beta}}$	α(形状参数) β(位置参数)	变压器

根据分布函数的不同,采用不同的方法得到抽样公式。指数分布和威布尔分布采用逆变换法,正态分布采用函数变换法。最终公式见表 8-2。

表 8-2 分布模型抽样公式

分布类型	抽样公式	参数
指数分布	$T_i = T_{i-1} - \dfrac{1}{\lambda}\ln(1-\eta_i)$	$\lambda = 1/\text{MTBF}$(故障率)
正态分布	$T_i = T_0 + [u + \sigma\sqrt{-2\ln\eta_{1i}}\sin(2\pi\eta_{2i})]$ $T_i = T_0 + [u + \sigma\sqrt{-2\ln\eta_{1i}}\cos(2\pi\eta_{2i})]$	μ(正态分布均值) σ(正态分布均方差)
威布尔分布	$T_i = T_{i-1} + [-\beta\ln(1-\eta_i)]^{1/\alpha}$	α(形状参数) β(位置参数)

T_i 为第 i 次抽样获得的故障，$T_0 = 0$，η_i 为随机数。

以装备设备可靠性函数服从指数分布为例，设备使用寿命取值方法为

设备的可靠性分布函数为

$$R(t) = \lambda e^{-\lambda t} \tag{8-6}$$

计算得到该类型设备的累积失效率函数为

$$F(t) = 1 - e^{-\lambda t} \tag{8-7}$$

设该设备的累积失效率为 η，并且有 $0 \leqslant \eta < 1$，通过对 $\eta = F(t)$ 求取反函数得

$$t = -\frac{1}{\lambda}\ln(1-\eta) = -\text{MTBF}\cdot\ln(1-\eta) \tag{8-8}$$

式中，t 表示该设备的使用寿命。

同理，对各分布的累积分布函数求反可得到服从相应分布类型的随机值，从而达到模拟实际情况的目的。进一步，分析装备可靠性框图，计算装备整体可靠性。图 8-9 所示为装备可靠性框图，根据装备各组成设备或单元的可靠性，结合可靠性计算方法，计算得到装备整体可靠性。

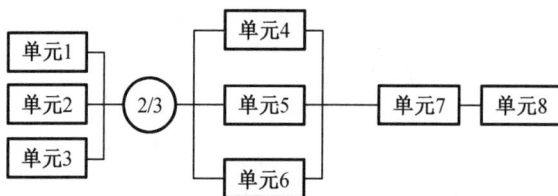

图 8-9 装备可靠性框图

（2）优先级的确定算法

在事件表中，对事件的排列是按照优先级进行的，所以必须对事件的优先级进行确定。在这里，事件表中的优先级 P 主要由任务优先级 p_m 和时间优先级 p_t 确定。

①任务优先级 p_m

任务优先级表示故障事件对任务成功的影响程度，根据对任务成功影响的大小来确定。对任务成功影响越大的故障事件，其获得维修资源的优先级越高，目的是提高任务的成功率。任务优先级的公式如下：

$$p_{\mathrm{m}} = \begin{cases} 1, & \text{绝对影响任务成功} \\ \theta, & \text{不完全影响任务成功} \\ 0, & \text{绝对不影响任务成功} \end{cases}$$

式中，θ 表示相应故障事件对任务的影响程度，对影响程度的评价可以分为较轻、轻、重、较重，对应的量化值为 0.2、0.4、0.6、0.8。即 θ 取值可用向量表示为

$$\theta = [0.2, 0.4, 0.6, 0.8]$$

②时间优先级 p_{t}

时间优先级表示维修事件对任务成功的影响程度，根据对维修事件的长短来确定。维修所需时间越短的故障事件，其优先级越高，越有资格获得维修的机会。仿真的目的是缩短总等待时间，降低资源占有率。时间优先级的公式如下：

$$p_{\mathrm{t}} = k\frac{1}{\lambda}$$

式中，λ 表示维修所需时间，根据故障单元的维修性函数生成；k 为权重，目的是降低时间优先级的 p_{t} 值，以减小其在总优先级中的比例，其取值一般小于 0.01。

③总优先级 P

总优先级 P 为任务优先级与时间优先级之和，即

$$P = p_{\mathrm{m}} + p_{\mathrm{t}}$$

时间优先级 p_{t} 在权重 k 的作用下，使得 $p_{\mathrm{t}} \ll p_{\mathrm{m}}$。保证了任务优先级比时间优先级优先考虑，即对任务成功影响度较高的故障可以优先获得维修资源。

（3）事件表的构建方法

事件是舰船可靠性仿真的核心，仿真的运行都是由事件驱动的。可靠性仿真中存在两类基本事件：故障事件和维修事件。为此，将使用事件表来管理这些事件，所有事件均放在事件表中。

事件表实质上是一张二维有序的记录表。表中列出了将要发生的各类事件的名称、事件类别、事件的发生时间以及其他相关信息，这些信息都列入事件表中作为系统仿真的初始状态。事件初始属性值放置在与事件有关的专用表格中；暂时性事件用浮动表格或一些单元存放；永久性事件属性值用固定的表格存放。

事件表中的记录至少应由两部分组成：一是事件的发生时间；二是事件的标识。有时事件表的记录还会有事件的类型、名称等信息。一个事件表应具备的基本逻辑结构见表 8-3。

表 8-3 事件表逻辑结构

事件 ID	时间元	装备 ID	事件类型	优先级		
				总优先级	任务优先级	时间优先级
			（0 故障,1 维修）			

事件表一般按照事件发生时间 t_i 的先后顺序排列，这里的时间 t_i 不是真实时间，而是模拟时钟的时间。t_i 的值可以是相同的，表示同时发生的事件，对于这类事件，就需要根据

事件的优先级来排序。

在仿真执行过程中,首先初始化事件表,将系统刚开始时的事件按发生时间的先后或优先级的高低插入事件表;然后在事件表中找出最早发生或优先级最高的事件,即事件表中的第一个事件记录;执行完该事件产生的活动后,删除该事件,并将新产生的事件根据其发生时间和优先级,插入事件表的合适位置,使得事件表得以更新。因此,事件表应具备如下基本功能:

①从事件表中调出一个事件记录;

②向事件表中插入一个事件记录;

③从事件表中删除一个事件记录。

为了方便事件表的管理,事件表往往还具有排序和查找合适位置的功能。

根据上述功能,事件表的主要操作应包括检索、排列、插入、删除和取消,具体如下:

检索(search):在事件表中根据仿真的需要,查找所需的事件,以便仿真的调用。一般可以根据事件发生的时间、事件 ID 或优先级来查找。

排列(array):把事件表中的所有事件按照一定的规则进行排序。一般是按事件发生的时间和优先级来排序。

插入(insert):在事件表中插入一个带有时间标记和优先级的事件,以便事件表按照事件发生时间和优先级来存储事件。

删除(delete):删除并取出事件表中已发生或完成事件,或最小时间的事件。

取消(cancel):删除事件表中带有特定标识的事件,使得该事件不会发生。

(4)仿真时钟的推进方法

仿真时钟是随仿真的进程而不断更新的时间推进机制,是提供仿真时间的当前时刻的变量。它描述了系统内部的时间变化,是仿真过程的时序控制。时间推进机制是一种随着仿真的进程将仿真时间从一个时刻推进到另一个时刻的机制。通常,离散事件仿真有两种基本的时间推进机制,即固定步长时间推进机制(即面向时间间隔的仿真时钟推进)和下次事件时间推进机制(即面向事件的仿真时钟推进)。本项目采用下次事件时间推进机制,具体过程如下:

下次事件时间推进机制的仿真时钟不是连续推进的,而是按照下一个事件预计将要发生的时刻,以不等距的时间间隔向前推进的,即仿真时钟每次都跳跃性地推进到下一时间发生的时刻上去。因此,仿真时钟的增量可长可短,完全取决于被仿真的系统。为此,必须将各事件按发生的先后次序进行排列,时钟时间则按事件顺序发生的时刻推进。每当某一事件发生时,需要立即计算出下一事件发生的时刻,以便推进仿真时钟。这个过程不断地重复直到仿真运行满足规定的终止条件为止,如某一特定事件发生或达到规定的仿真时间等。通过这种时钟推进方式,可对有关事件的发生时间进行计算和统计,如图 8-10 所示。

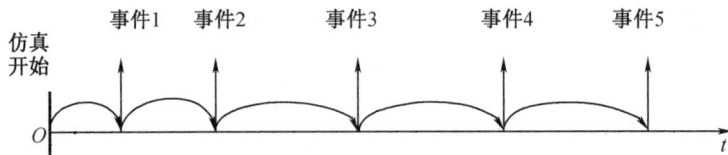

图 8-10 下次事件时间推进机制

在系统中有两个时钟,即系统仿真全局时钟 TIME 和标志事件自身时钟的时间元 time-cell,系统在 TIME 和 time-cell 的共同作用下推动仿真的运行。

根据前面的仿真原理,当生成一个新的故障事件 A_i 时,time-cell[i]表示 A_i 的故障发生时间;当 A_i 所需资源得到满足之后,time-cell[i]推进到 A_i 的维修作业结束时间,表示 A_i 进入当前维修作业,即

$$\text{time-cell}[i] = \text{time-cell}[i] + \lambda_i$$

式中,λ_i 表示 A_i 当前维修作业所需的维修时间。

另外,由于优先级高的故障事件 A_k 可以剥夺优先级低的故障事件 A_i 所占有的资源,所以在 A_i 被剥夺了资源之后,其维修活动终止,对应的 time-cell[i]将被更新,即

$$\text{time-cell}[i] = \text{TIME}$$

它表示 A_i 在维修进行到 TIME 时,由于资源被剥夺而终止维修。

TIME 是系统的仿真时钟,当对事件表开始新的一轮扫描时,根据最小的 time-cell[i] 推进。

若由于资源不足使得按最小的 time-cell[i]无法推进 TIME,且当前有维修作业正在进行时,则按照最小的维修结束时间推进 TIME。即将 TIME 推进到某次维修作业完成时刻,该作业释放资源之后再进行扫描。若当前没有维修作业进行时,则由于资源无法满足仿真结束。

4. 可靠性控制模块

在可靠性模型中,典型系统一般包括串联系统、并联系统、表决系统、冷储备系统等。

(1)串联系统

在串联系统中,只有其组成的 n 个单元都正常工作时整个系统才能正常工作,其中任一单元功能失效,则系统功能失效。

串联系统中系统可靠性 $R_s(t)$ 与单元可靠性 $R_i(t)$ 之间的关系为

$$R_s(t) = \prod_{i=1}^{n} R_i(t) \tag{8-9}$$

若各单元失效均服从指数分布,即各单元失效都属于偶然失效,令单元失效率为 λ_i,则其可靠度为 $R_i(t) = \exp(-\lambda_i t)$,整个串联系统可靠度为

$$R_s(t) = \exp\left(-\sum_{i=1}^{n} \lambda_i t\right) \tag{8-10}$$

(2)并联系统

在并联系统中,只要由 n 个单元组成的并联系统的任何一个单元正常工作,整个系统就能正常工作。只有 n 个单元全部失效时,整个系统才失效。

并联系统中系统可靠性 $R_s(t)$ 与单元可靠性 $R_i(t)$ 之间的关系为

$$R_s(t) = 1 - \prod_{i=1}^{n} \left[1 - R_i(t)\right] \tag{8-11}$$

若各单元失效均服从指数分布,即各单元失效都属于偶然失效,令单元失效率为 λ_i,则其可靠度为 $R_i(t) = \exp(-\lambda_i t)$,整个并联系统可靠度为

$$R_s(t) = \sum_{i=1}^{n} \exp(-\lambda_i t) - \sum_{1 \leqslant i < j \leqslant n} \exp\left[-(\lambda_i + \lambda_j)t\right] + \cdots + (-1)^{n-1} \sum_{i=1}^{n} \exp(-\lambda_i t) \tag{8-12}$$

(3)表决系统

在表决系统中,只有 n 个单元组成的表决系统中至少有 r 个单元正常工作,整个系统才能正常工作;只有出现大于 $n-r$ 个单元失效时,整个系统才失效。

对于 r/n 表决系统,系统可靠性 $R_s(t)$ 与单元可靠性 $R_i(t)$ 之间的关系为

$$R_s(t) = \sum_{j=r}^{n} \left\{ \begin{bmatrix} n \\ r \end{bmatrix} R_i^j(t) \left[1 - R_i(t) \right]^{n-j} \right\}$$

$$= R_i^n(t) + \cdots + nR_i^{n-1}(t) \left[1 - R_i(t) \right] + \frac{n(n-1)}{2!} R_i^{n-2}(t) \left[1 - R_i(t) \right]^2 + \cdots +$$

$$\frac{n!}{r!(n-r)!} R_i^r(t) \left[1 - R_i(t) \right]^{n-r} \tag{8-13}$$

若各单元失效均服从指数分布,即各单元失效都属于偶然失效,令单元失效率为 λ_i,则其可靠度为 $R_i(t) = \exp(-\lambda_i t)$,整个 r/n 表决系统可靠度为

$$R_s(t) = \sum_{j=r}^{n} \left\{ \begin{bmatrix} n \\ j \end{bmatrix} \exp(-j\lambda t) \left[1 - \exp(-\lambda t) \right]^{n-j} \right\} \tag{8-14}$$

(4)冷储备系统

n 个单元组成的系统,其中 1 个单元工作,$n-1$ 个单元冷储备,这种系统叫作冷储备系统。对于该系统,在时间 t 内,系统允许发生 $n-1$ 次故障,系统发生 0 次故障到 $n-1$ 次故障,系统都能正常工作。

设置系统中 n 个单元均服从指数分布,故障率为 λ。由于 $n-1$ 个单元发生故障,系统仍不发生故障,则系统的可靠度为

$$R_s(t) = \sum_{k=0}^{n-1} \frac{(\lambda t)^k}{k!} \exp(-\lambda t) \tag{8-15}$$

需要指出的是,由于威布尔分布的参数众多,指数分布、正态分布、瑞利分布等均可看作是它的特例,所以其适用范围很广。国外常把威布尔分布作为机械产品和电子产品的通用故障分布;每当遇到故障分布不很明显,难以断定时,则就当作威布尔分布来进行统计、检验,在工程上往往可得到圆满结果。

5. 维修性控制模块

维修性的定义是装备在规定的条件下和规定的时间内,按规定的程序、方法进行维修时,保持或恢复到规定状态的能力。通常用平均修复时间、重要部件更换时间等来度量。规定的条件是指维修条件,具体是指在规定的维修级别,规定的维修人员的专业技术水平,规定的维修场所、设施和设备、技术手册等环境。规定的时间是指对直接用于维修的时间的限制;规定的程序和方法是指按维修技术文件,采用的统一操作规程;规定的状态是指对于维修效果的标准,具体是指装备通过维修应达到的技术状态。

待修装备是指在战斗过程中因技术故障或战损而造成的损坏装备。按照以往经验,待修装备的维修工作量多服从指数分布,维修时间服从对数正态分布或艾拉姆咖分布。

在该仿真模型中,对故障部件或设备的维修活动时长会对装备任务的成功性造成影响,因此需要模拟装备的维修时间。该模型中采用随机抽样的方法来实现,其中,对数正态分布随机值的取值方法同使用寿命取值。对于艾拉姆咖分布,其分布函数为

$$F(t) = 1 - \left(1 + \frac{2t}{t_0}\right) e^{-\frac{2t}{t_0}} \tag{8-16}$$

式中, t 为待修装备的维修时间, $0 \leq t < \infty$; t_0 为待修装备的平均维修时间, 是式中唯一一个分布参数, 并且 $t_0 > 0$。

艾拉姆咖分布的概率密度函数为

$$f(t) = \frac{4t}{t_0^2} e^{-\frac{2t}{t_0}} \tag{8-17}$$

该分布函数比较复杂, 对分布函数求反取随机值的方法难以实现, 进而对其自身函数特点进行分析, 得到其方差为

$$D(T) = \int_0^\infty (t - t_0)^2 f(t) \, \mathrm{d}t = \frac{t_0^2}{2} \tag{8-18}$$

变异系数为

$$v = \frac{\sqrt{D(T)}}{t_0} = \frac{t_0/\sqrt{2}}{t_0/2} = 1.414 \tag{8-19}$$

变异系数为常数, 且方差是分布参数 t_0 的函数, 因此, 服从该分布的随机变量在其均值的周围有较大离散。为方便计算, 结合该特性, 在其均值附近进行随机取值, 模拟待修装备的维修时间。

6. 保障性控制模块

保障性主要涉及舰船装备的保障资源, 4.4 节对保障资源有详细的设计方法, 这里不再描述。而影响任务可靠度和战备完好性的主要因素是舰船备品备件, 当装备在执行时, 舰船自身备品备件存储量直接关系到装备的保障能力。常用判断方法主要有数量消耗和概率计算两类。

(1) 数量消耗

设置任务开始时所携带各类保障资源的具体数量, 在任务执行过程中根据实际需求情况进行剩余资源数量判断以及消耗减少计算。数量消耗逻辑如图 8-11 所示。

在仿真试验前设置各类备品备件的具体携带数量, 仿真运行过程中则根据备件的携带数量和消耗情况判断备件保障的成功性。

(2) 概率计算

在任务开始前设置各类保障资源的满足率 p, 任务执行过程中, 利用随机抽样的方法, 根据概率判断资源请求成功与否。概率计算逻辑如图 8-12 所示。

以某部件为例, 假设备件满足率 $p = 0.9$, 根据该满足率将 $[0, 1)$ 区间划分为 a: $[0, 0.9)$ 和 b: $[0.9, 1)$ 两个子区间, 因此, 服从均匀分布的 $[0, 1)$ 随机值落在 a 区间的概率为 90%, b 区间的概率为 10%。在该部件发生故障并向保障资源库进行备件请求时, 生成一个随机值 u, 判断 u 所在的区间, 若处于 a 区间表示备件请求成功, 处于 b 区间则表示备件请求失败。

7. 成功准则

成功准则指仿真过程中任务成功与失败的判断条件, 在工作时间、维修时间及备件满足的条件下, 按照执行任务的可靠性框图逻辑, 仿真记录其成功是否。

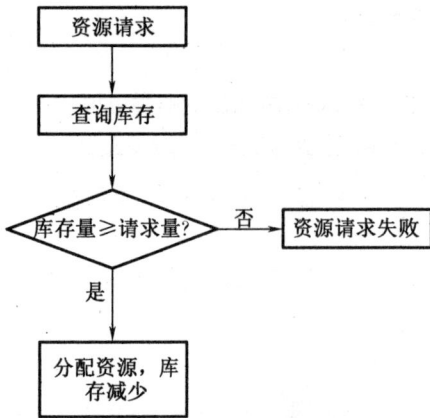

图 8-11　数量消耗逻辑　　　　　　图 8-12　概率计算逻辑

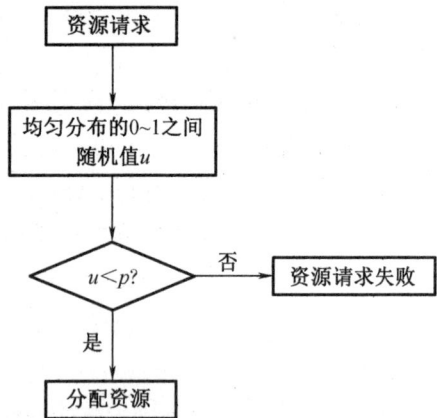

8.2.3　RMS 仿真输出

根据可靠性、维修性、保障性等指标之间的关系,RMS 一体化指标数学模型主要有战备完好性参数和任务成功性参数。

1. 战备完好性参数

战备完好性参数是系统战备完好性目标的度量,用于评估系统以计划的平时和战时利用率执行和保持一组规定任务的能力。系统战备完好性参数综合考虑系统可靠性、维修性、保障系统特性及保障资源数量、位置的影响。描述舰船装备系统的战备完好性参数,通常有在航率、使用可用度、固有可用度等。

在航率是反映舰船总体可用性水平的使用参数,符合海军实际使用习惯,但在舰船的系统、设备层次,用在航率参数衡量并不合适。为了在舰船系统设计及验证期间就能有效地定量评价系统的战备完好性,战备完好性通常采用可用度来衡量。舰船总体的使用可用度是舰船总体、系统、设备 RMS 一体化的综合参数,固有可用度是控制设计的主要参数。

根据其定义,使用可用度 A_o 有以下计算式:

$$A_o = \frac{t_T}{t_T + t_f} \tag{8-20}$$

式中　t_T——系统(装备)能工作时间;

　　　t_f——系统(装备)不能工作时间。

舰船系统、设备的使用可用度可由平均故障间隔时间 MTBF、平均预防性维修时间 MTTPR、平均修复性维修时间 MTTR、平均保障延误时间 MLDT 得到。使用可用度的表达式为

$$A_0 = \frac{T_o}{T_o + T_{PM} + T_{CM} + T_{ALD}} \tag{8-21}$$

式中　T_o——工作时间;

　　　T_{PM}——预防性维修总时间;

　　　T_{CM}——修复性维修总时间;

T_{ALD}——因等候备件、维修人员或运输等的管理和保障资源延误时间。

针对装备系统的不同类型,使用可用度 T_{o} 有以下不同的表示方式。

(1)连续使用系统

在舰船运行期间,这些系统总是处于使用状态,如推进系统、搜索雷达、无线电接收机等。

$$A_{\text{o}} = \frac{T_{\text{BF}}}{T_{\text{BF}} + T_{\text{TR}} + T_{\text{LD}}} \qquad (8\text{-}22)$$

式中　T_{BF}——平均故障间隔时间;

　　　T_{TR}——平均维修时间;

　　　T_{LD}——平均保障延误时间。

(2)断续使用系统

在两次使用之间有较长的待命或不工作时间的系统,例如火控雷达、无线电发射机等。这种系统的平均故障间隔的日历时间与平均故障间隔运行时间不同,能工作时间必须用系数 K 修正,其数学模型表达式为

$$A_{\text{o}} = \frac{T_{\text{BF}}}{K \cdot T_{\text{BF}} + T_{\text{TR}} + T_{\text{LD}}}$$

$$K = \frac{T_{\text{c}}}{T_{\text{o}}} - \frac{T_{\text{TR}} + T_{\text{LD}}}{T_{\text{BF}}} \qquad (8\text{-}23)$$

式中　T_{c}——总的日历时间;

　　　T_{o}——系统总的运行时间。

(3)脉冲式使用系统

脉冲式使用系统是指消耗性设备,通常使用一次并不再回收,例如炮弹、导弹、声呐浮标、鱼雷等。这种系统在使用前大部分时间处于备用、待命或保障的状态中,正式的使用时间较短,使用后不再需要通过修复来恢复到可工作状态,其中不能工作时间是没有意义的。但是,这类系统要求在使用前的备用、待命或保障状态中应能预检故障和进行修复,这时的保障延误和修复时间直接影响 A_{o},因此这类系统应将其库存技术状态要求作为影响其成功使用的一个因素考虑。脉冲式使用系统的 A_{o} 可表示为

$$A_{\text{o}} = \frac{N_{\text{s}}}{N_{\text{a}}} \qquad (8\text{-}24)$$

式中　N_{s}——成功使用的次数;

　　　N_{a}——总的使用次数,包括成功使用的次数和未成功使用的次数。

2.任务成功性参数

任务成功性参数是装备系统任务成功性目标的度量,用于表示装备系统完成规定作战任务的能力。目前国内描述舰船装备系统的任务成功性参数为任务可靠度 R_{m}。任务可靠度 R_{m} 表示舰船在规定的任务剖面完成规定功能的能力。

由于舰船是独立作战平台,任务时间长,舰船执行作战任务成功与否是由舰船能否成功地航行到预定的作战海域以及能否成功地履行作战任务决定的。舰船在执行任务过程中(尤其是航行阶段)允许舰员进行维修。现行使用的任务可靠度,描述的是舰船从出航到

执行作战任务直至返航整个过程的任务成功与否,任务可靠度的计算模型则包含任务维修能力。

舰船的任务可分为对空作战、对海作战、反潜作战等,所以对于舰船存在多个任务剖面来描述。舰船在执行实际任务的过程中,往往是多个任务在一段时间的有机组合,为此作为衡量舰船任务成功性的任务可靠度 R_m 应是多个任务剖面中的任务可靠度的有机组合。

衡量舰船总体任务成功性的任务可靠度 R_m 应为

$$R_m = \sum_{i=1}^{N} \alpha_i \cdot R_m(i) \tag{8-25}$$

式中 α_i——各个任务剖面的比例,$i = 1 \sim N$;

$R_m(i)$——各任务剖面的任务可靠度。

8.2.4 RMS 仿真平台设计

1. 模块设计

舰船 RMS 仿真平台的主要功能模块包括工程初始化、可靠性仿真建模、可靠性仿真运行,如图 8-13 所示。

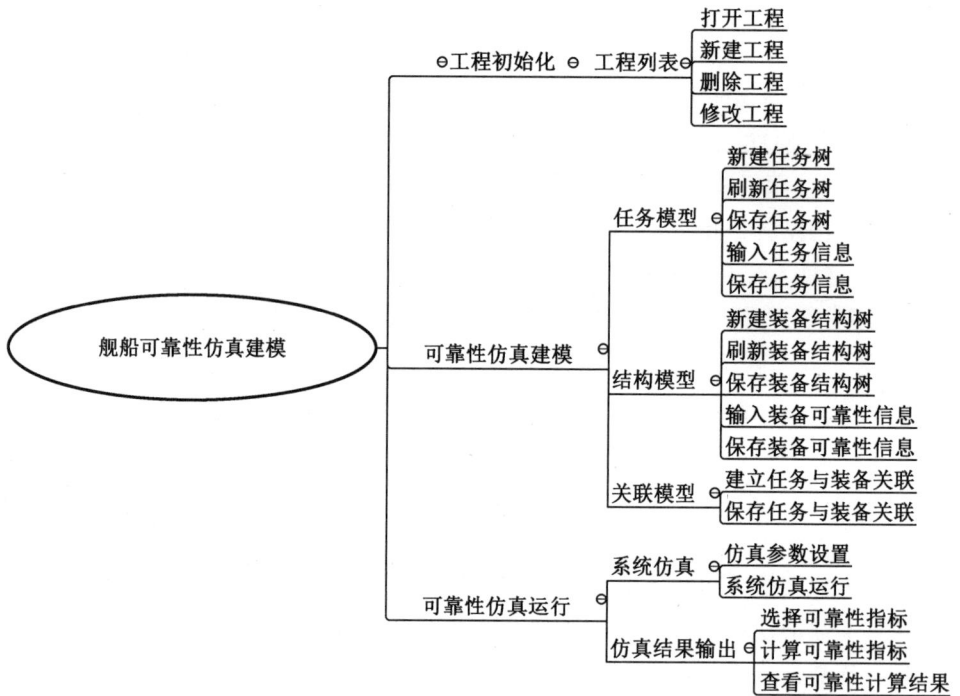

图 8-13 舰船可靠性仿真平台的功能模块

2. 主要界面设计

工程建模、主要输出、任务建模、结构建模及关联建模如图 8-14 所示。

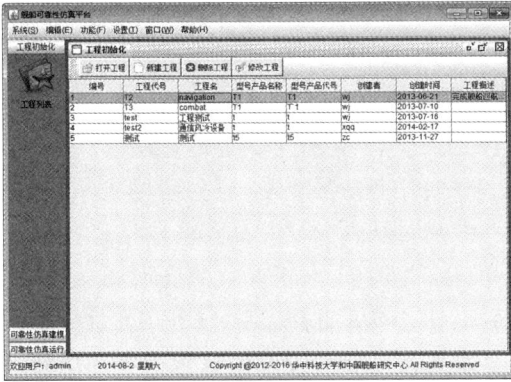

（a）工程建模

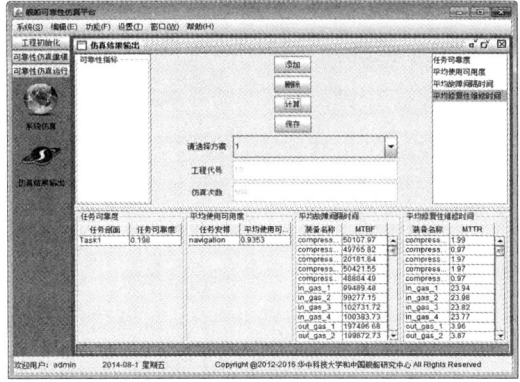

（b）主要输出

（c）任务建模

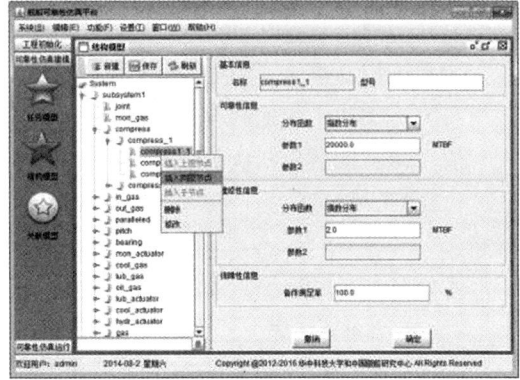

（d）结构建模

（e）关联建模

图 8-14　工程建模、主要输出、任务建模、结构建模及关联建模

3. 数据库设计

(1) 数据库表的需求分析

舰船可靠性仿真平台的信息具体如下：

①工程初始化模块，包括工程名、工程代号、型号产品名称、型号产品代号、创建者、创建时间、工程描述。

②系统建模模块，包括任务模型、结构模型和关联模型。

任务模型中任务安排信息包括总任务名称、任务剖面名称、任务剖面起始时间、任务剖面终止时间、权重。任务剖面信息包括任务剖面名称、任务阶段名称、任务阶段次序、任务阶段起始时间、任务阶段终止时间、任务阶段累计维修时间百分比。任务阶段信息包括任务阶段名称、任务单元名称、任务单元次序、任务单元起始时间、任务单元终止时间、任务单元允许延误时间。任务单元信息包括任务单元名称、任务单元维修类型、任务单元抽样率。

结构建模中装备基本信息包括装备型号、装备名称。装备可靠性信息包括可靠性分布函数类型、参数值。装备维修性信息包括维修性分布函数类型、参数值。装备保障性信息包括备件满足率。

关联模型信息包括任务单元名称、所需装备名称、所需装备数量、所需装备间关系。

③系统仿真模块，包括系统仿真初始化、仿真运算和仿真结果。

系统仿真初始化信息包括方案名称、选择的工程、仿真次数（N）。

仿真运算信息包括次数、事件 ID、发生时间、装备名称、优先级、所需维修时间。

仿真结果信息包括任务可靠度、平均使用可用度、平均故障间隔时间、平均修复性维修时间。

④系统登录模块信息，包括用户名和用户密码。

(2) 数据库表的定义

此部分设计舰船可靠性仿真平台仿真所产生的数据存放表。

①工程信息表

工程信息表(ProjectInformation)设计见表 8-4。

表 8-4　工程信息表

列名	数据类型	长度	允许空	备注
proID	Varchar	50		主键
proName	Varchar	300		
typeName	Varchar	300		
typeID	Varchar	50	√	
proMaker	Varchar	50		
proDate	Varchar	50		
proInfo	Varchar	MAX	√	

②产品结构树表

产品结构树表(TreeNodeStructure)设计见表 8-5。

表 8-5　结构树表

列名	类型	大小	允许空	备注
proID	Vchar	50		
thisNodeID	Vchar	50		主键
thisNodeName	Vchar	500		
thisNodeType	Int			
thisNodeRelation	Int			
thisNodeProperty	Int			
thisNodeKind	Int			
parentNodeID	Vchar	50		

③产品模型信息表

产品模型信息表(EquipmentInformation)设计见表 8-6。

表 8-6　装备模型信息表

列名	类型	大小	允许空	备注
proID	Vchar	50		
equipmentID	Vchar	50		主键
equipmentType	Vchar	50		
reliabilityMathType	Vchar	50		
parameter1	Float		√	
parameter2	Float		√	
maintainMathType	Vchar	50		
parameter3	Float		√	
parameter4	Float		√	
spareRate	Float		√	

④任务安排信息表

任务安排信息表(TaskScheduleInformation)设计见表 8-7。

表 8-7　任务安排信息表

列名	类型	大小	允许空	备注
proID	vchar	50		
taskID	vchar	50		主键
sectionName	vchar	200		

表 8-7（续）

列名	类型	大小	允许空	备注
sectionStartTime	float			
sectionEndTime	float			
weight	float		√	

⑤任务剖面信息表

任务剖面信息表（TaskSectionInfo）设计见表 8-8。

表 8-8 任务剖面信息表

列名	类型	大小	允许空	备注
proID	vchar	50		
sectionID	vchar	50		主键
stageName	vchar	200		
stageRank	vchar	50		
stageStartTime	float			
stageEndTime	float			
stageMaintenancePercent	float			

⑥任务阶段信息表

任务阶段信息表（TaskStageInfo）设计见表 8-9。

表 8-9 任务阶段信息表

列名	类型	大小	允许空	备注
proID	vchar	50		
stageID	vchar	50		主键
cellName	vchar	200		
cellRank	vchar	50		
cellStartTime	float			
cellEndTime	float			
cellDelayTime	float			

⑦任务单元信息表

任务单元信息表（TaskCellInfo）设计见表 8-10。

表 8-10 任务单元信息表

列名	类型	大小	允许空	备注
proID	vchar	50		主键
cellID	vchar	200		
cellRepairable	vchar	50		
cellRate	float		√	

⑧维修事件表

维修事件表(MaintenceEventTable)设计见表 8-11。

表 8-11 维修事件表

列名	类型	大小	允许空	备注
proName	vchar	50		主键
simNum	Int			
eventID	vchar	50		
equName	vchar	50		
maintTime	float			

⑨故障事件表

故障事件表(FaultEventTable)设计见表 8-12。

表 8-12 故障事件表

列名	类型	大小	允许空	备注
proName	vchar	50		主键
simNum	Int			
eventID	vchar	50		
timeCell	vchar	50		
equName	vchar	50		

⑩故障任务表

故障任务表(FaultTaskTable)设计见表 8-13。

表 8-13 故障任务表

列名	类型	大小	允许空	备注
proName	vchar	50		主键
simNum	Int			

表 8-13（续）

列名	类型	大小	允许空	备注
faultTaskName	vchar	50		
faultTaskID	vchar	50		

⑪仿真结果信息表

仿真结果信息表（RMSResult）设计见表 8-14。

表 8-14　仿真结果信息表

列名	类型	大小	允许空	备注
proName	vchar	50		主键
RMS	vchar	50		
equName	vchar	50	√	
result	float			

⑫方案信息表

方案信息表（ProInformation）设计见表 8-15。

表 8-15　方案信息表

列名	类型	大小	允许空	备注
proName	vchar	50		主键
projectID	vchar	50		
simNum	int			
availability	float			

⑬用户信息表

用户信息表（User）设计见表 8-16。

表 8-16　用户信息表

列名	类型	大小	允许空	备注
userID	vchar	10		主键
password	vchar	50		
type	vchar	50		
mark	int			

（3）功能模块与数据库表

各功能模块与数据库表之间的关系见表 8-17。

表 8-17

模块	对应表名
工程初始化	ProjectInformation
系统建模	TreeNode
	EquipmentInformation
	TaskScheduleInformation
	TaskSectionInfo
	TaskStageInfo
	TaskCellInfo
系统仿真	TreeNode
	EquipmentInformation
	TaskScheduleInformation
	TaskSectionInfo
	TaskStageInfo
	TaskCellInfo
	MaintenceEventTable
	FaultEventTable
	FaultTaskTable
	SResult
仿真结果分析	FaileEventTable
	MaintenEventTable
	TaskResult
辅助功能	User

（4）数据表间关系

数据表间的关系如图 8-15 所示。

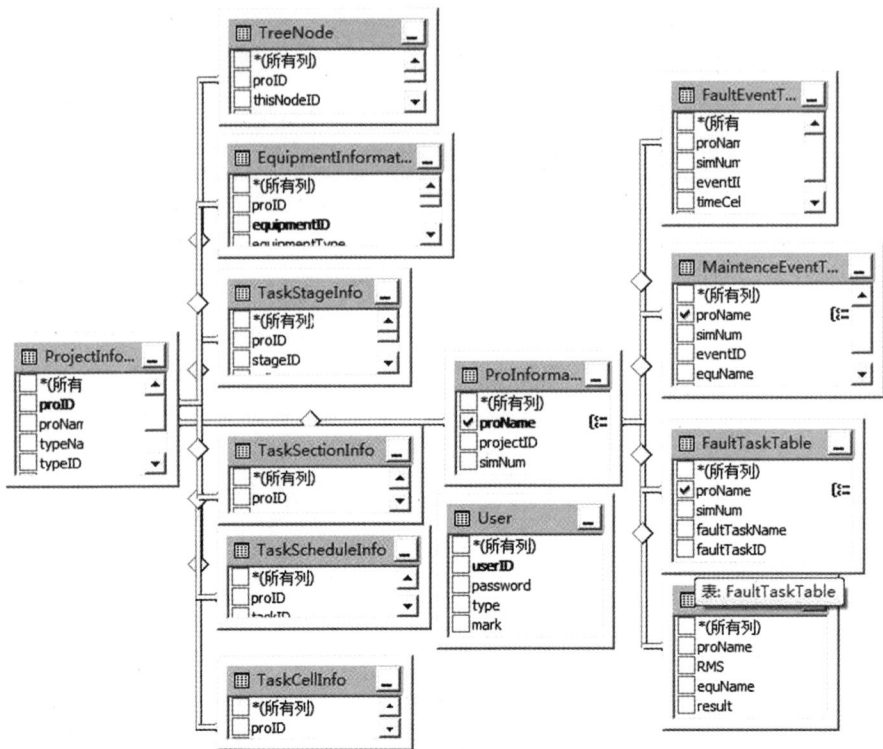

图 8-15　数据表间的关系

8.3　基于 MBSE 的通用质量特性一体化分析与设计

8.3.1　MBSE 设计基础

1. 概述

系统工程国际委员会(International Councilon Systems Engineering,INCOSE)成立于1990年,致力于研究基于模型的系统工程(model-based system engineering,MBSE)。2007年,INCOSE 发布"系统工程愿景 2020",给出了 MBSE 的完整定义,发布了 SysML 1.0 版本,MBSE 开始进入国际工业界视野。2014 年,INCOSE 发布"系统工程愿景 2025",MBSE 开始在国内外工业界引起广泛关注,纷纷进行实践探索,普遍认为 MBSE 是 21 世纪装备产品研制的创新性方法论和技术体系。2018 年,美国国防部发布"数字工程战略",将 MBSE 推至数字化工程生态的新阶段。历经 30 多年的持续发展,MBSE 逐渐成为复杂工程系统创新研制的指导性方法技术体系。

传统的系统工程中产出的是一系列基于自然语言的、以文本格式为主的文档,比如用户的需求、设计方案,也包括一些用实物做成的物理模型等。该模型由各种各样的文档组成,如舰船的总体布置图、安装图、原理图、线路图、说明书、计算书等。这些文档组成了舰船各设计阶段的设计成果,即基于文本的系统工程(text-based systems engineering,TSE)。

TSE 的文档在描述系统架构模型时具有"天生的缺陷"。TSE 的文档是基于自然语言和文本形式(text-based)的,当然也包括少量的表格、图示、图画、照片等。由于自然语言并非专门为系统设计所发明,而主要表示大千世界的万事万物,还要表示纷繁复杂的各专业学科知识,所以 TSE 的文档要依靠相关工程设计的术语(也是基于自然语言的组合),使各方对系统有一个共同的理解和认识,容易产生理解的不一致性。尤其是当系统的规模越来越大、涉及的学科越来越多、参与的单位越来越多时,这个问题就更加突出了。当舰船建造出来时,如果与需求(研制总要求)不一致,就会带来严重的不良后果。

在舰船 MBSE 设计活动中,常会涉及一些基础的建模语言,如 SYSML 语言、MODELICA 仿真建模语言、Altarica 故障建模语言。下面对这些语言进行简单介绍。

2. SYSML 语言和图形化建模

1997 年 OMG(Object Management Group)组织发布了统一建模语言(unified modeling language, UML),用于系统工程领域建模。UML2.0 后,OMG 提出了一种新的图形化建模语言 SYSML,用于描述、设计和验证那些包含了硬件、软件、人员等复杂的对象系统,根据文献[67], SYSML 包含多种图形,用于描述装备的需求、结构和行为,这些图形有需求图、块图、内部块图、参数图、用例图、活动图、顺序图、活动图和包图,如图 8-16 所示。说明如下:

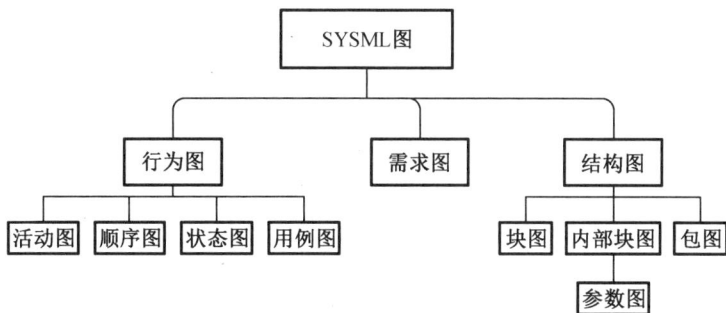

图 8-16　SYSML 图分类

(1)需求图

需求图用于描述舰船装备的立项论证报告、研制任务书和研制总要求的需求条目,表示需求与设计、验证元素之间的追溯关系。模型中有包含、派生、细化、验证、追踪、满足等连接关系。设计模型建立完成后,软件自动产生需求与结构、行为的矩阵关系图,用于核对设计活动是否满足军方的逐项要求。

(2)结构图

块图是一种结构图,是 SYSML 最基础的图。在块图中显示的模型元素包括模块、执行者、值类型、约束、流类别、接口等。块与块之间有 3 种关系:关联(引用关联、组合关联)、继承类的泛化关系、影响类的依赖关系。块中含 5 种结构特征:部件属性、引用属性、值属性、约束和端口;2 种行为特征:操作属性和接受属性。

内部块图是块图的补充视图,块定义一个系统的组成及其属性,内部块则显示块的属性之间的连接关系,包括流动的事件、能量和数据类型,以及通过连接提供和请求的服务。

参数图为一种特定的内部块图,与内部块图一样,显示模块的内部结构,表达值属性和约束参数之间的绑定关系,以及系统属性间约束数学表达式的关系。

包图是显示系统模型组织方式所创建的图,对系统模型进行分类,并表达系统模型的层级关系。

（3）行为图

用例图用于站在用户的角度分析系统有哪些功能,一般表达舰船装备的任务分解。用例图定义系统的边界,系统参与者与功能之间用关联连接。

活动图是一种行为图,表达随时间的推移,行为和事件发生的序列。与静态的块图、内部块图和参数图不一样,活动图是一种动态视图,显示对象(事件、能力或数据)的流动,是唯一可以说明系统连续行为的图。

顺序图是另一种描述系统行为的动态视图,由垂直的生命线和一组有序列的信息组成。生命线用来表达参与者、系统或设备,生命线之间的信息表达各种实体间的交互内容。

状态图用于表达在相当长时间内持续存在可分辨的、无关联的正交的状况,关注状态的变化及其顺序,定义系统的状态、在特定状态下的行为、引起状态转移的条件、因状态转移而伴随的动作。

3. MODELICA 仿真建模

MODELICA 是一种数学建模语言,借助 MODELICA 能够规范化地建立复杂系统的数学模型,并建立与时间相关的系统行为模型,可以完成电气、机械、热力学、液压、生物和控制等不同领域的物理对象建模,从而实现对动态系统的仿真。根据文献[68],MODELICA 具有以下三个特点:

（1）多领域统一表达与可视化建模

①基于方程的多学科领域耦合特定表达

在同一模型中表达不同学科的方程,例如力平衡方程、压差流量方程、热力学方程,而不同学科方程中存在交叉变量,由此实现多学科领域耦合,如图 8-17 所示。

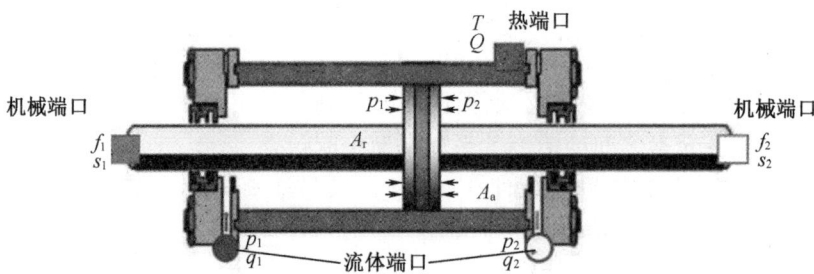

基本定理	理论方程
力平衡方程	$m\ddot{s}=Aa\cdot(p_1-p_2)+(f_1-f_2)$
压差流量方程	$q1=Cq\cdot A\cdot\sqrt{2(p_1-p_2)\rho}$
热力学方程	$fo\cdot s+c+\dot{s}=Q(T)+\Delta U$

图 8-17　基于方程的多学科领域耦合特定表达

②基于广义基尔霍夫定律的连接表达

基尔霍夫定律表达为:

●端口所有电势相等;

- 端口所有电流代数和为零。

其示意图如图 8-18 所示。

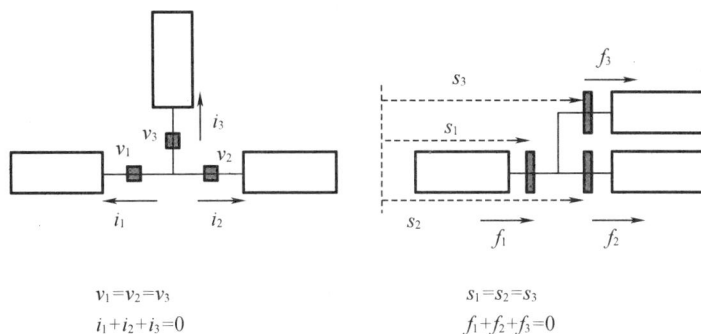

$$v_1 = v_2 = v_3$$
$$i_1 + i_2 + i_3 = 0$$

$$s_1 = s_2 = s_3$$
$$f_1 + f_2 + f_3 = 0$$

图 8-18　广义基尔霍夫定律

广义基尔霍夫定律表达为:

- 端口所有势变量相等;
- 端口所有流变量代数和为零。

其示意图如图 8-19 所示。

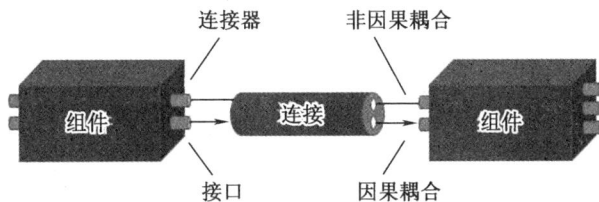

图 8-19　基于广义基尔霍夫定律的连接表达

(2)文本建模方式与可视化建模方式的一致性表达

基于 Modelica/KAMA 语言的多领域建模工具,提供智能文本建模、拖放式建模、向导式建模等多种可视化建模方式,实现可视化模型与代码的自动互转和一致性自动维护,如图 8-20 所示,实现建模过程中的图文交互。

为增强复杂系统建模的友好性及可视化,可视化建模将主要表征为拖放式建模。可视化建模支持基于组件连接图的托放式建模,包括无向连接的物理建模和有向连接的信号框图建模;而且模型与实际物理系统拓扑结构一致,更加直观,易于验证模型是否符合设计者意图。

在可视化拖放式建模基础上,将进一步扩展系统功能,提供“虚拟件”对象构建机制及连接方法,扩展 Modelica 语言,有效支持复杂系统的层次结构化建模,能以自顶向下和自底向上两种方式构建系统级模型,大大提高建模效率。

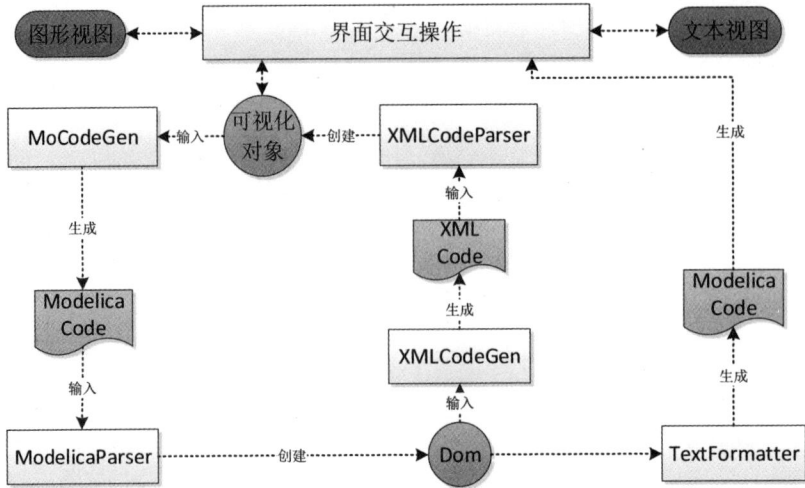

图 8-20　Modelica 模型图文交互原理

（3）实现与 SYSML 的接口

SYSML 设计模型（组织关系、Block、端口、IBD 等）在 XMI 文件中有对应元素进行描述，用 Model、packagement、ownedAttribute、ownedConnector、End 等元素以及各元素对象间的组织关系进行表达；而仿真模型的表达则按照 Modelica 语法规则进行描述，如参数、接口、内嵌对象、方程等。因此，以 XMI 表达的 SYSML 模型可以转换为 Modelica 仿真模型，如图 8-21所示。

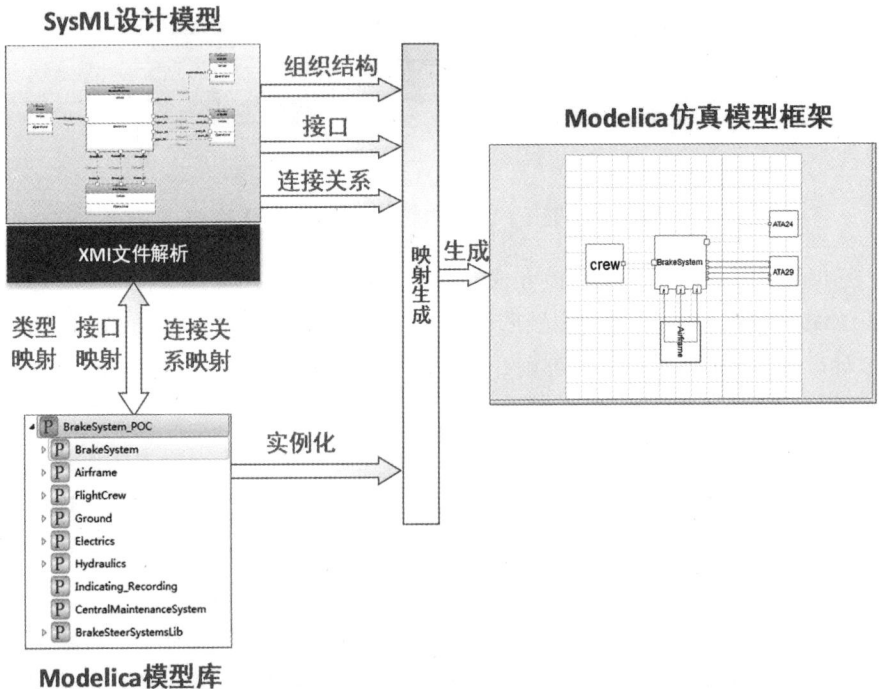

图 8-21　基于 XMI 对象映射的仿真模型生成

4. Altarica 故障建模语言

AltaRica 是一门专用于系统安全性分析且具有形式化语义的建模语言,20 世纪 90 年代末在 LaBRI 计算机科学实验室被创建,现被广泛用于复杂系统的事件驱动建模中。与 SYSML 类似,其具有图形可视化的建模元素,又因其非常适用于安全性和可靠性分析的语言特性,因而 AltaRica 的作用是描述、分析复杂的多层次系统架构的故障及失效行为。AltaRica 3.0 基于 GTS 模型,AltaRica 平台可以支持生成故障树、马尔可夫链、单步仿真、模型检测等安全性评估。通过状态机来描述组件的行为,组件的状态由变量及其值表示,当且仅当满足迁移条件且事件发生时,状态才会发生迁移。AltaRica 3.0 作为一门基于模型的安全性分析建模语言,主要包括四个部分:变量的定义、事件的定义(event)、转换(transition)及断言(assertion)。其中变量分为两种:一种是状态变量,只能通过触发事件来修改值;另一种是流变量,用于模拟模型中组件之间的交互信息,其值主要是在断言中进行变化。图 8-22 显示了冷凝系统的构造运行图及相应的 AltaRica 3.0 模型。

8.3.2　舰船 MBSE 设计基本内容

1. 舰船 MBSE 设计平台

(1)舰船 MBSE 设计基本原理

舰船 MBSE 设计是以需求牵引、任务分解、功能分析、逻辑设计和保障构建的设计融合于舰船设计全寿命周期,基本原理如下。

①以需求为牵引的正向设计

以需求为牵引的正向设计过程主要对舰船装备的设计需求(如立项论证报告、研制总要求等)进行模型定义(SYSML 需求图),然后根据需求中的任务目标建立任务用例图,明确任务场景和利益相关方(军方、使用部队、作战对象等)。同时根据需求中要求的舰船装备系统组成开展架构设计,建立描述系统组成的模块定义图,并与设计需求建立映射关联,导出需求和系统架构的追溯矩阵。

②以任务为导向的行为分析

任务分析主要对需求分析过程中分析确定的任务用例进行细化展开,采用活动图方式进行建模,完整描述任务行为的活动过程,并完成任务活动向装备系统架构的映射分配。根据任务活动图中包含的任务活动分解关系、任务活动之间的逻辑关系、任务活动与系统架构之间的分配关系及任务活动失效后设置的维修保障活动,导出 RBD-RMS-器材保障的关联模型。本过程中随着任务和功能的细化,建立系统需求与活动行为之间的追溯关系矩阵。

③以功能为核心的故障分析

功能分析主要对任务分析过程中提取的装备系统顶层功能(如航行、对空作战、对海作战、反潜作战等)采用活动图方式进行进一步的分解细化,功能活动与装备系统架构组成之间的分配关联,明确架构之间的交互连线和接口关系,确定装备系统的功能树及功能原理。在此基础上针对各功能开展故障分析建模,形成全系统的故障传递关系。由此基于功能和故障模型开展功能 FMECA、硬件 FMECA、衍生故障消减控制要求,更新迭代系统模型设计(如冗余设计、测试布置、使用维护保障等)。最终开展 RBD、FTA、测试性建模等分析,确认系统设计可行性后,下发开展装备的后续详细软硬件设计。

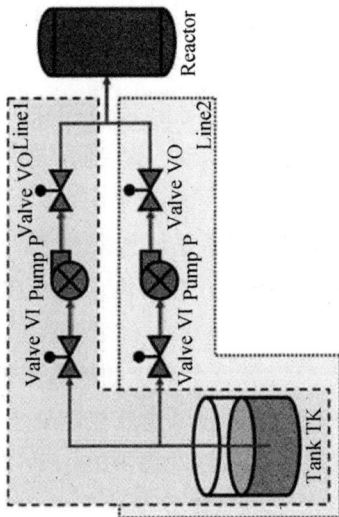

图 8-22 冷凝系统的构造运行图及相应的 AltaRica 3.0 模型

```
class RepairableComponent
  Boolean vsWorking(init=true);
  event evFailure;
  event evRepair;
  transition
    evFailure:vsWorking->vsWorking:=false;
    evRepair:not vsWorking->vsWorking:=true;
end
class Pump
  extends RepairableComponent;
  Boolean vfInFlow,vfOutFlow(reset=false);
  assertion
    vfOutFlow:=if vsWorking then vfInFlow else false;
end
class Valve
  extends RepairableComponent;
  Boolean vfLeftFlow,vfRightFlow(reset=false);
  assertion
    if vsWorking then vfLeftFlow:=vfRightFlow;
end
class Tank
  Boolean vsIsEmpty(init=false);
  Boolean vfOutFlow(reset=true);
  event evGetEmpty;
  transition
    evGetEmpty:not vsIsEmpty->vsIsEmpty:=true;
  assertion
    vfOutFlow:=not vsIsEmpty;
end

block CoolingSystem
  Tank TK;
  block Line1
    embeds TK;
    Valve VI,VO;
    Pump P;
    assertion
      VI.vfLeftFlow:=TK.vfOutFlow;
      P.vfInFlow:=VI.vfRightFlow;
      VO.vfLeftFlow:=P.vfOutFlow;
  end
  block Line2
    embeds TK;
    Valve VI,VO;
    Pump P;
    assertion
      VI.vfLeftFlow:=TK.vfOutFlow;
      P.vfInFlow:=VI.vfRightFlow;
      VO.vfLeftFlow:=P.vfOutFlow;
  end
  block Reactor
    Boolean vfInFlow(reset=false);
    observer Boolean oCooledReactor:=Reactor.vfInFlow;
  end
  event evPumpsCCF;
  transition
    evPumpsCCF:!Line1.P.evFailure & !Line2.P.evFailure;
  assertion
    Reactor.vfInFlow:=Line1.VO.vfRightFlow or Line2.VO.vfRightFlow;
end
```

④以逻辑为纽带的数字样机设计

舰船设计的逻辑是各专业间的高度融合,其专业包括总体、综合保障、作战、系统、动力、电气、装置等,各专业有其对应的逻辑设计与仿真,而 MBSE 设计的任务是将这些设计逻辑整合到一起,从而形成舰船的数字样机。

⑤以孪生为起点的数字装备设计

从数字样机到数字装备设计是舰船装备设计质的跨越,实现了舰船的"静态"到"动态",即完成所谓的数字孪生设计,使舰船具备故障监测、预测与健康管理的功能,能在数字平行世界完成体系对抗作战(包括作战能力、保障能力)。

(2)舰船 MBSE 设计平台的初步架构

前面给出了 MBSE 设计的基本原理,其架构设计应结合舰船设计过程并行开展,遵循舰船设计递进式螺旋上升的设计规律。平台的结构一般包含设计回路、建造回路、试验回路和保障回路。基本模型有 7 类:需求模型、任务模型、行为模型、结构模型、逻辑模型、物理模型和保障模型,如图 8-23 所示。基于 MBSE 的通用质量特性设计应与主装备设计处于同一门户,如图 8-24 所示。

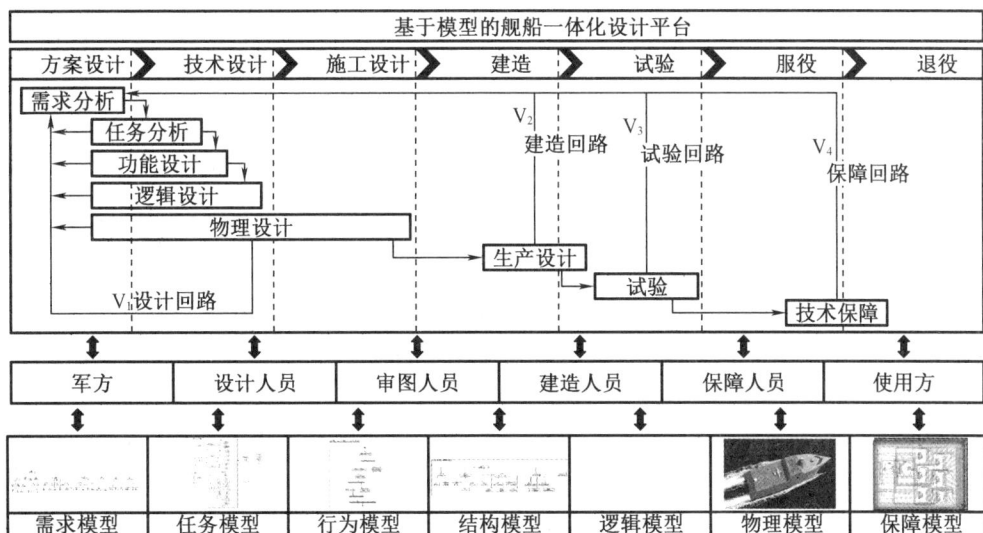

图 8-23　舰船 MBSE 设计架构

2.需求模型

(1)需求建模

需求模型主要源于军方的立项论证报告、研制总要求或研制任务书,将原基于文本的描述转化为基于模型的描述。图 8-25 所示为某无人艇部分需求模型图。

(2)需求追溯

需求追溯是基于模型开发平台提供给需求与设计跟踪的软件工具,模型以矩阵形式表述,给出行为满足需求、结构满足需求的视图。图 8-26 所示为某无人艇装备部分需求追溯图。

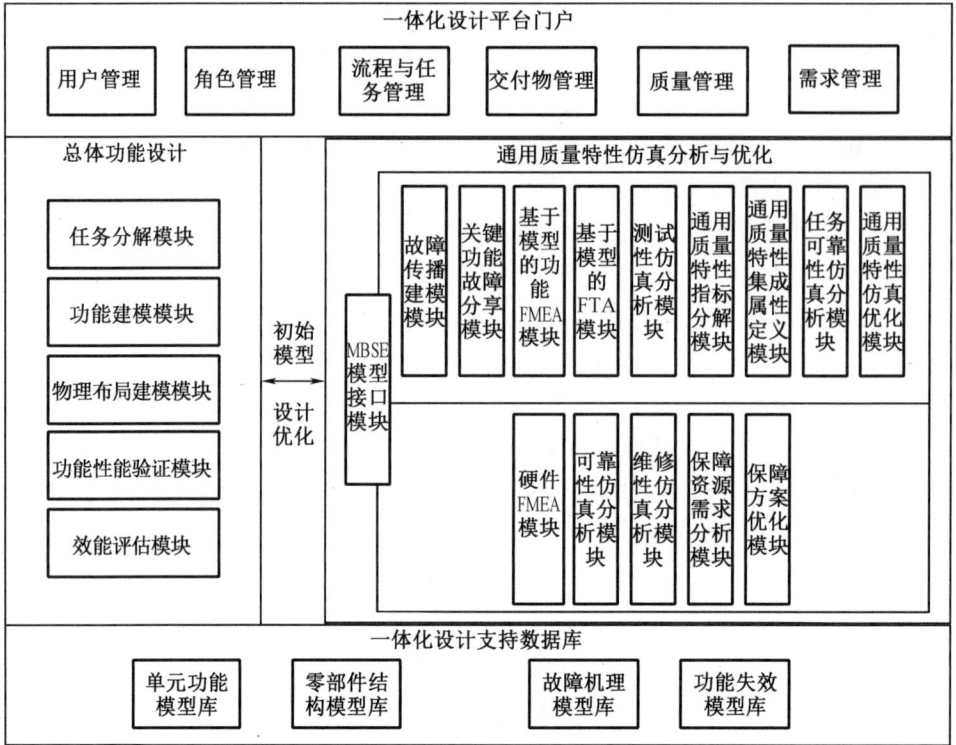

图 8-24　舰船 MBSE 一体化设计门户

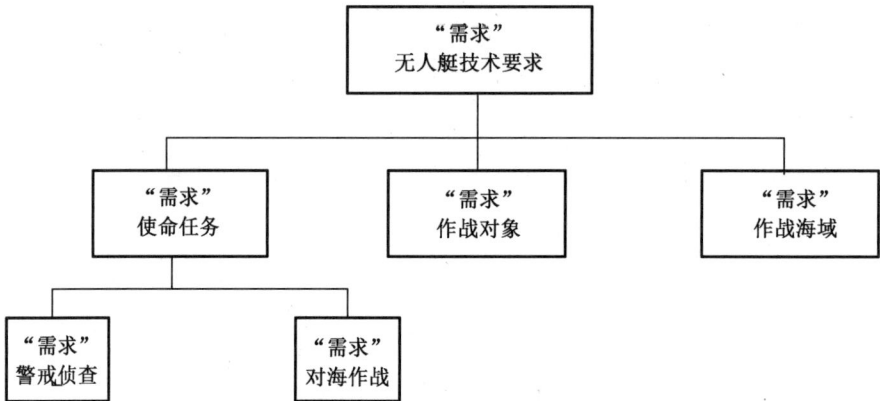

图 8-25　某无人艇部分需求模型

3. 任务模型

任务模型是本书 4.4.3 节使用分析所讲述方法的一种建模结果,也与 8.2.1 节任务可靠性相关联,一般由舰船综合保障专业牵头完成,形成方案设计、技术设计阶段的使用分析报告以及施工设计的部署使用说明书。图 8-27 所示为某舰任务模型的部分截图。

4. 行为模型

行为模型用于描述舰船任务活动的分解,同时也用于装备故障传递的活动分解。图 8-28、图 8-29 所示为某舰作战活动图及其行为仿真。

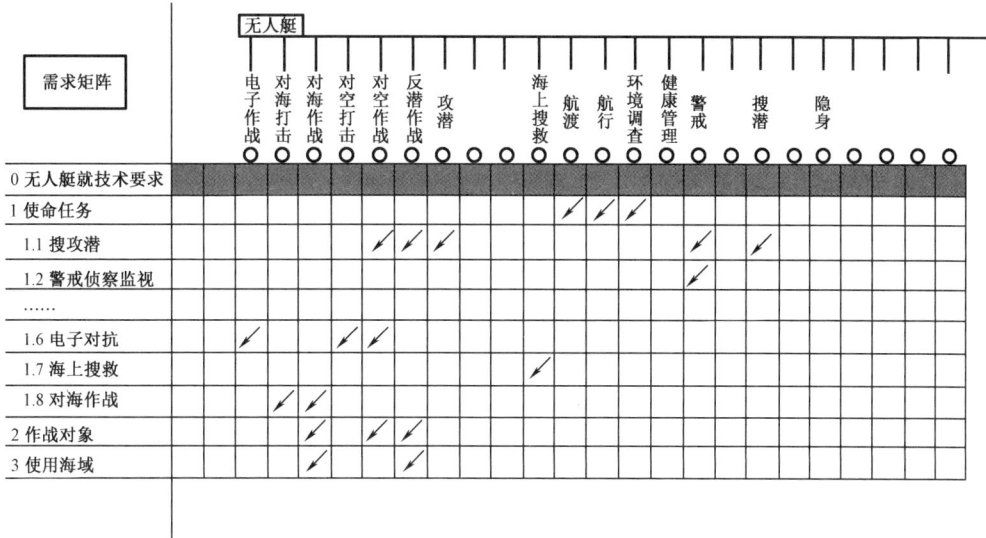

图 8-26 某无人艇装备部分需求追溯图

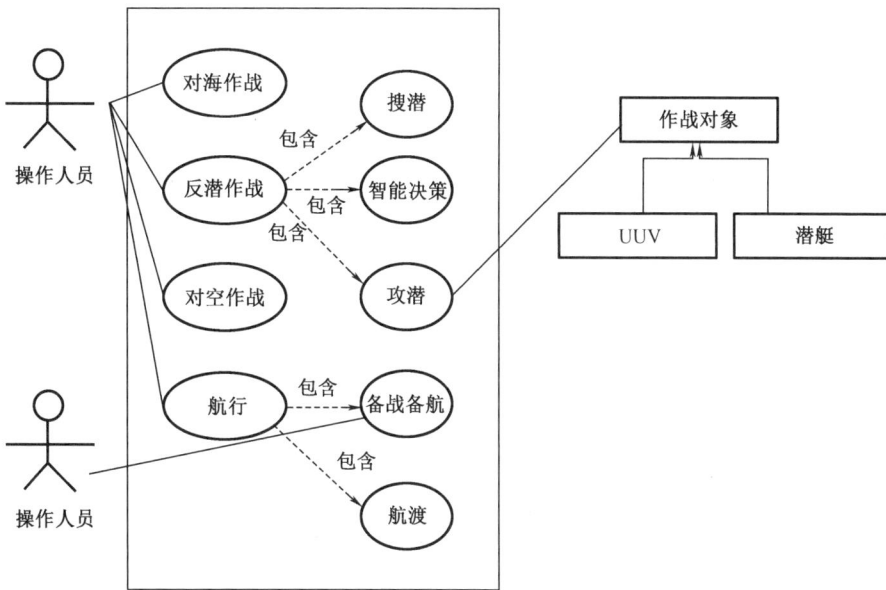

图 8-27 某舰任务模型的部分截图

5. 结构模型

结构模型主要用于回答需求模型中对装备构成描述的细化分解。图 8-30 为某无人艇的部分结构模型图示例。

6. 逻辑模型

逻辑模型是舰船设计中各专业积累的各种计算程序和仿真模型,如稳性计算、强度计算、短路电流计算、空调通风计算、安全射界计算、RMS 仿真、原理图等。

7. 物理模型

物理模型是舰船构型、装备布置、电缆及管路走向等实际定位图。

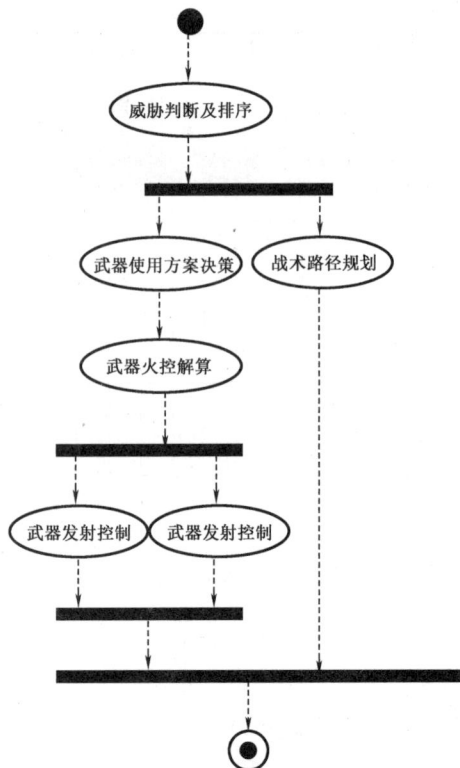

图 8-28　某舰作战活动图

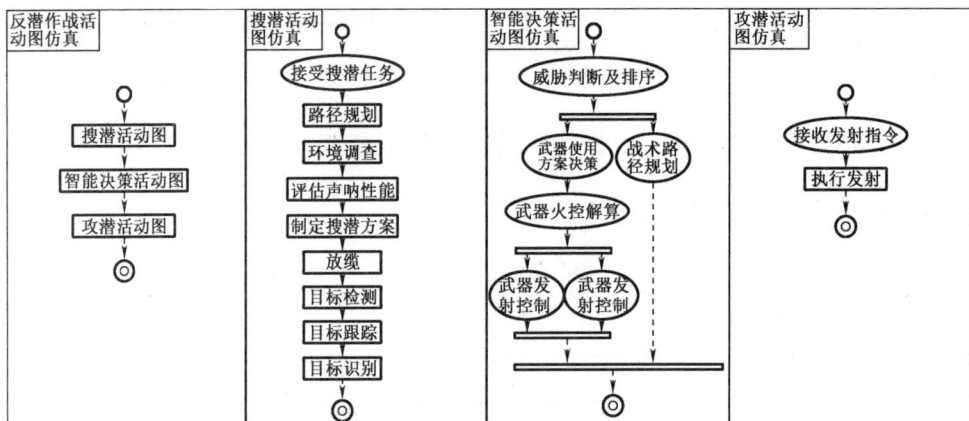

图 8-29　某舰作战活动图行为仿真

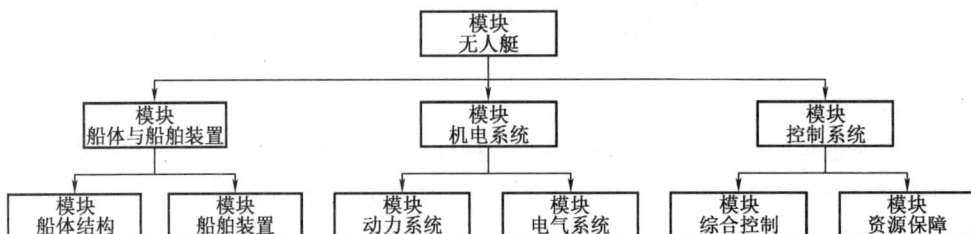

图 8-30　某无人艇结构组成示例

8. 保障模型

保障模型是数字样机设计向数字装备设计转化的重要支撑模型,是数字化设计中产生数字孪生模型的重要抓手,反映了舰船装备从静态设计到动态设计的根本转化。根据文献[71],给出了系统工程发展演变中,数字孪生包含的保障的各方面需求,如图 8-31 所示。从面向用户的技术保障、面向通用质量特性的设计及面向综合保障系统的设计三个方面可以刻画出保障模型,如图 8-32 所示。舰船保障模型的核心是构建舰船数字孪生,而本书9.2 节"装备故障预测与健康管理"、10.2 节"状态监测技术"则是其基础。

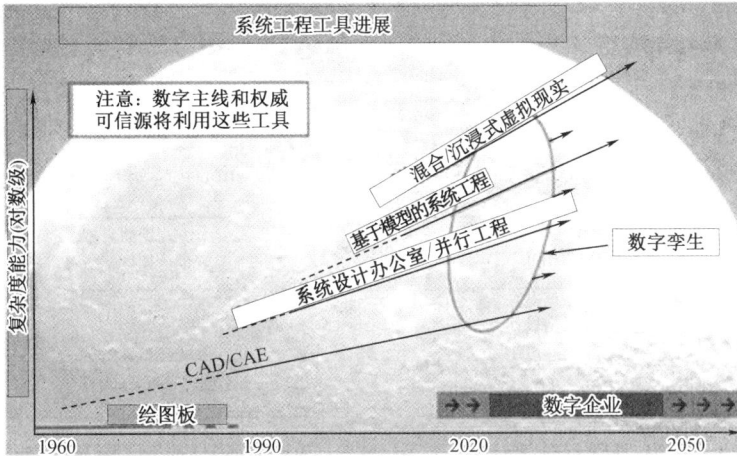

图 8-31　系统工程演变图

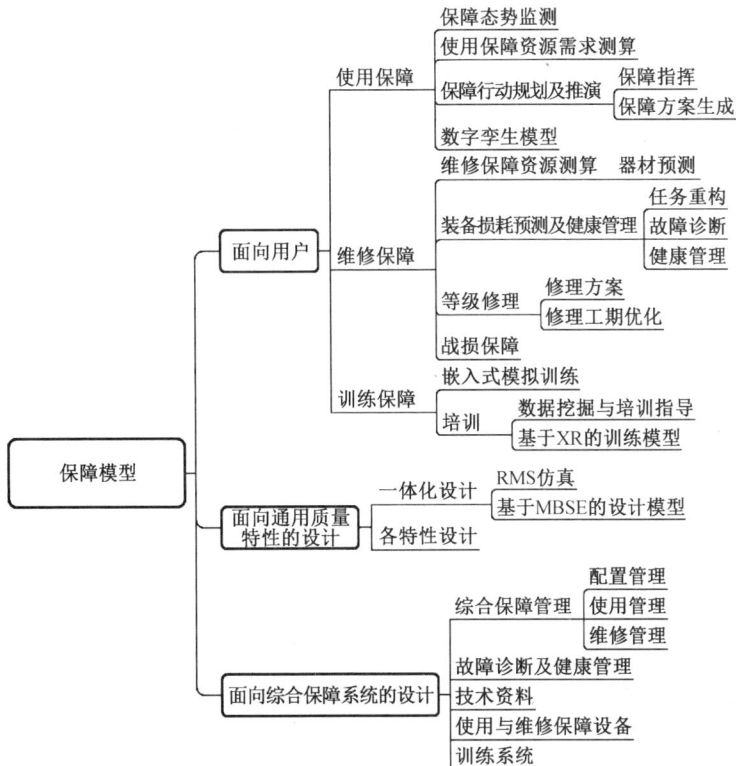

图 8-32　保障模型分类

8.3.3　舰船装备通用质量特性一体化设计方法

本节主要以文献[72]为参考,在舰船行业实现基于MBSE的通用质量特性设计。

1.通用质量特性建模的工作界面

在主装备专业开展需求分析、架构设计的同时,通用质量特性建模专业(灰色框部分归口)需开展任务分析、功能分析、RMS仿真、故障消减行为分析,以及设计冗余、重构、保障措施等设计,如图8-33所示。

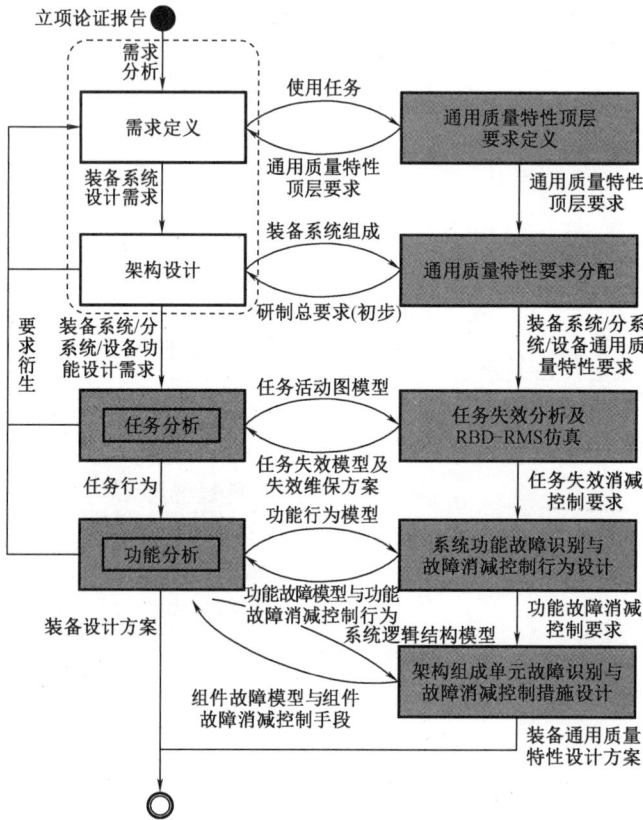

图8-33　通用质量特性建模与主装备建模的工作关系

2.通用质量特性建模生成的基本原理

(1)模型转换

基于以上构建好的装备系统任务模型以及XML技术,实现系统模型的映射转换,实现系统结构组成、系统逻辑交互连线、交互接口、系统功能活动等要素的映射转换,转换生成通用质量特性故障传递模型。

(2)生成原理

在模型转换基础上针对系统模型中的每个系统模块开展局部故障传递关系建模。整体建模采用图形化的建模方法,将功能/组件输入、功能/组件自身失效与功能/组件输出失效通过逻辑门(与、或、非、选择、表决等)进行逻辑组合,实现完整失效传递行为的构建,如图8-34所示。

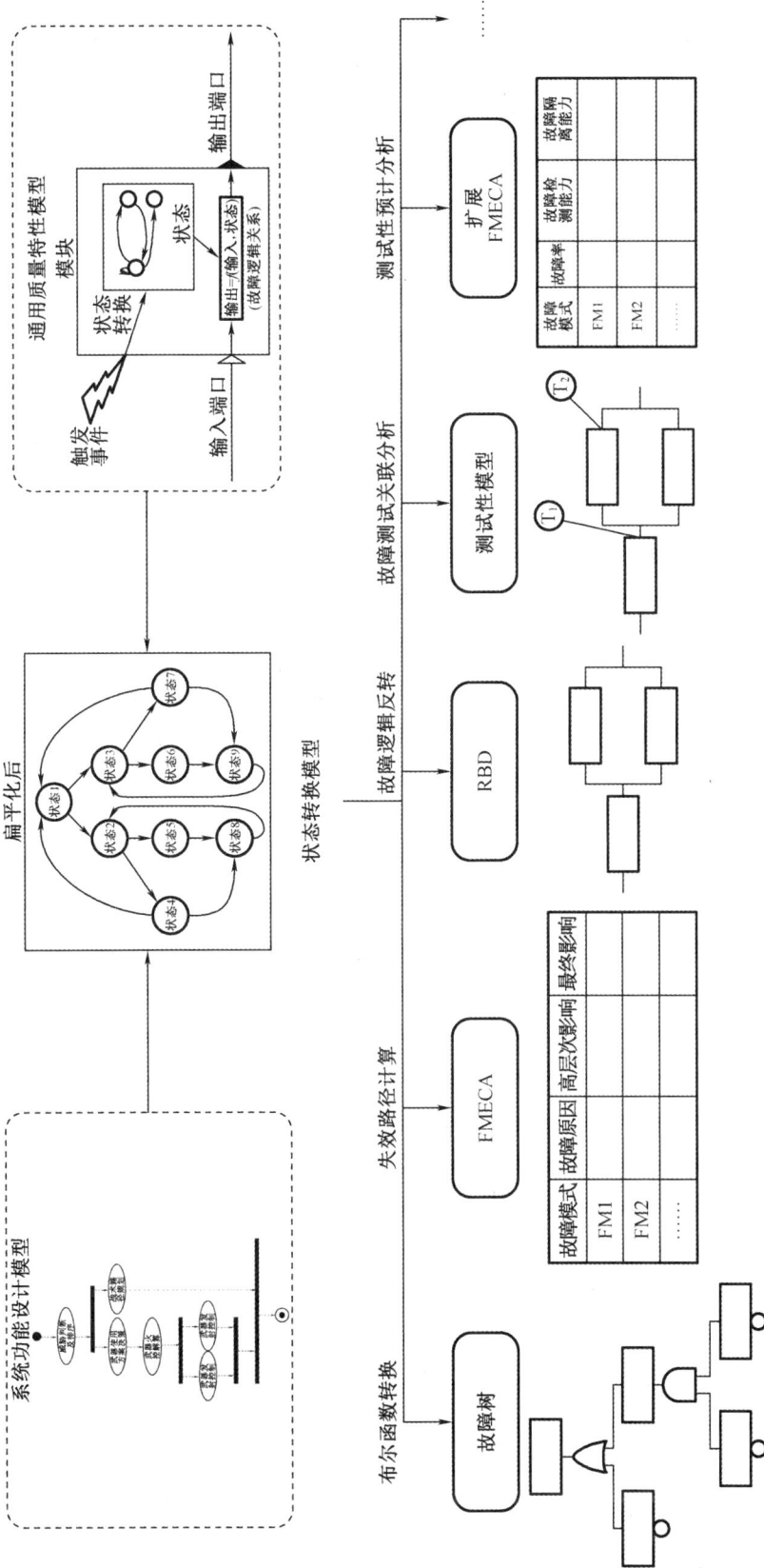

图 8-34　通用质量特性模型生成基本原理

3.基于模型的舰船可靠性、安全性设计建模

（1）故障树生成

基于模型的故障树生成是基于 AltaRica 3.0 的平展化 GTS 模型框架下完成的，也是自动生成可靠性设计成果——功能 FMECA 报告、硬件 FMECA 报告、RBD（可靠性框图）的基础。基于模型的故障树自动生成基本原理总体分为 5 步，如图 8-35 所示。

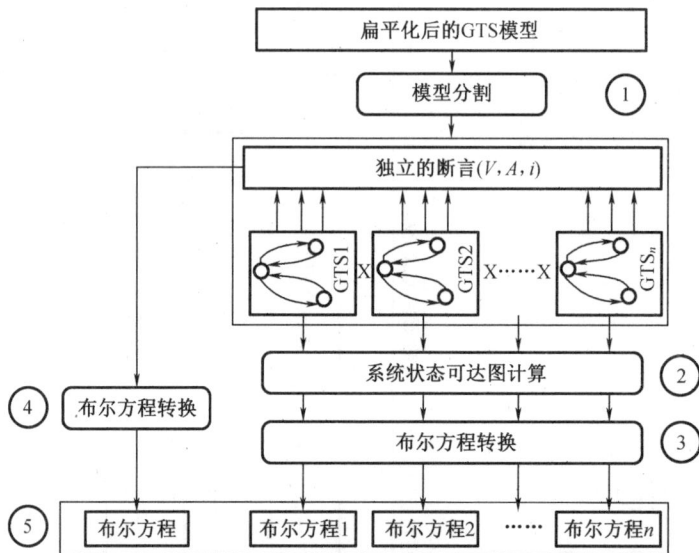

图 8-35　基于模型的故障树自动生成技术

①将完整系统扁平化后的状态转换模型（GTS 模型）分割成一组独立的 GTS 模型（各 GTS 模型内的状态转换没有关联，相互独立）和一个独立的断言（相互独立的判定条件为两个 GTS 模型中包含的变量集合交集为空，$V_{GTS1} \cap V_{GTS2} = \varnothing$）。通常系统模型中的组件模块之间是以相对独立的方式发生故障的，这种情况可以进行分割。而对于两个组件模块状态相互影响的情况（比如冗余设备），两个模块的 GTS 模型合并为一个分区。

②计算各独立 GTS 模型的可达图。可达图是一种类似于马尔可夫模型的视图，表征了前一状态在触发事件发生后可到达的另一状态节点。基于 GTS 模型可计算出系统在任意事件发生后所处的状态。

③将每个可达图分别转换成布尔方程。可达图中描述了各状态之间的转换路径，从初始状态出发搜索所有可到达故障状态的路径，即对应着故障发生的所有可能情况，为后续生成完整故障树提供可能。每条路径上发生的所有事件之间满足"与"关系，不同路径之间互为"或"关系，按此规则可将可达图中任意状态转换成布尔方程。

④将独立的断言转换成布尔方程。断言本质上是一种变量之间的强关联关系，表征了后一变量与前一变量（或一组变量）之间的逻辑关系。

⑤针对所要分析的故障树事件，依据断言转换生成布尔方程所表征的逻辑关系，将各 GTS 分区可达图转换生成的布尔方程组合成完整的布尔方程，然后按照"与"关系转换成"与"逻辑门，"或"关系转换成"或"逻辑门，"相等"关系转换成"与"逻辑门的规则，将布尔函数编译转换成最终的完整故障树。

利用以上原理，使用工业和信息化部电子第五研究所的 SEMRIE 软件完成了某操舵仪

航向控制指令无输出的故障树,部分截图如图 8-36 所示。

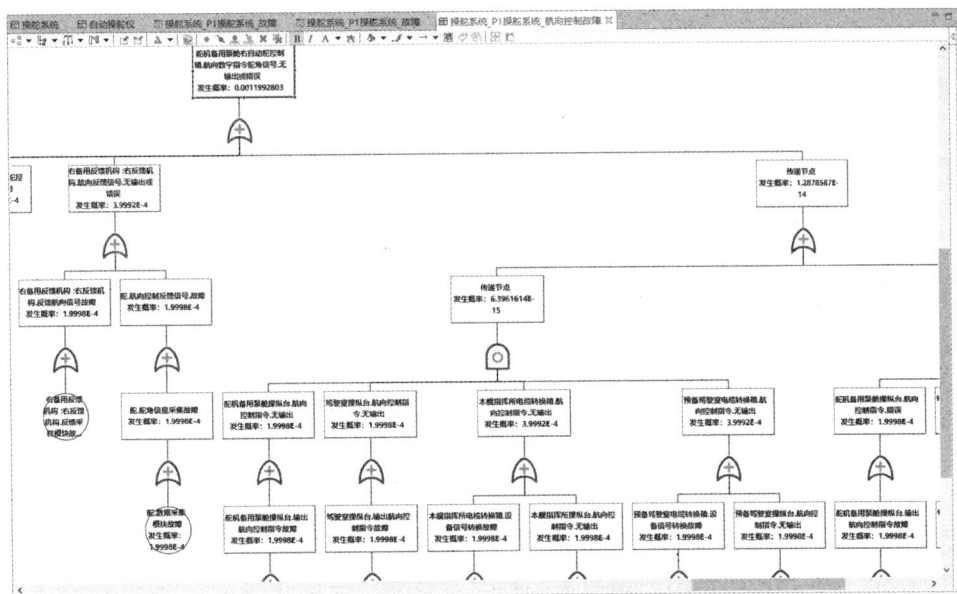

图 8-36　某操舵仪航向控制指令无输出

(2)功能 FMECA 生成

功能 FMECA 分析主要开展于功能分析阶段。该阶段根据功能分析结果,获取装备系统应具备的功能活动、功能活动之间的层次关系、功能活动之间的逻辑交互关系及任务与功能活动之间的调用关系等信息作为输入,开展故障分析与建模,构建了完整的功能故障及功能故障之间的传递影响关系,基于这些模型信息,即可自动化生成装备系统的功能FMECA 结果。生成流程如图 8-37 所示。

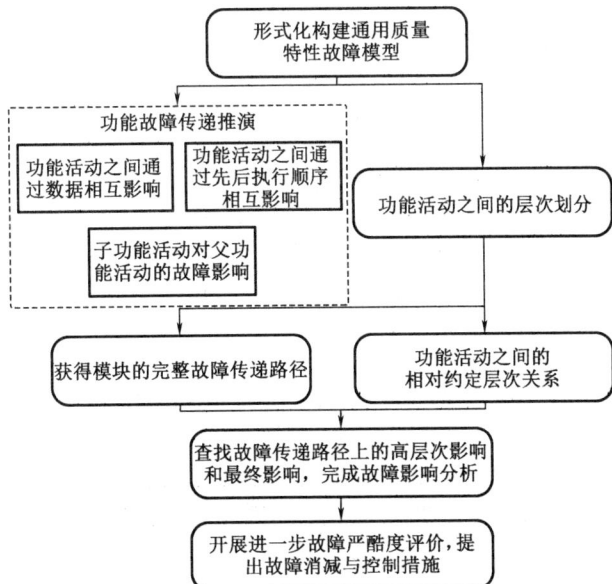

图 8-37　基于模型的功能 FMECA 生成流程

根据以上流程,结合构建的某系统通用质量特性模型,基于功能故障及功能故障之间的传递影响关系,自动生成某系统的功能 FMECA。某系统的功能 FMECA 如图 8-38 所示。

	功能	故障模式	失效率	局部影响	高一层次影响	最终影响
信号处理器	处理数字信号运算（信号综合）	过流失效	1.0E-6	信号综合失效	机械运转输出失效	飞机姿态变化失效
信号处理器	处理数字信号运算（信号综合）	过压失效	1.0E-6	信号综合失效	机械运转输出失效	飞机姿态变化失效
信号处理器	处理数字信号运算（信号综合）	过温失效	1.0E-6	信号综合失效	机械运转输出失效	飞机姿态变化失效
霍尔传感器	采集速度信号	短路	1.0E-6	速度信号采集失效	机械运转输出失效	飞机姿态变化失效
霍尔传感器	采集速度信号	开路	1.0E-6	速度信号采集失效	机械运转输出失效	飞机姿态变化失效
三闭环反馈回路	根据传感器采集的信号反馈,向具体执行组件发送控制信号	引线故障	2.04E-7	控制信号输出失效	机械运转输出失效	飞机姿态变化失效
三闭环反馈回路	根据传感器采集的信号反馈,向具体执行组件发送控制信号	功能失效	6.36E-7	控制信号输出失效	机械运转输出失效	飞机姿态变化失效
三闭环反馈回路	根据传感器采集的信号反馈,向具体执行组件发送控制信号	偶然失效	1.14E-7	控制信号输出失效	机械运转输出失效	飞机姿态变化失效
三闭环反馈回路	根据传感器采集的信号反馈,向具体执行组件发送控制信号	开路	1.248E-6	控制信号输出失效	机械运转输出失效	飞机姿态变化失效
三闭环反馈回路	根据传感器采集的信号反馈,向具体执行组件发送控制信号	参数超差	1.704E-6	控制信号输出失效	机械运转输出失效	飞机姿态变化失效
三闭环反馈回路	根据传感器采集的信号反馈,向具体执行组件发送控制信号	短路	2.094E-6	控制信号输出失效	机械运转输出失效	飞机姿态变化失效
直流电源	向其他设备供电	开路	1.0E-6	供电输出失效	机械运转输出失效	飞机姿态变化失效
直流电源	向其他设备供电	开路	1.0E-6	供电输出失效	机械运转输出失效	飞机姿态变化失效
直流电源	向其他设备供电	短路	1.0E-6	供电输出失效	机械运转输出失效	飞机姿态变化失效

图 8-38　基于模型自动生成某系统的功能 FMECA 示例

（3）硬件 FMECA 生成

待完成功能分析及相应的功能故障分析后,设计转入架构设计阶段,该阶段会针对所需实现的功能设计相应的系统架构组成。针对系统架构组成开展相应的故障分析与建模后,即可基于模型自动生成装备系统的硬件 FMECA 结果。基于模型的自动硬件 FMECA 生成流程如图 8-39 所示。

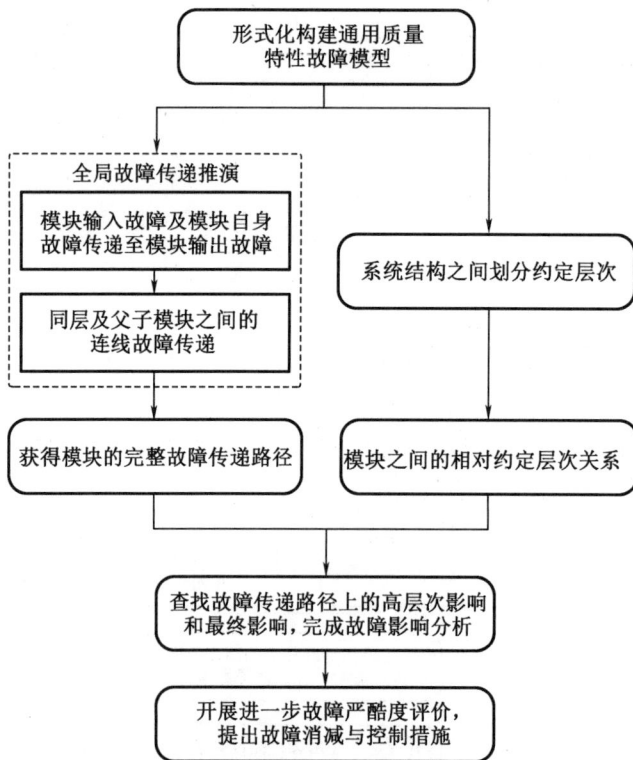

图 8-39　基于模型的自动硬件 FMECA 生成流程

（4）可靠性框图生成

在自动生成的故障树基础上可生成系统的任务可靠性框图模型,总体分析步骤如图 8-40 所示,共分为以下五步:

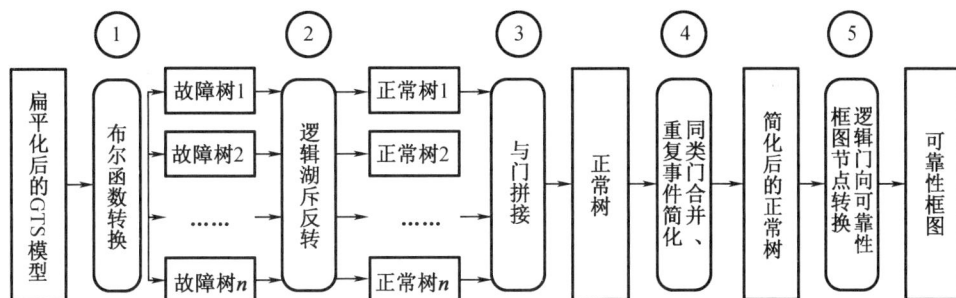

图 8-40　基于模型的可靠性框图自动生成技术

①基于扁平化后的状态转换模型(GTS 模型),自动生成系统某一功能输出所有故障模式的故障树 $\{\mathrm{FTA}_1, \mathrm{FTA}_2, \cdots, \mathrm{FTA}_n\}$;

②根据故障树与可靠性框图之间所满足的互斥关系,将所有故障树进行逻辑反转,生成相应的正常树;

③将所有逻辑反转后的正常树通过"与"门拼接,形成完整正常树;

④对正常树进行同类门合并及重复事件简化,以便自动生成 RBD 框图最简化,便于后续的分析计算,且与实际系统逻辑组成更加贴近;

⑤将正常树中的各模块正常状态事件节点转换成可靠性框图中的节点,正常树中的逻辑门转换成可靠性框图中的可靠性逻辑节点,形成系统的任务可靠性框图。

根据以上步骤,结合构建的操舵系统通用质量特性模型,在自动生成故障树的基础上,经过故障逻辑到正常逻辑的翻转,自动生成操舵系统的可靠性框图。操舵系统的部分可靠性框图如图 8-41 所示。

图 8-41　基于模型的自动生成操舵系统可靠性部分框图

4. 基于模型的舰船测试性设计建模

基于前面的结构模型、功能活动模型、故障传递模型等进行测试性建模,生成测试性基础模型后,再由其他测试性建模工具加入测试点信息,即可完成测试性建模工作,如图 8-42 所示。

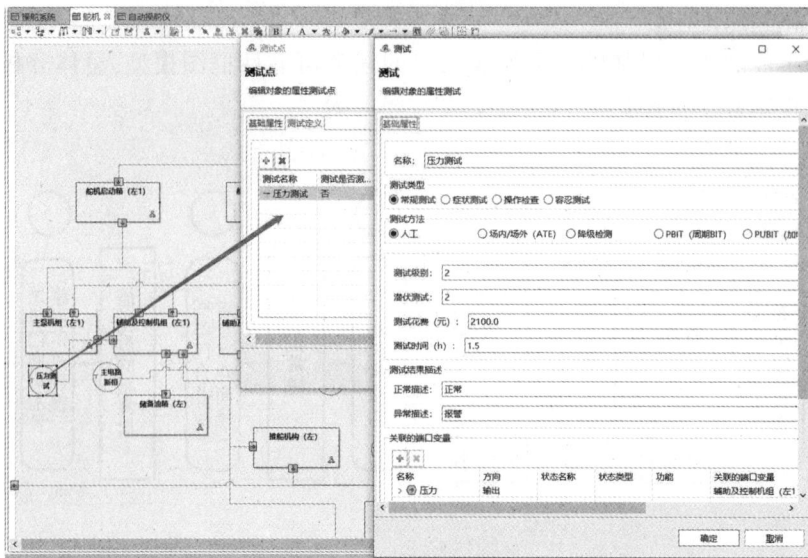

图 8-42　测试性建模

5. 基于模型的舰船维修性、保障性设计建模

基于硬件故障建模以及硬件 FMEA 分析结果衍生的故障消减控制措施,针对各硬件故障的故障原因事件,完善分析出各硬件故障对应的维修工作项目,通过故障状态转换视图完整描述硬件"正常工作→故障原因事件触发→硬件故障→维修→正常工作"的状态闭环,如图 8-43 所示。本通用建模主要输出维修项目,其他工作交由维修性设计、保障性分析平台完成。

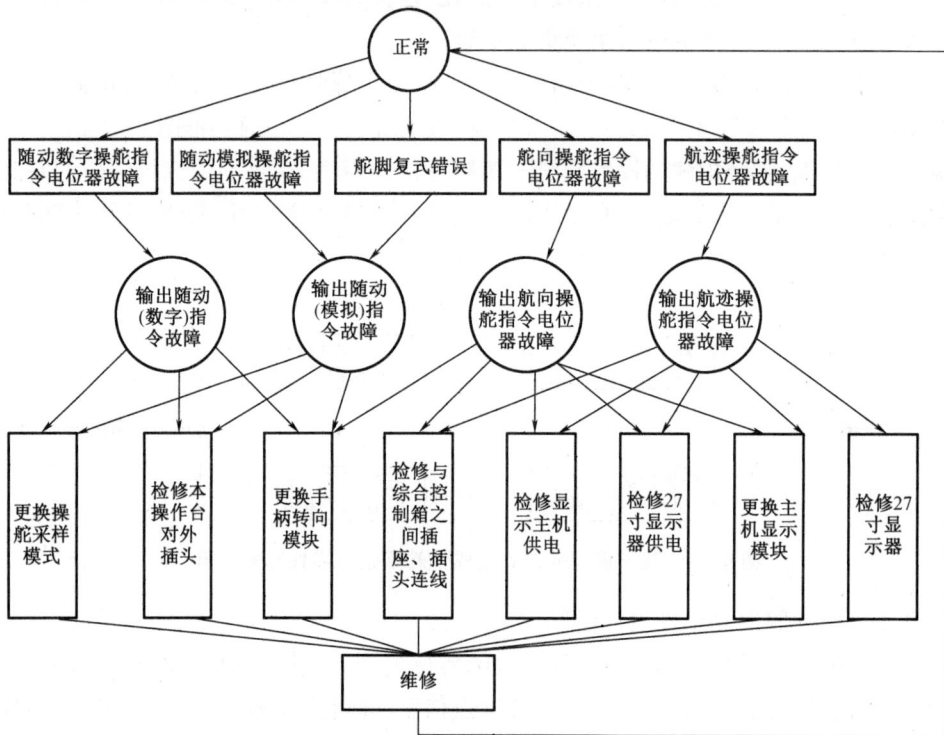

图 8-43　基于故障状态转换视图分析维修工作项目

第9章 综合保障系统设计

9.1 综合保障系统顶层设计

9.1.1 内涵

我国著名科学家钱学森将系统定义为:"系统是由相互作用和相互依赖的若干组成部分结合成的,具有特定功能的有机整体,其又是更大系统的组成部分。"由此,可给出舰船综合保障系统的定义,它是指使用和维修所需的所有保障资源及其管理的有机组合,是为达到综合保障目标使所需保障资源相互关联、相互协调而形成的一个系统。舰船综合保障系统要素如图9-1所示。

9.1.2 设计原理

从 GJB 3872 对综合保障的定义可以看出,综合保障涉及装备全寿命周期,包括保障特性设计、保障资源设计以及技术保障工作,即所谓的舰船综合保障工程,如图9-2所示。保障特性设计以通用质量特性设计为依托,将设计结果物化到综合保障系统研制,最后服务于交舰后的技术保障。在这一过程中,三者相辅相成,其中综合保障系统研制是反映通用质量特性设计与技术保障的桥梁,其重要意义显而易见,系统级别与舰上动力系统、电力系统和作战系统等同级。通用质量特性的设计结果物化过程体现了综合保障系统的设计原理。可靠性的设计除了定性设计、定量设计外,还应关注系统故障后的重构设计,其设计结果由装备故障诊断及健康管理承载;维修性设计中的战场抢修分析设计物化结果集成到使用与维修支援系统中;保障性设计为综合保障管理设备、技术资料系统、使用与维修支援系统等提供输入;测试性设计直接为装备故障诊断及健康管理提供诊断代码;安全性设计、环境适应性设计形成的硬件装备可纳入使用与维修支援系统研制中。

9.1.3 组成

根据综合保障设计原理剖析,舰船综合保障系统主要包括装备故障预测与健康管理系统、综合保障管理系统、技术资料系统、装备使用与维修支援系统、装备使用与维修训练系统。

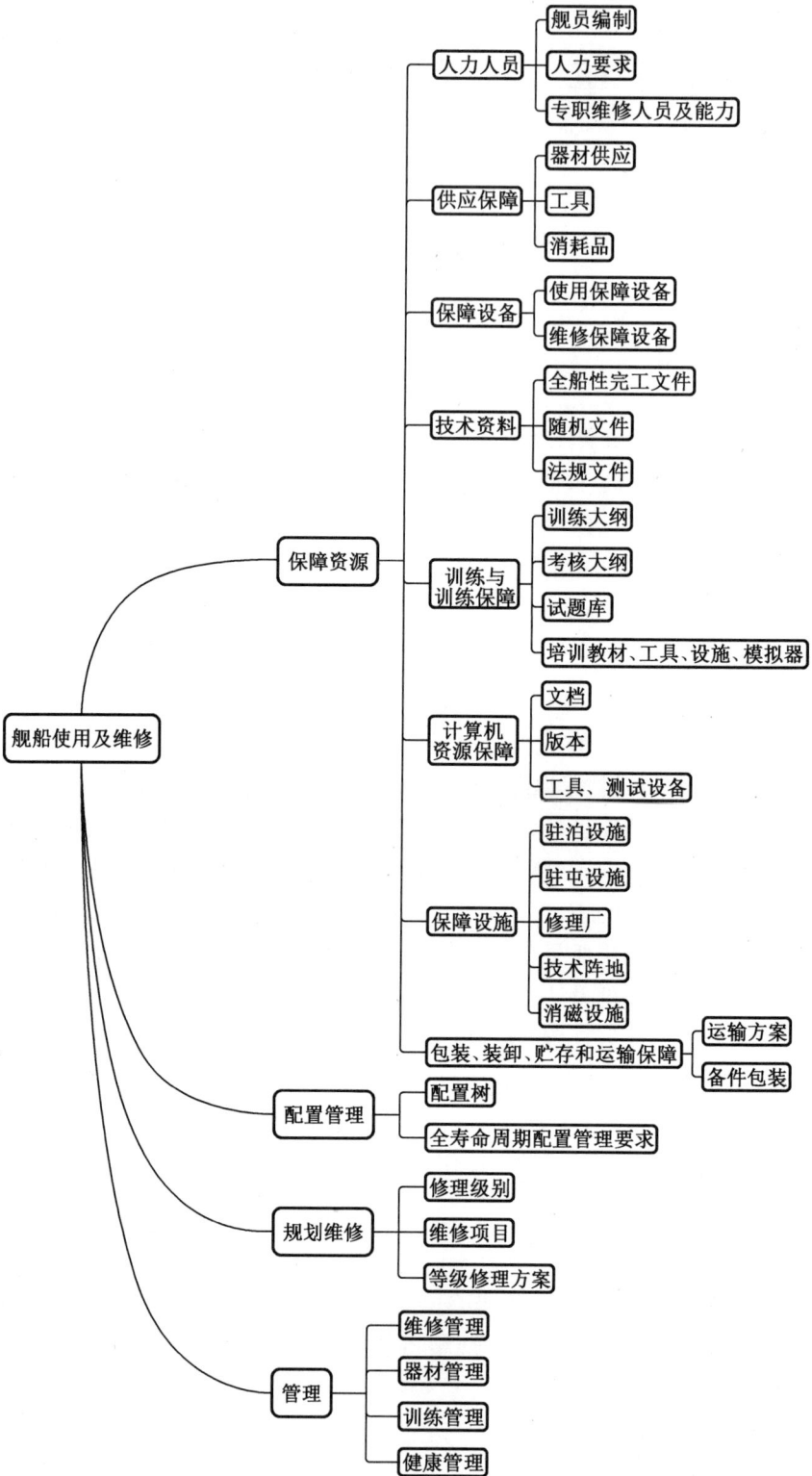

图 9-1　舰船综合保障系统要素

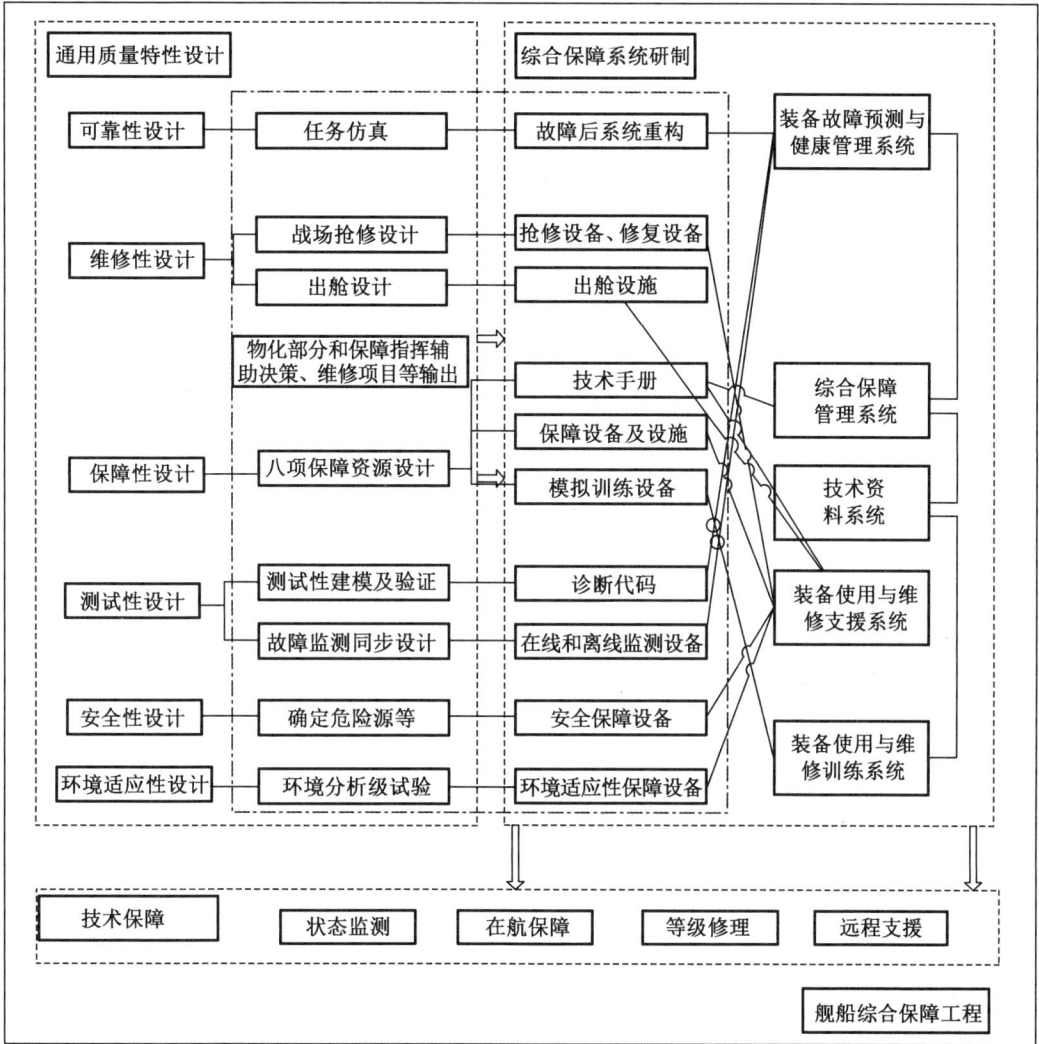

图 9-2　舰船综合保障工程

9.1.4　主要功能

综合保障系统的主要功能有：

(1)为舰上系统/设备的正常使用提供使用技术资料、各类工具与消耗品；

(2)为舰上系统/设备的维修提供维修技术资料、维修设备、工具及备品备件；

(3)集成规划舰载训练资源,为舰上训练部门提供训练决策管理的统一平台；

(4)根据舰上主要系统或设备的性能或运行状况,以及保障资源的状态,提供保障资源补给、装备预防性维修计划、修复性维修以及基于状态维修安排等辅助决策建议；

(5)为舰船执行任务提高重构辅助决策。

9.2 装备故障预测与健康管理系统

9.2.1 概述

1. 重要意义

舰船装备系统结构日趋复杂,设备类型众多,任何一台主要设备发生故障,都可能造成系统功能降低或丧失,影响装备任务遂行,削弱装备战斗力,甚至导致灾难性事故。因此,如何减少舰船事故发生率,及时采取措施防止灾难性事故的发生,降低维修成本,提高海军远洋任务的执行与维修保障能力,研制舰船装备故障预测与健康管理系统(prognostics and health managment,PHM)是当前迫切需要解决的问题,其重要性不亚于舰船上的动力系统、电力系统、作战系统等。

(1)是精准掌握装备状态,支撑作战决策的需要

未来战争更加强调信息主导作用,对装备技术状态的全面、实时、精确管控成为战斗力生成关键要素。故障预测与健康管理系统能够确保各级指挥员和决策机关对装备状态精准掌握;实现装备状态信息由定性到定量掌控,由人工到自动流转,涵盖不同层次的技术状态,从单一装备到系统、全舰乃至编队技术状态。面向信息化条件下的海上联合作战,可大幅降低战区作战的装备需求响应时间,支撑快速部署装备,根据装备状态制定合理的使用方案。

(2)是高效管控维修保障活动,提升舰船自主保障能力的需要

舰船遂行远海任务长、航程远、强度高,远离岸基保障,技术状态的保持主要依赖舰员。舰员既要实现装备的操控,又要实时关心装备状态以及面向异常或故障事件的快速处理,舰员级维修保障能力亟须提升。

故障预测与健康管理系统能够提升舰员级维修保障、支撑科学使用装备。开展舰船装备故障预测与健康管理技术应用,采集装备运行实时数据,实现状态数据的在线监控和定量分析,识别装备性能退化趋势,识别潜在故障并预警、快速处理异常事件,避免装备意外停机或影响任务执行的事件发生,实现装备的"近零"故障运行;根据不同任务及环境条件,为舰员主动提供装备最优使用方案,指导舰员正确操作使用,实现"无忧"使用。

(3)是推动维修模式转变,实现装备视情维修的需要

不同舰船全寿命周期内的使用环境、使用任务、使用人员、建造水平等存在差异。在制定修理规划、计划时无法充分利用数据支撑制定个性化的修理方案,难以避免地造成装备"过维修"与"失修"现象并存。

通过掌握舰船全寿命周期内的有效数据,分析舰船的个性化信息,制定具备针对性的修理方案,合理确定舰船修理间隔、维修级别和工程范围,既避免了人力和物力资源的浪费,也降低了维护维修费用,同时会使舰船全寿命周期内有效在航时间缩短,提升装备可用率。

另外,通过建设故障预测与健康管理系统,全面精准掌控舰船装备由单装到整舰的实时技术状态,获取装备状态变化规律,以量化数据为依据,实现基于状态的维修,为后期进

行定寿延寿提供支撑。

（4）是构建临境式保障指挥环境，实现精确敏捷保障的需要

随着舰船执行远海任务的强度增加，应激式、响应式保障模式已难以匹配越来越高的作战要求。通过故障预测与健康管理系统构建预测型装备保障模式，转变保障思想，由被动保障转变为主动保障，成为保证克敌制胜的关键环节。

在已具备较好信息化水平的维修保障类功能系统的基础上，通过故障预测与健康管理系统进行牵引应用，集成已有功能系统的作用。故障预测与健康管理系统收集使用、维修、环境、舰员操作等信息，从中分析出与保障相关的信息、知识作为功能系统的输入，根据不同任务背景预测资源需求，各类功能系统统筹舰船携带、近岸基地、海外保障点等保障渠道，实现保障资源的预筹预置，形成完整的预测型保障工作流。另外，利用大数据分析方法为科学开展装备保障配套建设提供需求及建设建议，达成精确、高效的保障。

（5）是装备信息全寿命周期管理，装备持续改进与优化的需要

装备全寿命周期内的核心要素是数据，从数据中可以分析出满足装备使用、维护维修、保障等多类工作需求的信息、知识，为具体工作提供客观科学的支撑。

2. 国外舰船装备故障预测与健康管理现状

（1）舰船综合状态评估系统 ICAS

美国海军 20 世纪 90 年代提出了"智能舰"计划，舰船综合状态评估系统 ICAS 是该计划之一。结合远程监测技术，监控和评估舰上的机电设备运行状态，诊断设备的异常行为，预测设备运行趋势和剩余寿命，为操作和维修人员提供决策支持信息和维修建议等，目前美国海军在 100 多艘水面舰船上安装了 ICAS 系统，其中包括 DDG 51 级驱逐舰、"尼米兹"级核动力航母、CG 47 级巡洋舰、"佩里"级护卫舰、两栖舰、猎/扫雷艇等舰船。ICAS 组成如图 9-3 所示。主要包括如下：

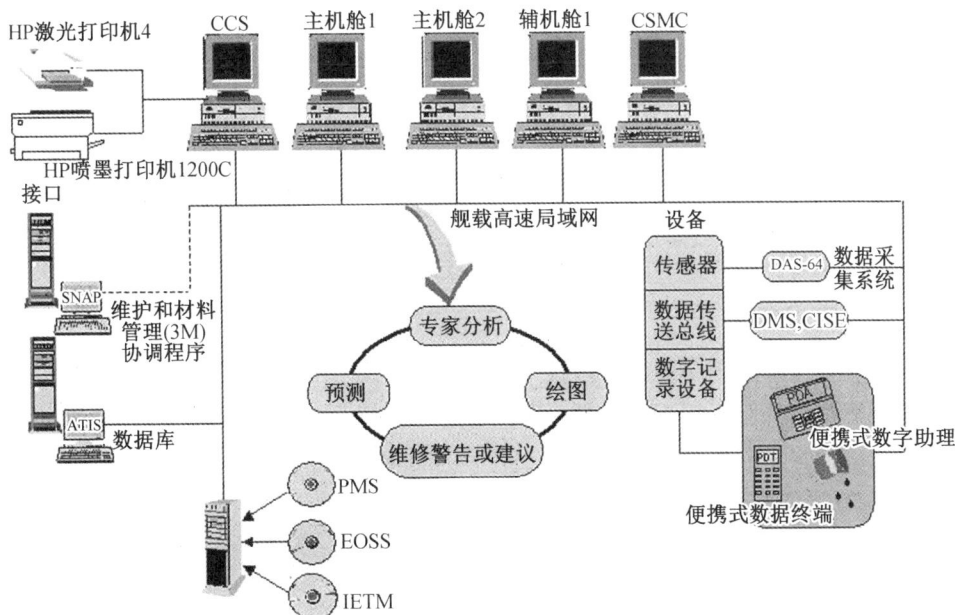

图 9-3　ICAS 组成

①工作站

包括 5 个工作站,其中 1 号主机舱、2 号主机舱、1 号辅机舱、作战系统维护中心(CSMC)、控制中心(CCS)各拥有一个工作站,它们之间通过舰载光纤高速局域网相连接。每个工作站都拥有一个配置数据存储器(CDS),CDS 存储有与舰上系统配置相关的工程技术信息(如设备、传感器、警报、专家系统、趋势、事件、记录表、扫描组等),可将 ICAS 采集到的各种机械性能数据转化为有价值的"知识"。ICAS 利用 CDS 提供的"知识"来开展对实时监控数据的评估、预测和整合活动,并以此为基础支持 CBM 作业。

②数据采集系统

ICAS 主要通过分布在舰船动力系统以及船体、机械和电子系统的数据采集器来采集各设备的状态数据,并以此为基础实施状态监控。ICAS 的数据采集系统由便携式离线数据采集器和集成于设备控制系统局域网并获取实时数据的数据采集装置组成。

③维修工程数据服务系统(MELS)数据库

ICAS 采集到的数据会存储在一个 MELS 中。MELS 是一个通用型的检索数据库,随着 ICAS 的持续运行会积累越来越多的数据,可以支持舰员完成相关的统计分析,以便其更好地了解舰上设备的运行操作情况,更好地认知和把握设备的故障率、故障原因等要素,进而对设备状态做出更科学的判断和预测,指导设备的维修周期调整、设计更改、操作规程优化等活动,减少维修需求。

④基于规则的专家系统

该专家系统具有两种功能:一是持续地分析实时的设备监控数据;二是自动生成维修建议。设备状态分析和故障诊断是基于专家系统内建的故障模型来展开的,提醒设备操作人员诊断故障并开始修理过程。基于对历史(MELS 的存储数据)/实时监控数据的对比与分析,ICAS 还可以借助专家系统来预测机械系统何时会出现性能下降的情况并提前对操作人员发出警告,同时提供维修建议。

(2)战备状态测试系统(ORTS)

ORTS 以测试性设计、故障诊断技术为基础,为美军"宙斯盾"舰船作战系统的状态检测、状态影响评价、故障处置、维修建议提供指导,也是舰船战备状态控制系统的核心环节。ORTS 作为"宙斯盾"舰船作战系统的重要组成部分,其组成如图 9-4 所示,主要包括测试监控中心(TMC)、数据采集变换器、辅助终端、远程数据终端、ORTS 软件和数据库等。

9.2.2 主要任务

1. 舰船装备故障预测与健康管理技术是对装备使用、维修和训练辅助决策的支撑

装备故障预测与健康管理技术是指利用传感器采集系统的各种数据信息,借助各种智能推理算法(物理模型、神经网络、数据融合、模糊逻辑、专家系统等)来评估装备自身的运行健康状态,在系统故障发生前对其进行预测,并结合各种可利用的资源信息提供一系列维修管理措施。在此基础上,形成装备的使用与维修知识,为舰员的训练提供基础。主要包含三个方面内容:

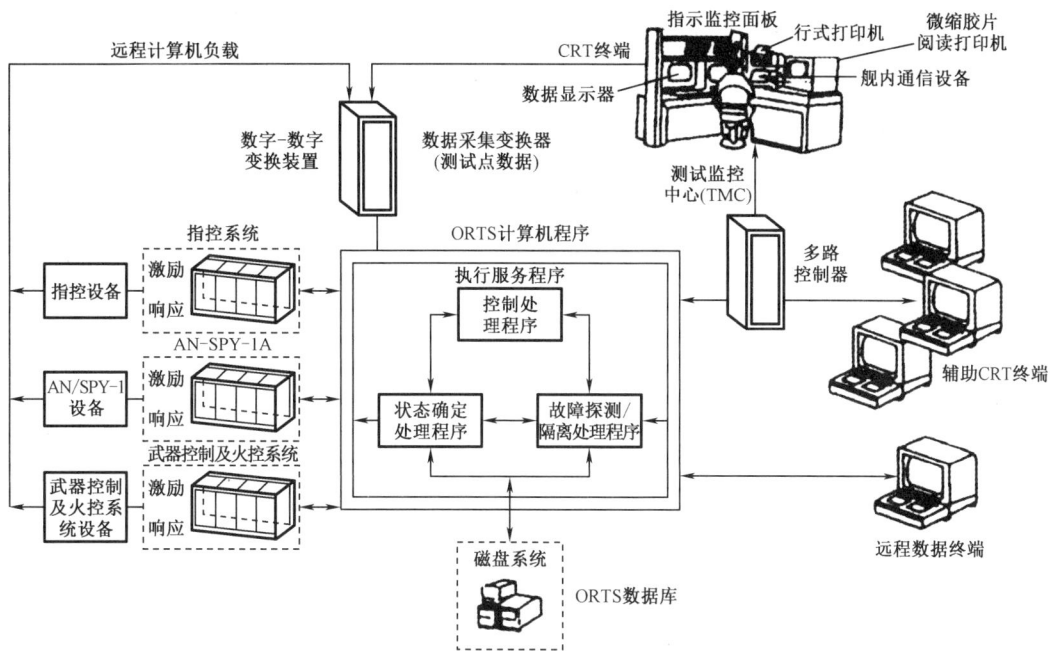

图 9-4 ORTS 组成

一是对当前运行性能状态进行健康评估,评价管理对象完成其功能的程度,如果出现性能衰退,则诊断可能发生故障的子系统或部件,从而对影响舰船任务的完成提出评估和建议;

二是对未来一段时间的运行性能状态进行健康预测,推断可能发生性能衰退的子系统或部件,并对剩余有效使用寿命进行预估,提出基于状态维修的措施,对现行的修复性维修和预防性维修活动安排进行改进;

三是结合装备监测、综合健康评估和预测结论,总结装备运行规律,为装备执掌舰员提供装备使用与维修训练提供依据。

2. 健康管理是实现由传统维修方式向基于状态维修转变的手段

装备健康管理技术带来了维修模式的变革。传统的武器装备维修模式主要基于响应性维修(即修复性维修)或预防性维修(即按时维修)。传统的维修模式一方面可能造成故障得不到及时发现和排除,制约装备作战能力;另一方面又可能存在过度维修,造成资源浪费,增加维护费用。

随着现代战争对武器装备出勤率和战备完好率要求的提高,为以更经济有效的方式持续保障装备系统作战效能,实现装备保障由传统的计划维修模式升级到视情维修(即按需维修)模式是必然趋势。装备健康管理技术能够实现在准确时间对准确部位采取正确的维修,是视情维修的重要手段。

9.2.3 总体方案

总体方案的构成共分为 5 层,分别为功能层、任务层、对象层、数据处理层和信息采集层,如图 9-5 所示。

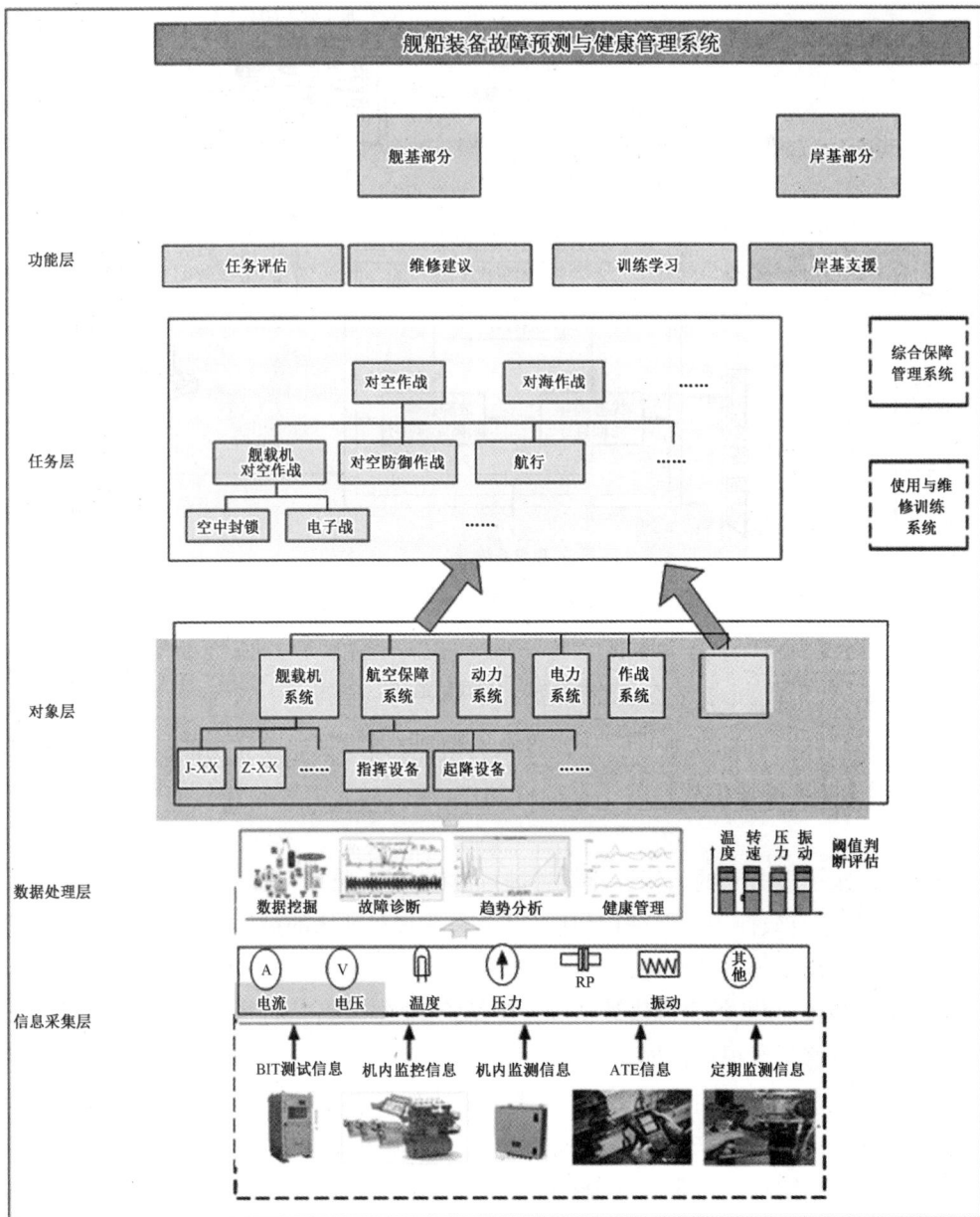

图9-5 舰船装备故障预测与健康管理系统构成

9.2.4 主要功能

1. 数据采集与管理

针对全舰重要装备数据监测需求,利用机内测试或机外测试的方式采集监测数据,通过统一的数据格式、标准接口,运用一体化网络环境实现装备的监测数据传输,采用全舰统一的数据库存储监测数据,实现全舰装备状态监测信息的集成管理,并采用大数据分析等手段,支撑全舰装备的状态评估与健康管理。

2. 任务评估

针对舰船目标任务,将使命任务分解为一级任务、二级任务、功能单元、设备等层级,分别建立设备、功能单元、二级任务、一级任务、使命任务的状态评估模型,结合设备监测信息逐级评估设备、功能单元、二级任务、一级任务、使命任务的健康状态,并利用直观、用户友好的界面展示任务可用性与多层次状态视图,实现面向战位需要定向推送可视化信息,实时掌控舰船装备的健康状态,支撑装备的使用与维修保障决策。

3. 诊断与预测

故障诊断与趋势预测功能针对重要机械装备状态发生持续变化并有恶化趋势时,在发生故障之前及时发出故障预警,提示系统异常可能原因及处置措施,防止系统故障的产生或扩大;在故障发生后对故障进行诊断定位,支撑装备维修保障。针对作战系统等电子装备驱动自检测试,给出电子装备运行状态和故障诊断信息,并对运行异常情况进行告警提示。

4. 健康管理

健康管理功能根据系统/设备的状态信息、故障信息、预测信息等 PHM 结果,结合装备保障资源和任务需要,给出维修时机、维修内容和维修所需资源建议,辅助装备管理人员进行装备使用、维修决策,为装备管理人员实施具体维修活动提供有效的信息支持。根据故障诊断结果所定位的部件故障,将信息发送至综合保障管理系统,实现故障快速排除;针对状态退化或轻微故障,加强状态评估与趋势预测,合理选择修理时机,对故障隐患进行排除,防止故障进一步退化,实现装备预测性维修,提升装备的战备完好性。

9.2.5　组成及分类设计方法

舰船装备故障预测与健康管理系统主要以软件为主,硬件主要有任务管理台、大屏显示器等。软件模块组成主要包括任务评估与健康管理、综合监测、综合诊断、数据管理与系统维护,如图 9-6 所示。图中给出了舰船装备故障预测与健康管理系统所使用的故障诊断方法。舰上不同类型的装备的故障诊断说明如下:

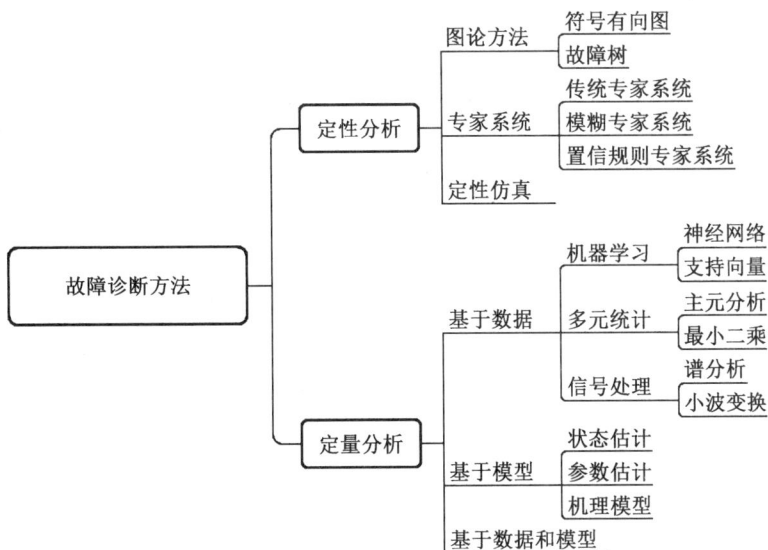

图 9-6　故障诊断方法分类

1. 船体类

船体故障诊断主要由船体结构应力监测系统实施,该系统主要采用以光纤光栅传感器、光纤光栅解调仪为核心设备的先进监测技术,通过对船体结构应力、加速度和压力等进行实时、有效的监控,利用网络传输技术,将船舶航行信息与采集数据关联,对船体在不同航行状态下的健康状态进行评估,对船体结构的疲劳寿命进行预估,为实现辅助决策提供参考。

2. 旋转机械类

舰船上的旋转机械达上千台套,典型的有燃气轮机、主汽轮机、主减速器、轴系、柴油机、发电机、中频机组、各类泵、风机等,对其运行状态故障监测、诊断和预测最有效的技术是振动分析技术,监控系统中监测到的温度、压力、流量等参数为辅助分析手段。另外,基于动力学建模及数据驱动的故障诊断方法也是故障预测及健康管理系统设计的技术途径,如图 9-7 所示。

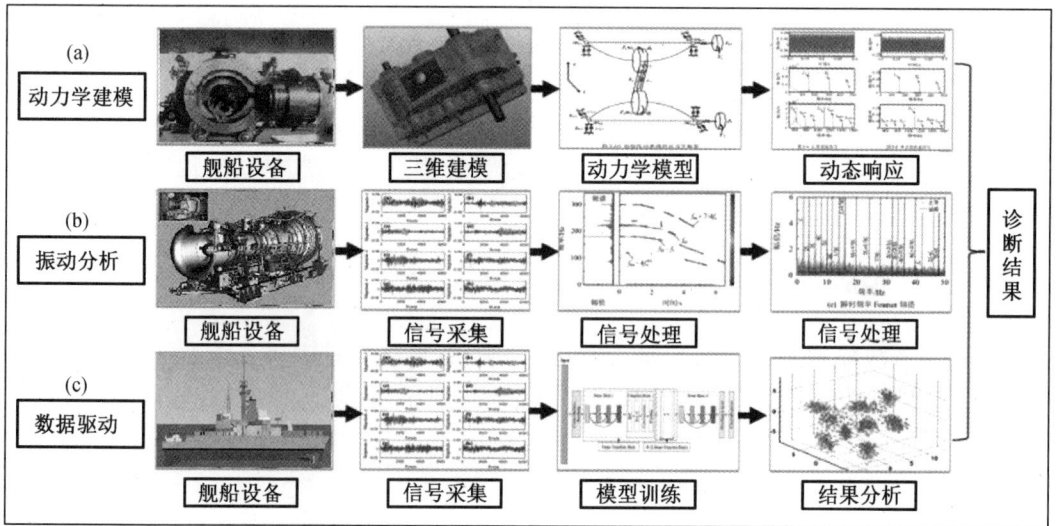

图 9-7　旋转机械设备故障诊断方法

3. 液压类机械设备

舰上大量装备有液压系统,如柴油机、减速箱、发电机、舵机、锚机、可调距桨、海补接收装置、阻拦器、偏流板、武器及弹药升降机等近百型液压装备。这些装备对舰船任务执行起到至关重要的作用,需开发各种液压泵、液压阀、液压缸、液压油的在线监测器件和系统PHM。一般而言,液压系统主要监测的参数是压力(工作稳定)、流量、泄漏量、油液污染度(反映75%的故障模式)、滤油器压差、转速、油温等。压力综合反映系统工作状态,监测系统的失压、不可调、波动、不稳等相关故障现象;流量和泄漏量的监测可以反映系统容积效率的变化,监测系统及元件磨损;滤油器的压差可以反映系统堵塞情况。液压机械的监测参数阈值的设定和参数曲线退化随系统特点而定。

4. 流体类机械设备

舰上各种热交换器数量多,此类设备的常见故障包括长海生物、换热管堵塞、换热管腐蚀、换热管破损、积盐、壳体裂纹、壳体腐蚀破损等。对此类流体机械的监测方式主要是定期拆检,如汽轮发电机组冷油器需 3 个月拆检一次。拆检使用脉冲波检测仪、电涡流检测设备等对换热管进行检测,发现渗漏时对壳体进行探伤检测。

5.压力容器、阀门类

舰上各种压力容器、管路及阀门数量多,此类设备的常见故障包括长海生物、内漏、渗漏、腐蚀、裂纹、卡滞等。此类设备的监测方式是定期拆检,如高压氧气瓶、氮气瓶每次等级修理都需全面检测,阀门每次等级修理时进行抽检;定期使用声发射检测仪对其进行无损检测;对壳体进行探伤检测。

6.控制、电子类

控制系统和电子设备的常见故障包括:器件性能下降、器件损坏、线缆断裂、接头焊料松动、接头接触不良、板卡老化等。该类设备主要采用基于多信号流图模型的推理诊断方法,以测试性设计、扩展故障模式与危害度分析为基础,通过测试性建模,由软件自动生成诊断代码,最后经测试性试验验证,具体设计与开发流程如图 9-8 所示。

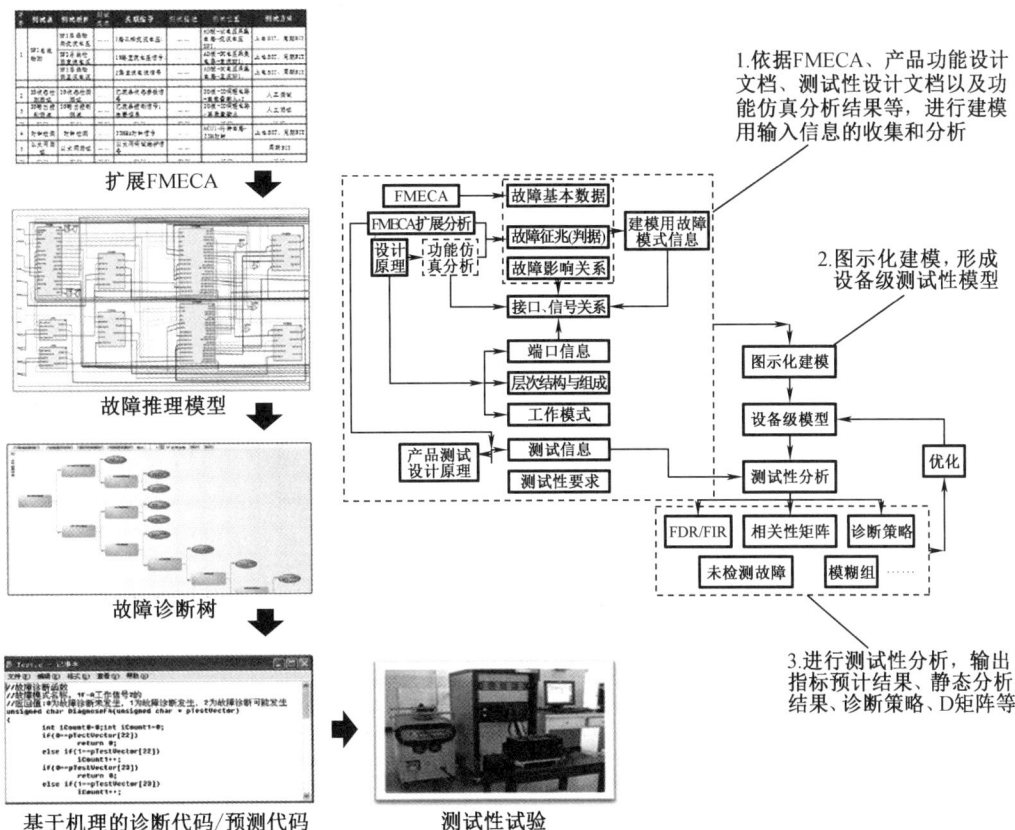

图 9-8　测试性设计与 BIT 诊断代码开发流程

7.电气类

对电气设备的诊断监测方式是定期使用热成像点检仪对电气设备进行拍摄,参见图 10-3。在监测数据综合管理软件中为全舰所有需点检的电气设备建立测点树,每次拍摄后拍摄的图像方便导入监测数据综合管理系统。智能算法可根据电气器件的温升情况自动初评设备状态,辅助专家诊断。

8. 弹药类

弹药包括导弹、鱼雷、炮弹、干扰弹、水声器材等,弹药上舰之后,由于弹药个体差异性、贮存条件、使用、环境等因素,上舰后的弹药安全性将发生改变,定期对弹药状态进行有效检测和诊断,及时掌握弹药安全状态,可有效化解安全风险。

弹药检测参数主要包括:弹药关键部位的电压、电流、电阻、电平、通断开关量等电量,弹药所处环境的温度、湿度、振动、挥发性气体量等参数,舰员级维修需随舰配备外置式引信检测系统、导弹发射电路测试仪、引信测试仪、弹药库有害气体检测仪、弹药温湿度检测仪、机动式 CT 扫描仪、导弹接口测试仪等仪器。另外还需开发全弹级测试设备和通用测试平台。

9.2.6 设计流程

舰船装备故障预测与健康管理系统设计与舰船研制过程同步进行,总体、系统及设备单位协作完成,其主要流程和分工如图 9-9 所示。

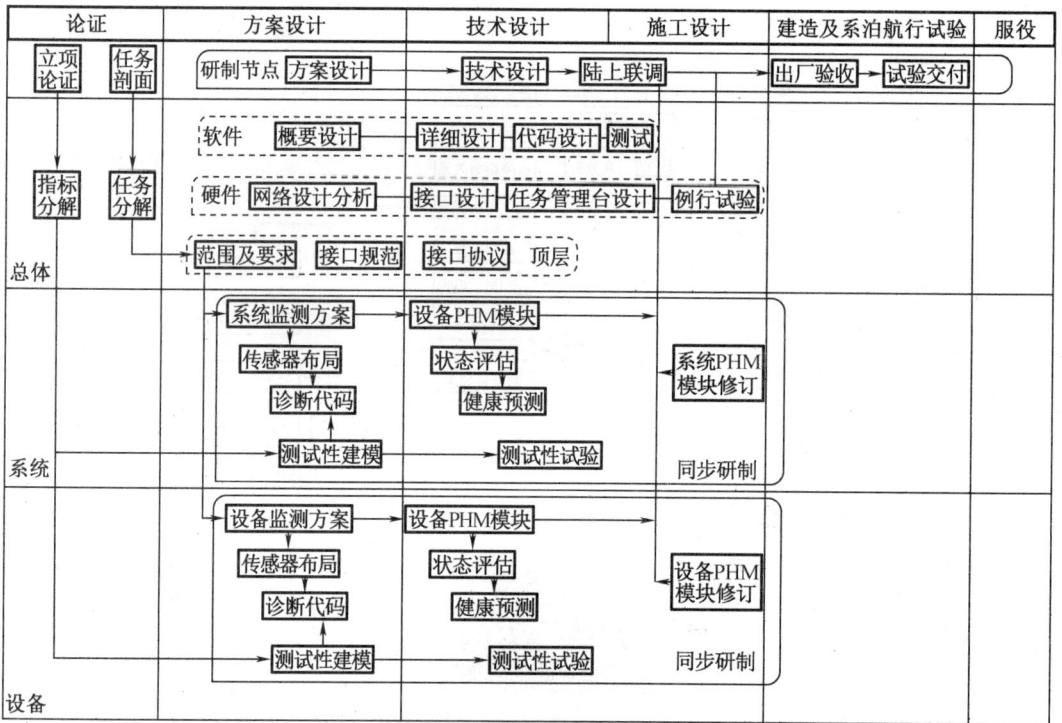

图 9-9 舰船 PHM 设计流程

9.2.7 设计提升需求

1. 提升方面的设计需求

舰船装备为了提高任务成功性和战时生命力,进行了大量冗余设计,例如动力系统、电力系统、作战系统等所属设备均有冗余配置。但是冗余设计后如何在设备故障下动态重构、如何事先设计容错机制等在设计中较少考虑，这给战时战术运用带来了困惑。因此，PHM 设计的目的不是简单的任务状态评估，而是实质提高任务成功性和任务可靠度应采取的措施建议。实现这一目的对状态评估处理方法提出了需求。对系统动态可重构的关键技术有模块化设计、系统状态迁移、动态重构算法设计突破等。

基于重构的舰船可靠性建模包括系统功能建模、系统故障逻辑建模、任务剖面建模和模型动态仿真，如图 9-10 所示。根据这一过程，我们对某舰船对空战任务进行了重构仿真。在任务容错机制下，将仿真试验与原静态的可靠性计算结果对比，其对空战任务成功性大幅提高。图 9-11 所示为动态重构仿真中的内部转移机制图。

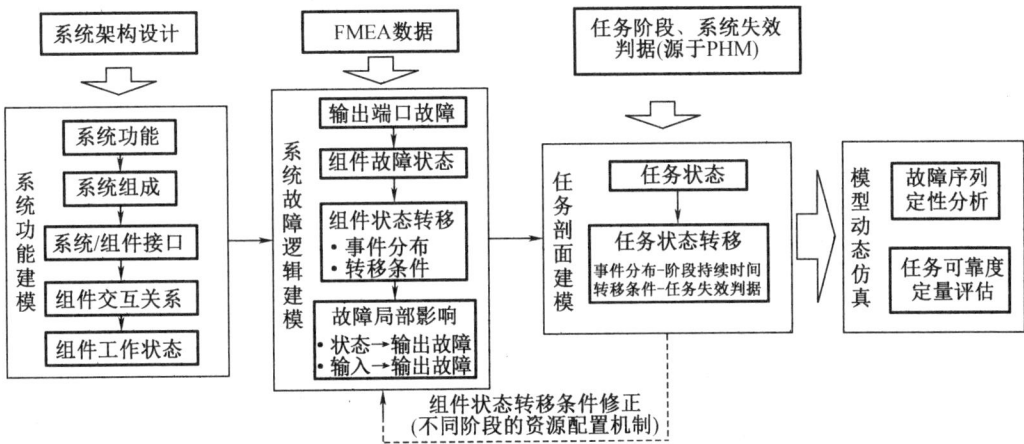

图 9-10　基于有限状态机的任务可靠性建模过程

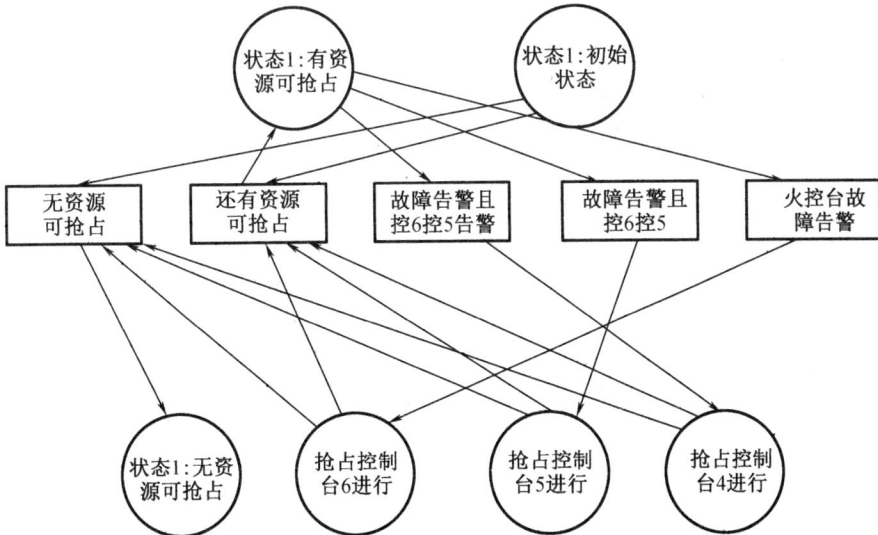

图 9-11　动态重构内部转移机制

2.智能芯片设计需求

由于大量故障征兆及现象需要在舰上进行实时处理,但受现场算力资源的极大限制,导致原有训练模型依据实时监测故障数据无法满足个性化修正的实时诊断需求,维修智能芯片研制的需求因此产生,同时建立面向舰船现场硬件加速驱动的智能故障诊断模型。将离线的故障诊断模型硬件固核模块化,采取具有并行加速可重构芯片(FPGA)算力资源,使故障诊断模型在边缘侧快速且高效地进行个性化自学习修正,以构建域适应的实时智能诊断模型,加速边缘侧装备现场的实时智能在线诊断。图9-12所示为智能芯片设计需求。

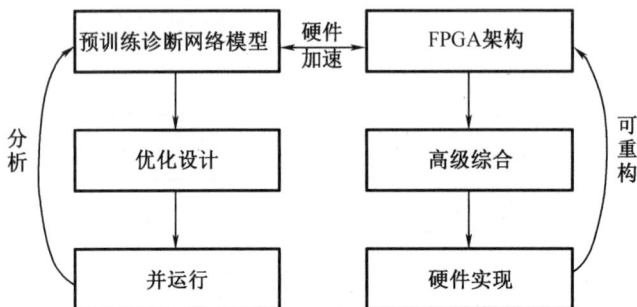

图9-12　智能芯片设计需求

3.诊断支援提升需求

PHM舰载部分只能解决本舰装备的一般故障诊断、预测和健康管理,难以排除复杂的故障现象,美军研制ICAS、ORTS时均同步开展了岸基部分远程诊断的PHM研制。因此,舰载装备故障预测与健康管理系统的需求提升应包括岸基部分的诊断支援,其方案参见本书10.5节。

9.3　综合保障管理系统

9.3.1　组成

本系统由硬件和软件组成,硬件包括:

(1)服务器;

(2)一体化客户机;

(3)便携式客户机;

(4)激光打印机;

(5)文档扫描仪;

(6)数码摄像机。

软件包括:

(1)综合保障管理系统应用软件;

(2)综合保障管理系统初始数据包;

(3)综合保障管理系统运行支持软件;

(4)数据库软件。

9.3.2 主要功能

综合保障管理系统由装备配置管理、装备使用管理、装备维修管理、技术资料管理、补给管理、物资器材管理、保障指挥管理、系统管理等 8 个功能模块组成。系统功能框图如图 9-13 所示。

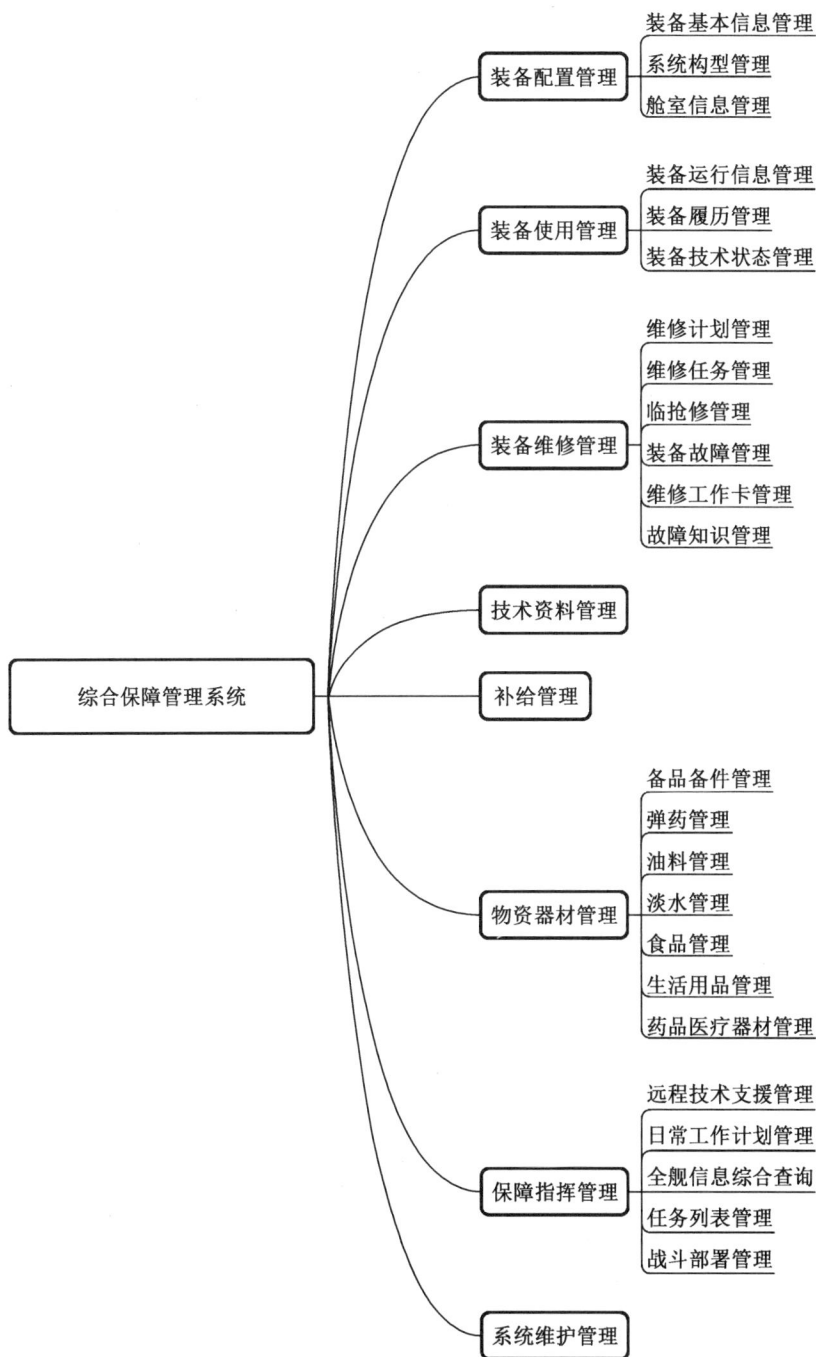

图 9-13 系统功能框图

各功能模块说明如下：

1. 装备配置管理

装备配置管理提供全舰和系统设备的配置情况信息，包括系统构型管理、装备基本信息管理、舱室信息管理。装备配置管理主要面向舰领导、全舰装备管理负责人等。一般舰员仅能查阅所属部门的部分装备和舱室信息。

2. 装备使用管理

装备使用管理用于记录装备在全寿命周期使用过程中的运行日志、履历和技术状态变化等。主要包括装备运行信息管理、装备履历记录、装备技术状态管理。

3. 装备维修管理

装备维修管理包括维修计划管理、维修任务管理、临抢修管理、装备故障管理、维修工作卡管理、故障知识库管理。

4. 技术资料管理

技术资料管理用于对全船性完工文件、装备随机文件、各类培训资料等进行信息化管理。辅助舰员管理技术资料信息，完成技术资料检索和借阅登记。主要包括技术资料信息管理、借阅管理、技术资料检索、个人借阅情况查询。

5. 补给管理

补给管理用于辅助全舰和各部门制定和管理备品备件、油料、弹药等物资的补给需求，各部门汇总本部门物资补给需求后提交全舰审核、汇总。全舰补给管理员汇总全舰补给需求后提交后勤副长审核，通过后即可通过远程技术支援模块对外发送给补给船或保障基地。各部门制订补给需求时，系统可自动根据各物质的标准配备量和当前库存量产生补给需求单，各部门和全舰负责补给的舰员可根据实际需要进行调整。

6. 物资器材管理

物资器材管理采用基于条形码的物资标识和识别方式，管理全舰备品备件、弹药、油料、食品、生活用品、医疗器材的基本信息，以及它们在舰上的储存信息、出入库信息、补给申领信息等。辅助实现全舰主要物资器材的精确管理。物质器材出、入库时通过便携式客户机扫描登记，完成出、入库操作后，仓库管理员通过客户机将出、入库信息导入系统，更新仓库库存信息。

7. 保障指挥管理

保障指挥管理包括远程技术支援管理、日常工作计划管理、全舰信息综合查询、任务列表管理、战斗部署管理。

8. 系统维护管理

系统维护管理模块主要供系统管理员进行系统维护，保障其他各业务模块的正常运行，主要包括权限角色管理、工作流程管理、数据管理、报表管理、系统参数配置、系统基础信息管理、系统对外接口管理等。

9.3.3 运行机制

运行机制由舰上的配套管理要求所规定。美军3-M系统装备于其所有舰船，国防部指令中规定了强制使用该系统进行舰船装备维修和器材管理；苏联的舰船全寿命技术状态管理系统中要求舰员每天对装备故障进登记;英国的 BR1313 标准规定了故障登记,维修要求卡、维修工作卡等标准格式,均在其舰船上得到了应用。因此,综合保障管理系统的运行有赖于制度的保证。

9.4　技术资料系统

9.4.1　功能

通过纸质、电子两种方式为舰员正确使用和维修舰上系统/设备提供技术指导。

9.4.2　组成

技术资料分系统由三个部分内容组成,包括全船性完工文件、系统/设备的随机文件以及交互式电子技术手册。

全船性完工文件是指舰船建造结束后,根据设计、施工、检验、试验结果为满足舰员使用、维修而编制的完工图样和技术文件。主要包含全船性完工文件目录、完工图样、总说明书、部署使用说明书、综合保障建议书、履历簿等其他有关文件。

随机文件是指随同系统/设备出厂(所)的图样和技术文件。主要包括系统/设备的随机文件目录、技术手册、基地级维修手册、修理技术要求、安装调试说明文件及图样、试验大纲、履历簿、试验记录资料及报告、有关清单、明细表、验收报告和合格证明文件等。

交互式电子技术手册是指保证用户进行装备使用或维修操作所需的技术资料实现信息交互,主要由硬件和软件组成。

硬件包括:

(1)数据库服务器;

(2)一体化客户机;

(3)便携式维修辅助设备(portable maintenance aids,PMA)。

其中数据库服务器、一体化客户机可使用综合保障信息管理系统硬件。

软件包括阅读器或浏览器、IETM 数据包、数据库等。

技术资料分系统组成图如图 9-14 所示。

9.4.3　交互式电子技术手册研制技术

GJB 6600—2008 规定了交互式电子技术手册(IETM)属于装备类型,因此 IETM 需要按照武器装备研制程序研制,而舰船装备 IETM 数据模块复杂,协同工作单位多,因而需要制定一套规范的研制流程和内容规范。

1.研制流程

IETM 编制流程如图 9-15 所示。

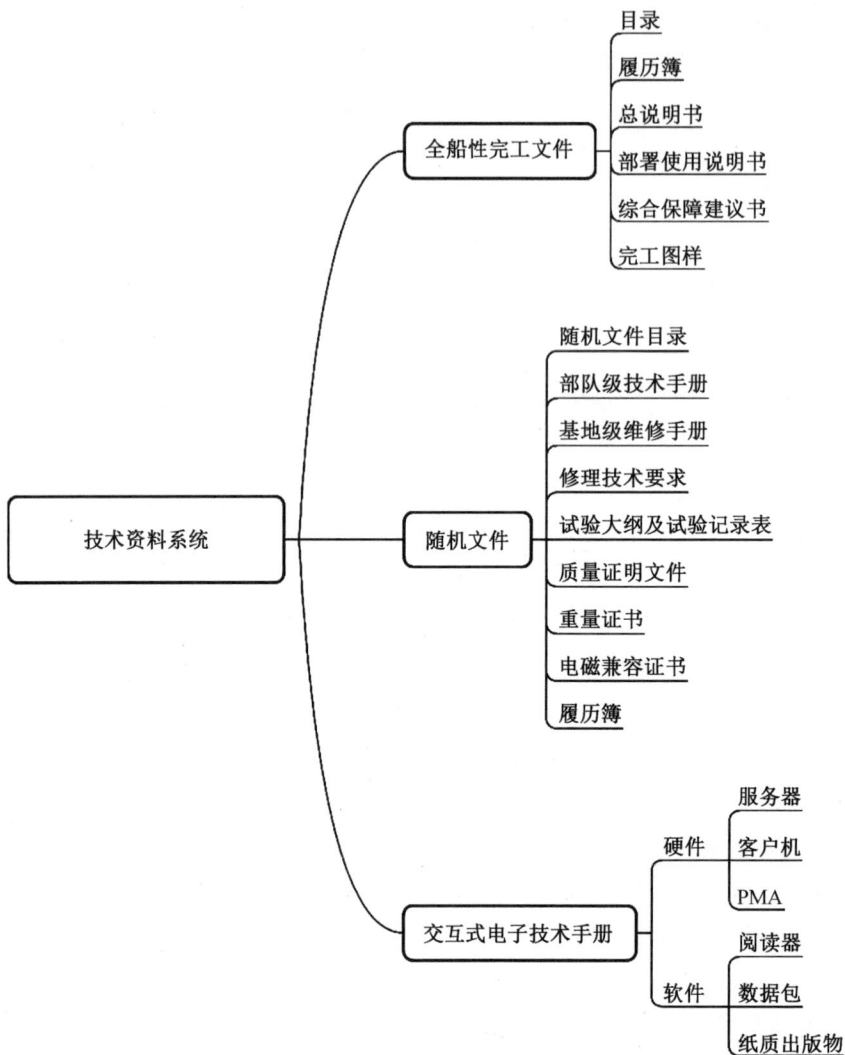

图 9-14　技术资料分系统的组成

流程说明及重要流程节点说明：

(1)项目启动及制定顶层规范：该阶段为项目启动阶段，开展并完成顶层规范的编制工作。

(2)编制技术要求和编制指南：该阶段主要制定手册资料技术内容要求和 IETM 编制指南。在该阶段应形成《舰船装备交互式电子技术手册技术要求》和《舰船装备交互式电子技术手册编制指南》。

(3)生成 DMRL 并下发设备单位确认：此阶段生成 DMRL，并下发设备单位进行确认。如设备单位对 DMRL 有更改，则需总体确认更改，并提交总体单位汇总。总体单位应仔细检查 DMRL 中的数据模块编码是否符合规范，规划的数据模块是否完整、合理。

(4)IETM 素材内容编制及审查：该阶段主要是设备单位根据总体单位要求进行技术手册素材准备，并由军方组织对素材内容进行审查，审查通过后进行数据模块编制。

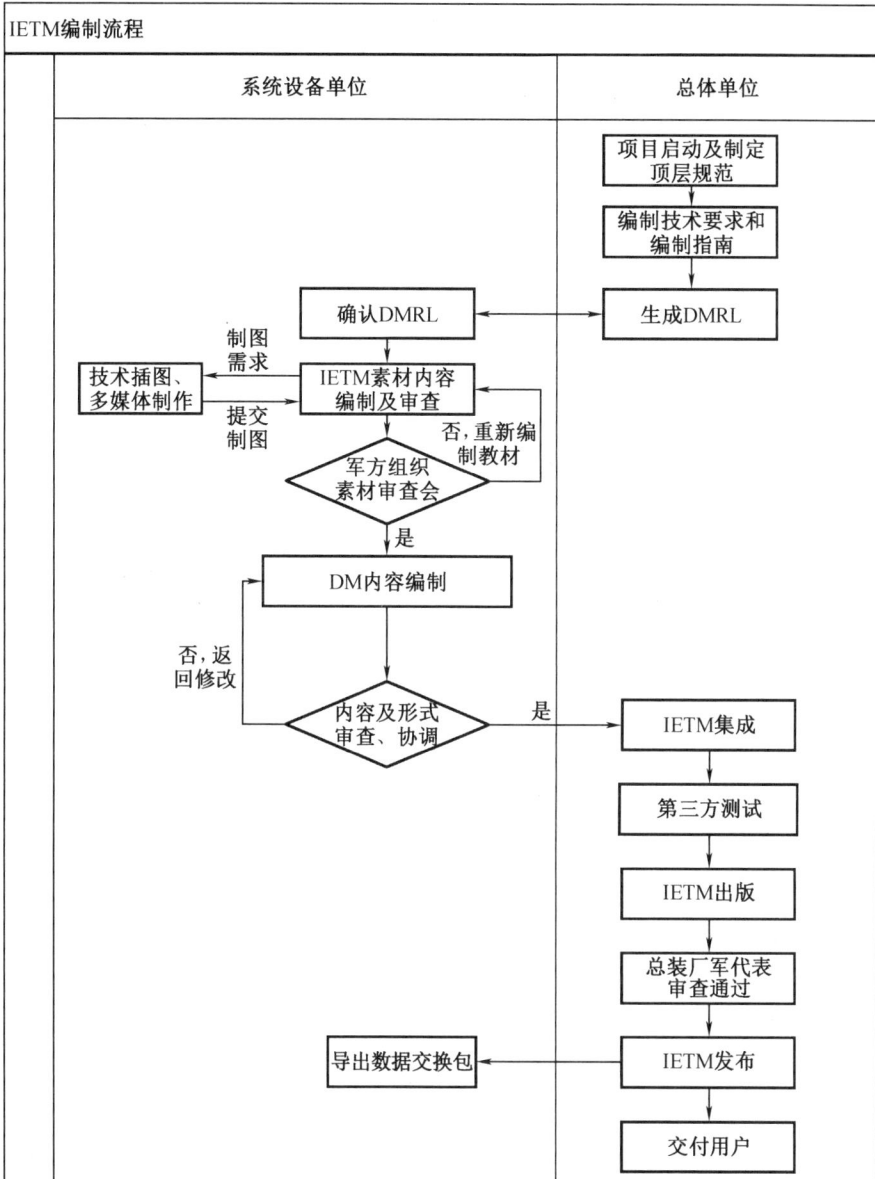

图 9-15　系统设备单位的 IETM 一般编制流程示意图

（5）数据模块内容编制：编制 IETM 数据模块，并报送总体单位。

（6）内容及形式审查：该阶段主要对数据模块（DM）进行 Schema 校验、完整性校验和业务规则校验，并审查 DM 内容是否正确、完整。

（7）IETM 集成：合格的 DM 由设备单位提交至总体单位接收，并集成在总体单位的 IETM 平台（CSDB）中，总体单位负责数据模块管理并编制相应的系统级和总体级数据模块。

（8）IETM 出版发布：总体单位按照需求统一出版成 IETM，经过总装厂军代表审查后，统一发布。

（9）导出数据交换包：总体单位将审查通过的设备单位数据交换包发送设备单位。

2. 内容要求

参见本书 4.4.2 节"4. 技术资料"规定的内容。

3. 数据模块需求清单(DMRL)编码规定

DMRL 包括以下信息内容：

(1)SNS 技术名称(SNS Tech Name)：SNS 编码所对应的系统、子系统、子子系统、设备的名称。

(2)数据模块编码(DMC)：DMC 信息内容按编码规范要求。

(3)数据模块技术名称(DM Tech Name)：数据模块所描述的系统、子系统、子子系统、设备或功能的名称。

(4)信息名称(Info Name)：对信息码(IC)的简短描述,通常是数据模块的任务或行动的名称。

(5)Schema：数据模块采用的 schema 类型。

(6)出版物模块(Publication Module)：数据模块从属的出版物模块类型。

(7)来源数据(Source Data)：列出用于创建 DM 的各类来源文件的名称,包括设计文件、工艺文件、模型、音视频等。

(8)创建者代码(Originator Code)：指负责向最终用户交付数据模块的主体,以 CAGE 编码表示。

(9)责任伙伴代码(Responsible Partner Code)：指负责编写 DM 的主体的代码,以 CAGE 编码表示。

(10)项目协调者代码(Coordinator Name)：指总体所中负责与设备单位协调 DM 编写相关事务的人员名称。

(11)设备单位协调者代码(Supplier Coordinator Name)：指设备单位中负责与总体所协调 DM 编写相关事务的人员名称。

(12)状态(Status)：指 DMRL 中所列数据模块的生命周期状态。

(13)备注(General Comments)：任何关于 DMRL 的补充信息。

示例见表 9-1。

4. SNS 码规定

SNS 表示装备系统间的从属关系和功能区分,装备的 SNS 是根据项目型号工程或设计单位制定的产品拆分加以定义的。SNS 由 4 个码段组成,各个码段描述见表 9-2。

表 9-1　DMRL 示例

数据模块代码

系统/装备层级序号	系统/装备类型	系统/装备名称	型号识别码（2~14 位）	系统差异码（1 位）	系统码（3 位）			分系统/分系统码（2 位）装备码	单元或组件码（4 位）			分解码（2 位）	分解差异码（1 位）	信息码（3 位）	信息差异码（1 位）	产品位置码（1 位）
					一级系统码	二级系统码	三级系统码		子装备码	部套件码	零件码					
4.4	装备	柴油机	11	A	4	0	0	04	0	0	00	00	A	012	A	A
4.4	装备	柴油机	11	A	4	0	0	04	0	0	00	00	A	012	A	A
4.4	装备	柴油机	11	A	4	0	0	04	0	0	00	00	A	042	A	A
4.4	装备	柴油机	11	A	4	0	0	04	1	0	00	00	A	041	A	A
4.4	装备	柴油机	11	A	4	0	0	04	2	0	00	00	A	041	A	A
4.4	装备	柴油机	11	A	4	0	0	04	3	0	00	00	A	041	A	A
4.4	装备	柴油机	11	A	4	0	0	04	3	0	16	00	A	041	A	A
4.4	装备	柴油机	11	A	4	0	0	04	4	0	00	00	A	041	A	A
4.4	装备	柴油机	11	A	4	0	0	04	5	0	00	00	A	041	A	A
4.4	装备	柴油机	11	A	4	0	0	04	6	0	00	00	A	041	A	A
1.4	装备	柴油机	11	A	4	0	0	04	7	0	00	00	A	041	A	A
4.4	装备	柴油机	11	A	4	0	0	04	8	0	00	00	A	041	A	A
4.4	装备	柴油机	11	A	4	0	0	04	A	0	00	00	A	041	A	A
4.4	装备	柴油机	11	A	4	0	0	04	0	0	00	00	A	030	A	A
4.4	装备	柴油机	11	A	4	0	0	04	0	0	00	00	A	044	A	A
4.4	装备	柴油机	11	A	4	0	0	04	0	0	00	00	A	044	A	A
4.4	装备	柴油机	11	A	4	0	0	04	0	0	00	00	A	111	A	A
4.4	装备	柴油机	11	A	4	0	0	04	0	0	00	00	A	120	A	A

表 9-1(续)

数据模块代码

系统/装备层级序号	系统/装备类型	系统/装备名称	型号识别码(2~14位)	系统差异码(1位)	系统码(3位)			分系统/分系统码(2位)	单元或组件码(4位)			分解码(2位)	分解差异码(1位)	信息码(3位)	信息差异码(1位)	产品位置码(1位)
					一级系统码	二级系统码	三级系统码	装备码	子装备码	部套件码	零件码					
4.4	装备	柴油机	11	A	4	0	0	04	0	0	00	00	A	100	A	A
4.4	装备	柴油机	11	A	4	0	0	04	0	0	00	00	A	130	A	A
4.4	装备	柴油机	11	A	4	0	0	04	0	0	00	00	A	130	A	A
4.4	装备	柴油机	11	A	4	0	0	04	0	0	00	00	A	130	A	A
4.4	装备	柴油机	11	A	4	0	0	04	0	0	00	00	A	130	A	A

表 9-2　SNS 码定义

码段名称	长度(字符)
系统	2~3
子系统	1
子子系统	1
设备	2~4

5. 样式规定

舰船 IETM 样式主要包括上面行的菜单栏,左边的装备树、技术手册索引导航,以及右边的内容显示区域。图 9-16 所示为中国舰船研究中心和哈尔滨工程大学船舶装备科技有限公司共同开发的全船级 IETM 截取的典型样例。

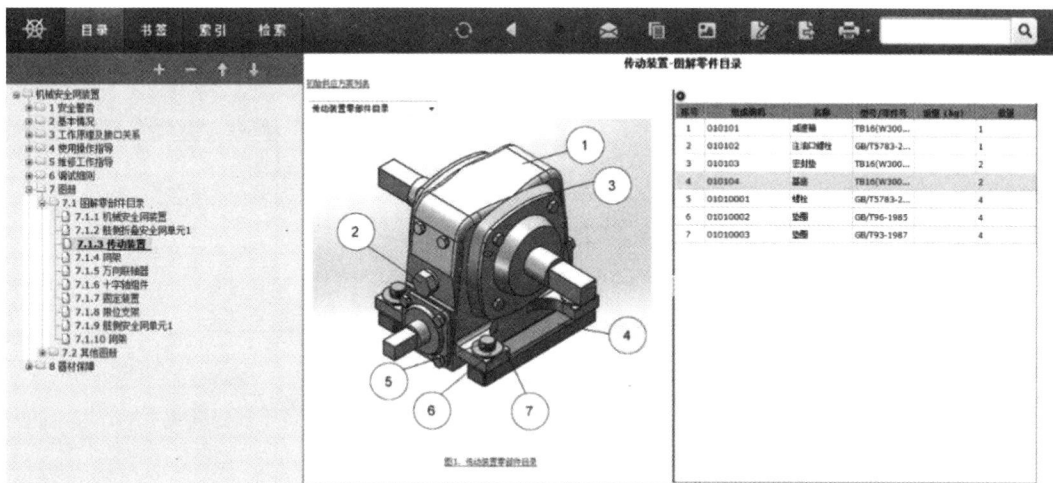

图 9-16　舰船 IETM 典型样例

9.5　使用与维修支援系统

9.5.1　功能

使用与维修支援系统的功能是为舰上舰员和临抢修人员实施装备修理提供相应的设备和工具。

9.5.2　组成

使用与维修支援系统是舰船装备使用与维修装备所需的保障设备,包括使用保障设备和维修保障设备。系统组成如图 9-17 所示。

1. 使用保障设备

使用保障设备大多源于海军供应品、工厂供应品,包括航海、气象、救生、防化、消防等设备。保障人员的生活、医疗器材等未纳入本系统。

2. 维修保障设备

(1)损管器材

损管器材包括焊接设备、切割设备、堵漏器材和木工工具等。

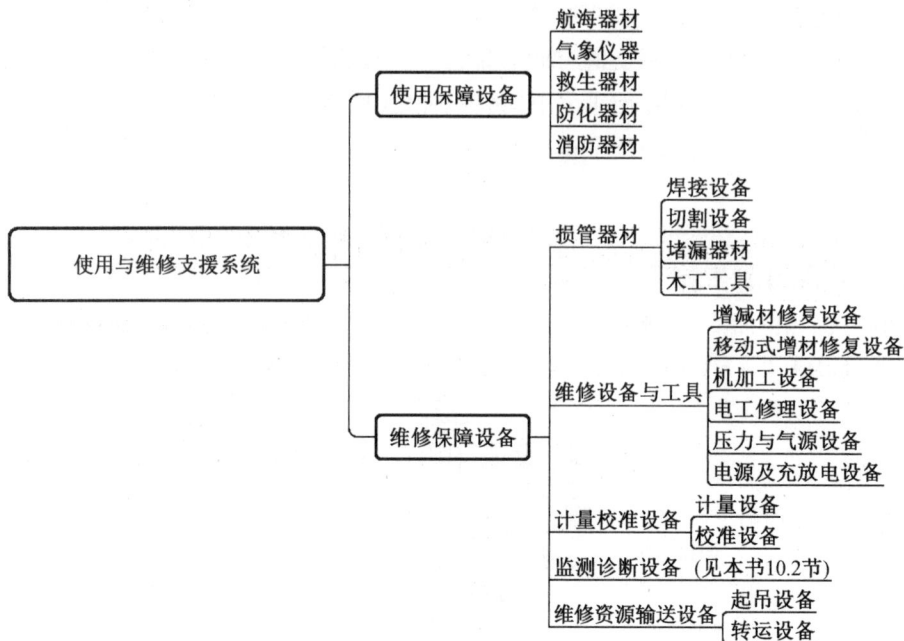

图 9-17　使用与维修支援系统的组成

（2）维修设备与工具

维修设备与工具指用于完成各项维护保养和舰员级维修工作（包括预防性维修和修复性维修）所需要的设备及工具，以及在进行中继级维修时需要提供的辅助设备及工具。维修设备与工具可分为增减材修复设备、移动式增减材修复设备、机加工修理设备、电工修理设备、压力与气源设备、电源及充放电设备等几大类，其中：

①机加工修理设备包括五金工具、锤凿锯锉、扳手、改锥、钣金设备、弯折剪切工具、切削工具、砂轮机、台钳、钳工操作台、气动打磨机等；

②电工修理设备包括电工钳、电烙铁、绕线机、手提电钻、电工操作台、焊接气割设备等；

③压力与气源设备包括液压千斤顶、充气充液设备等；

④电源及充放电设备包括设备维修中需要用到的电源、充放电设备等。

（3）计量校准设备

计量校准设备指测量装备技术状态数值以及测量所用的基准、校准调试设备。计量校准设备可分为计量设备和校准设备两类。

①计量设备包括皮卷尺、游标卡尺、千分尺、塞尺、秒表、流量流速表、转速表、测温仪、风速风向仪、电流表、电压表、兆欧表等。

②校准设备包括标准平台、经纬仪、GPS 装置等。

（4）监测诊断设备

测试诊断设备指用于测试全舰各系统或设备的仪器仪表、故障诊断设备、辅助装备维修人员测试及隔离故障件的设备。监测诊断设备可分为电气测试仪表、油水化验设备、密性检查设备、专用物质检测设备等几大类。参见本书 10.2 节。

①电气测试仪表包括示波器、配电监测检测仪、可携式消磁检测仪等。

②油水化验设备包括闪点全自动测定仪、便携式密度测定仪、全自动黏度测定仪、水分

全自动测定仪、机械杂质测试仪、台式多参数测量仪等。

③密性检查设备包括气密性检查设备、管路及压力容器检漏仪等。

④专用检测设备包括火工品测试设备、电磁辐射测试设备、毒气毒剂检测设备、放射性物质监测设备、引信测试设备等。

(5)维修资源输送设备

维修资源输送设备指用于装备维修、换件时辅助维修人员完成零部件输送工作的设备。维修资源输送设备可分为起吊设备和转运设备两类。

①起吊设备包括各种平台、移动式梯子、手工葫芦、电动葫芦等。

②转运设备包括转运车、手推车等。

9.5.3 增材制造(3D打印)技术的维修应用

1. 概述

3D打印技术是"增材制造技术"的俗称,是快速成形技术的一种,它是通过三维设计模型,采用材料逐层累加,以及激光烧结、光照等固化手段制造实体零件的技术,相对于传统的材料去除(减材切削加工)技术,是一种"自下而上"材料累加的制造方法。3D打印技术包括同轴送粉的激光近形制造、粉末选择性激光熔化、丝材熔敷沉积技术等。随着3D打印的快速发展,目前3D打印技术的应用已从装备制造拓展到维修保障领域,称之为增材修复技术。

增材修复技术在舰船上的维修应用前景广阔:一是可实现抢修中新备件的快速制造,如异型管接头、阀件、橡胶垫片等;二是可用于损伤零件的快速修复,如齿轮、叶片、轴瓦、舰载飞机机体损伤件等;三是通过集约化打印材料的研制,可大幅减少备件的携带标准。

增材修复技术所形成的装备在舰上应用时的主要关注点在于:一是装备的可移动性与固定式的灵活配置;二是集约化材料的研制,以少量的集约化材料尽可能覆盖舰上各种装备及结构的维修;三是装备及其材料的安全性;四是舰船的适配性,如摇摆环境和舱室的约束、大量非金属器件(如垫片)的替换等需求。

2. 应用案例

美国海军的增材修复技术运用是从"齐尔沙治号"两栖登陆舰开始的。2015年,美军为"齐尔沙治号"两栖登陆舰配备了3D打印机,用于现场制造防尘罩、扳手、漏斗等非承力件,主要目的是在部署海外期间能够自给自足。美国海军海上系统司令部(NAVSEA)宣布已批准首个增材制造(3D打印)金属部件上舰使用。负责"杜鲁门号"(CVN 75)建造的纽波特纽斯船厂提出在该航母上安装此样品以进行测试评估。该部件为一个排水过滤孔(DSO)原型件,于2019年安装于"杜鲁门号"航母,并进行为期一年的测试和鉴定。此排水过滤阀属于蒸汽系统零部件,主要用途是通过蒸汽管道进行排水,在从管道中去除冷凝水时通过防止蒸汽逸出的方式保持蒸汽压力。

美军在2018年度国防部维修年会中发布了增材修复技术运用的基本情况及构想,认为:在线增材制造技术已在美军武器装备维修保障领域发挥了重要作用;2019年,实现便携式增材设备列装舰船的目标;未来,美军对增材修复技术的应用进行了全面规划,对应有提高制造能力、敏捷供应、远程维护、任务裁剪和按需作战、军需品的灵活打印等设想。

9.6 使用与维修训练系统

9.6.1 概述

使用、维修和训练保障是综合保障设计的核心要点。尤其是训练保障的设计得到国内外海军的重视。长期以来,发达国家普遍树立了"存钱不如置物,置物不如培养人才"的价值取向,俄罗斯海军的舰船维修保障技能训练分为专业等级训练、任职训练、指挥机构任职训练等多个训练层次,每个层次都规定了严格的训练内容和考核标准。例如,俄罗斯海军所有承担舰船装备维修保障工作的人员都必须参加专业等级训练,训练合格后获得相应的专业技术资格。专业等级训练依据《俄罗斯武装力量军事专业技能等级确定手册》的规定实施。该手册明确阐述了俄罗斯海军各种专业技能等级人员的训练要求和程序。每个专业分为 3 个等级,各个岗位的人员都要从三级(最低级)开始培训,经训练达到良好的技术技能后,可授予技术三级。获得技术三级后,可在完成规定年限的在职工作后,参加本专业更高级别的测试,合格后可授予更高的技术等级。

美军颁布了一系列的军用标准,如 MIL-STD-1379D《军事训练程序》、MIL-G-29011《操作与维修训练协助指南》、MIL-T-29053A《航空武器系统训练需求》等,用来明确士兵的教育、训练和职业发展的规定和职责。此外,在行业专著《综合保障手册》(*Integrated logistics support handbook*)中有专门的章节,对初始训练、持续训练、训练类型、培训计划、师资培养等方面都有比较全面的论述。关于培训实施,美国 NAVEDTRA(Naval Education and Training)系列中的 135B《海军学校管理手册》,对学校的组织结构,职员、学生、课程管理以及考试评价等各方面都有详细介绍。

在美军新一代航母的研制中则提出了"全舰训练"的理念,已服役的 CVN77 航母中就包含了舰载的全舰训练系统,美国海军计划在后续的 CVNX 级航母中对其进行持续改进,应用更加先进的全舰集成训练项目。在全舰训练的理念指导下,美国构建了航母训练的金字塔训练体系,如图 9-18 所示。同时提出了应需训练、适时训练、任务演练、高级分布式学习、不间断学习、嵌入式训练、岗位训练、分布式联合训练、多媒体训练、虚拟现实训练、智能教育等 11 种训练模式。

《水面部队训练手册》是支持舰队战备计划的维护和部队级训练阶段(基础阶段)所有方面的政策、方向和要求的主要来源。培训手册列出了详细的标准,以确定船舶是否准备好执行其分配的任务或核心能力。舰船级别单元培训资格论证科目要求多达 20 条,分别如下:

(1)航空;

(2)反恐/部队保护;

(3)对空战;

(4)通信;

(5)密码学;

(6)电子战;

(7)医学;

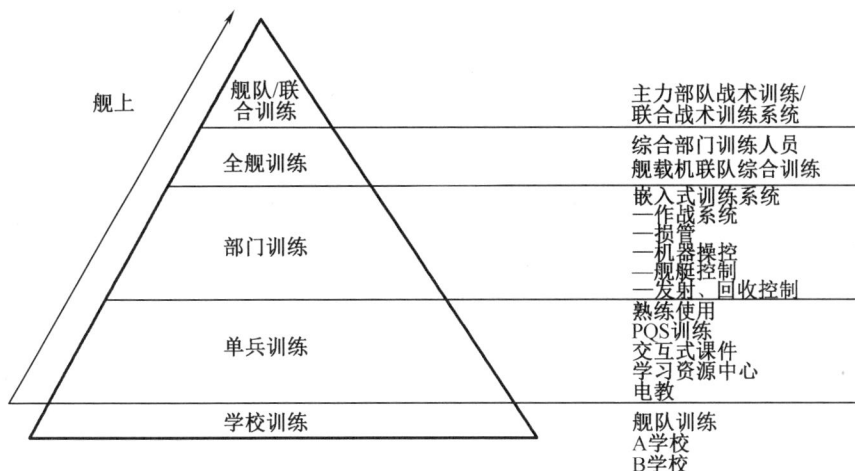

图 9-18　全舰训练图

（8）人工智能；

（9）损害控制；

（10）工程；

（11）航行；

（12）航海技术；

（13）对陆打击战；

（14）水面作战；

（15）反潜战；

（16）探访、登船、搜查和扣押；

（17）维修及器材管理；

（18）搜索和救援；

（19）弹道导弹防御；

（20）部队供应管理。

随着计算机技术的发展,虚拟现实技术在训练开发中得到了充分应用。根据应用目标和人机交互方式的不同,将常见的各种类型的虚拟现实技术划分为桌面虚拟现实、沉浸式虚拟现实、增强现实或混合虚拟现实、分布式虚拟现实等类别。说明如下:

（1）桌面虚拟现实利用计算机和基地工作站进行仿真,将计算机的显示器作为用户观察虚拟世界的主要窗口,通过常见的人机接口设备(键盘、鼠标、操作手柄等)实现与虚拟现实世界的交互。例如,美国海军通过桌面指挥操作虚拟环境,对军官进行指挥和航行方面的培训和考核,如图 9-19 所示。

（2）沉浸式虚拟现实系统可提供完全沉浸的用户体验,使用户有一种完全置身于虚拟世界的感觉。例如,美国海军在特定的教室里,采用沉浸式海军军官训练系统(Immersive Naval Officer Training System),为舰员提供损管操作等方面的培训内容,如图 9-20 所示。

（a） 　　　　　　　　　　　　　　　　（b）

图9-19　美国海军桌面指挥操作虚拟环境

（a） 　　　　　　　　　　　　　　　　（b）

图9-20　美国沉浸式海军军官训练系统

（3）增强现实的虚拟现实系统是把真实环境和虚拟环境结合起来的一种系统,操作人员可以同时感知真实物理世界的信息,也可以感测和操作虚拟的物理系统。

（4）分布式虚拟现实系统是建立在分布式网络基础上的虚拟仿真和人机交互系统,通过充分利用物理上分散的软件和硬件资源,协同实现虚拟现实计算、显示和人机交互。

9.6.2　训练系统的功能

1.舰上训练任务的分类

训练任务是保持和提高舰员使用与维修能力,保持舰船在航率和战备完好性的重要工作。训练任务分为个人岗位训练任务、部门级训练任务、全舰级训练任务。

（1）个人岗位训练任务

舰员根据分岗分级的要求,针对特定设备开展的日常操作、维护保养、故障排除等方面的训练。

（2）部门级训练任务

针对部门内分系统的操作使用训练和技术准备训练。

（3）全舰级训练任务

为了使舰员熟悉舰船典型任务剖面开展的全舰级训练任务,包括备战备航任务、航行任务、海上锚泊任务、补给任务、消磁任务、损管任务、警戒探测任务、舰载机空中打击任务、对空自防御任务等。

2.训练任务流程

根据训练任务的过程,可将训练任务分为训练计划、训练准备、训练实施、考核评估四个阶段,如图9-21所示。

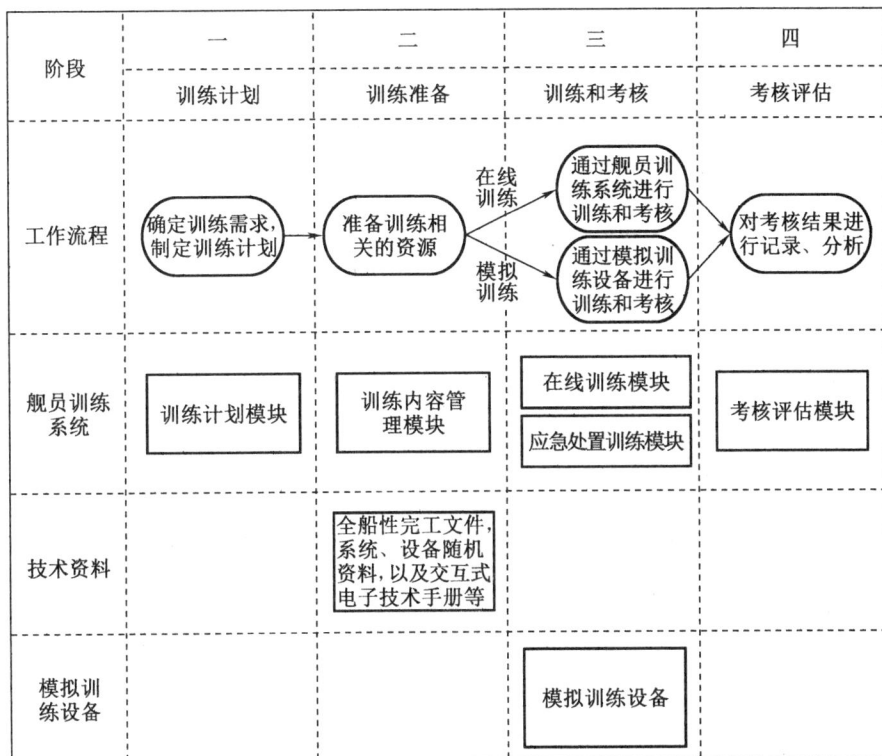

图 9-21　训练任务流程框图

3.训练系统功能

结合舰船在训练任务、训练流程和人员培训等方面的需求,训练系统应具备训练决策与管理、装备知识培训、政工培训、操演训练辅助管理、实战演习辅助管理等功能。

(1)训练决策与管理功能

训练决策与管理包括制定全舰训练计划、训练成绩评估与管理、训练结果统计与分析以及其他辅助管理功能等,是指挥员组织实施训练管理的核心。

①制定全舰训练计划

舰指挥员根据上级下发的训练大纲,确定训练科目。根据训练科目,由支持系统自动生成参训人员、装备等训练资源的建议。指挥员在训练建议的基础上,经修正后,形成全舰训练计划表。经过上级审批后,将训练计划发放至相关部门。训练计划表下发后,启动训练科目,进行全舰训练或部门训练。

②训练成绩评估与管理

在训练进行过程中,接收来自操演训练管理模块和实战演习管理模块的操作界面数据、视频、语音信息。舰指挥员可以结合训练情况和训练记录对舰员在操演训练和实战演习中的表现进行综合评估。通过系统将训练成绩、讲评记录以及训练相关的影像资料下发至各部门，使各部门或舰员可以根据成绩和评价，了解自身能力的不足。

装备知识培训和政工培训的成绩由装备知识培训软件和政工知识培训软件进行独立评定，培训结果发送至训练决策与管理软件。

③训练结果统计与分析

系统将保存全舰历次培训和训练的成绩及讲评记录，并提供指挥员对舰员和舰上各部门进行年度(或季度)训练工作量统计与分析的功能，提高对舰员考核的自动化程度，减少舰上文案工作量。

④其他辅助管理功能

辅助实现对全舰培训、训练情况的综合查询及回放，以及各类培训、训练文件及文本的打印。

(2)装备知识培训功能

该功能主要应用于舰员的装备理论知识学习，特别是新舰员、转岗舰员以及新晋舰员的装备基础知识培训，其模块包括数字化教材、作战知识教学、培训管理等。

①数字化教材

用多媒体教学方式，表述舰载装备的操作使用、维护保养和常见故障排除等基础知识。提高受训者对舰载装备的使用维护水平，使舰员具备常见故障的排除能力。

②作战知识教学

基于现有商用平台，通过三维技术，实现对全舰和部门训练的数字化教学功能，为新舰员或转岗舰员尽快熟悉全舰和部门的作战流程和装备使用场景提供直观的学习手段。

③培训管理

装备知识培训功能中还包括在线测试、成绩评估等内容，以满足部队教学和舰员自学的需求。

(3)政工培训功能

该功能主要用于进行全体舰员政治学习培训，辅助舰船政治主官开展全舰政治教育工作，其模块包括定制政治教材、培训管理等。

①定制政治教材

用多媒体教学方式，使舰上政治军官可以依托训练支持系统制定政治教材，组织全体舰员进行政治学习，提高受训者的政治水平。

②培训管理

政工培训功能中还包括在线测试、成绩评定等内容，以满足部队开展政治教学和舰员自学的需求。

(4)操演训练管理功能

该功能主要为舰船的操演训练提供技术支撑，包括训练过程监督、过程记录与评判、辅助讲评等。

①训练过程监督

舰指挥员依托安装于训练舱室中的视频、音频等训练监控设备，监控舰员的动作、口令等信息；通过舰上网络接口获取各设备的操作界面信息。

在舰员操作训练中出现严重错误时,通过训练系统发出警告或进行纠错指导,保证训练质量与安全。

②训练过程记录与评判

在训练过程中,对舰员战术动作的规范度、操作反应时间、探测感知设备的操作画面、火控设备的主要参数等信息进行自动记录;利用摄像和语音设备记录指挥、协同等信息。

在对各操作步骤进行自动评判的基础上,提供训练监督员对"情况判断的准确度""指挥口令标准程度""工作协同程度"等考核项进行人工评判与记录的功能。训练过程与训练监督员的评判过程将存档,供后续检查或分析。

③辅助实施训练讲评

在训练完成后,根据对各步骤的评判结果,系统自动给出本次操演训练的薄弱环节,并给出薄弱环节各考核要素的记录结果、自动评判值和人工评价结果,使指挥员进行训练讲评时能够有的放矢。

同时通过对整个操演训练过程的记录与回放,舰员能够更加具体地了解自身的训练情况,有针对性地改进和提升业务水平。

(5)实战演习辅助管理功能

在实战演习过程中,系统定期接收(N秒接收一次)来自探测感知类设备、火控设备、平台主要设备参数的报文。训练监督员通过视频与语音数据,实时获得"口令""舰员战术动作"等信息,系统提供辅助评判的功能。对武器装备的运动装状态、发射后弹体轨迹等影像进行记录。系统还提供训练过程参数的分析功能,便于在实战演习未能达到预期目标时,快速查找可能的问题部位。

此外,系统能够对实战演习训练的过程记录、考核结果等数据进行管理,包括训练过程和结果的人工录入,训练记录查询,训练结果统计与分析等功能,以实现对实战演习数据的数字化管理。

9.6.3 训练系统的组成

训练系统主要由硬件和软件组成。硬件主要包括服务器、客户机、训练监控设备(摄像头、监控显示器、视频键盘与语音通信设备)、辅助设备(交换机、投影、打印机);软件主要包括训练决策与管理软件、装备知识培训软件、政工培训软件等,组成如图 9-22 所示。

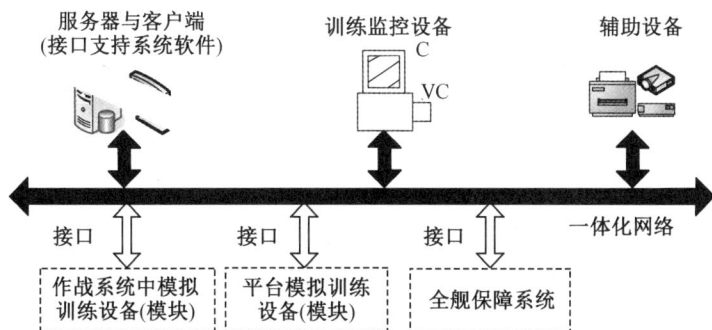

图 9-22 训练系统组成图

9.6.4 训练系统设计相关标准

1. SCORM 标准

SCORM 是美国高级分布式学习(ADL)组织提出的标准,为数字内容教材的制作、内容开发提供共通的规范,其核心思想是内容共享与重用。该标准主要包括内容聚合模型(CAM)、运行时间环境模型(RTE)、序列与导航三部分内容。

(1)内容聚合模型

内容聚合模型是从课件内容组织的角度定义标准化的内容模型,由多媒体组件(Asset)和可共享内容对象(SCO)构成。

学习资源的最基本形式是微单元。微单元是上传到网上并呈现给学习者的电子形式的媒体,如文本、图像、声音、评价对象或任何其他一块数据。几个微单元可以集合在一起建立新的微单元。一个微单元可以用微单元元数据表示,如图9-23所示。

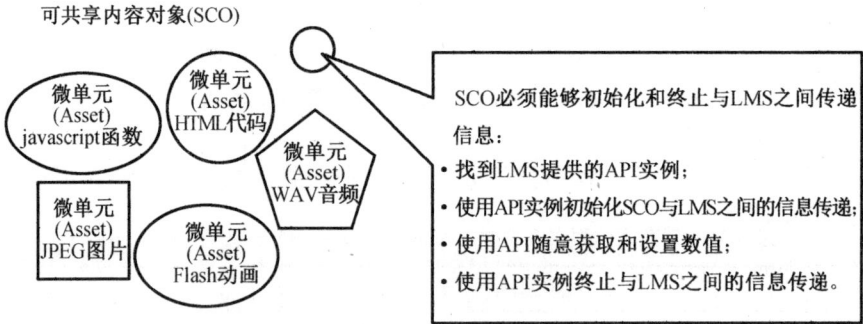

图 9-23 Asset 和 SCO 的定义

可共享内容对象(sharable content object)是一个或者多个微单元的集合,它可以在SCORM 运行环境中与学习管理系统(LMS)进行数据传递。可重用内容对象是 LMS 通过SCORM 运行时间环境可以跟踪的最低粒度水平的学习资源。

(2)运行时间环境模型

SCORM 运行时间环境(RTE)描述课件和平台交互的行为规范,课件内容对象和 LMS之间的通用传递机制 API,以及跟踪学习者体验内容对象的通用数据模型。其概念模型如图9-24 所示,包括:

①运行时间环境:内容对象的运行 SCO 和 Asset 运行对象的管理、SCO 交流的管理、运行时间环境数据模型管理。

②应用编程接口(API):LMS API 要求、SCO 传递要求、传递错误控制。

③运行时间环境数据模型:数据模型管理和行为要求、数据要求。

运行含义为 LMS 定义一个通用的方法来启动内容对象。在 SCORM 中定义了两种内容对象:Assest 和 SCO。运行处理确立了在运行的内容对象与 LMS 之间的通信机制,这种通信通过公共的 API 进行标准化。

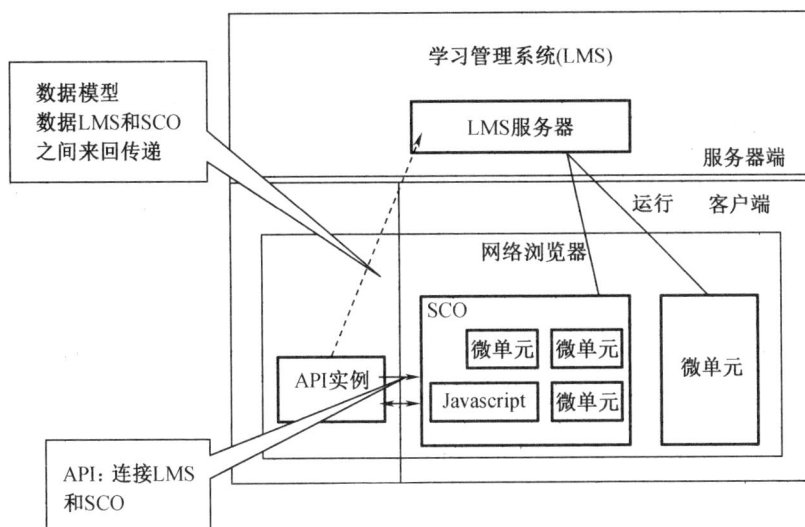

图 9-24 SCORM 运行时间环境(RTE) 概念模型

API 是内容对象与 LMS 之间传送信息的一种通信机制,使用 API 可以开始、结束、获取、存储数据等动作。数据模型描述了在 SCO 与 LMS 之间传送信息数据的模型,如 SCO 的跟踪信息,SCO 的完成状态、一次测试的成绩等数据。在学习者会话中,LMS 必须维护来自 SCO 数据模型的状态信息。而 SCO 需要利用这些预先定义的信息,以便在不同的 LMS 中重复使用。

(3)序列与导航

序列与导航主要是对学习内容对象的发送顺序进行排序,能够使内容对象询问 LMS 顺序状态并且给 LMS 发出需要的导航要求,为学习者提供导航控制能力。

2. S1000D 标准

S1000D 标准是欧洲制定的一个技术出版物的国际标准。S1000D 标准规定技术资料编写需要遵循的编写流程、技术资料的结构化存储格式、技术资料的组织方法、技术资料的内容范围(信息集合)、手册出版样式、质量管理方法等内容。S1000D 标准对技术资料的核心思想是结构化、重用性、一致性、标准化。

S1000D 通过公共源数据库(CSDB)实现对所有结构化的技术资料进行存储。同一项目有且只有一个公共源数据库,该数据库可以分散在各协助单位,通过技术资料本身的描述信息(标识状态信息,包括编写单位信息、版本信息等)保证技术资料的唯一源头和一致性。公共源数据库中保存的对象有三类:

(1)数据模块,用于组织存储某系统、设备或零件的某类信息,如技术参数、功能原理、操作程序、故障报告等。

(2)图像、多媒体等信息,用于保存数据模块中需要用到的非文本信息。

(3)出版模块,用于组织数据模块,可以按不同用户需求组织不同的出版物(组织的结构和顺序可能会有所不同)。各数据模块在公共源数据库中独立存在,可以被各出版模块重复引用。数据模块之间可以实现引用,以避免数据的不一致,实现数据重用。

S1000D 标准是 IETM 系统开发的标准,有关数据模块以及数据模块中引用的插图、视频、动画等也可转化为训练系统的课件内容。图 9-25 给出了 IETM 数据模块与训练系统课件的联系示意。

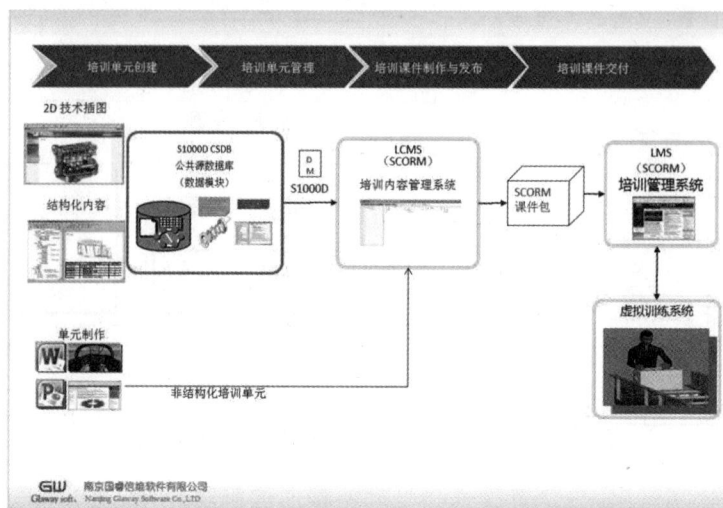

图 9-25　IETM 数据模块与训练系统课件的联系

第10章 技术保障设计

10.1 概 述

10.1.1 舰船技术保障的含义

舰船技术保障,是指为保持、恢复舰船完好技术状态和改善、提高舰船性能,以便遂行作战、训练、执勤和其他任务而采取的技术措施及组织实施的相应活动的统称。其内涵为:一是技术保障包括相应的管理活动,这些活动包括计划管理、技术管理、质量管理、人员管理、器材管理、信息管理、经费管理、安全管理等;二是技术保障是有明确军事目的的一种军事活动,保持、恢复技术状态是过程,重要的是保障舰船遂行作战、训练、执勤和其他任务;三是技术保障有改善和提高舰船性能的基本职能。技术保障实践中积累的丰富经验和大量的维修、器材等信息资料,直接为新型舰船论证研制阶段技战术性能的改进设计,以及提高舰船的可靠性、维修性、保障性、测试性、安全性和环境适应性等提供了可靠依据。本书仅涉及技术保障中设计相关的技术措施、技术管理等内容。

10.1.2 舰船技术保障的设计范围

舰船技术保障的设计范围主要包括状态监测、在航保障、等级修理和远程技术支援等,如图 10-1 所示。

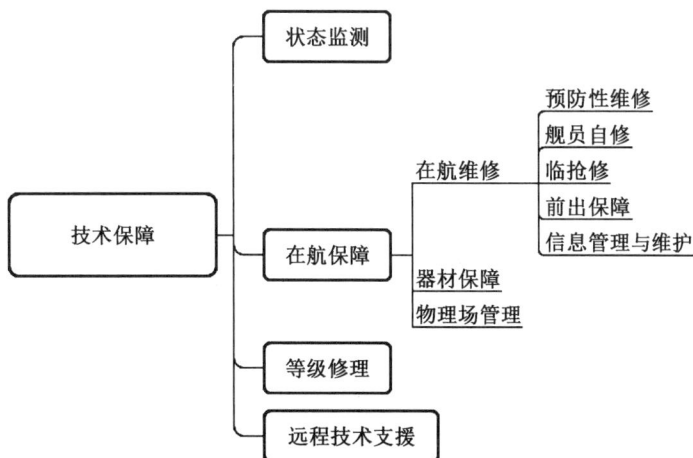

图 10-1 技术保障分类

10.2 状态监测技术

10.2.1 舰船状态监测的内涵及监测技术要求

1.内涵及技术现状

舰船装备状态监测技术是指为装备维修实施提供决策依据而开展的对装备技术状态按一定方式进行检测的工作,其主要任务是及时、全面、准确地掌握装备技术状态,为确定装备维修的时机、范围和质量提供依据。形式上分为在线监测和离线监测。在线监测主要是实时获取舰上系统、设备的运行技术状态及故障信息,故必须对系统、设备提出接口协议要求;或者在系统、设备内部嵌入在线监测装置进行读取。离线监测目前在国内技术保障中应用较为广泛,包括红外监测、振动监测等。图 10-2 所示为舰船上使用的典型离线监测设备分类。

装备状态监测是基于状态的维修(CBM)的基础,它是一种以对装备的运行状态进行探测和分析为基础,并根据装备的技术状态确定其是否需要维修和如何进行维修的维修方式。其最根本的特征是通过嵌入式传感器、外部测试设备以及便携式测量装置,实时或近乎实时地测量装备的技术状态信息并评估装备的技术状态,及时预测装备的剩余寿命或距离下次故障发生之间的可工作时间,判定装备是否需要维修和何时维修。基于状态的维修其目标不仅在于当装备需要维修时才对装备实施维修,从而降低维修保障费用,还能够最大限度地保证装备保持规定的安全性、可靠性、可用性,并减少维修工作量和人为差错。

装备状态监测同时也是装备状态综合评估的基础,通过对反映装备潜在故障的可检测参数的持续跟踪,并利用反映故障征兆的参数判据,发现潜在故障状态。它以系统工程理论、状态监测与故障诊断理论以及这些理论的工程应用经验为指导,以先进计算机技术和人工智能技术为支撑,以信息网络为依托,依据装备设计建造时的固有特性信息,并通过收集、挖掘、融合与智能化处理装备任务信息、监控管理系统数据和其他由人工输入的各类相关信息,在总体、系统、设备等多个层面上,对装备技术状态进行准确评估,为装备的作战使用、维修及保障提供决策依据和技术指导。

状态监测技术源于美国,1967 年 4 月,美国海军研究室主持成立了美国机械故障预防小组,专门负责监测诊断技术的研究和应用,先后制定了"潜艇监测和维修计划"及"水面舰船系统和装备监测计划",在舰船维修保障方面起到了重要的作用。

国内海军对舰船装备的监测技术较为重视。20 世纪 80 年代起就将监测技术应用于舰船装备,经过多年的实践,可以从红外、振动、油液、无损探伤、腐蚀监测、热工参数及电气设备监测等多个方面对舰船设备进行监测诊断。在新一代舰船装备研制中,开发出一些机内自动检测设备,故障定位到可更换单元。这些举措提高了舰船装备的维修能力,使舰船保持了较高的在航率。图 10-2 给出了离线监测设备分类。

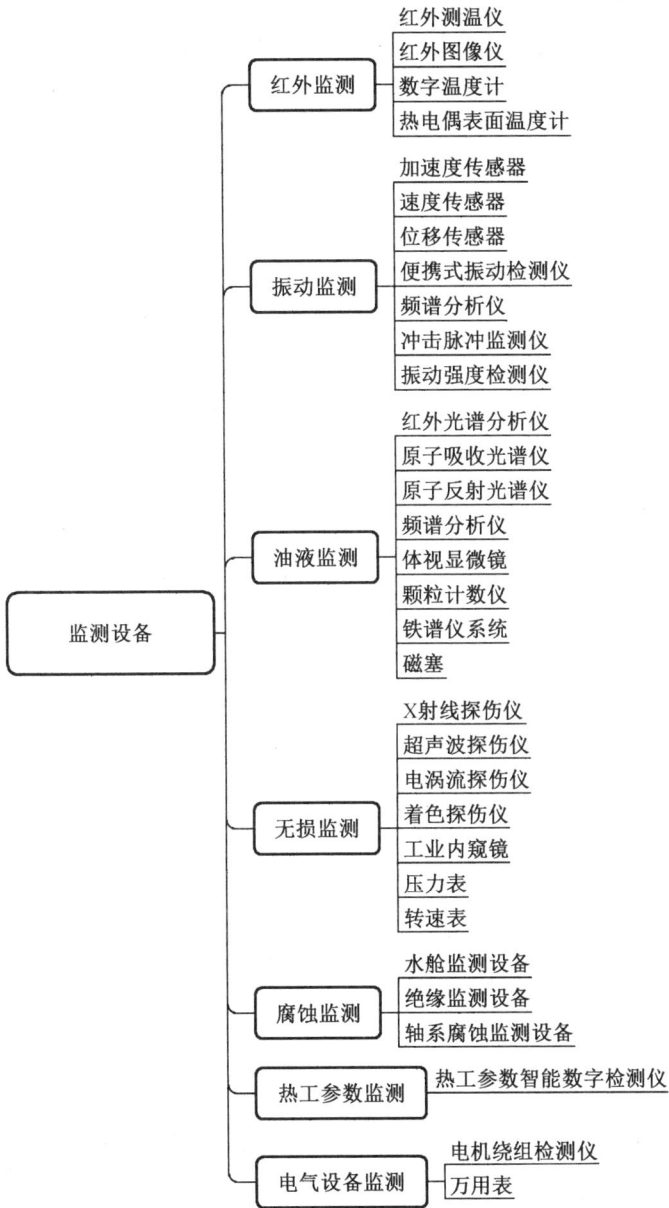

图 10-2 离线监测设备分类

2. 舰船装备监测技术需求

舰船装备组成类型众多,数量庞大,不同装备设计原理、装备构成不同,故障模式也不相同,其维修监测技术保障、模式均不相同。对不同装备进行维修监测技术保障需求分析的基本思路是对其可能的故障模式进行分析,以满足其维修需要为目的。表 10-1 是以动力系统、电力系统、船舶保障系统、船舶装置为例进行的监测需求分析列表,并给出了各类监测、检测技术需求。

表 10-1　监测、检测技术需求表

系统	设备	红外	振动	油液	无损	腐蚀	热工	电气
动力系统	主锅炉	√			√	√	√	
	主汽轮机		√	√	√		√	
	主减速齿轮箱		√	√	√		√	
	汽轮燃油泵		√	√	√		√	
	电动燃油泵				√	√		√
	……							
电力系统	柴油发电机组	√	√	√	√			√
	电站监控台	√						√
	……							
船舶保障系统	冷水机组		√					
	海水泵		√					
	管路					√		
	……							
船舶装置	液压锚机		√	√				
	……							
……	……							

10.2.2　红外监测

1. 红外波长

在太阳光谱中,存在一种看不见的具有强烈热效应的辐射波,称之为红外线。其波长范围为 0.75~1 000 μm,其中,0.75~3 μm 为近红外波,3~6 μm 为中红外波,6~15 μm 为远红外波,15~1 000 μm 为超远红外波。利用红外波热辐射特性监测、诊断装备状态的技术称为红外监测技术。

2. 红外监测原理

任何物质的原子、分子、电子都在做热运动,当其高于绝对零度(-273.15 ℃)时,都以电磁波的形式向外辐射能量。一般情况下,它们仅处于能量最低的运动状态(基态),在外界干扰下,原子、分子、电子接受适当的能量进入高能量的运动状态(激发态),这种状态不稳定,还会恢复到低能量状态。当物质由高能量状态向低能量状态跃迁时均会辐射电磁波,它以光子形式带走能量。普朗克利用光量子理论导出了红外辐射能、温度和波长之间的关系,即著名的普朗克定律:

$$W_{\lambda_b} = C_1 \lambda^{-5} (e^{C_2 / \lambda T} - 1)^{-1} \tag{10-1}$$

式中　C_1——第一辐射常数,3.74×10^{-16} W·m²;

　　　C_2——第二辐射常数,1.44×10^{-2} m·K;

　　　λ——波长,m;

T——黑体绝对温度,K。

根据文献[79],推出了温度与红外波峰值波长之间的关系,见表10-2。

表 10-2 温度与红外波峰值波长之间的关系

温度/℃	峰值波长/μm	波段
693~3 540	0.76~3	近红外
210~693	3~6	中红外
-80~210	6~15	远红外
-270~-80	15~1 000	超远红外

常见的红外监测仪器有红外点温计、红外热像仪,其中最关键的部分是红外敏感元,它把所接受的红外辐射变换成易于测量的电量,如果测出其辐射强度,即可算出其温度,这就是红外监测技术的原理。

3. 红外监测案例

红外监测技术在舰船装备技术状态监测中广泛应用,可用于电气设备故障监测、机械磨损、联轴器不对中等监测。图 10-3 所示为红外热像仪监测设备的温度场。

图 10-3 红外热像仪监测设备的温度场

10.2.3 振动监测

1. 振动监测基础

(1)基本概念

机械振动是指装备系统在其平衡位置做往复运动,以便与声波、光波和电磁波等非机械振动区别开来。舰船上机械设备、机电设备存在大量的振动问题,如回转零件制造的误差,运动零部件的间隙、摩擦,回转件的不平衡、不对中等均会引起振动。另外,设备零部件的表面磨损、产生的裂纹等也会引起振动加剧,因此有必要对舰上机械设备进行振动监测。

所谓振动监测,就是以系统在某种激励下的振动响应作为信息源,通过测量振动位移、速度和加速度等物理量,对其进行分析处理,应用诊断理论对其运行状态进行判断,以指导维修决策的一种监测方法。对于故障设备,给出故障产生的原因、部位和严重程度;对于无故障设备给出其状态预测,保持其在舰上运行的状态,不进行拆检修理。

（2）机械振动分类

①按振动系统的输入不同,分为以下三类:

A. 自由振动,即系统初始干扰取消后产生的振动;

B. 强迫振动,即系统在外力作用下引起的被迫振动,如不平衡、不对中等引起的振动;

C. 自激振动,即没有外力的作用下,系统自身激励引起的振动,如油膜振荡、喘振。

②按振动频段分为低频振动（≤ 10 Hz）、中频振动（10 Hz ~ 1 kHz）和高频振动（>1 kHz）。

③按振动的运动规律分为确定性振动、随机振动,如图 10-4 所示。

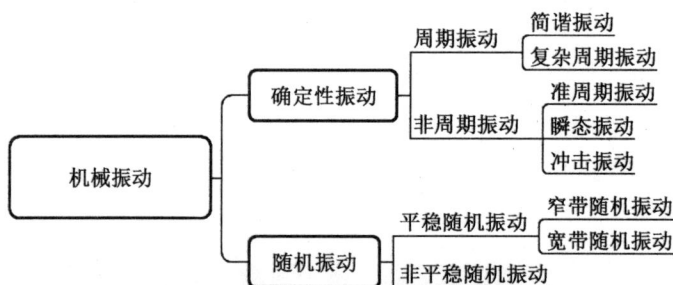

图 10-4　机械振动分类

（3）简谐振动

简谐振动是机械设备的某个物理量(位移、速度、加速度)按照正弦函数(或余弦函数)规律变化的振动,其数学表达式为

$$x = A\sin\left(\frac{2\pi}{T}\,t + \varphi\right) \tag{10-2}$$

式中　A——振幅,振动的强度,可表示位移、速度、加速度大小;

　　　T——周期,令 $\omega = \frac{2\pi}{T}$,其中 ω 为圆频率(角频率);

　　　$\omega t + \varphi$——相位;

　　　φ——初相位。

（4）振动三要素

①幅值

振动幅值是描述振动设备偏离其平衡位置大小的物理量。振动的幅值反应振动的强弱,用来判断设备的运行状态。振动测量中,一般用峰值、有效值或平均值等参数进行度量。

②频率

单位时间内完成振动的次数称为频率,单位为 Hz=CPS（每秒转数）,r/min 表示每分钟转数,c/min 表示每分钟圈数。以转速的整数倍表示频率时,其倍数称为阶或阶次。例如转速的 1 倍表示:阶次 = 1X;转速的 2 倍表示:阶次 = 2X,以此类推。例如,f = 5 Hz = 5 c/s,表示每秒旋转 5 周,或每秒周期内循环 5 次,或表示转速 = 5 Hz 或 300 r/min。

③相位

相位表示两个振动物体(部位)的相对运动方向,常用来分析振动模式,判定故障模式时用相对相位表示,如双通道的相位差角度。当两个物体相位相同,相位差为 0°或 360°时,称为同相振动;当两个物体振动相位相反,相位差为 180°时,称为反相振动。

(5)时域分析

信号在时间域内的统计分析称为时域分析。时域分析中,波形图的纵坐标为被测设备的幅值,横坐标为时间,时域波形图如图 10-5 所示。通过时域波形图可直观分析振动的大小和形态,识别冲击、碰磨、调制等异常振动现象。时域分析中有关统计量说明如下。

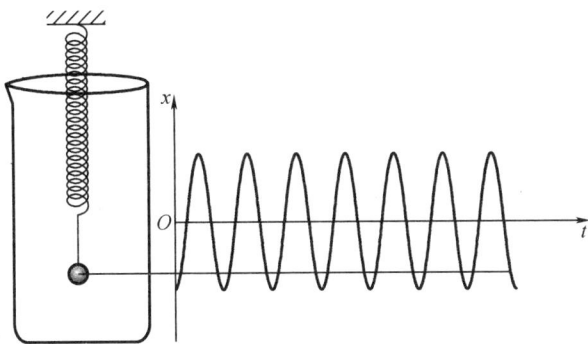

图 10-5　时域波形图

①有量纲振动特征量

有量纲振动特征量包括峰值、峰峰值、平均值、有效值、歪度、峭度、烈度等,前四项指标示意如图 10-6 所示。有关的数学公式如下:

峰值 x_p

$$x_p = \left| x(t) \right|_{max} \tag{10-3}$$

峰峰值 x_{p-p}

$$x_{p-p} = x_{max} - x_{min} \tag{10-4}$$

平均值 x_{AV}

$$x_{AV} = \lim_{T \to \infty} \frac{1}{T} \int_0^T x(t)\,dt \tag{10-5}$$

有效值 x_{rms}

$$x_{rms} = \sqrt{\lim_{T \to \infty} \frac{1}{T} \int_0^T x^2(t)\,dt} \tag{10-6}$$

歪度 α

$$\alpha = \lim_{T \to \infty} \frac{1}{T} \int_0^T x^3(t)\,dt = \int_{-\infty}^{+\infty} x^3(x) p(x)\,dx \tag{10-7}$$

式中,$p(x)$ 为 $x(t)$ 的概率密度函数。

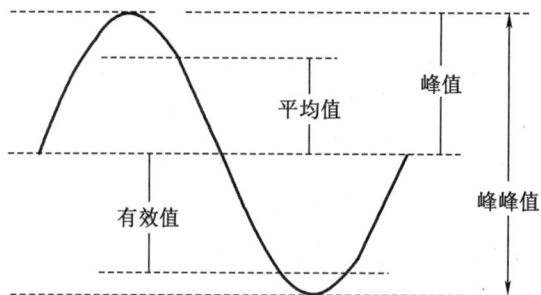

图 10-6　有关振动特征量示意图

峭度 β

$$\beta = \lim_{T \to \infty} \frac{1}{T} \int_0^T x^4(t)\, dt = \int_{-\infty}^{+\infty} x^4(x) p(x)\, dx \tag{10-8}$$

烈度 v_{rms}

在旋转机械的振动标准中,通常使用振动烈度(vibration severity)定义为振动速度的均方根值,如式(10-9)所示。

$$V_{rms} = \sqrt{\frac{1}{T} \int_0^T V^2(t)\, dt} \tag{10-9}$$

式中　V_{rms}——振动速度的均方根值(有效值),mm/s;

$V(t)$——振动速度随时间变化的函数,mm/s;

T——测量周期,s。

$$V_S = \sqrt{\left(\frac{\sum V_X}{N_X}\right)^2 + \left(\frac{\sum V_Y}{N_Y}\right)^2 + \left(\frac{\sum V_Z}{N_Z}\right)^2} \tag{10-10}$$

式中　V_S——振动烈度,mm/s;

V_X,V_Y,V_Z——X、Y、Z 三个相互垂直方向上振动速度的有效值,mm/s;

N_X,N_Y,N_Z——X、Y、Z 三个方向上的测点数。

②无量纲振动特征量

波形指标 K

$$K = \frac{x_{rms}}{x_{AV}} \tag{10-11}$$

峰值指标 C

$$C = \frac{x_p}{x_{rms}} \tag{10-12}$$

脉冲指标 I

$$I = \frac{x_p}{x_{AV}} \tag{10-13}$$

裕度指标 L

$$L = \frac{x_p}{x_r} \tag{10-14}$$

式中

$$x_r = \left[\lim_{T \to \infty} \frac{1}{T} \int_0^T \sqrt{\mid x(t) \mid} \, dt \right]^2$$

（6）频域分析

频域分析是指时域信号通过傅里叶变换成频域信号，即横坐标为频率、纵坐标为幅值或相位，如图 10-7 所示。频域分析是确定信号的频率结构，即信号中包含哪些频率成分，对应的幅值大小，或者是获得信号的频率结构和谐波幅值、相位信息。在谐波中，方头符号为基频，即转子转频（如 1 785 r/min），三角表示基频的整数倍频率，以 1X、2X、3X 等表示 1 倍频、2 倍频、3 倍频等。不同部件、不同故障会产生自己特有的频谱。转子的不平衡故障将产生与转子速度的同频振动，即 1 倍频（工频），或 1X。联轴器平行不对中会产生 2 倍频等。

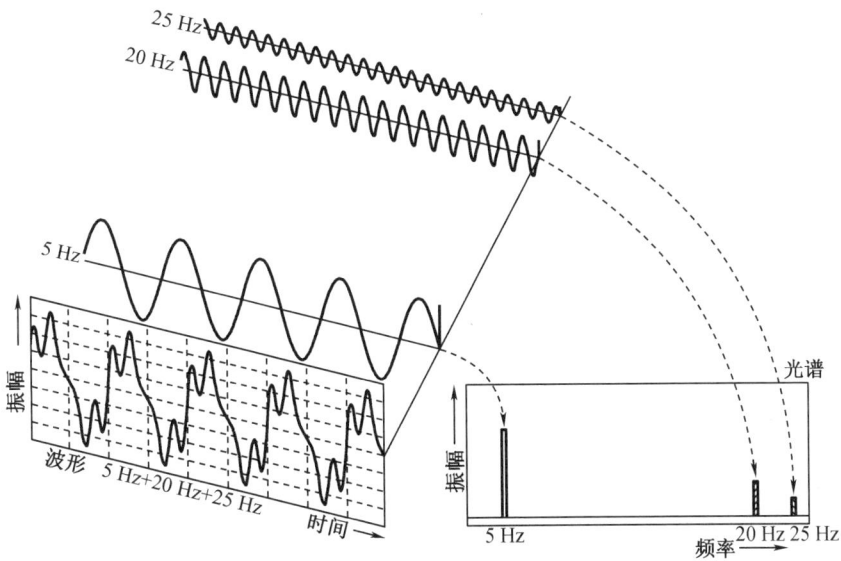

图 10-7　信号的频域图

2. 常用机电设备故障诊断与振动监测

振动监测的故障诊断分析法可对旋转及往复机械故障类型进行准确的诊断，如转子不平衡、轴系不对中、转子部件或支承部件松动、齿轮缺陷、油膜涡动、轴弯曲、轴横向裂纹、滑动轴承不良（间隙过大、磨损严重、刚度差异大、轴颈偏心、瓦面接触差、瓦背紧力不足、可倾瓦摇摆性差等）、摩擦、结构共振、旋转失速及喘振、流体激振、电磁力激振、临界转速、联轴器缺陷、齿轮缺陷、滚动轴承缺陷等。本书参考文献[81-82]，仅对三种典型的振动监测进行分析。

（1）不平衡

旋转机械中转子的不平衡，是转子质量分布不均匀所造成的，不平衡的那部分质量在转动中会产生离心力，离心力随着不平衡质量的旋转而引起振动。振动再传到轴承上，使轴承上的各点每旋转一周承受一次作用力。不平衡分为静不平衡、偶不平衡和动不平衡。另外从结构和安装形式上又分为悬臂转子不平衡和立式转子不平衡。

静不平衡是回转部件的质量中心与其几何回转中心不同心时,沿径向产生离心力的作用而产生;偶不平衡是当转子直径小于厚度的 5~10 倍时,一个圆柱体可能有两块相等的质量配重在重心两边的对称位置上,此时转子处于静平衡状态,不存在重心偏离转轴的问题,但是当转子回转时会产生力偶,使转子产生振动;动不平衡是静平衡和偶平衡的组合。引起不平衡的原因主要分为三类:转子的制造误差、装配误差以及材质不均匀等造成的原始不平衡;转子积垢,粉尘不均匀沉积、转子的不均匀摩擦等造成的渐发性不平衡;转子上的零件脱落、叶轮上异物附属、卡塞等引起的突发性不平衡。

以静不平衡为例,监测波形上表现为基频(工频、1 倍频)有稳定的高峰,其他倍频幅值较小;通常水平方向的幅值大于垂直方向的幅值;水平方向和垂直方向的相位相差接近90°。典型静不平衡频域图如图 10-8 所示。

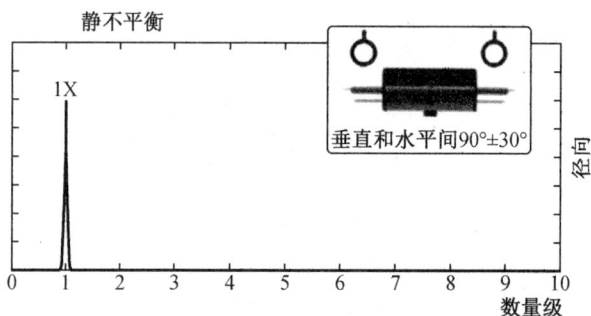

图 10-8　典型静不平衡频域图

(2)不对中

舰上大型机组如主推进机组、发电机组和轴系等系统的转子构成中包含多个转子及联轴器,两个相连接的转子轴线不平行或不重合,一个或多个轴承安装倾斜或偏心,即为不对中。造成不对中的原因可能是装配不当、对准不够、热膨胀、基础沉降或联轴器死锁等。转子不对中包括轴承不对中和轴系不对中。轴系不对中又分为平行不对中、角度不对中和平行角度不对中。

以平行不对中为例,波形图中径向振动大,径向 1X、2X、3X 甚至 4X、5X 倍频处有稳定的高峰,特别是 2X 分量可能超过 1X 分量,3X、4X、5X 等取决于联轴器的类型;联轴器两端轴承径向、轴向相位均为反相;同轴承水平与垂直相位 0° 或 180°。典型平行不对中如图10-9 所示。

(3)机械松动

机械松动分为结构松动、轴承座松动和旋转松动。造成机械松动的原因是安装不良、长期运行造成过度磨损、基础或基座螺母松动、旋转部分与固定部分间隙过大等。结构松动以 1X 分量为主;轴承座松动的时域波形不是稳定的周期波形,频域中突出 2X,有 0.3X,甚至 X/3、X/4,相位不稳定;滚动轴承的旋转松动的频域中出现大量的高次谐波,故障严重时还会出现 X/3、X/4 倍频分量。图 10-10 所示为某滚动轴承的旋转松动频域图。

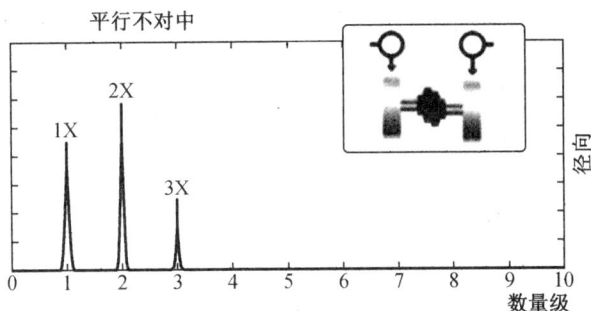

图 10-9 典型平行不对中频域图

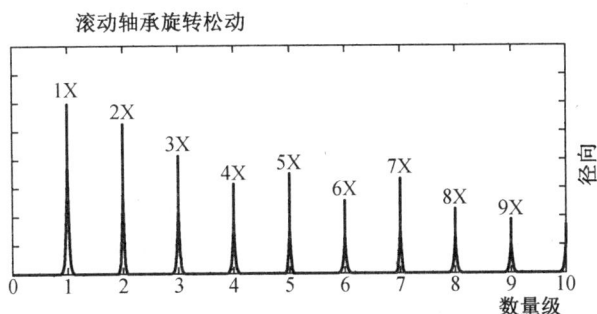

图 10-10 某滚动轴承的旋转松动频域图

3. 常用振动监测标准

国际上在振动标准制定方面有两个权威机构:一个是国际标准化组织(ISO);另一个是国际电工委员会(IEC)。国内外振动标准主要有 ISO 2372、ISO 3945、ISO 10816 系列、GB/T 16301 等,介绍如下,详细说明见文献[88]。

(1)ISO 2372

该标准于 1974 年颁布,适用于工作转速 600~12 000 r/min,在轴承座上测量,振动频率在 10~1 000 Hz 范围内机器振动烈度的等级评定。该标准将机器分为 4 类:第一类为固定的小型机器或固定在整机上的小电机,功率小于 15 kW;第二类为无专用基础的中型机器,功率为 15~75 kW,刚性安装在专用基础上的功率小于 300 kW 的机器;第三类为刚性或重型基础上的大型旋转机械,基座在测量方向上相对是刚性的;第四类为轻型结构基础上的大型旋转机械,基座在测量方向上是柔性的。

每类机器有 A、B、C、D 四个等级,A=优良,新机组;B=合格,可长期运行;C=尚可,可短期运行,必须采取措施;D=不许,停机检修。ISO 2372 推荐的评定标准见表 10-3。

表 10-3 ISO 2372 推荐的评定标准

振动烈度分级范围		各类机器的级别			
振动烈度 /(mm/s)	噪声级/dB	第一类	第二类	第三类	第四类
0.18~0.28	85~89	A	A	A	A
0.28~0.45	89~93	A	A	A	A
0.45~0.71	93~97	B	A	A	A
0.71~1.12	97~101	B	A	A	A
1.12~1.8	101~105	B	B	A	A
1.8~2.8	105~109	C	B	B	A
2.8~4.5	109~113	C	C	B	A
4.5~7.1	113~117	D	C	C	B
7.1~11.2	117~121	D	C	C	B
11.2~18	121~125	D	D	C	C
18~28	125~129	D	D	D	C
28~45	129~133	D	D	D	D
45~71	133~139	D	D	D	D

（2）ISO 3945

该标准于 1985 年颁布,适用于大型旋转机械振动烈度等级评定,包括电动机、汽轮机、燃气轮机等,功率大于 300 kW,转速为 600~12 000 r/min。ISO 3945 推荐的评定标准见表 10-4。

表 10-4 ISO 3945 推荐的评定标准

振动烈度		支承类型	
振动烈度/(mm/s)	噪声级/dB	刚性支承	柔性支承
0.46~0.71	93~97	良好	良好
0.71~1.12	97~101	良好	良好
1.12~1.8	101~105	良好	良好
1.8~2.8	105~109	满意	良好
2.8~4.6	109~113	满意	满意
4.6~7.1	113~117	不满意	满意
7.1~11.2	117~121	不满意	不满意
11.2~18	121~125	不容许	不满意
18~28	125~129	不容许	不容许
28~71	129~139	不容许	不容许

（3）ISO 10816 系列

ISO 10816 系列标准颁布年代不一，总题目为《机械振动——在非旋转部件上测量和评价机器振动》，它取消并代替了 ISO 2372、ISO 3945。有关往复式机械的振动等级评定见表 10-5。

表 10-5　ISO 10816 给出的往复式机械振动等级评定（频段 2~1 000 Hz）

振动烈度级	总体振动均方根容许值			机械振动分类						
	位移/mm	速度/(mm/s)	加速度/(m/s²)	1	2	3	4	5	6	7
1.1	17.8	1.12	1.76							
1.8	28.3	1.78	2.79	A/B						
2.8	44.8	2.82	4.42		A/B					
4.5	71	4.46	7.01			A/B	A/B			
7.1	113	7.07	11.1	C				A/B	A/B	
11	178	11.2	17.6		C					A/B
18	283	17.8	27.9			C				
28	448	28.2	44.2				C			
45	710	44.6	70.1	D				C		
71	1 125	70.7	111		D	D			C	
112	1 784	112	176				D	D		C
180	>1 784	>112	>176						D	D

（4）GB/T 16301—2008

《船舶机舱辅机振动烈度的测量标准》（GB/T 16301—2008）是针对船舶汽轮发电机、柴油发电机、压缩机、泵、通风机、制冷机和电机等机舱辅机振动烈度提出的测量方法和评价标准。该标准将船舶辅机分为五类：第一类是功率小于 15 kW 的旋转机器；第二类是功率为 15~75 kW 的旋转机器；第三类是功率大于 75 kW 的旋转机器；第四类是功率不大于 75 kW 的往复式机器；第五类是功率大于 75 kW 的往复式机器。机器的振动烈度分为 4 级：A 级为优良工作状态；B 级为良好工作状态；C 级为合格工作状态；D 级为不合格工作状态。具体见表 10-6、表 10-7。

表 10-6　舰船机舱辅机在弹性支承安装方式下的振动烈度等级判别表

振动烈度限值 /(mm/s)	机舱辅机类型				
	第一类	第二类	第三类	第四类	第五类
0.28					
0.45					
0.71	A	A			
1.12			A	A	
1.8	B				A
2.8		B			
4.5	C		B		
7.1		C		B	
11.2			C		B
18				C	
28	D				C
45		D	D		
71				D	
112					D

表 10-7　舰船机舱辅机在刚性支承安装方式下的振动烈度等级判别表

振动烈度限值 /(mm/s)	机舱辅机类型				
	第一类	第二类	第三类	第四类	第五类
0.28					
0.45	A				
0.71		A	A		
1.12	B			A	A
1.8		B			
2.8	C		B		
4.5		C		B	
7.1			C		B
11.2				C	
18					C
28	D	D			
45			D	D	
71					D
112					

4.机械设备监测案例

2018 年 5 月,在某次等级修理修前勘验中,对某电动泵进行了振动测试,部分频谱图、时域图如图 10-11、图 10-12 所示。测试结果表明:振动速度有效值、谱图均正常,设备状态良好,暂不纳入本次等级修理。

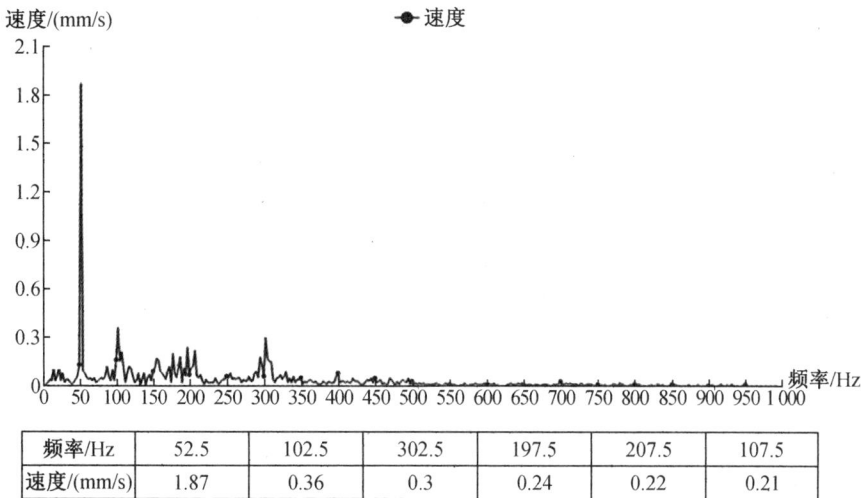

频率/Hz	52.5	102.5	302.5	197.5	207.5	107.5
速度/(mm/s)	1.87	0.36	0.3	0.24	0.22	0.21

图 10-11　某电动泵频谱图

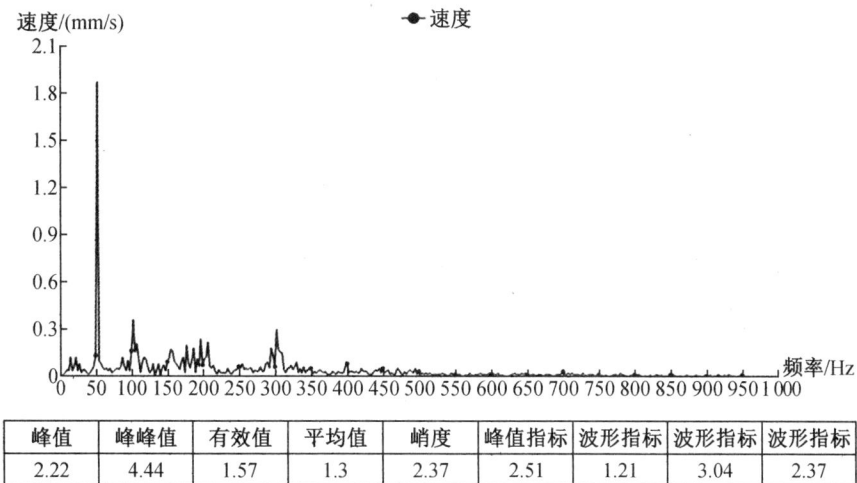

峰值	峰峰值	有效值	平均值	峭度	峰值指标	波形指标	波形指标	波形指标
2.22	4.44	1.57	1.3	2.37	2.51	1.21	3.04	2.37

图 10-12　某电动泵时域图

10.2.4　油液监测

1.概述

油液监测技术是通过对被监测设备的润滑剂(或工作介质)特性变化及携带的磨损微粒情况进行测量分析,评价和预测设备的工作状态和故障,确定故障原因和类型,从而指导设备的状态维修和润滑管理。通过油样分析,可以得到以下信息:

(1)磨粒的浓度和颗粒大小反映了设备磨损的严重程度;

(2)磨粒的大小和形貌反映了设备磨损产生的原因;

(3)磨粒的成分反映了磨粒产生的部位,即设备零部件的磨损部位。

在机械故障诊断领域,主要有油液光谱分析、油液铁谱分析,有时也包括磁塞分析技术。这些技术对磨屑颗粒感知敏感的尺寸范围不一样,油液光谱分析检测的尺寸范围为 $0.1 \sim 10~\mu m$,油液铁谱分析检测的尺寸范围为 $1 \sim 100~\mu m$,磁塞检测可达上百微米。油液分析一般分为两大类:一类是油液光谱分析润滑本身的常规理化分析;另一类是对油中的颗粒进行光谱分析、铁谱分析、颗粒计数等。图 10-13 所示为油品分析示意图。

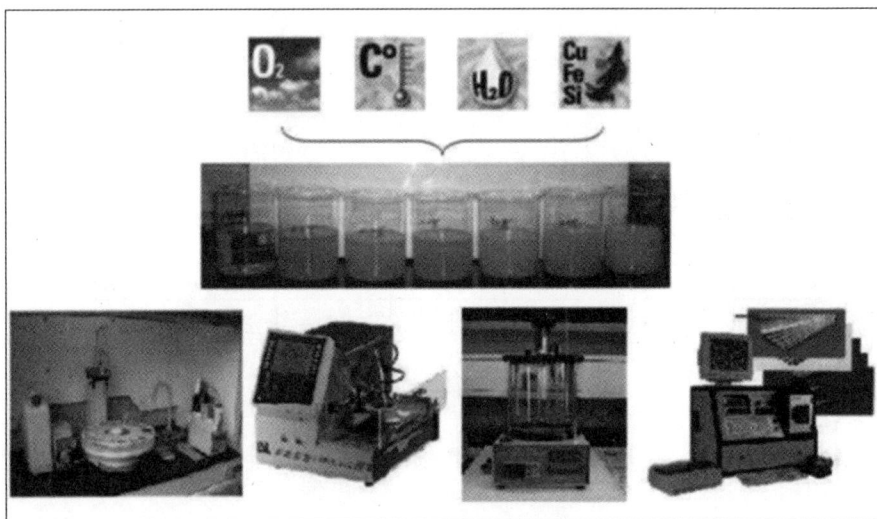

图 10-13　油品分析示意图

2. 油液光谱分析

油液光谱分析是指利用油样中含有金属元素的原子在高压放电或高温火焰燃烧时,原子核外的电子吸收能量跃迁到高能级轨道,而这种状态不稳定,又从高能级回到原来的能级轨道,同时以光子的形式将吸收的能量辐射出去,不同元素辐射的波长不一样,经光栅分光可检测出金属元素的种类和浓度含量,从而推断出这种元素的磨损发生部位和严重程度。如油液中有铜的成分浓度异动,可判断轴承存在磨损隐患。

在实践中,人们总结出各种元素的来源,参照文献[79],元素的来源见表 10-8。

表 10-8　润滑油中元素的来源

元素	符号	元素来源
铁	Fe	气缸套、阀门、活塞环、轴承、弹簧、曲轴、锁圈、螺母、螺杆
银	Ag	轴承保持器、主轴、齿牙
铝	Al	衬垫、垫片、垫圈、往复式发动机活塞、连杆瓦、轴承保持器、行星齿轮等
铬	Cr	表面金属镀层、密封环、轴承保持器、钢套
铜	Cu	止推块、轴瓦、油冷器、齿轮、阀门、垫片、铜冷却器的泄漏

表 10-8（续）

元素	符号	元素来源
镁	Mg	海水或冷却水泄漏到油中的镁离子、油添加剂
钠	Na	冷却系统泄漏、油脂、进海水时带入的钠离子
镍	Ni	轴承材料、燃气轮机的叶片、阀类材料
铅	Pb	轴承材料、密封件、焊料、漆料、油脂
硅	Si	空气中带入的尘土、密封件、添加剂
锡	Sn	轴承材料、衬套材料、活塞销、活塞环、油封、焊料
钛	Ti	喷气发动机的活塞环、电动马达、油添加剂
硼	B	密封件，空气中带入的尘土、水，冷却系统泄漏、油添加剂
钡	Ba	油添加剂、油脂、冷却系统泄漏
镁	Mo	柴油发动机活塞环、电动马达、油添加剂
锌	Zn	黄铜制的部件、氯丁橡胶密封件、油添加剂、油脂、冷却系统泄漏
钙	Ca	油添加剂、油脂、冷却系统泄漏
磷	P	油添加剂、冷却系统泄漏
锑	Sb	轴承合金、油脂
锰	Mn	阀、喷油嘴、排气和进气系统

3. 油液铁谱分析

自 20 世纪 70 年代初，第一台铁谱仪在美国问世后，各国开发了多种形式的铁谱仪和与之配套的分析仪器，广泛用于油液监测分析中。铁谱分析技术的实质是利用高梯度的强磁场作用，将机械系统摩擦副中产生的磨损颗粒从润滑油样中分离出来，并使其按照尺寸大小依次沉积在透明载体上，并制成铁谱片，然后置于铁谱显微镜上进行观察的一种分析技术。铁谱分析的过程包括采样、制谱、观察分析并得出结论。

10.2.5　无损检测

无损检测是一种以不损害被检测对象的使用性能为前提，应用多种物理原理和化学现象，对各种材料、零部件、管路及装备进行缺陷检测的检验方法。无损检测在舰船装备制造、修理、使用和维护过程中得到广泛的应用。传统的无损检测技术包括超声波检测、声发射检测、涡流检测、射线检测、磁粉检测等。新型的无损检测技术包括静电传感器技术、空气耦合技术、电磁声传感器技术、激光超声方法、磁致伸缩传感器方法、混合超声技术等。本书仅对传统的无损检测技术进行介绍。

1. 超声波检测

超声波是一种质点振动频率高于 20 kHz 的机械波，人耳可听到的声波范围大致在 16 Hz~20 kHz。低于 16 Hz 的称为次声波，如地震、台风等。无损检测用于探伤的超声波频率为 200 kHz~25 MHz，其中用得最多的是 0.5~10 MHz。超声波检测所用的高频超声波是在压电材料（如石英、钛酸钡、锆钛酸铅和硫酸锂等晶片）上施加高频电压后产生的。晶片的上下两面都镀上很薄的银层作为电极。

超声波的发生和接收机理为：在电极上加上高频电压后，晶片就在厚度方向产生伸缩。这样可以将电的振荡转换为机械振动，并在介质中进行传播。反之，将高频机械振动的超声波传到晶片上时使晶片发生振动。当超声波传到缺陷被检物底面或者异种金属结合面处的不连续部分时，会发生反射。根据反射波的延时与衰减情况，就可获得被检测装备内部缺陷的位置、大小等检测信息。

2. 声发射检测

构件在外力或内力作用下会产生变形或裂纹，以弹性能的形式释放应变能的现象称为声发射。由于不少金属材料在变形或断裂时发出的声音微小，需要借助仪器才能检测出来，这种利用声发射信号推断发射源的技术称为声发射检测技术。该技术一般用于舰上结构件疲劳裂纹扩展，预测构件的剩余寿命；也可用于舰上压力容器的裂纹检测。

3. 涡流检测

涡流检测是以研究涡流与试件相互关系为基础的一种无损检测方法。当试件被放在通有交变电流的激励线圈附近时，导电的试件表层发生涡电流。电涡流所产生的交变磁场，其磁力线是随时间而变化的，当这些磁力线穿过激励线圈时，在线圈内就会感生出交流电。当试件或线圈按一定速度做相对移动时，根据涡流波形的变化，就可判断出该试件上存在缺陷的种类、形状和大小。图 10-14 所示为涡流探伤原理图。涡流检测一般用于舰上管路、叶片等零部件。

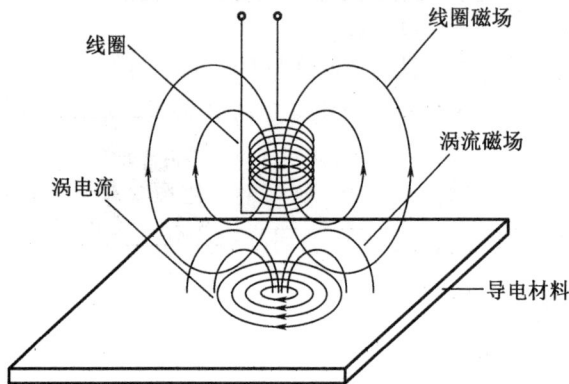

图 10-14　涡流检测原理图

4. 射线检测

射线检测的基础是利用 X 射线或 γ 射线穿透金属，形成正常或缺陷的变化潜影，再通过感光胶片形成缺陷的影像。检测方法有照相检测、实时成像检测、射线层析技术等。主要用于检测铸件的气孔、夹砂、裂纹等；检测焊缝的缺陷如未焊透、裂纹、气孔、夹渣等。

5. 磁粉检测

该技术以对导磁金属产生电磁感应或金属被磁化等物理现象为基础。由于铁磁金属导磁力要比其他物质的导磁力强，因而当被测物体表面或近表面区有裂纹、气孔和夹杂物等缺陷存在时，会阻碍磁力线通过，即缺陷处磁阻增大，致使磁力线产生弯曲现象。当缺陷位于工作表面或近表面时，则磁力线不但会在被测物体内部产生弯曲，而且会有一部分磁力线绕过缺陷和表面在空气中通过,产生漏磁现象。这种漏磁将在被测物体表面产生一对有 S、N 极的局部磁场。这个磁场能吸附磁导率大于空气的磁粉,观察该处堆积的磁粉就可确定被探物体中的缺陷。

10.2.6　腐蚀监测

腐蚀是指所有物质因环境引起的损坏,除化学、电化学之外,还包括机械、生物、物理和它们的联合损坏,例如金属在应力作用下腐蚀,塑料、橡胶的老化,木材的腐烂等,均属于腐蚀的范畴。舰船服役的海洋环境是最为苛刻的腐蚀污损环境,其对材料及构件造成的危害严重影响着舰船的安全服役和技战术性能的有效发挥,由腐蚀污损导致的执行任务失败不胜枚举。20 世纪 80 年代,某部装备仓库内发现大批开关、轴、外露元器件严重腐蚀,几乎不到一年时间就全部不能使用了;某舰上的液压天线,在海上通信联络调试时,因天线筒生锈,天线无法降下,后来只好锯掉;某鱼雷快艇发射鱼雷时出现故障,经检查发现是锈蚀导致的自动发射装置失灵。据报道,美国海军舰船因腐蚀而导致的维修费用占其整个修理费用的三分之一。因此舰船腐蚀监测的设计和管理在舰船全寿命周期内的重要性不言而喻。

参照文献[84],腐蚀监测技术按照测量是否因腐蚀或冲蚀直接受影响,分为直接监测技术和间接监测技术。直接监测技术按照是否接触测量对象分为浸入式和非浸入式,间接监测技术又分为在线监测和离线监测。腐蚀监测技术分类如图 10-15 所示。

舰船腐蚀监测技术应用方面主要有压载水舱的在线监测、外加电流阴极防护法监测、牺牲阳极的阴极保护法监测、异种金属电偶腐蚀绝缘监测、外部热成像监测和舰用推进轴系腐蚀监测等。

10.2.7　热工参数监测

舰船上燃气轮机、汽轮机、柴油机等动力系统的装备经常发生热工故障,以柴油机为例,常见热工故障包括进排气系统的空气滤清器堵塞、进气管路泄漏、排气管路泄漏、中冷器阻塞、喷油正时滞后等。在分析柴油机进排气系统及增压系统相关系统的基础上,表10-9 列出了柴油机基本的热工参数,通过在线实时监测及机器学习训练,能够对柴油机的状态和故障做出判断。

10.2.8　电气设备监测

舰船上电气设备主要包括发电系统、配电系统、电气控制系统等所属的发电机组、配电柜、控制柜等设备。电气设备故障监测比机械设备监测的难度大:一是电气故障表现为突发性,不像机械设备故障那样表现为渐变性;二是电气设备受环境干扰大,如环境温度、湿度、磁场在很大程度上影响故障的发生;三是电气设备微小的变化会导致设备整体性能发生巨大变化。在实践过程中,根据监测的征兆参数不同有各种监测方法,见表 10-10。

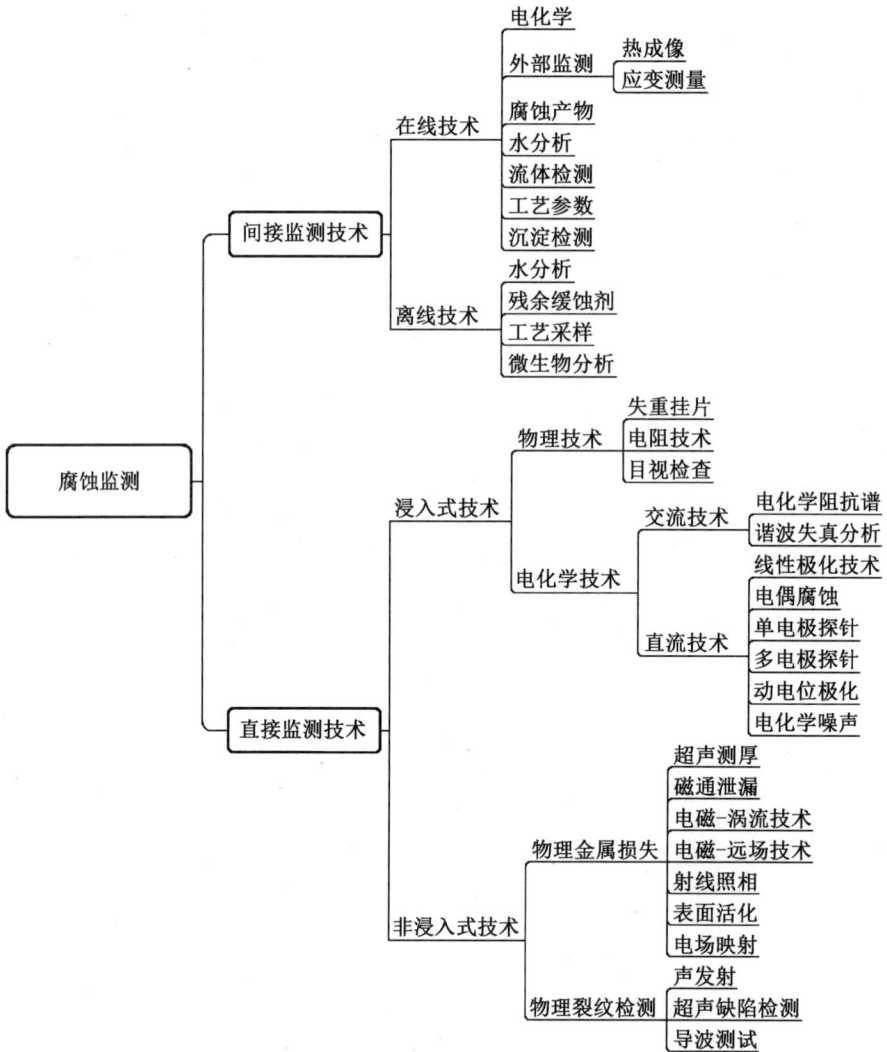

图 10-15 腐蚀监测技术分类

表 10-9 柴油机热工参数符号及含义

编号	参数名称	符号	参数意义
1	压气机进口压力	P_{ci}	反映进气口流通情况
2	压气机进口温度	T_{ci}	反映环境温度
3	压气机出口压力	P_{co}	反映增压器系统的状态
4	压气机出口温度	T_{co}	
5	中冷器出口压力	P_{ao}	反映中冷器的状态
6	中冷器出口温度	T_{ai}	
7	进气管压力	P_{io}	反映进气系统的故障
8	进气管温度	T_{ii}	

表 10-9(续)

编号	参数名称	符号	参数意义
9	最高燃烧压力	P_{max}	反映柴油机燃烧的粗暴程度以及主要固定件和运动件机械负荷
10	最高燃烧温度	T_{max}	
11	排气总管压力	P_{eo}	反映排气系统的故障
12	排气总管温度	T_{eo}	
13	涡轮出口压力	P_{ti}	反映增压器系统的故障
14	涡轮出口温度	T_{ti}	
15	有效功率	N_e	反映柴油机动力性能的好坏
16	燃油消耗率	g_e	反映柴油机经济性能的好坏
17	平均有效压力	P_e	反映柴油机动力性能的好坏

表 10-10　各种参数信号的监测方法

征兆参数	状态监测方法	适用设备
电信号	绝缘监测、直流电压监测、阻抗监测、交流电流频谱分析	电机、蓄电池、低压设备
磁信号	绕组磁通变化法、外部泄磁法	电机、变压器
力学信号	振动监测法	旋转电机
化学信号	油中气体分析法	冲油电气设备
	油液磨粒分析法	柴油发电机组
温度信号	温度传感器法	电机、电子设备
光信号	远红外热像法	电机、变压器
声信号	噪声监测法、超声波信号法	电机、变压器、断路器

10.2.9　监(检)测管理

监(检)测设计在舰船设计中属于舰船综合设计范畴,涉及综合保障、船体、装置、动力、电气及作战各专业设计,归口到综合保障专业的数字装备设计方向,与数字样机设计应同步开展,设计物化结果可划分到装备故障预测与健康管理系统、使用与维修支援系统中。监测管理方面,应建立舰上监测管理制度、加强区域监测站的建设。

10.3　在航保障设计

舰船装备在航技术保障是指舰船装备在航期间,为保证装备的战备完好和正常使用,对使用过程中产生的故障和因执行作战任务而受到的损伤进行的修复技术保障工作,或对可能发生的故障所进行的预防性维修技术保障工作,以及完善装备的保养规程、装备使用信息的收集、物理场的管理、装备状态监测、舰员级培训等技术工作。需要注意的是,控制舰船装备的技术状态是贯穿保障始终的核心技术工作,无论是维修技术保障、装备使用信息收集、物理场的管理、状态监(检)测等,均是围绕舰船装备技术状态控制的目的而展开的工作。

10.3.1　在航维修

在航维修是指舰船航行过程中的维修工作,包括在航预防性维修、基于状态的维修(CBM)、舰员自修、临抢修、远程支援、前出保障和保障管理等工作。在航保障流程图如图10-16所示。舰员自修是指根据舰船自修范围、维修管理规定执行。临抢修是指由中继级和基地级维修人员完成的维修工作。在航维修过程中,前述的综合保障管理系统发挥了重要的作用,负责舰上的维修计划制定、维修任务管理,并与岸上保障信息系统对接。基于状态的维修工作安排则由故障预测与健康管理系统(PHM系统)负责辅助给出。

10.3.2　器材保障

器材保障主要包括器材的编目、筹措、申领、出库、入库、盘存、补给的管理。器材编目是器材保障的基础工作,它需要舰总体单位联合开展器材注册工作,保障器材编码的唯一性。然后进行器材编目及携带标准的编制工作。器材的筹措主要通过岸基信息保障系统完成,包括战储器材、周转器材及基地仓库器材的筹措管理。舰上的器材保障及管理由综合保障管理系统实施。器材保障流程如图10-17所示。

10.3.3　物理场管理

舰船物理场是指舰船本身或舰船同周围环境介质相互作用而形成的某种物理特性的空间分布区域。由于物理场特征可作为测定舰船方位、距离和运动规律的信号源,极易成为敌方导弹、鱼雷、水雷等武器攻击我方舰船的目标输入。为了减小物理场特征被敌方武器攻击的概率,除了在设计上开展舰船隐身性设计外,在舰船技术保障管理方面也需要加强,以便舰船物理场技术状态可控。另外,各国海军舰艇条令上对于物理场的管理有明确的规定,主要包括电磁场、声场、红外场、磁场、水压场和电场等防护和管理。由此可见,舰船装备物理场的管理对于保持舰船军事行动的隐蔽性、有效遂行军事任务、防范敌方侦查和探测、提高舰船生存能力,具有十分重要的意义。

1. 舰船电磁场管理

美国于1992年颁布了MIL-STD-1818《系统电磁环境效应要求》,规定了一系列设备级、系统级电磁环境效应和电磁兼容军用标准,要求三军执行。1997年美国国防部正式将其更改为MIL-STD-464《系统电磁环境效应要求》,全面、系统、合理地提出了系统级电磁兼容性要求,内容涵盖系统与外部高场强电磁环境的适应性;雷电和电磁脉冲效应下系统的适应性;人员、燃油、军械电磁辐射危害的安全限值;分系统和设备电磁兼容要求等,对舰船的电磁环境效应提出了严格的要求,对提高舰船的电磁安全性起到了重要的作用。同时,配合一系列的标准手册,做到了舰船平台电磁环境和系统性能可控。舰船设计中开展电磁兼容设计仿真和试验,建造中编制电磁兼容控制工艺并监督实施,修理和改装中制定电磁兼容性修理规范,保持舰船全寿命周期良好的电磁兼容特性。

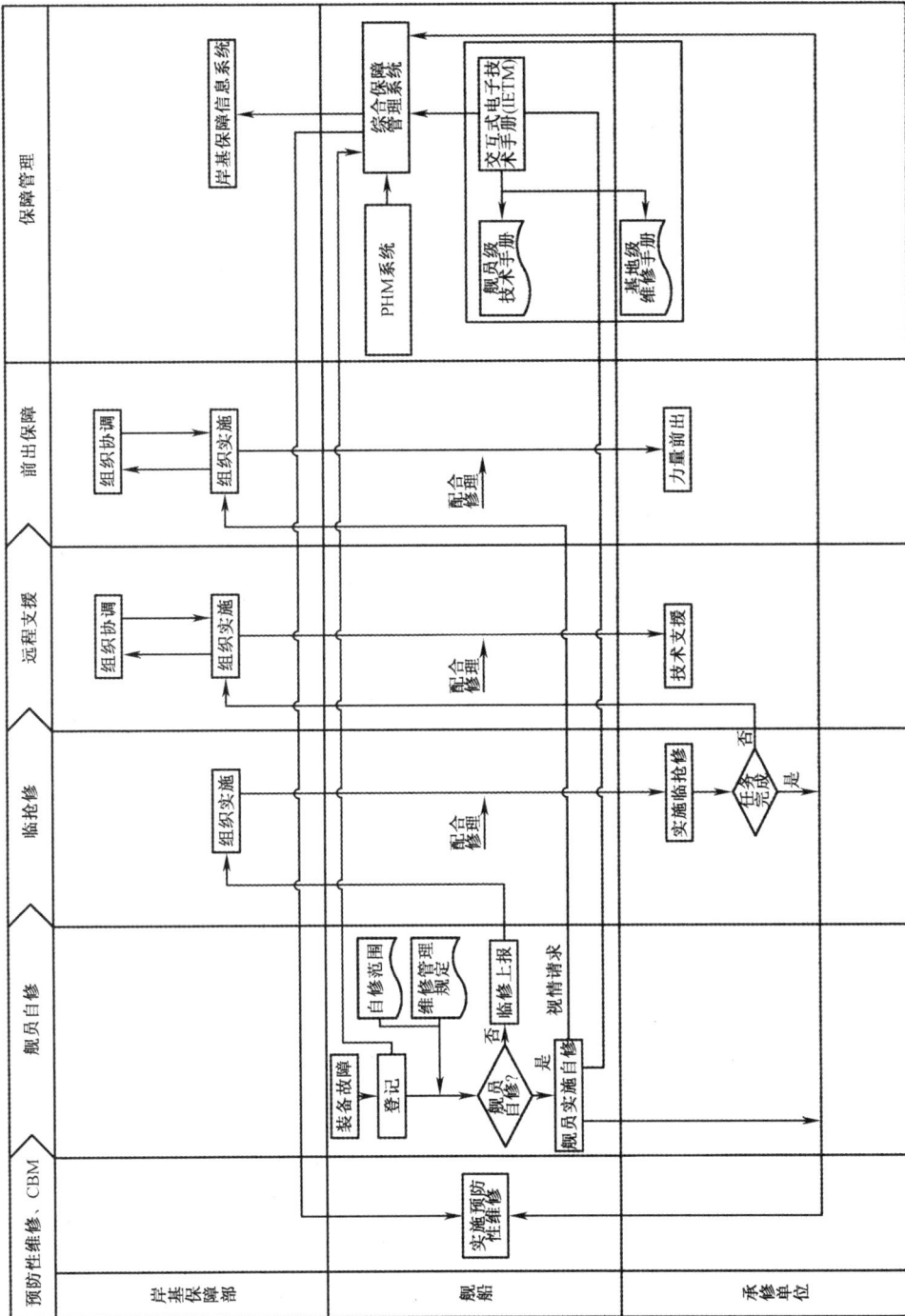

图 10—16 在航维修流程图

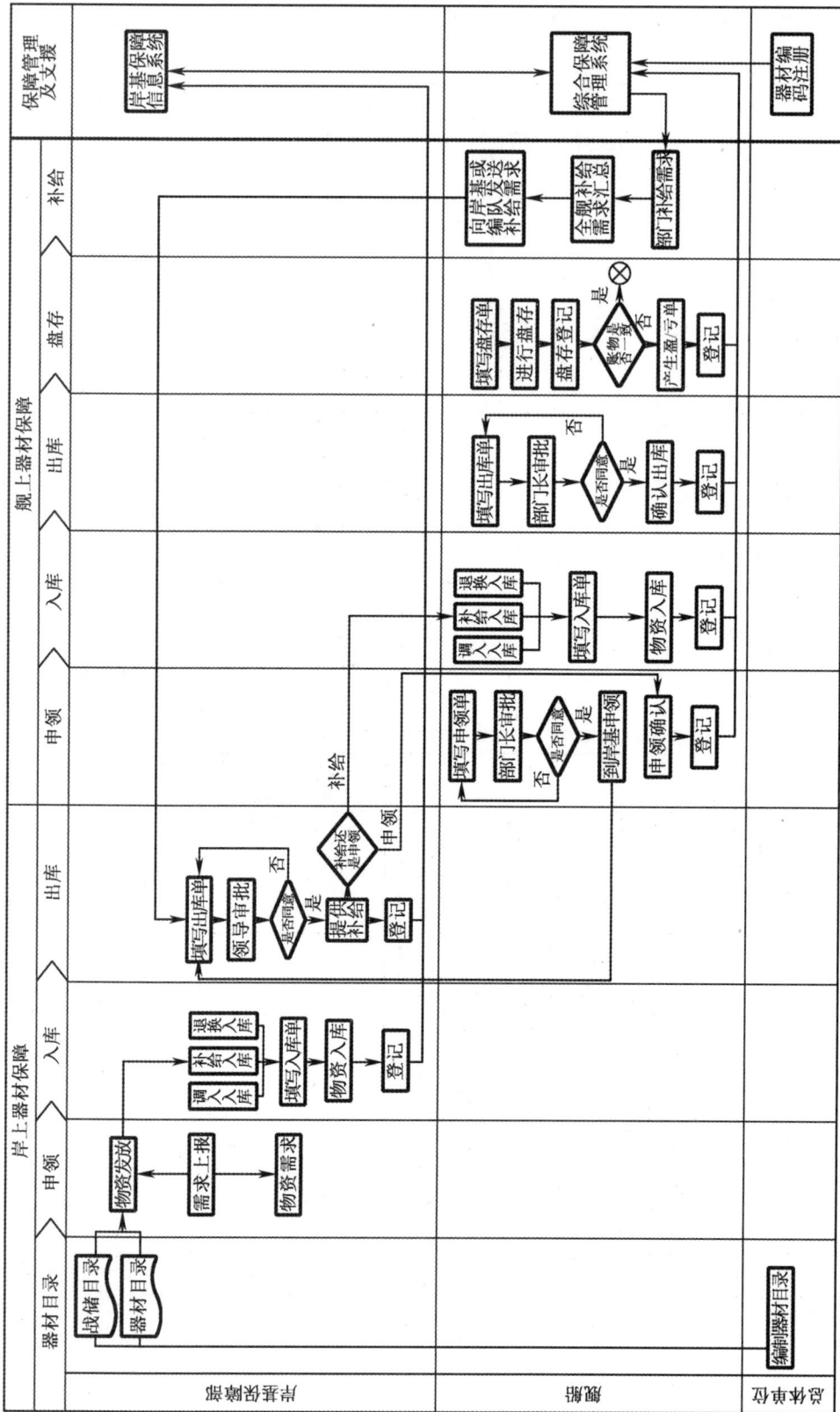

图 10-17 器材保障流程图

2. 舰船声场管理

舰船声场是指舰船产生的声波在水中和空气中传播的空间与区域,包括水下噪声场和空气噪声场。舰船物理场管理主要针对水下噪声场。舰船水下噪声场一般包括机械噪声、螺旋桨噪声和水动力噪声。机械噪声是舰船上各种旋转机械的振动,通过船体和管道向水中辐射的噪声;螺旋桨噪声是因螺旋桨转动引起空化,形成脉动空泡产生的噪声;水动力噪声是舰船运动与海水摩擦而产生的噪声。设计中通过增加隔振装置、敷设吸声材料、采用多叶大侧斜桨等措施来控制舰船噪声。舰船服役后要定期检测噪声量值,记录并观察声场状态变化,有效控制舰船声场特性。

3. 舰船红外场管理

舰船红外场是舰船装备产生的红外线波辐射形成的不同于海洋背景的空间区域,主要来源于动力设备从烟囱排出的废气、废水和冷却水流,其次是甲板、上层建筑形成的辐射面,以及武器发射和外界烤晒等形成的热源,舰船高速前进时的尾流温差也形成一定红外辐射。舰船设计中,主要针对 $3\sim5\ \mu m$ 和 $8\sim14\ \mu m$ 两个"大气窗口"的波段进行防护设计和管理。一般采用在烟囱增加红外拟制装置、喷淋排气、敷设红外隐身涂料等手段来提高舰船的红外场辐射防护。

4. 舰船磁场管理

钢质舰船在地球磁场的作用下被磁化,在其周围形成的磁场增量称为舰船磁场。该磁场可以触发舰船附近的磁性水雷,为了抵御磁性水雷的攻击,通常采用消磁的办法解决。舰船消磁有两种方法:一是在舰船内安装固定的消磁系统,当消磁系统绕组供电时会产生磁场,把舰船磁场补偿掉;二是将舰船开到消磁站进行消磁。舰船消磁管理的任务主要是定期消磁,对于执行任务的舰船,一般每 3 个月进行一次消磁,使舰船处于良好的磁特性状态。

5. 舰船水压场管理

舰船航行时,船体水下部分对周围流体质点产生扰动,从而使流体质点速度发生变化,导致流体的压力变化,这种由舰船运动引起的其周围水域压力变化称为舰船压力场。舰船水压场的纵向特性是舰首、舰尾附近压力升高,舰体中部降低到副压;另外舰船水压场与航速相关,在亚临界速度范围内,压力与航速的平方成正比,驱逐舰以常规速度航行时,在海底 50 m 的深度,其压力峰值达到 400 Pa。在第二次世界大战中,盟军的舰船在诺曼底登陆战中,就是以低速航行通过德军布设的水雷区。因此,改变舰船航速和改进舰船船型及主尺度设计,可以避免水压引信的水雷,对于提高舰船的生存能力具有重要意义。

6. 舰船电场管理

舰船电场是除声场、磁场、水压场之外最重要的水中军用目标的信号源,对其自身构成了重要的生命力威胁。一般认为,舰船电场由以下各因素产生:船体不同材料之间的腐蚀电池产生的电场;船体上施加的牺牲阳极的阴极保护、外加电流的阴极保护等防腐措施所产生的电场;船体内各设备接地不良的漏电流产生的电场;主轴转动时螺旋桨–轴承–船体回路中电阻的变化对腐蚀或防腐电流调制引起的轴频和叶频为基频的极低频电场;由船体运动引起的电磁感应产生的电场;船体与水体间以及尾流气泡引起的摩擦等因素产生的电场。在舰船研制中,国外非常重视对水下电场的测试及管理工作。20 世纪 50 年代中期,意大利和英国出现了对舰船电场进行测试的设备。20 世纪 60 年代,苏联造船工业部在试验场安装了固定式的测量电场的设备。瑞典国防研究局观察到在距离目标数千米处仍可探测到 0.3~3 000 Hz 的电场信号。随着人们对舰船物理场重要性的逐渐认识,开发舰上多物理场隐身监测健康管理系统越来越必要,噪声、磁场、电场等多物理场综合监测设备也相继出现,这对提升舰船电场实时管理大有益处。

10.3.4　信息收集与管理

信息收集与管理对于舰船技术保障工作意义重大。苏联舰船管理中十分重视舰船装备故障信息的管理,舰员平时首要任务是在舰船全寿命周期技术状态管理系统中登记装备的故障信息并跟踪管理。英国海军制定了海军装备配置管理、BR1313 标准,用以规范舰船维修信息管理。美国制定了配置管理标准和 3-M 管理规范,从法规上强调了海军装备维修、器材等信息收集与管理的重要性。

舰船信息收集与管理的范围主要涵盖装备的配置、使用信息、维修信息、器材消耗信息、训练信息、监测信息及物理场信息等。这些信息记录在综合保障管理系统中,并上报岸基保障信息管理系统。

10.4　等级修理设计

10.4.1　国外等级修理概述

舰船等级修理属于计划修理范围,包括坞修、小修和中修,对应于三级修理、二级修理和一级修理。舰船等级修理工作是海军装备建设的一个十分重要和必要的环节。随着现代海战对舰船装备技战术性能和战备完好性指标的要求愈来愈高,等级修理能力已成为舰船装备保持战斗力、提高战备完好性、降低舰船全寿命周期费用的关键因素,并成为各国海军的关注热点和研究焦点。美国海军从 20 世纪 80 年代开始,用法规明确不同的等级修理策略。表 10-11 中给出了不同时期美国海军等级修理改革的维修类型。

10.4.2　等级修理设计流程

为了保证舰船等级修理工作的顺利开展,必须建立稳定的技术保障体系,制定健全的技术保障工作制度,探索并发展军民一体化保障模式,通过设立舰船修理总体技术责任单位的方法系统地开展修理设计,规范等级修理工作流程,提高维修技术水平,做好舰船全寿命周期内的维修保障工作。为此,我们将整个等级修理设计及配修配试工作划分为 4 个阶段:修前技术准备阶段、修前勘验及方案制定阶段、配修配试阶段、完工设计阶段。主要包括制定基准工程单、制定预防性检修方案等。舰船等级修理设计流程如图 10-18 所示。

表 10-11　美国海军不同时期舰船维修类型

1984 年版 OPNAVINST 4700.7G	1992 年版 OPNAVNOTE 4700	2000 年版 OPNAVNOTE 4700	2010 年版 OPNAVNOTE 4700
1.定期大修 ROH	1.大修	1.连续维修(CM)	1.连续维修 CM
2.综合大修 COH	(1)定期大修、复杂大修	2.综合大修 COH	2.航母增量修理 CIA
3.基线法大修 BOH	或工程大修修理(ROH、	3.连续坞修 DCM	3.延长的坞修 DEMA
4.选择性有限修理 SRA	COH、EOH);	4.交船期修理 DEL	4.基地现代化改装 DMP
5.计划维修 PMA	(2)换料复杂大修或工程	5.基地现代化改装 DMP	5.计划增量坞修 DPIA
6.中继级维修 IMAV	换料大修修理(RFOH、	6.计划增量坞修 DPIA	6.计划坞修 DPMA
7.延长的整修 ERP	RCOH、ERO)。	7.计划坞修 DPMA	7.选择性有限坞修 DSRA
8.航行修理 VR	2.基地现代化改装 DMP	8.选择性有限坞修 DSRA	8.延长的计划坞修 EDPMA
9.有限修理 RAV	3.选择性有限修理 SRA	9.延长的选择性有限坞	9.延长的选择性有限坞
10.技术性修理 TAV	4.选择性有限坞修 DSRA	修 EDSRA	修 EDSRA
11.延寿修理 SLEP	5.计划修理 PMA	10.工程大修 EOH	10.工程大修 EOH
12.补装修理 FOA	6.计划坞修 DPMA	11.换料工程大修 ERO	11.换料工程大修 ERO
13.临时坞修 IDD	7.有限修理 RAV	12.延长的整修 ERP	12.延长的整修 ERP
14.舰种司令管理期	8.技术修理 TAV	13.非现役修理 INAC	13.延长的选择性有限
	9.航行修理 VR	14.舰船退役、反应堆舱	修理 ESRA
	10.补装修理 FOA	处理和船体回收联合修	14.非现役修理 INAC
	11.试航修理 PSA	理 IRR	15.总维修计划 MMP
	12.非现役修理 INAC	15.选择性有限增盘坞修	16.延长的码头修理 PEMA
	13.恢复服现役修理	IDSRA	17.计划增量修理 PIA
	14.勤务船基地级修理	16.选择性有限增量修	18.计划维修 PMA
	SCDA	理 ISRA	19.试航修理 PSA
		17.计划增量修理 PIA	20.换料综合大修 RCOH
		18.退役前有限修理 PIRA	21.定期大修 ROH
		19.计划维修 PMA	22.勤务船大修 SCO
		20.试航修理 PSA	23.选择性有限修理 SRA
		21.换料综合大修 RCOH	
		22.定期大修 ROH	
		23.勤务船大修 SCO	
		24.选择性有限修理 SRA	

1.修前技术准备阶段

修前技术准备阶段为舰船进厂修理前的一至两个月,在此期间各单位应完成等级修理的筹划和准备工作。修前技术准备阶段完成的工作主要包括修理关键技术攻关、制定基准工程单、制定预防性检修方案、制定原则工艺,并将基准工程单及时送交舰方填写,为等级修理工作的开展做好准备。基准工程单由设计部门编制,包括坞内工程分册、船体分册、轮机分册、电气分册、管系分册等。轮机分册的基准工程单示例见表 10-12。

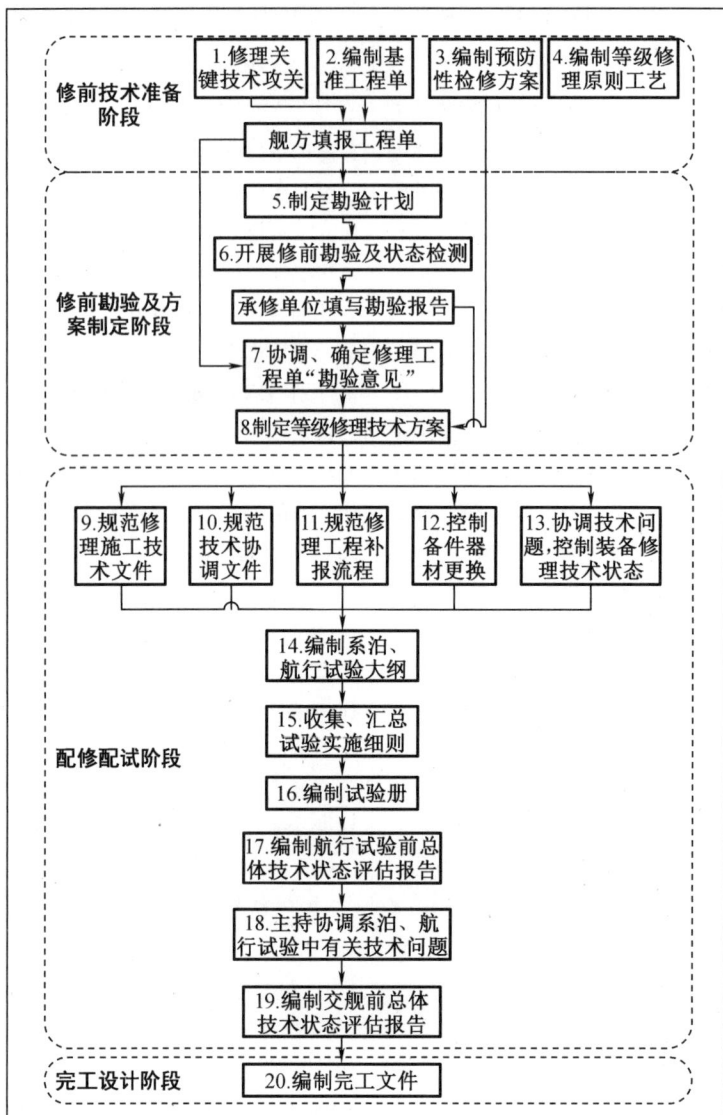

图 10-18 舰船等级修理设计流程图

表 10-12 基准工程单示例

序号	工程名称、部位	使用及损坏情况	拆检范围及技术要求	修理所需器材 名称规格	数量	审核意见	勘验意见	审批意见	备注
一	动力系统部分								
.1	推进柴油机装置								
1.1	柴油机组件		按《柴油机修理技术要求》进行检修						
1.1.1	右舷柴油机	工作时数							
		上次修后（ ）							
		累计（ ）							

2. 修前勘验及方案制定阶段

修前勘验一般在舰船进厂修理前的半个月至一个月进行,由于勘验时上舰人员较多,一般将勘验工程分为船机电工程勘验、特装工程勘验分开时间进行,如有需要还应进行航渡中勘验,总计勘验时间 10 天左右。修前勘验阶段主要完成的技术工作包括制定勘验计划,组织并参与勘验、协调确定修理工程单"勘验意见"、收集承修单位提交的勘验报告等。勘验中一项重要的工作是技术状态监测,按照 10.2 节介绍的内容进行适当的监测测试。在修前勘验结束后,开展等级修理技术方案编制及审查工作。

3. 配修配试阶段

配修配试阶段从舰船进主修厂修理时起,到完成交舰总验收止。

舰船进厂后各承修单位即展开修理施工,在此期间舰船进坞一定时间,检查水线下外板、结构、设备及附件,舰船出坞后继续进行其余设备的修理;装备修理完毕、具备试验条件即进行系泊试验;装备系泊试验完毕、具备出航条件即进行航行试验;各装备系泊、航行试验完毕,检验合格后具备交舰总验收条件。

舰船修理总体技术责任单位应在主修厂成立现场工作组,负责现场配修配试,充分发挥技术抓总职能,做好技术协调、专家咨询和质量评估工作,具体包含以下四方面工作内容:

(1)掌控装备修理技术状态,做好修理中技术协调管理;

(2)协调解决修理中技术难题,进行故障判定,组织确定修理方案或落实归口责任单位,发挥专家咨询作用;

(3)灵活应对工程进展实际情况,主持协调系泊、航行试验中有关技术问题;

(4)进行修理情况评估,编制交舰验收前总体情况评估报告、试航前总体情况评估报告,辅助进行交舰总验收、航行试验决策。

4. 完工设计阶段

完工设计阶段为签署总验收书起,由总体技术责任单位负责现场收集数据和信息,编制一套完整的、反映舰船修理技术状态的等级修理完工文件。

10.4.3 等级修理管理系统设计

随着新型舰船性能日趋先进,装备结构也日渐复杂,使得舰船等级修理工程量及技术难度日益增大,也造成了等级修理中的装备故障信息及维修过程信息量越来越大。传统的人工管理绝大多数技术文件通过纸质手写的方式产生,各承修单位多采用仅本单位熟悉的文件格式,这使得在修理中各类技术文件的可查找性、可追溯性较差,经常会出现因信息不齐全或文件不规范等影响工程进度;在修理结束后,装备维修信息记录不够完整,使等级修理工作管理的效率和质量受到影响。因此有必要开发等级修理管理系统。该系统开发中涉及的信息包括装备信息、单位信息、修理技术方案信息、修理进度信息、装备技术状态信息、装备维修报告信息、器材信息等。通过对这些信息进行需求分析设计后,即可完成系统功能设计和运行方式设计。

1. 系统主要功能及组成

舰船等级修理管理系统功能组成如图 10-19 所示。

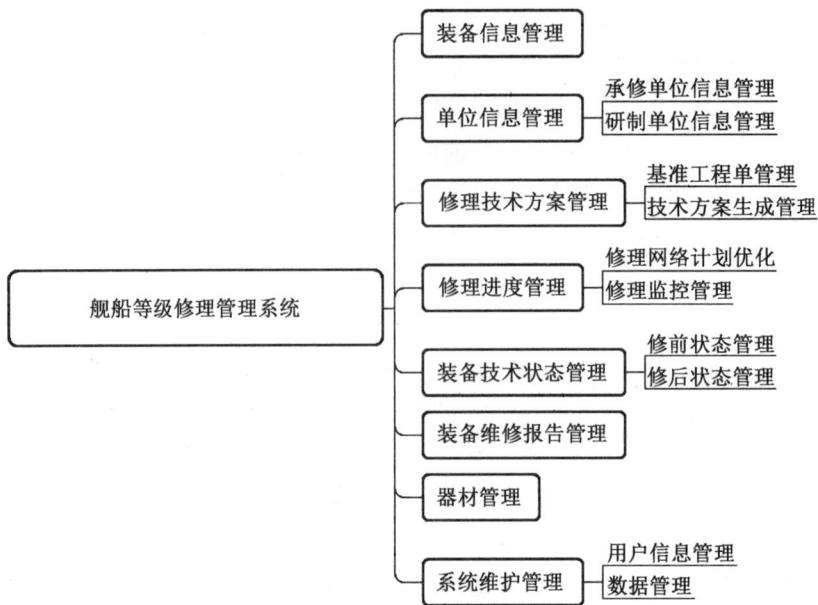

图 10-19　舰船等级修理管理系统功能组成

2. 系统工作方式

舰船等级修理管理系统工作方式如图 10-20 所示。舰方、监修室、总体技术责任单位、船厂、承修单位等各用户登录管理系统后,可以查阅各类装备信息和修理过程信息;承修单位能够通过管理系统向相关单位提交修理完工申请和器材更换申请,并根据管理系统提示的工程进度制定修理计划;舰方、监修室、船厂能够对承修单位提交的申请进行审批,并利用管理系统的打印功能留存纸质文档记录;总体技术责任单位能够通过管理系统及时查阅装备技术状态信息,作为技术协调和修理效果评估的依据。

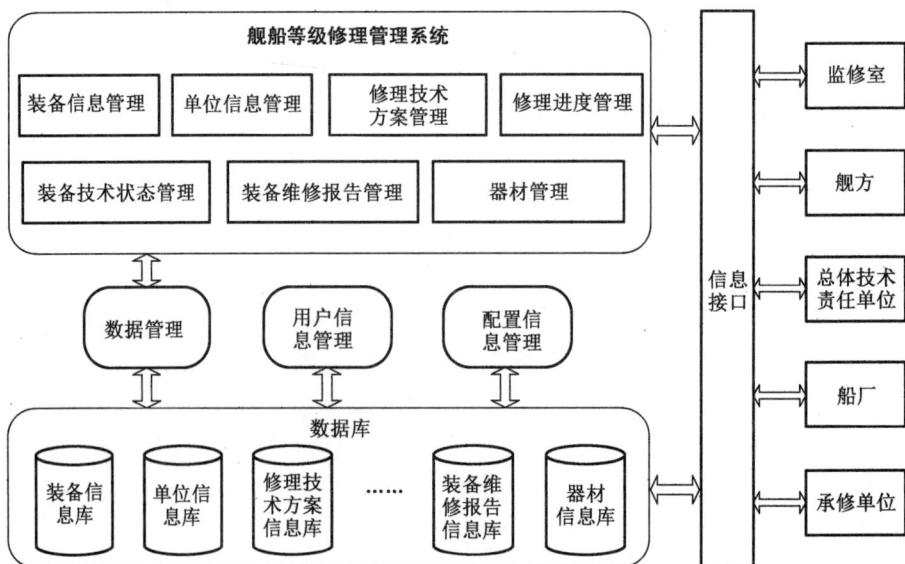

图 10-20　舰船等级修理管理系统工作方式

10.5 远程技术保障系统设计

远程技术保障系统是指通过信息传输系统,使前方维修人员能从后方获得技术指导和维修信息的技术手段。远程技术保障的优点是能保证第一时间完成高质量修理,并且在有效时间内通过分享经验来提高维修技术人员的熟练水平,同时降低对培训的要求,从而显著减少装备现场修理时间和停用时间,提高装备的战备完好性,降低使用与保障费用。

远程技术保障以信息的流动代替人员的流动,并可更好地统筹安排维修保障资源的流动,可节约大量的人力、财力和时间。舰船上配备来自不同研制单位的各种大型复杂系统和设备,其设备维修涉及知识面广,且舰船执行任务时,远离后勤保障基地,对基于通信网络的远程诊断维修需求尤为突出,如舰船远航、出访等任务;各种舰型进行跨区域调防、参加演习等;在新的驻泊地不具备对特殊装备保障能力的条件时;战时对海上战损舰船的自救、互救和海上机动保障舰船的救援的技术指挥能力等。

10.5.1 美国海军远程技术保障

美军远程保障体系的三大组成部分是:全球远程保障组织(GDSC)、客户关系管理(CRM)、海军信息应用产品包(NIAPS)。其中,GDSC 的功能是全天候地响应海军用户的请求呼叫,由三类保障呼叫中心构成。CRM 是海军岸基设施,它通过工作流程提供与用户之间互通的渠道。NIAPS 安装于舰上的服务器内,包含 40 多种应用软件,其核心功能是通过信息压缩技术,在有限带宽的情况下,保障舰-岸和岸-舰之间经由保密网或非密网的信息传输,避免带宽和卫星使用时间的额外增加。远程保障体系的岸基设施分别部署于圣迭哥的舰船技术保障中心、弗吉尼亚州诺福克的海军综合呼叫中心以及海军海上司令部的 9 个作战中心。

在远程技术保障建设阶段,舰船上的 ORTS 和 ICAS 也进行了升级改造,具有远程保障能力。升级后的 ORTS 称为战备状态检测系统技术支援远程保障系统(ORTSTARS);ICAS 则实现了企业级远程监控(eRM)。它们为舰员提供了单独桌面,可快捷地进入程序综合工具箱,便捷地访问海军维修、技术、供应、训练、管理和人力等资源,以获得基础设施或人员的相关支持。截至 2010 年,形成了岸海一体的"感知-响应"保障体系能力,并对该能力实施系统性提升。

美国海军"感知-响应"岸海一体化保障体系的总体架构如图 10-21 所示,由舰基"感知"系统和岸基"响应"系统两大部分组成。

舰基"感知"系统主要由综合状态评估系统(ICAS)、战备状态检测系统(ORTS)、计划维修系统(PMS)、海军信息应用产品包(NIAPS)构成。"感知"信息对象包括舰船的动力、电力、船舶装置监控技术参数、趋势分析信息、作战系统的故障诊断信息、战备状态评估信息、全舰配置状态变化信息等。这些信息分别由 ICAS、ORTS、PMS 等系统产生,经过舰上NIAPS,每隔 4 h 进行一次自动数据传输。

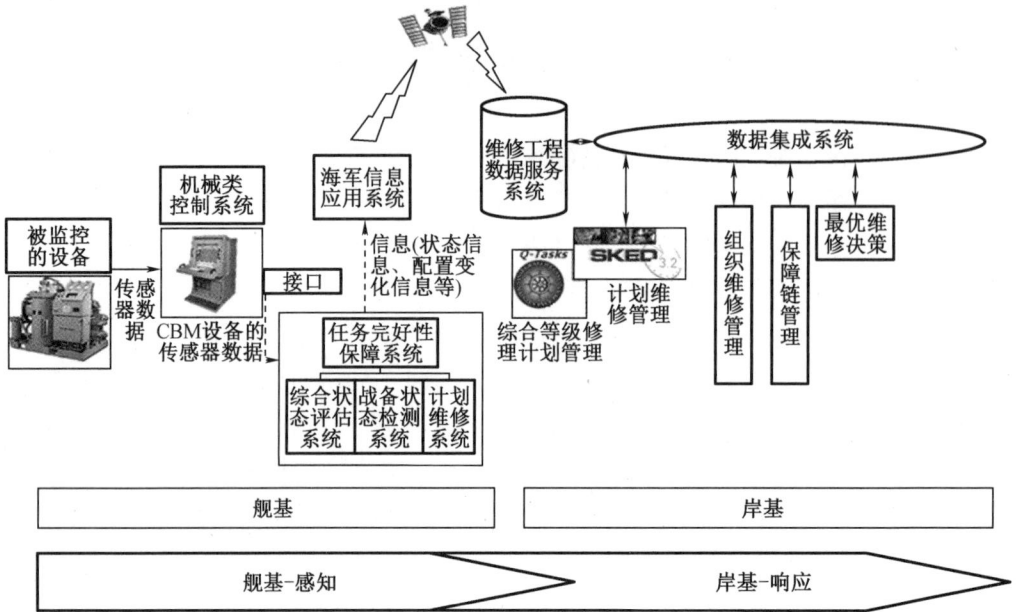

图 10-21 美国海军"感知-响应"岸海一体化保障体系的总体架构

岸基"响应"系统主要包括维修工程数据服务系统(MELS)、可靠性工程数据集成系统(REDI)和运行维护系统等部分。舰上数据由卫星传送到岸上运行维护中心的 MELS 内。运行维护中心通过 MELS 接收并存储舰船的各类信息和保障请求,利用挂接在 REDI 服务总线上的各种应用程序(海军舰船资源管理系统 MAXIMO、计划维修管理系统 SKED、海军维修管理系统 OMMS、关系型供应链管理系统 R-SUPPLY 等)与领域专家联合工作,实现快速、高效、精确地制定运行维护决策指导,并反馈至舰上,从而实现从舰上感知设备状态,发出使用维修保障需求的请求,岸上运行维护中心接到请求后做出精确、聚焦、敏捷的保障响应。

10.5.2 远程技术保障系统总体设计

舰船远程技术保障系统应由通信卫星、卫星收发天线、数字卫星接收机、路由器、加密机、防火墙、交换机、运行服务器、数据库服务器、光缆及其光端机、大屏、计算机客户端、AR/VR 设备、摄像机、电话等硬件,以及远程技术保障中心软件及数据库等组成。从体系结构上,该系统可划分为舰船级、基地级和远程技术保障中心、中央指挥中心四个层次,这四级保障系统既可独立工作,提供本系统范围内的技术保障功能,也可通过现代通信技术和信息网络技术形成一个跨地区的广域技术保障网络系统,从而实现为远海航行的海军舰船提供远程技术保障。海军舰船远程技术保障系统示意图如图 10-22 所示。

舰船远程技术保障中心下设技术保障支持管理系统、技术资料系统、供应保障系统、训练保障系统及试验仿真平台等。其通过技术保障接口为海军基地和舰船编队提供技术保障支持,为各级机关提供有关技术状态数据;通过业务规则接口与系统、设备责任单位、承制单位交换装备设计信息。

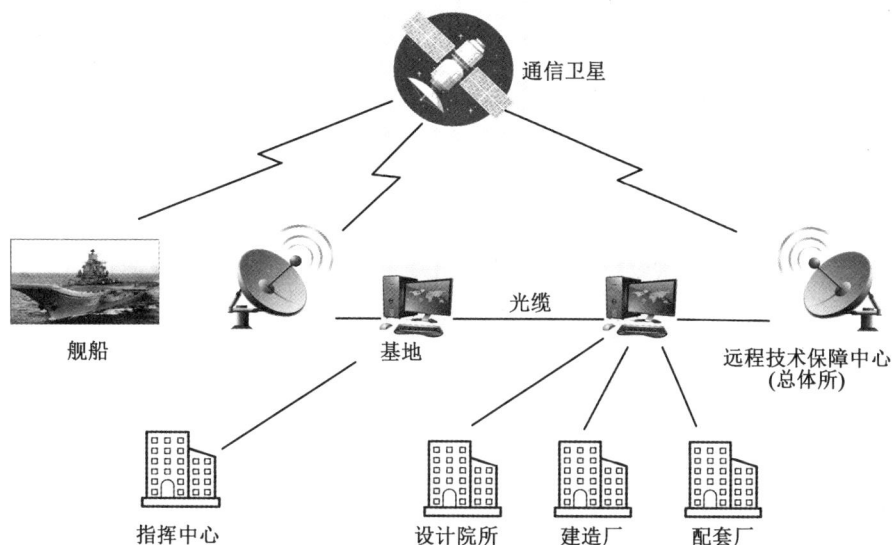

图 10-22　远程技术保障系统示意图

1. 技术保障支持管理系统

技术保障支持管理中心是舰船远程技术保障中心的核心,其功能是接收平时和战时技术保障支援请求、组织后方支援实施,并将舰船的技术保障预案及时、准确地上报;组织各业务系统部队实施技术保障和与系统、设备承制单位进行业务交互。

2. 技术资料系统

技术资料系统包括技术资料标准系统、技术资料管理系统、交互式电子技术手册平台。技术资料标准系统主要用于跟踪国内外技术资料标准规范的发展,对国际主流技术资料标准进行裁剪,以满足国内装备技术资料的编制需要。技术资料管理系统用于管理舰船装备各系统、设备的设计文件和随机文件,包括纸质技术资料、电子技术资料、交互式电子技术手册;负责技术资料的建档、数据导入、查询、借阅,以及通过远程技术资源平台对部队提供技术资料更新服务。交互式电子技术手册制作系统包括编辑系统、内容管理系统、交互式出版系统,用于将装备全船完工文件制作成交互式电子技术手册。

3. 器材供应保障系统

舰船综合保障中几乎所有的要素都与保障资源供应有密切关联,建立舰船器材供应保障系统是实现武器装备"即时保障"的重要基础,器材供应保障系统是舰船技术保障中心的重要组成部分。一个完整的供应保障体系覆盖了总体单位、系统单位、设备单位、制造单位、修理单位、使用单位、供应商等各级单位,以及科研、订货、采购、筹措、供应、管理、维修、报废各个环节。供应保障系统按供应链建模思想,建成多级供应保障的物流网络,实现信息流与物流的分离。建立总体设计单位、基地、机关、舰船等多级供应保障体系,为舰船及基地提供准确、高效的供应保障信息,提高供应保障过程的精确化程度。以基层部队供应保障系统为供应保障信息收集的客户端,完善综合保障数据仓库数据,实现供应保障数据的闭环管理,提高制定备件供应计划的能力。

4. 训练保障系统

训练保障系统主要用于为部队提供训练资源,可为用户提供操作、维修、原理等各层面的训练,能以文字、图片、多媒体交互和仿真等形式制作课件,包括课件制作系统、课件内容管理系统、模拟训练系统、训练仿真系统、远程教学系统等。

通过研制并实施训练保障系统可实现舰船装备各相关单位之间的知识共享。训练保障系统分别在总体技术责任单位、生产制造单位、装备部队部署运行相关功能,各部署运行单位随着本单位对该型舰船的相关资料进行知识积累,不断对相关的培训教材和训练资料进行补充完善,定期向总体技术责任单位的训练保障系统数据仓库传送舰船的相关训练资料,通过总体技术责任单位将各单位的训练保障信息进行汇总整理后,再向舰船部队发布经过补充和完善的最新版的训练资料。从而实现舰船各方面工作的知识积累,各个单位都能够得到自己所需的其他相关单位积累的宝贵知识和经验,得到更加全面、丰富的训练资料,实现有效的知识共享,进而使得各单位能够持续不断地对舰船的各方面工作进行优化完善,实现训练的闭环管理,实现装备设计能力、生产能力、使用能力、维修能力、资源保障等能力的共同提高和共同进步。

5. 试验仿真平台

仿真平台的主要作用是提升舰船使用、维修及训练保障能力和装备设计能力,在装备设计初期开展相关性能仿真试验,并为数字装备设计提供指导。试验仿真平台可为维修保障系统、训练保障系统提供维修、训练仿真素材,增强维修保障系统和训练保障系统的保障能力。试验仿真支持平台主要包括:舰船使用仿真系统,如动力系统使用、电力系统使用、作战系统使用等;舰船维修仿真系统,如虚拟维修、战损修理仿真;减振降噪仿真试验系统;特种装置仿真试验系统,如提供各种实验中所需的高压气源、液压动力;进行特种装置各种战损实验,如采集实验数据,研究战损维修方案;操纵性仿真试验系统及电磁兼容仿真系统;等等。

10.5.3　远程技术保障信息设计

1. 舰船远程技术保障的信息分类

舰船技术保障分类可以从不同的维度分析,主要信息分类如下:

从业务管理和信息流程角度分析,舰船装备远程技术保障信息可分为指挥信息和业务信息两类,分别用于技术保障工作的不同环节。

从维修对象角度分析,远程技术保障一般针对系统和设备的硬件、软件。硬件技术保障主要包括故障排查、更换指导、检修指导等。对软件的远程维护保障一般是指在远程对软件进行程序升级或数据库更新等。

从信息类型角度考虑,参考目前国内外海军的实际做法,舰船装备远程技术保障维修信息可分为文本信息、程序安装包或数据库文件信息、视频信息、音频信息等,用于支持不同的维修业务。

从信息时效性角度分析,远程维修保障信息可分为实时信息和非实时信息。实时信息主要指需要进行实时交互或实时采集的信息,如远程视频会议、远程音频通话或者对设备运行信息的实况采集等,一般用于指导修复性维修任务、战场抢修。非实时信息主要指不需要进行实时传输的信息。正常情况下,装备的运行信息不需要实时连续传送,一般通过订阅推送或定时刷新等方式进行传输更新。

从信息传递与接收对象角度考虑,远程维修保障信息又可分为上行信息和下行信息等。上行信息指编队舰船向上级保障单位或保障平台发送的信息,如编队内舰船向编队指挥舰发送的装备保障申请信息;以编队指挥舰或综合补给舰向岸基指挥部位发送的远程保障申请信息等。下行信息指岸基指挥部位或其他装备保障单元向编队内舰船发送的远程保障信息,以及编队指挥舰、编队综合保障舰船向编队内驱护舰等其他舰船发送的回复信息、保障支援信息等。

2. 舰船远程技术保障信息传输层次

以舰船海上编队为目标,主要考虑以航母编队、联合机动编队等海军舰船编队典型编成为技术保障对象。编队内典型技术保障信息节点包括编队指挥舰、编队综合补给舰和编队其他舰船。由底层至顶层,信息传输的流程为:第一层是舰船内部装备保障信息的传输,即保障信息在舰船内部系统之间的处理与传递;第二层是编队内舰船之间的装备保障信息传输,包括编队内舰船与编队指挥舰之间的信息传输、编队指挥舰与编队内补给舰等保障舰船间的信息传输等;第三层是编队与外部的装备保障信息传输,包括编队与岸基、编队与其他编队间的信息传输等。

(1)舰船内部装备保障信息传输流程

舰船内部装备保障信息传输主要基于第 9 章舰船综合保障管理系统、装备故障预测与健康管理系统设计,主要包括装备的维修业务、器材业务、后勤业务等内容,局限于舰船分管技术保障副舰长、各部门长以及舰员之间保障指挥和保障业务的传达与上报。

(2)编队内舰船之间的保障信息传输流程

从编队作战统一管理和指挥流程角度分析,编队内装备技术保障信息的传输应有统一的指挥管理;从担负的使命任务角度分析,编队内舰船在装备技术保障中使命任务不同,编队指挥舰应承担归总管理和对外通联任务,编队内综合补给舰等保障舰船应承担具体的保障业务,并与外部保障平台进行必要的保障业务联系。由此给出编队舰船之间保障信息流程,主要包括:编队内指挥舰给补给舰下达综合保障任务指令,补给舰给指挥舰上报保障计划;编队内舰船向指挥舰请求装备器材、后勤物质等补给申请,指挥舰给编队内舰船反馈信息;补给舰给舰船实施补给等业务信息传递。

(3)编队与外部的装备保障信息传输

主要包括编队指挥舰与岸舰指挥的信息传输、补给舰与岸基指挥部位的信息传输。可将信息分为指挥信息流和业务信息流两类。其中指挥信息流主要包括装备保障相关的命令、情报、态势等信息,业务信息流主要包括后勤、装备保障工作项目的业务信息。如编队指挥舰向岸基指挥部位请求补给,岸基指挥部位给其他补给舰下达补给任务等。

3. 舰船远程技术保障的主要信息内容

从信息种类方面看,舰船装备技术保障信息与岸基及外部其他平台之间的交互的保障信息主要包括装备使用信息、装备维修信息、备品备件信息、技术文件信息、弹药勤务信息、供给保障信息、卫勤保障信息、训练保障信息、装备状态信息、装备数据统计、后勤数据统计等。

4. 舰船远程技术保障的信息传输方式

舰船远程技术保障方式主要有卫星通信和数据链传输。卫星通信用于舰岸之间的技术保障信息流通。数据链主要用于海上编队舰舰之间的技术保障通信。

10.6　舰船综合保障体系

　　舰船综合保障博大精深,体系庞杂,包括法规体系、工作体系、技术体系、指标体系、标准体系和软件体系等。本书仅做抛砖引玉,力求对这一领域进行梳理和分析,以舰船综合保障体系(图 10-23)作为总结,希望能够引起学者们的关注和讨论,如有不足之处,还请不吝赐教,让我们共同推动舰船综合保障事业的发展和进步。

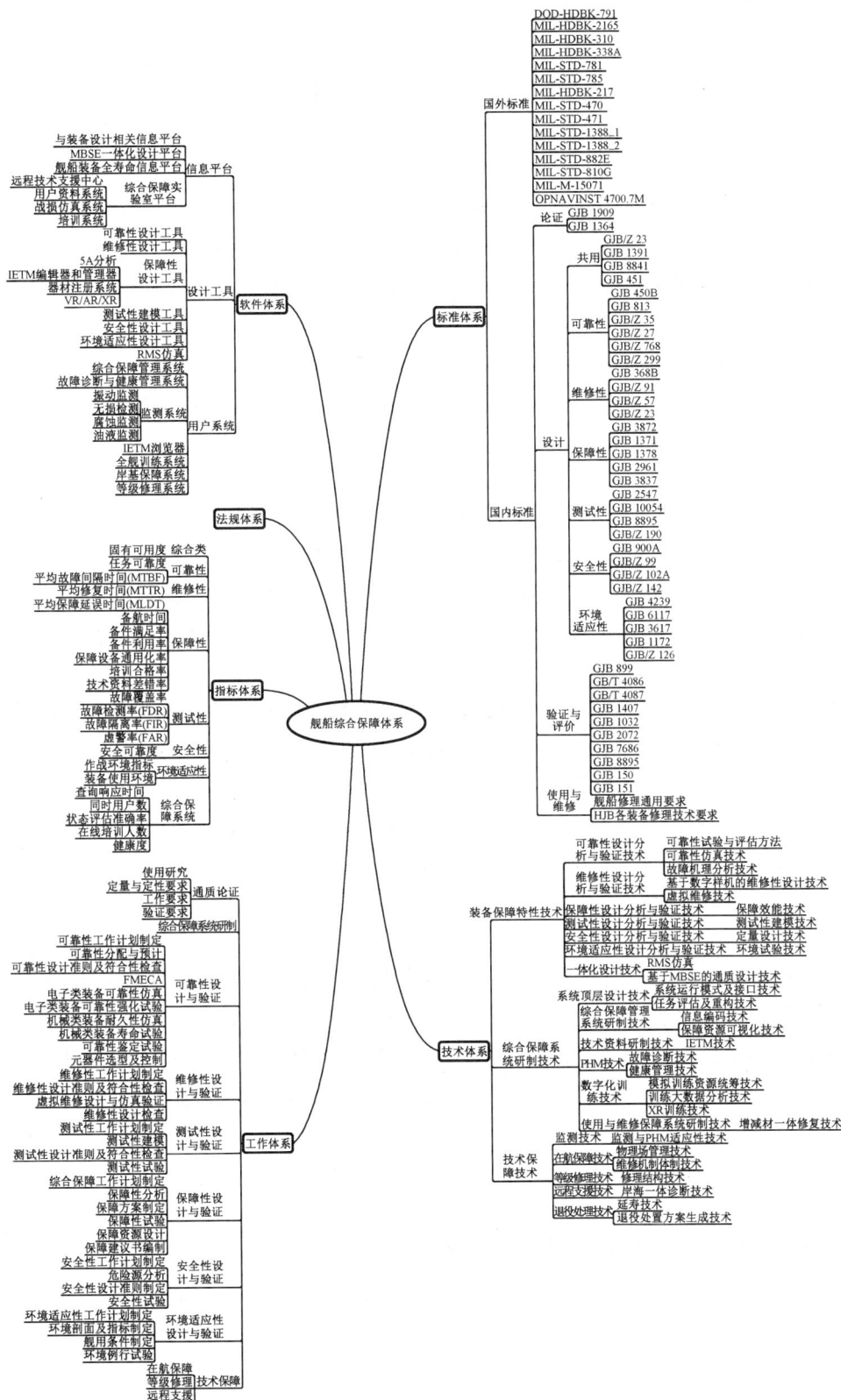

图 10-23　舰船综合保障体系

参 考 文 献

［1］ 吴晓光.航空母舰设计概论［M］.北京:国防工业出版社,2018.

［2］ EBELING C E.可靠性与维修性工程概论［M］.康锐,等译.北京:清华大学出版社,2010.

［3］ 康锐.可靠性维修性保障性工程基础［M］.北京:国防工业出版社,2012.

［4］ 曾声奎,赵廷弟,张建国,等.系统可靠性设计分析教程［M］.北京:北京航空航天大学出版社,2001.

［5］ 杨为民.可靠性·维修性·保障性总论［M］.北京:国防工业出版社,1995.

［6］ 梁文军.基于FPGA的大型旋转机械状态数据采集系统研制［D］.杭州:浙江大学,2012.

［7］ 冯健,吴志飞,邢焕革.美军和俄军装备维修保障工作对我军的启示［J］.海军工程大学学报(综合版),2016,13(3):69-71.

［8］ 解洪成.舰船综合保障系统(SILSs)体系结构和功能设计［C］//中国造船工程学会修船技术学术委员会船舶维修理论与应用论文集第七集(2024年度),2004:123-132.

［9］ YARDLEY R L,RAMAN R,RIPOSO J,et al. Impacts of the Fleet Response Plan on surface combatant maintenance［R］. Santa Monica,CA:RAND Corporation,2006.

［10］ 曾声奎.可靠性设计与分析［M］.北京:国防工业出版社,2011.

［11］ 赵宇.可靠性数据分析［M］.北京:国防工业出版社,2011.

［12］ 中央军委装备发展部.装备可靠性工作通用要求:GJB 450B—2021［S］.北京:国家军用标准出版发行部,2021:1-23.

［13］ 中国人民解放军总装备部.故障模式、影响及危害性分析指南:GJB/Z 1391—2006［S］.北京:总装备部军标出版发行部,2006:1-60.

［14］ 国防科学技术工业委员会.故障树分析指南:GJB/Z 768A—98［S］.北京:国防科工委军标出版发行部,1998:1-47.

［15］ 阚丹丹.国产基础软件可靠性分析及验证［J］.计算机系统应用,2016,25(3):1-7.

［16］ 王莹.舰艇装备软件可靠性测试工程实践［J］.计算机工程与设计,2012,33(2):612-616.

［17］ 徐振洋,谢萍,武孟.软件可靠性综述［J］.计算机与网络,2021,47(18):32-34.

［18］ 刘猛,潘仁前,葛建超.联合作战指挥信息系统软件可靠性设计［J］.指挥信息系统与技术,2021,12(6):85-93.

［19］ 段飞飞,王田宇,温业堃.机载产品可靠性鉴定试验定时截尾统计方案设计［J］.中国工程机械学报,2022,20(6):561-564.

［20］ 中国人民解放军总装备部.可靠性鉴定和验收试验:GJB 899A—2009［S］.北京:总装备部军标出版发行部,2021:1-117.

［21］ 国防科学技术工业委员会.装备保障性分析:GJB 1371—92［S］.北京:国防科工委军

标出版发行部,1998:1-29.

[22] 刘东升.四性及综合保障资料[R].沈阳:沈阳飞机设计研究所,2005.

[23] 吕川.维修性设计分析与验证[M].北京:国防工业出版社,2012.

[24] 中国人民解放军总装备部.装备维修性工作通用要求:GJB 368B—2009[S].北京:
      总装备部军标出版发行部,2009:1-15.

[25] 国防科学技术工业委员会.维修性试验与评定:GJB 2072—94[S].北京:国防科工委
      军标出版发行部,1998:1-9.

[26] 国防科学技术工业委员会.维修性设计技术手册:GJB/Z 91—97[S].北京:国防科工
      委军标出版发行部,1998:1-162.

[27] 徐达,李华,焦娜,等.基于试验与仿真的装甲装备维修性综合验证与评价技术[R].
      北京:陆军装甲兵学院,2020.

[28] 王斌,刘振祥,褚建,等.基于试验与仿真的军用飞机装备维修性综合验证与评价技
      术研究[R].沈阳:沈阳飞机设计研究所,2020.

[29] 吕刚德,邓伟,于文浩,等.军用飞机装备维修性一体化设计与控制技术[R].成都:
      成都飞机设计研究所.2020.

[30] 中央军委装备发展部.装备综合保障通用要求:GJB 3872A—2022[S].北京:国家军
      用标准出版发行部,2022:1-23.

[31] 马麟.保障性设计分析与评价[M].北京:国防工业出版社,2012.

[32] 张平,何杰,王永德,等.舰船维修设计概念与流程分析[J].中国舰船研究,2012,
      7(4):6-10.

[33] 肖千云,吴晓光.舰船腐蚀防护技术[M].哈尔滨:哈尔滨工程大学出版社,2011.

[34] DEPARTMENT OF THE NAVY. Expanded ship work breakdown structure for all ships
      and ship/combat system:S9040-AA-IDX-010/SWBS 5D[S]. Washington, DC:United
      States Department of the Navy, 1985:Ⅱ-2.

[35] Reliability centered maintenance(RCM) process:MIL-STD-3034[S]. Pentagon Arling-
      ton County, Virginia:United States Department of Defense, 2011:10.

[36] 张洋铭,韩固勇,罗广旭,等.基于DMEA的航空地面电源车战场损伤研究[J].装备
      环境工程,2013,10(4):126-129.

[37] 王少华,郑毅,吕会强,等.战场抢修决策的研究现状与展望[J].兵器装备工程学报,
      2017,38(9):130-135.

[38] 徐可.军用电子装备战场损伤评估与修复技术研究[D].南京:南京航空航天大
      学,2007.

[39] HAGAN J. Human systems integration and crew design process development in the zum-
      walt destroyer program[J]. Bath Iron Works,2011:6-20.

[40] 中国人民解放军总后勤部,中国人民解放军总装备部.军用物质和装备分类:GJB
      7000—2010[S].北京:总装备部军标出版发行部,2010:1-40.

[41] 中国人民解放军总装备部.备件供应规划要求:GJB 4355—2002[S].北京:总装备
      部军标出版发行部,2002:1-35.

[42] 谭福有.标准化的形式(二):通用化[J].信息技术与标准化,2005,1(8):56-58.

[43] 张平.水面舰艇模块划分方法[J].中国舰船研究,2006,1(4):7-10.

[44] 中国人民解放军总装备部.装备测试性工作通用要求:GJB 2547A—2012[S].北京:总装备部军标出版发行部,2012:1-19.

[45] 中央军委装备发展部.装备测试性建模:GJB 10054—2021[S].北京:国家军用标准出版发行部,2021:1-10.

[46] 中央军委装备发展部.装备测试性设计准则制定指南:GJB/Z 190—2021[S].北京:国家军用标准出版发行部,2021:1-28.

[47] 邱静.装备测试性建模与设计技术[M].北京:科学出版社,2012.

[48] 石君友.测试性设计分析与验证[M].北京:国防工业出版社,2011.

[49] 中国航空综合技术研究所.测试性试验方案与评估指南[R].北京:中国航空综合技术研究所,2014.

[50] 中国人民解放军总装备部.装备安全性工作通用要求:GJB 900A—2012[S].北京:总装备部军标出版发行部,2012:1-20.

[51] 王立荣,王莹.基于舰艇装备软件运行剖面的可靠性测试研究[J].工业控制计算机,2014,27(10):85-87.

[52] 国防科学技术工业委员会.系统安全工程手册:GJB/Z 99—97[S].北京:国防科工委军标出版发行部,1997:1-305.

[53] 赵廷弟.安全性设计分析与验证[M].北京:国防工业出版社,2011.

[54] 张平.某舰安全射界设计综述[J].舰船科学技术,1996,18(2):13-17.

[55] 朱英富.水面舰船设计新技术[M].哈尔滨:哈尔滨工程大学出版社,2019.

[56] 沈岭.安全性设计与验证资料[R].北京:中国航天标准化研究所,2010.

[57] 中国人民解放军总装备部.装备环境工程通用要求:GJB 4239—2001[S].北京:总装备部军标出版发行部,2001:1-15.

[58] 中国人民解放军总装备部.军用装备实验室环境试验方法:GJB 150A—2009[S].北京:总装备部军标出版发行部,2009.

[59] 宣兆龙.装备环境工程[M].2版.北京:北京航空航天大学出版社,2015.

[60] 祝耀昌.产品环境工程概论[M].北京:航空工业出版社,2003.

[61] 蔡健平.装备环境适应性与装备环境工程[M].北京:航空工业出版社,2019.

[62] 王忠,陈晖,张铮.环境试验[M].北京:电子工业出版社,2015.

[63] 丁晓东.电子设备的三防设计[J].环境技术,2006,24(5):34-36.

[64] 甘茂治.浅论RMS一体化设计与分析[C]//中国造船工程学会修船技术学术委员会船舶维修理论与应用论文集第八集(2005—2006年度),2006:72-74.

[65] 吴军.可靠性仿真平台设计报告[R].武汉:华中科技大学,2014.

[66] 张平,杨拥民,罗威,等.面向舰船总体及布局优化的装备维修性一体化设计与控制技术[R].武汉:中国舰船研究设计中心,2020.

[67] DELLIGATTI L.SysML精粹[M].侯伯薇,朱艳兰,译.北京:机械工业出版社,2015.

[68] 陈立平.多领域物理统一建模语言MODELICA与MWORKS系统建模[M].武汉:华

中科技大学出版社,2019.

[69]　李宛倩. 面向 SysML 的模型转换与安全性分析方法研究[D]. 南京:南京航空航天大学,2019.

[70]　杭州杉石科技有限公司. Modelook 实战指南[R]. 杭州:杭州杉石科技有限公司,2015.

[71]　MADNI A M. Handbook of model-based systems engineering[M]. Switzerland:Springer Nature,2023.

[72]　工业和信息化部电子第五研究所. 基于 MBSE 的通用质量特性一体化设计[R]. 广州:工业和信息化部电子第五研究所,2023.

[73]　毛炳祥,白桦,程文鑫. 系统战备完好性分析、计算与检测[M]. 北京:国防工业出版社,2012.

[74]　彭喜元,彭宇,刘大同. 数据驱动的故障预测[M]. 哈尔滨:哈尔滨工业大学出版社,2016.

[75]　展万里,胡军,谷青范,等. 基于模型的故障树自动生成方法[J]. 计算机科学,2021, 48(12):11.

[76]　祁健,胡军,谷青范,等. 一种 AltaRica3.0 模型中类的平展化方法[J]. 计算机科学, 2021,48(5):51-59.

[77]　羊昌燕,官霆,陈善敏. 基于 S1000D 的 SCORM 课件自动生成方法研究[C]//2019 年 (第四届)中国航空科学技术大会论文集,2019:173-180.

[78]　杨奕飞. 舰船装备健康评估与管理若干关键技术研究[D]. 南京:南京理工大学,2019.

[79]　张永祥,刘东风. 舰艇装备检测与监用[M]. 北京:国防工业出版社,2009.

[80]　付亚波. 无损检测实用教程[M]. 北京:化学工业出版社,2018.

[81]　观为监测技术无锡股份有限公司. 旋转及往复机械故障分析方法研究报告[R]. 无锡:观为监测技术无锡股份有限公司,2016.

[82]　MOBIUS INSTITUTE. Mobius vibration training quick reference[R]. Fort Myers, FL: MOBIUS INSTITUTE,2012. www.mobiusinstitute.com.

[83]　王悦民,谢骏. 舰船维修中的无损检测新技术[C]//中国造船工程学会修船技术学术委员会船舶维修理论与应用论文集第八集(2005—2006 年度),2006:341-343.

[84]　梁来雨,李生,何利勇,等. 海洋工程装备腐蚀监测技术研究现状[J]. 全面腐蚀控制, 2020,34(3):29-33.

[85]　杨安声. 船舶柴油机热工故障仿真与诊断方法研究[D]. 武汉:武汉理工大学,2016.

[86]　严兵,房霄. 舰船编队防空联合模拟训练系统设计与实现[J]. 现代防御技术,2014, 42(4):167-173,184.

[87]　时献江,王桂荣,司俊山. 机械故障诊断及典型案例解析[M]. 2 版. 北京:化学工业出版社,2020.

[88]　何正嘉,陈进,王太勇,等. 机械故障诊断理论及应用[M]. 北京:高等教育出版社,2015.

[89] 杨国安.滚动轴承故障诊断实用技术[M].北京:中国石化出版社,2012.

[90] 杨国安.机械振动基础[M].北京:中国石化出版社,2012.

[91] 叶平贤,龚沈光.舰船物理场[M].北京:兵器工业出版社,1992.

[92] 朱石坚,辜健,楼京俊,等.舰船装备综合保障工程[M].北京:国防工业出版社,2010.

[93] 原宗,李静.舰船计划修理信息管理系统的研究与开发[J].舰船科学技术,2011,33(5):126-129.

[94] 邵开文,马运义.舰船技术与设计概论[M].北京:国防工业出版社,2009.

[95] 郭玉山.美国海军舰船维修策略分析[J].装备维修保障动态,2021(24/25):1-16.

[96] 祝泓,张平.舰船综合保障系统设计[J].中国工程科学,2015,17(5):44-50.

[97] BOWDITCH N.美国实践航海学[M].张尚悦,伞戈锐,芮震峰,译.北京:国防工业出版社,2011.

[98] 喻菁,李晶,张崎,等.舰船电磁环境特性研究[J].舰船科学技术,2007,29(6):98-100.

[99] RAWSON K J,TUPPER E C. Basic ship theory[M]. 5th ed. Great Britain:Biddles Ltd,2001.

[100] 黎汉军,张再夫,原宗,等.现代舰船计划修理技术管理方法介绍[J].船海工程,2013,42(4):99-101.

[101] DEPARTMENT OF DEFENSE. Ectronic Reliablity Design Handbook:MIL-HDBK-338B[S]. The United States of America,1988.

[102] 徐青.驱逐舰概念设计[M].北京:国防工业出版社,2018.

[103] MICHAEL DIULIO. Reach-back to SMEs maintenance in a net centric environment//DoD symposium, Ft. Worth,TX,15 Nov 2011.

[104] WHITTEN T,RIKANSRUD E. Total ship training for future aircraft carriers[J]. Naval Engineers Journal,2000,112(3):111-123.

[105] 张鑫,李积源,郑明,等.海军舰船作战能力评估模型的探讨.海军装备.1994,3(32-38):2.

[106] 凌如镛,殷娜为.舰艇武器装备效能评估方法的研究:指数法[J].舰船论证参考,1997,(4):47.

[107] 李宣池,胡俊波,张志华.考虑修理结构的舰船部署能力仿真[J].中国舰船研究,2015,10(5):123-128.